U0296155

线装中华国粹

茶经·续茶经

（唐）陆　羽◎著
（清）陆廷灿
颜兴林◎译注

二十一世纪出版社集团
21st Century Publishing Group
全国百佳出版社

图书在版编目（CIP）数据

茶经·续茶经 /（唐）陆羽，（清）陆廷灿著；颜兴林译注. — 南昌：二十一世纪出版社集团，2019.4
（线装中华国粹系列）
ISBN 978-7-5568-3794-6

Ⅰ. ①茶… Ⅱ. ①陆… ②陆… ③颜… Ⅲ. ①茶文化—中国—古代②《茶经》—译文③《茶经》—注释 Ⅳ. ① TS971.21

中国版本图书馆 CIP 数据核字 (2018) 第 236835 号

茶经·续茶经　（唐）陆羽　（清）陆廷灿 著　颜兴林　译注

策　　划	张秋林
责任编辑	周向潮　张波虹
出版发行	二十一世纪出版社集团（江西省南昌市子安路 75 号　330009） www.21cccc.com　cc21@163.net
经　　销	全国各地书店
印　　刷	南昌印刷十二厂有限公司
版　　次	2019 年 4 月第 1 版　2019 年 4 月第 1 次印刷
印　　数	0001 ~ 6000 册
开　　本	720mm×980mm　1/16
印　　张	21.75
字　　数	345 千字
书　　号	ISBN 978-7-5568-3794-6
定　　价	28.00 元

赣版权登字—04—2018—398
（如发现印装质量问题，请寄本社图书发行公司调换，服务热线：0791-86524997。）

目录

contents

卷上

卷中

卷下

前　言

中国是茶的故乡。茶，作为自古以来中国最为流行的一种饮品，其源远流长，并在历史的发展中形成了茶文化。据说中国人饮茶源于上古时代的神农氏，《神农本草经》中写到："神农尝百草，日遇七十二毒，得茶而解之。"唐代陆羽在《茶经》中记载："茶之为饮，发乎神农氏。"还有一些资料记载，周武王讨伐商纣王时，归顺的巴国就已将茶叶作为贡品进献给周武王了。原始公社后期，茶叶成为货物交换的物品。战国时期，茶叶的发展已有一定规模。先秦《诗经》总集中有关于茶的记载。而在汉代已经有很多明确记载茶的文献资料，这就证明至少在汉代茶在中国已经成为一种流行。西汉王褒所作《僮约》，其文内笔墨间说明了当时茶文化的发展状况。在汉朝，茶叶成为佛教"坐禅"的专用滋补品。魏晋南北朝时期，已有饮茶之风。隋朝时期，全民普遍饮茶。唐朝时期，茶业昌盛，茶叶成为"人家不可一日无茶"，出现茶馆、茶宴、茶会，提倡客来敬茶。宋朝时期，流行斗茶、贡茶和赐茶。清朝时期，曲艺进入茶馆，茶叶对外贸易发展。因此，茶叶也成为了除丝绸和瓷器之外中国对世界各国商品和文化输出的一个标志性符号。茶叶含有茶多酚、茶色素、茶多糖、Y-氨基丁酸等多种有益成分，做成饮品具有很好的保健功效，因此从古代开始就是一种备受推崇的养生品。

《茶经》是中国乃至世界现存最早、最完整、最全面介绍茶的一部专著，被誉为茶叶百科全书，唐代陆羽所著。全书分上、中、下三卷，分为一之源、二之具、三之造、四之器、五之煮、六之饮、七之事、八之出、九之略、十之图，共10个部分。"一之源"考证茶的起源和性状。"二之具"记载采制茶的工具；"三之造"记述茶叶的种类和采制方法；"四之器"记载煮茶、饮茶的器皿；"五之煮"记载烹茶法及水质品味；"六之饮"记载饮茶风俗和品茶法；"七之事"汇辑有关茶叶的掌故及药效；"八之出"列举茶叶产地及所产茶叶的优劣；"九之略"指茶器的使用可因条件而异，

不必拘泥；“十之图”指将采茶、加工、饮茶的全过程绘在绢素上，悬于茶室，使得品茶时可以亲眼领略茶经之始终。《茶经》的问世是当时中国人民关于茶的经验总结。陆羽详细收集历代有关茶叶的史料，结合亲身调查和实践的经验，对唐代及唐代以前的茶叶历史、产地、茶的功效、栽培、采制、煎煮、饮用的知识、技术都作了阐述，是中国古代最完备的一部茶书，使茶叶生产从此有了比较完整的科学依据，对茶叶生产的发展起过一定积极的推动作用。

陆羽，字鸿渐，复州竟陵（今湖北天门）人，一名疾，字季疵，号竟陵子、桑苎翁、东冈子，又号“茶山御史”。唐代著名的茶学家，被誉为“茶仙”，尊为“茶圣”，祀为“茶神”。陆羽一生嗜茶，精于茶道，唐朝上元初年（760），陆羽隐居江南各地，撰《茶经》三卷。

《续茶经》是清代陆廷灿所著的一部茶书，也是我国古代茶书中最大的一部。陆廷灿，字幔亭，嘉定（今上海嘉定）人，曾任崇安（今福建武夷山市）知县。陆廷灿在茶区为官，长于茶事，对于采茶、蒸茶、试汤、候火颇得其道。《续茶经》一书草创于崇安任上，编定于归田后。其目录与《茶经》完全相同，即分为一之源、二之具、三之造、四之器、五之煮、六之饮、七之事、八之出、九之略、十之图，共10个部分。但自唐至清，历时数百年，产茶之地、制茶之法和烹茶器具等都发生了很大的变化，而此书对唐之后的茶事资料收罗宏富，并进行了考辨，虽名为“续”，实是一部完全独立的著述，也是继唐代陆羽《茶经》之后，茶业资料中最丰富且最具系统的作品。《四库全书总目》称此书“一一订定补辑，颇切实用，而征引繁富”，当为公允之论。

本书将陆羽的《茶经》和陆廷灿的《续茶经》合为一册，旨在通过自唐至清数百年间茶学的发展，以弘扬中国茶文化为目的，为今日广大读者了解和研习茶文化提供一本权威的读物。本书以其现存最早刻本《百川海学》本为底本，并参考上海古籍出版社《茶经译注（外三种）》等不同版本进行校勘，取其精华，整理编撰而成。由于笔者笔力有限，书中定多有谬误，还望读者多多批评指正。

茶经

卷 上

一之源

原 文

茶者，南方之嘉木也①，一尺、二尺，乃至数十尺。其巴山、峡川有两人合抱者②，伐而掇之③。其树如瓜芦④，叶如栀子，花如白蔷薇，实如栟榈⑤，蒂如丁香，根如胡桃。瓜芦木出广州，似茶，至苦涩。栟榈，蒲葵之属，其子似茶。胡桃与茶，根皆下孕，兆至瓦砾⑥，苗木上抽。其字，或从草，或从木，或草木并。从草，当作“茶”，其字出《开元文字音义》⑦。从木，当作“梌”，其字出《本草》。草木并，作“荼”，其字出《尔雅》。其名，一曰茶，二曰槚⑧，三曰蔎⑨，四曰茗，五曰荈⑩。周公云：槚，苦茶。扬执戟云⑪：蜀西南人谓茶曰蔎。郭弘农云⑫：早取为茶，晚取为茗，或一曰荈耳。

注 释

①嘉木：美好的树木。

②巴山、峡川：即今重庆东部、湖北西部一带。合抱：指两臂环抱。多形容树身之粗大。

③伐：砍下枝条。《诗经·国风·周南》：“伐其条枚。”掇：拾拣。

④瓜芦：皋芦的别称。常绿大叶乔木，外形似茶而口感苦涩。

⑤栟榈(bīng lǘ)：亦作“栟闾”，即棕榈。《说文》：“栟榈，棕也。”

⑥根皆下孕，兆至瓦砾：孕，即指都从地下滋生发育。兆，裂开，指核桃与茶树生长时，根把土地撑裂，这个时候胡桃与茶的嫩芽才出土成长。

⑦《开元文字音义》：古籍名。唐玄宗主持修编。唐代后期已有缺失，后渐亡佚不传。清汪黎庆辑其佚文，成《开元文字音义》一卷。

⑧槚：茶树的古称。《说文解字》：“槚，楸也，从木、贾声。”《尔雅·释木》：“槚，苦茶。”郭璞注：“树小似栀子，冬生叶，可煮作羹饮。今呼早采者为茶，晚取者为茗。一名荈。蜀人名之苦茶。”

⑨蔎：古书上说的一种香草。《玉篇·草部》：“蔎，香草也。”清人段玉裁认

为应是草香，借指为茶。

⑩荈(chuǎn)：茶的老叶，即茶树老叶制成的茶。

⑪扬执戟：汉扬雄的别称。汉代著名辞赋家，代表作有《甘泉赋》《河东赋》等。其所著《方言》是我国第一部方言词典。执戟，扬雄所任官职。语本三国魏曹植《与杨德祖书》："昔扬子云先朝执戟之臣耳，犹称壮夫不为也。"

⑫郭弘农：即郭璞，东晋文学家、语言学家，注释过《方言》《尔雅》等字书。东晋初官著作佐郎，后为王敦记室参军，因劝阻王敦起兵而被追杀，追赠弘农太守，故称"郭弘农"。

译　文

茶，是我国南方优良的树木。茶树有高一尺，有高二尺的，有的甚至高达几十尺。在现今重庆以东和湖北以西的神农架一带，有两个人合抱才能围绕一周的茶树，把这棵茶树的树枝砍掉，再捡起来，才能采摘到树上的芽叶。茶树的树形像瓜芦，叶形像栀子的叶子，花朵像白蔷薇的花朵，果实像棕榈的种子，果柄像丁香一样，根像胡桃。瓜芦木产于广州，味道似茶，极为苦涩。栟榈，蒲葵之属，它的叶子似茶。胡桃与茶，根都是从地下滋生发育，依托于瓦砾之上，苗木向上抽芽生长。"茶"字的结构，有的从草，有的从木，有的从草木合并。从草，就写成"茶"，这个字出自《开元文字音义》。从木，就写成"梌"，这个字出自《本草》。兼从草、木两个部首，就写成"荼"，这个字出自《尔雅》。茶有五种名称：一叫"茶"，二叫"槚"，三叫"蔎"，四叫"茗"，五叫"荈"。周公云：槚，苦荼。杨执戟说：蜀西南人将茶称作蔎。郭弘农说：早采的为荼，晚采的为茗，或叫作荈。

原　文

其地：上者生烂石，中者生砾壤，下者生黄土。凡艺而不实[①]，植而罕茂，法如种瓜，三岁可采。野者上，园者次。阳崖阴林，紫者上，绿者次；笋者上，牙者次；叶卷上，叶舒次。阴山坡谷者，不堪采掇，性凝滞，结瘕疾[②]。

茶之为用，味至寒，为饮，最宜精行俭德之人。若热渴、凝闷、脑疼、目涩、四支烦、百节不舒，聊四五啜，与醍醐、甘露抗衡也[③]。采不时，造不精，杂以卉莽[④]，饮之成疾。

茶为累也，亦犹人参。上者生上党[⑤]，中者生百济、新罗[⑥]，下者生

高丽[7]。有生泽州、易州、幽州、檀州者[8]，为药无效，况非此者。设服荠苨[9]，使六疾不瘳[10]。知人参为累，则茶累尽矣。

注释

①艺：植。

②瘕：肚子里结块的病。《正字通》："腹中肿块，坚者曰症，有物形曰瘕。"

③醍醐、甘露：皆为古人心中最美妙的饮品。醍醐，酥酪上凝聚的油，味甘美。《大般涅槃经·圣行品》："譬如从牛出乳，从乳出酪，从酪出生酥，从生酥出熟酥，从熟酥出醍醐，醍醐最上。"甘露，即甘美的露水，古人说它是"天之津液"。

④卉莽：野草。

⑤上党：位于山西省东南部，对古时潞、泽、辽、沁四州一带的雅称，意思就是高处的、上面的地方，即"居太行山之巅，地形最高与天为党也"。因其地势险要，自古以来为兵家必争之地，素有"得上党可望得中原"之说。

⑥百济、新罗：唐时位于朝鲜半岛上的两个小国，百济在朝鲜半岛西南部，新罗在半岛东南部。

⑦高丽：这里当指高句丽。前1世纪至7世纪在中国东北地区和朝鲜半岛存在的一个政权。5世纪后，高句丽被称为"高丽"。与918年建立的王氏高丽有所区分。

⑧泽州、易州、幽州、檀州：皆为唐时州名，治所分别在今山西晋城、河北易县、北京市区北、北京怀柔一带。

⑨荠苨：又名地参。一种形似人参的野果。根味甜，可入药。

⑩六疾不瘳：六疾，指人遇阴、阳、风、雨、晦、明得的寒疾、热疾、末(四肢)疾、腹疾、惑疾、心疾等多种疾病。瘳，痊愈。《左传·昭公元年》："淫生六疾……阴淫寒疾，阳淫热疾，风淫末疾，雨淫腹疾，晦淫惑疾，明淫心疾。"

译文

种茶的土壤，最好的是岩石风化的土壤，其次是有碎石子的砾壤，最差的就是黄色黏土。一般而言，如果栽种茶苗的技术达不到，移栽后的茶树就很少有长得茂盛的。种植的方法就像种瓜一样，移栽茶苗之后三年就可以采茶了。茶叶的品质，以山野自然生长的为上等的好茶，其次就是在园圃里栽种的茶苗。对于生长在向阳山坡，林荫覆盖下的茶树，紫色叶的最好，绿色的就稍差些；芽叶一节一节的，外形犹如细长的笋的最好，芽叶细弱的稍差些。绿色的芽叶反卷的最好，叶面平展的稍差些。在背阴的山坡或者山谷上生长的茶叶，是不能采摘的。

因为这种茶叶的性质凝结不散，喝了就容易使人腹胀。

茶的性质寒凉，作为饮品，适宜品行端正有节俭美德的人饮用。如果发烧口渴、胸闷、头疼、眼涩、四肢无力、关节不畅，喝上四五口，就和醍醐、甘露差不多。但是，如果不适时地采摘，制作工艺不精细，而且还夹杂着野草败叶，喝了之后就会使人得病。

选用和鉴别茶叶的困难，就如同选人参，产地不同，质量也有所不同。上等的人参出产于上党，中等的出产于百济、新罗，下等的出产于高丽。还有出产在泽州、易州、幽州、檀州的，这里的人参品质最差，作药用，没有疗效，更何况还有不如它们的呢！如果把荠苨这种形似人参的野果当作人参来服用，那么各种疾病都将得不到痊愈。知道了选用人参的困难，选用茶叶的难度也就可想而知了。

二之具

原　文

籯[①]，一曰篮，一曰笼，一曰筥[②]。以竹织之，受五升[③]，或一斗、二斗、三斗者，茶人负以采茶也。籯，《汉书》音盈，所谓“黄金满籯，不如一经”[④]。颜师古云[⑤]：“籯，竹器也，容四升耳。”

灶，无用突者[⑥]。

釜[⑦]，用唇口者。

甑[⑧]，或木或瓦，匪腰而泥，篮以箅之，篾以系之[⑨]。始其蒸也，入乎箅，既其熟也，出乎箅；釜涸，注于甑中。甑，不带而泥之。又以榖木枝三亚者制之，散所蒸牙笋并叶，畏流其膏。

杵臼[⑩]，一曰碓，唯恒用者佳。

规，一曰模，一曰棬[⑪]。以铁制之，或圆，或方，或花。

承，一曰台，一曰砧，以石为之；不然，以槐、桑木半埋地中，遣无所摇动。

檐[⑫]，一曰衣。以油绢或雨衫、单服败者为之。以檐置承上，又以规置檐上，以造茶也。茶成，举而易之。

芘莉[⑬]，一曰籯子，一曰筹筤[⑭]。以二小竹，长三尺，躯二尺五寸，柄五寸，以篾织方眼，如圃人土罗，阔二尺，以列茶也。

棨[⑮]，一曰锥刀，柄以坚木为之，用穿茶也。

扑，一曰鞭。以竹为之，穿茶以解茶也。

焙，凿地深二尺，阔二尺五寸，长一丈。上作短墙，高二尺，泥之。

贯，削竹为之，长二尺五寸。以贯茶焙之。

棚，一曰栈，以木构于焙上，编木两层，高一尺，以焙茶也。茶之半干，升下棚；全干，升上棚。

穿，江东、淮南剖竹为之，巴川、峡山、纫榖皮为之。江东以一斤为上穿，半斤为中穿，四两五两为小穿。峡中以一百二十斤为上穿，八十斤为中穿，五十斤为小穿。字旧作钗钏之“钏”字，或作贯串。今则不然，如“磨、扇、弹、钻、缝”五字，文以平声书之，义以去声呼之，其字，以穿名之。

育，以木制之，以竹编之，以纸糊之。中有隔，上有覆，下有床，傍有门，掩一扇。中置一器，贮煻煨火[16]，令煴煴然[17]。江南梅雨时，焚之以火。育者，以其藏养为名。

注释

①籝（yíng）：竹制的盛物器具，即竹笼。

②筥（jǔ）：盛物的圆形竹筐。《说文》："筥，筲也。从竹，吕声。"《诗经·召南·采蘋》："于以盛之，维筐及筥。"毛传曰："方曰筐，圆曰筥。"

③升：十合为一升，十升为一斗。

④黄金满籝，不如一经：语出《汉书·韦贤传》，意指留给子孙满箱黄金，不如教会子孙一本经书。

⑤颜师古：名籀，字师古。隋唐以字行，故称颜师古。唐初儒家学者、经学家、语言文字学家、历史学家。

⑥突：烟囱。

⑦釜：古代一种炊器，圆底而无足，必须安置在炉灶之上或是以其他物体支撑煮物，釜口也是圆形，可以直接用来煮、炖、煎、炒等。

⑧甑：古代蒸饭的一种瓦器。底部有许多透气的孔格，置于鬲上蒸煮，如同现代的蒸锅、蒸笼。

⑨篮以箅之，篾以系之：箅，有空隙而能起间隔作用的片状器具，即蒸笼中的竹屉；篾，劈成条的竹片，亦泛指劈成条的芦苇、高粱秆皮等，这里指从甑中取出箅的工具。

⑩杵臼：舂捣粮食或药物等的工具。

⑪棬：原指用木条编成或屈木制成的盂型器物，这里指用铁制成的模子。

⑫襜：系在身前的围裙，即蔽膝。《尔雅·释物》："衣蔽前谓之襜。"

⑬芘莉：竹制的列置饼茶的器具。

⑭筹筤（páng làng）：笼子、盘子一类的盛物器具。

⑮棨（qǐ）：穿茶饼用的锥刀。

⑯煻煨：带火的热灰。汉服虔《通俗文》："热灰谓之煻煨。"

⑰煴煴然：火势微貌。煴，没有光焰的火。颜师古说："煴，聚火无焰者也。"

译文

籝，又叫篮，又叫笼，又叫筥。它是用竹子编织而成的器具，它的容积有五升，或装载一斗、二斗、三斗，是茶农用来采茶的。籝，《汉书》上说其发音作盈，并有这样的话："黄金满赢，不如读通一部经书。"颜师古《汉书注》上说："籝，是一种竹器，可容纳四升。"

灶，使用那种没有烟囱的。

釜，使用那种锅口带有唇边的。

甑，有木制或陶制的。腰部要用泥封好，甑里面用竹篮当作甑箅使用，用竹片系牢。开始蒸煮的时候，茶叶要放到箅上；等到熟了，从箅里倒出来。如果锅里的水煮干了，就从甑中加水进去。甑和锅的连接处用泥涂抹封好。也有的使用三个枝杈的榖木制作箅的。蒸煮之后的嫩芽叶要及时摊开，以免茶汁流失。

杵臼，又叫碓，以经常使用最好。

规，又叫模，又叫棬，是铁质的，形状不一，有圆形的，有方形的，还有花形的。

承，又叫台，又叫砧，是石头制成的。如果使用槐木、桑木来做的话，就要把它的下半截埋进土中，以便于它不来回摇动。

檐，又叫衣，可以用油绢或穿坏了的雨衣、单衣来制作。把“檐”放在“承”上，“檐”上再放规，用来做压紧的饼茶。待茶饼压成一块后，拿起来，另外再换一个模型继续做。

芘莉，又叫籯子或篣筤。分别用两根长度都是三尺的小竹竿来做，留出二尺五寸作躯干，剩余的五寸作把柄。用竹篾在两根竹竿中间织成宽二尺的方眼形筛子，犹如种菜人用的土筛，用来盛放茶叶。

棨，又叫锥刀，这种工具的手柄是用坚实的木料做的，用于给饼茶穿洞眼。

扑，又叫鞭，是竹子编织而成，用它来把茶饼穿成串，以便于搬运。

焙，在地上挖出一个深二尺、宽二尺五寸、长一丈的坑，在坑的上面垒砌矮墙，矮墙的高度约为二尺，用泥抹平整。

贯，是用竹子削制而成，长有二尺五寸，用来穿茶烘培。

棚，又叫栈。是用木头做成的架子，放在焙上，分为上下两层，有一尺的距离，用来烘焙茶叶。茶半干时，就会从架底升到下层；全干时，就会升到上层。

穿，在江东淮南一带，人们劈篾做成；在巴山、峡川一带，人们用榖树皮搓成条索。江东称重量一斤的为“上穿”，半斤的为“中穿”，四两、五两的为“下穿”；在巴山一带却把120斤的称为“上穿”，把80斤的称为“中穿”，把50斤的称为“小穿”。“穿”字，先前作钗钏的“钏”字，或者作贯串。现在却不同了，如“磨、扇、弹、钻、缝”五字，字形还是按读平声的字形，但读音却还读去声，即按读去声的来讲。“穿”字读去声，就表示用穿来命名。

育，先用木制成框架，再用竹篾编织外围，最后用纸来裱糊。中间有间隔，上面有盖，下面有托盘，旁开扇门。中间放一个器皿，用来盛放火灰，这样可以保证有火无焰。在江南梅雨季节时，就要加火除湿。育，因其有保藏、养育的作用，故名。

三之造

原　文

凡采茶，在二月、三月、四月之间。

茶之笋者，生烂石沃土，长四五寸，若薇、蕨始抽[①]，凌露采焉。茶之牙者，发于丛薄之上[②]，有三枝、四枝、五枝者，选其中枝颖拔者采焉。其日，有雨不采，晴有云不采。晴，采之，蒸之，捣之，拍之，焙之，穿之，封之，茶之干矣。

茶有千万状，卤莽而言[③]，如胡人靴者，蹙缩然；京锥文也[④]。犎牛臆者[⑤]，廉襜然[⑥]；浮云出山者，轮囷然[⑦]；轻飙拂水者[⑧]，涵澹然[⑨]。有如陶家之子罗膏土，以水澄泚之[⑩]。谓澄泥也。又如新治地者，遇暴雨流潦之所经。此皆茶之精腴。有如竹箨者[⑪]，艰于蒸捣，故其形簏簁然[⑫]上离下师；有如霜荷者，至叶凋沮，易其状貌，故厥状委萃然。此皆茶之瘠老者也。

自采至于封，七经目。自胡靴至于霜荷，八等。或以光黑平正言嘉者，斯鉴之下也；以皱黄、坳垤言嘉者[⑬]，鉴之次也。若皆言嘉及皆言不嘉者，鉴之上也。何者？出膏者光，含膏者皱；宿制者则黑，日成者则黄；蒸压则平正，纵之则坳垤。此茶与草木叶一也。茶之否臧[⑭]，存于口诀。

注　释

①薇：一年生或二年生草本植物，结荚果，中有种子五六粒，可食。嫩茎和叶可做蔬菜。通称“巢菜”“大巢菜”。蕨：也叫拳头菜，俗称“山野菜”，是一种野生蕨类植物的嫩芽，部分种类可食用。

②丛薄：丛生的草木。《淮南子·俶真训》：“聚木曰丛，深草曰薄。”

③卤莽：粗略。

④京：高大。文：通“纹”。意指大钻子刻钻的花纹。

⑤犎牛臆者：此比喻茶芽的形状像野牛胸部一样突出蜷曲。犎，一种领肉隆起的野牛；臆，指牛胸、肩部位的肉。

⑥廉：堂屋的侧边。《说文》：“廉，仄也。”襜：帷幕。

⑦轮囷然：屈曲的样子。轮，车轮；囷，圆顶的仓。

⑧飙：暴风。

⑨涵澹：水激荡貌。

⑩澄泚：沉淀使水清亮。

⑪竹箨：竹笋的外壳。

⑫簏、簁：皆为竹器，意为毛羽刚长出来的样子。《说文》："簏，竹器也。"《集韵》说簁就是竹筛。

⑬坳垤：土地低下处叫坳，高起的小土堆叫垤，形容(地势)高低不平，这里指茶饼的表面凹凸不平。

⑭否臧：指品评，褒贬。否，贬，非议；臧，褒奖。

译　文

一般而言，采茶都在二月、三月、四月间。

茶的芽叶未萌发的，大多生长在风化比较完全的肥沃土壤上，芽叶有四五寸长，就像是刚刚破土而出的薇、蕨的嫩茎，要在清晨有露珠的时候采摘。次一等的，芽叶生长在草木丛杂的茶树枝上。从老枝上长出来三枝、四枝、五枝的，就要选择其中长得挺拔的采摘。有雨的日子里不采摘，晴天有云的时候也不采摘，只有晴天，阳光明媚、万里无云的时候采摘。采摘好的芽叶，要把它们放到甑上蒸熟，然后再用杵臼捣烂，放到模型里用手把它拍压成一定的形状，接着要焙干、穿成串、包装好，这样茶就可以保持干燥了。

茶的形状千姿百态，就粗略而说，有的就像胡人的靴子皱缩着；就像大钻子刻钻的花纹。有的就像野牛的胸部一样，有很微细的褶痕；有的就像出山的浮云，一团一团地盘桓着；有的就像拂过水面的轻风，荡起微波涟漪；有的就像陶匠筛出的细土，用水沉淀下来之后像泥膏一样光滑润泽；这叫作澄泥。有的又像新整的土地，在被暴雨汇成的急流冲刷之后，显得高低不平。这些都是茶中的上品。有的芽叶像竹笋的外壳，枝干坚硬，很难捣碎，也很难蒸熟，所以制成的茶叶就像箩筛；有的就像经霜的荷叶一样，凋零枯败，变了样子，所以制成的茶就显得干枯，这些都是坏茶、老茶。

茶叶从采摘到封藏，茶叶的制作要先后经过七道工序。从茶叶做成类似胡人皱缩的靴子到做成类似被霜打过后衰萎的荷叶，共分为八个等级。有的人把光亮、黝黑、平整作为好茶的判断依据，这是下等的鉴别方法。有的人把皱缩、黄色、凹凸不平作为好茶的特征，这是次等的鉴别方法。如果既能指出茶好的一面，又能说出茶不好的一面，这才是最会鉴别茶的方法。为什么呢？因为挤压出茶汁的茶就会发光，含着茶汁的茶就显得皱缩；过夜之后做成的茶叶色泽就会发黑，当天做成的茶叶色泽会发黄；蒸后压得紧的茶叶就平整，任其干燥的就显得凹凸不平。这就是茶和草木叶子共同的特点。茶制得好与坏，有一套口传的鉴别方法。

卷　中

四之器

风　炉灰承

原　文

风炉，以铜铁铸之，如古鼎形。厚三分，缘阔九分，令六分虚中，致其圬墁[①]。凡三足，古文书二十一字，一足云"坎上巽下离于中"[②]，一足云"体均五行去百疾"，一足云"圣唐灭胡明年铸"[③]。其三足之间设三窗，底一窗，以为通飙漏烬之所，上并古文书六字：一窗之上书"伊公"二字，一窗之上书"羹陆"二字，一窗之上书"氏茶"二字，所谓"伊公羹、陆氏茶"也[④]。置墆埭于其内[⑤]，设三格：其一格有翟焉，翟者，火禽也，画一卦曰离；其一格有彪焉，彪者，风兽也，画一卦曰巽；其一格有鱼焉，鱼者，水虫也，画一卦曰坎。巽主风，离主火，坎主水。风能兴火，火能熟水，故备其三卦焉。其饰以连葩、垂蔓、曲水、方文之类。其炉，或锻铁为之，或运泥为之。其灰承，作三足铁柈台之[⑥]。

注　释

①圬墁：本为涂墙用的工具。这里指在风炉内壁涂泥。

②坎上巽下离于中：坎、巽、离都是八卦的卦名，坎为水，巽为风，离为火。

③圣唐灭胡明年铸：盛唐灭胡，指唐平息安史之乱，时在唐广德元年（763），此鼎则铸于764年。

④伊公：指商汤时的伊尹。相传他善调汤味，世称"伊公羹"。陆氏茶：陆羽的茶具。

⑤墆埭：堆积的小山、小土堆。这里指风炉内放置架锅用的支撑物，其上部形状像城墙堞雉一样。墆，贮藏。

⑥柈：通"盘"，盘子，意指三个脚的铁盘子。

译文

风炉，用铜或铁铸造而成，就像古鼎的样子，壁的厚度是三分，炉口上边缘宽为九分，空出剩下的六分，炉内壁用泥涂抹。风炉的下方有三只脚，在这个部位铸刻上古文字，共有二十一个字。一只脚上写有“坎上巽下离于中”，一只脚上写有“体均五行去百疾”，最后一只脚上写着“圣唐灭胡明年铸”。在三只脚相间的部位分别开了三个窗口。炉底下开有一个洞，这个洞是用来通风漏灰的。三只脚之间的三个窗口上面，总共写了六个古体字，一个窗口上写着“伊公”，一个窗口上写着“羹陆”，一个窗口上写着“氏茶”，连起来就是“伊公羹，陆氏茶”。炉上还设有垛，用来支撑锅子，垛间分有三个格。一个格上画有野鸡的图案，野鸡代表着火禽，火在八卦中为离，画上离卦。一个格上画有彪的图案，彪代表着风兽，风在八卦中为巽，画上一巽卦。一个格上画有鱼的图案，鱼代表水中的虫类，水在八卦中为坎，画上一坎卦。“巽”表示风，“离”表示火，“坎”表示水，风能使火旺盛地燃烧，火能使水沸腾，所以有必要画上这三个卦。风炉的炉身装饰有花卉、流水、方形花纹等图案。风炉有用熟铁打制的，也有用泥巴烧制的。灰承，是一个有三只脚的铁盘，用来托住风炉。

筥

原文

筥[①]，以竹织之，高一尺二寸，径阔七寸。或用藤，作木楦[②]，如筥形，织之。六出固眼。其底、盖若利箧口[③]，铄之[④]。

注释

①筥：盛物的圆形竹筐。

②楦：本指木制的鞋模子，也泛指填塞物体中空部分的模架或其他实物，这里指制作筥之前先做好的筥形木制模架。

③利箧：用小竹蔑编织而成的长方形箱子。

④铄：此处引申为将竹筥底削制得平整光滑。

译文

筥，是用竹子编织而成，高度有一尺二寸，直径有七寸。也有的先做一个木箱，有点像筥形，然后再用藤编在外面。这个管有六角形的坚固洞眼。筥箱的底部和盖子就如同是箱子的口，削得很平整。

炭　檛

原　文

炭檛[①]，以铁六棱制之，长一尺，锐一，丰中，执细。头系一小镊，以饰檛也，若今之河陇军人木吾也[②]。或作锤，或作斧，随其便也。

注　释

①炭檛：捅投炭火的铁棍。

②河陇：古代指河西与陇右，相当于今甘肃西部地区，大致包括今敦煌、嘉峪关、武威、金昌、张掖、酒泉等地。木吾：木棒名。汉代御史、校尉、郡守、都尉、县长之类官员皆用木吾夹车。

译　文

炭檛，是用六棱形的铁棒制成的，长有一尺，头部稍尖，中间较粗，握处很细。握的那一头为了装饰好看，就套上一个小环，就如同现在河陇一带的军士手里拿的“木吾”。有的做成锤形，有的做成斧形，按照需要怎么方便就怎么做。

火　筴

原　文

火筴，一名箸[①]，若常用者。圆直一尺三寸，顶平截，无葱台、勾锁之属[②]。以铁或熟铜制之。

注　释

①箸：筷子。

②葱台：大概是一种饰物。勾锁：也是一种饰物。

译　文

火筴，又称作箸，就是平时所用的火钳。火筴是圆直形的，长有一尺三寸，顶端平齐，上面装饰有葱台、勾锁之类的东西。用铁或熟铜制成。

鍑

原　文

鍑，以生铁为之。今人有业冶者，所谓急铁[①]。其铁以耕刀之趄炼而铸之[②]。内摸土而外摸沙。土滑于内，易其摩涤；沙涩于外，吸其炎焰。方其耳，以正令也[③]；广其缘，以务远也；长其脐，以守中也。脐长，则沸中；沸中，则末易扬；末易扬，则其味淳也。洪州以瓷为之[④]，莱州以石为之[⑤]。瓷与石皆雅器也，性非坚实，难可持久。用银为之，至洁，但涉于侈丽。雅则雅矣，洁亦洁矣，若用之恒，而卒归于铁也。

注　释

①急铁：指利用废旧铁器再次冶炼而成的铁制品。

②耕刀：用于农田犁地使用的锄头、犁头。趄：行不进的样子。这里指坏的、旧的。

③正令：使其看上去端正。

④洪州：唐时州名。治所在今江西南昌一带。

⑤莱州：唐时州名。治所在今山东掖县一带，位于现今山东省东北部，烟台西部，西临渤海莱州湾。

译　文

鍑，是用生铁做成的。“生铁”就是在唐朝时从事冶炼的人说的“急铁”。这种铁就是用坏掉的农具铸就的。在铸造铁锅的时候，在锅的里面抹上一层泥，外面涂抹上一层沙。里面涂抹泥是为了锅面变得光滑，容易磨洗；外面涂抹上沙子，这样锅底变得粗糙，就容易吸收热气。锅耳做成方的，为了令其端正；锅边要打造得宽一些，这样容易伸展开；锅脐要长，使其在中心。锅脐长了，水就在锅里沸腾起来；沸腾的水沫就容易上升；水沫容易上升，水味就会变得淳美。洪州用瓷器做锅，莱州用石头打制锅，瓷锅和石锅都是比较高档雅致的器皿，但是不坚固，不耐用。用银打制锅，就非常清洁，但就是过于奢侈了。雅致固然雅致，清洁的确清洁，但如果从耐久实用上说，还是铁质的锅好。

交　床

原　文

交床[①]，以十字交之，剜中令虚，以支鍑也。

注　释

①交床：原指一种有靠背的坐具，此处借指用来放置镀的架子。

译　文

交床，也就是中间凹下去，十字交叉的木架，用它来支撑锅夹。

夹

原　文

夹，以小青竹为之，长一尺二寸。令一寸有节，节已上剖之，以炙茶也。彼竹之筱[①]，津润于火，假其香洁以益茶味，恐非林谷间莫之致。或用精铁、熟铜之类[②]，取其久也。

注　释

①筱：小竹子。

②精铁：优质的铁。熟铜：经过精炼可供锤锻的铜。

译　文

夹，用小青竹制成，长有一尺二寸。“夹”的头大约在一寸之处有节，节以上的部分剖开，这样可以用来夹着茶饼在火上烤。这种小青竹在火上能烤出水来，借它的香气来增添茶的香味，但是如果不能在山林之间炙茶，恐怕是难以弄到这青竹的。有的夹是用精铁或熟铜打制而成的，这样可以长久耐用。

纸　囊

原　文

纸囊，以剡藤纸白厚者夹缝之[①]，以贮所炙茶，使不泄其香也。

注　释

①剡藤纸：浙江剡县，因出产的藤可以造纸，这种纸洁白细致有韧性，为唐时包茶专用纸。后因称名纸为剡藤。

译文

纸袋，是用两层又白又厚的剡藤纸做成的。用它来贮放焙好的茶叶，可以使香气不散失掉。

碾 拂末

原文

碾，以橘木为之，次以梨、桑、桐、柘[1]。为臼，内圆而外方。内圆，备于运行也；外方，制其倾危也。内容堕而外无余[2]，木堕形如车轮，不辐而轴焉。长九寸，阔一寸七分。堕径三寸八分，中厚一寸，边厚半寸。轴中方而执圆[3]。其拂末，以鸟羽制之。

注释

①柘：落叶灌木或小乔木，树皮灰褐色，有长刺，叶子卵形，头状花序，果实球形。叶子可以喂蚕，根皮可入药。

②堕：木制的碾轮。

③轴中方而执圆：轴的中段呈方形，而手执的部分呈圆柱形。这样的设计便于碾压的操作。

译文

碾槽，最好是用橘木来做，其次就是用梨木、桑木、桐木、柘木等。碾槽里面是圆的外面是方的。里面是圆的，就是为了方便运转，外面做成方的，就是为了防止它翻倒。碾槽里面正好放得下一个碾轮，再也没有多余的空隙了。木制的碾轮，酷似车轮，只是没有车辐，在中间安装上一根轴。轴长有九寸，宽有一寸七分。木制碾轮，直径有三寸八分，中间的厚度是一寸，边缘的厚度是半寸。轴的中间是方的，手握的地方是圆的。拂末，即用来清扫茶叶碎末的用具，这种用具是用鸟的羽毛做成的。

罗 合

原文

罗末，以合盖贮之[1]，以则置合中。用巨竹剖而屈之，以纱绢衣之。

其合，以竹节为之，或屈杉以漆之。高三寸[2]，盖一寸，底二寸，口径四寸。

注 释

①合：通“盒”。

②寸：中国古代长度单位。1寸约合3.33厘米，10寸等于1尺。

译 文

罗末，把用罗筛好的茶末放置到盒子里，然后用盒盖严密封存，把“则”这种量器也放在盒中。把大竹剖开，然后弯曲成一个圆形的框子，在这个圆竹框子的底部安装上轻细的纱或绢。盒是用竹节制成的，或是用杉树片弯曲成圆形，然后涂上油漆。盒的高度有三寸，盖子有一寸，盒底高二寸，盒子的直径有四寸。

则

原 文

则，以海贝、蛎蛤之属，或以铜、铁、竹匕策之类[1]。则者，量也，准也，度也。凡煮水一升，用末方寸匕[2]。若好薄者，减之；嗜浓者，增之，故云则也。

注 释

①匕：古代指勺、匙之类的取食用具。

②用末方寸匕：用竹匙挑起茶叶末一平方寸。东晋陶弘景《名医别录》：“方寸匕者，作匕正方一寸，抄散取不落为度。”

译 文

则，是用海中的贝壳之类，或用铜、铁、竹做的匙策之类制作而成。“则”意指度量的标准。一般来说就是烧开一升的水，用一个一寸见方的小竹匙来量取茶末。如果喜欢味道稍淡点的，就少取一些茶末；喜欢喝浓茶的，取的量就多一些，所以叫“则”。

水 方

原 文

水方[1]，以稠木、槐、楸、梓等合之[2]，其里并外缝漆之。受一斗[3]。

注 释

①水方：木制的方形盛水器。

②椆木：山毛榉科，常绿乔木。槐：落叶乔木。花可制黄色染料。花蕾和果实可入药。楸：落叶乔木。木材可供建筑用。树皮、叶、种子可入药。梓：落叶乔木。木材可供建筑及制造器物用。

③斗：古代容量单位。十升为一斗。

译 文

水方，是用椆、槐、楸、梓等木制作而成的，里面和外面的缝都加涂油漆。水方的容水量是一斗。

漉水囊

原 文

漉水囊[1]，若常用者。其格以生铜铸之，以备水湿，无有苔秽、腥涩意[2]。以熟铜，苔秽；铁，腥涩也。林栖谷隐者，或用之竹木。木与竹，非持久涉远之具，故用之生铜。其囊，织青竹以卷之，裁碧缣以缝之[3]，纽翠钿以缀之[4]，又作绿油囊以贮之。圆径五寸，柄一寸五分。

注 释

①漉水囊：指用来滤水去虫的器具。漉，过滤。

②苔秽：指铜与氧的化合物，因其呈绿色，色如苔藓，故称。腥涩：指下文提到的铁腥涩，是铁氧化后产生的性征。

③碧缣：青绿色的细绢。缣，双丝织成的细绢。《释名·释采帛》：“缣，兼也，其丝细致，数兼于绢，染兼五色，细致不漏水也。”

④翠钿：用翡翠鸟羽毛制成的首饰。

译 文

漉水囊，同常用的一样。它的骨架是用生铜锻造的，以避免打湿之后沾着铜绿和污垢，使水的味道变得腥涩。用熟铜的话，就容易产生铜绿和污垢；用铁铸造的话，就容易产生铁锈，使水变得腥涩。隐居山林的人，也有用竹或木来制作的。但是竹木制品耐用性差，不方便携带远行，所以用生铜做成。滤水的袋子，是用青篾丝编织而成的，即把青篾丝卷曲成袋形，再裁剪碧绿的绢缝制，然后再缀上翠钿当作装饰，然后还要再做一个绿色的油布口袋把漉水囊完全包装起来。漉水囊的直径有五寸，柄长是一寸五分。

瓢

原　文

瓢，一曰牺杓①。剖瓠为之②，或刊木为之③。晋舍人杜育《荈赋》云④："酌之以匏。"匏，瓢也。口阔，胫薄，柄短。永嘉中，余姚人虞洪入瀑布山采茗⑤，遇一道士，云："吾丹丘子⑥，祈子他日瓯牺之余⑦，乞相遗也。"牺，木杓也，今常用，以梨木为之。

注　释

①牺杓：舀东西的器具，这里借作"瓢"的别称。杓，通"勺"。

②瓠：即葫芦。

③刊木：砍伐树木。

④杜育：西晋时人，字方叔，历任汝南太守、右将军、国子监祭酒等职。杜育曾任中书舍人，人称晋舍人。八王之乱时，杜育被杀。杜育的《荈赋》是现今所见最早以赋描写茶的文学作品。

⑤余姚：唐属越州，今属浙江。

⑥丹丘子：传说中的人物。丹丘，神话中神仙居住的地方。

⑦瓯牺之余：喝剩的茶。瓯牺，饮茶用的杯勺。

译　文

瓢，又叫牺或勺。它是用葫芦剖开制成的，或是用树木掏空制成。晋朝杜育的《荈赋》里讲到"用瓠舀取"。瓠，就是瓢的意思。瓢的口径大，厚度薄，手柄短。在晋代永嘉年间，余姚人虞洪到瀑布山采茶，遇见一位道士。这个道士对他说："我是丹丘子，希望你以后有机会把瓯牺中多的茶送给我一点，让我喝。"牺，就是木勺，现在的木勺常用梨木挖成。

竹筴

原文

竹筴，或以桃、柳、蒲、葵木为之，或以柿心木为之。长一尺，银裹两头。

译文

竹筴，有的用桃木、柳木、蒲木或葵木制成，也有用柿心木制成的。长有一尺，用银来包裹两头。

鹾簋揭

原文

鹾簋[①]，以瓷为之，圆径四寸。若合形，或瓶或罍[②]，贮盐花也。其揭[③]，竹制，长四寸一分，阔九分。揭，策也。

注释

①鹾簋（cuō guǐ）：盛盐的器皿。鹾，盐。《礼记·曲礼》："盐曰咸鹾。"簋，古代盛食物的器皿，圆口，双耳。

②罍（léi）：中国古代大型盛酒器和礼器。

③揭：通"揭"，取盐用的长竹条。

译文

鹾簋，是用瓷做成的，它是圆形的，直径有四寸。像一个盒子，也有的做成瓶形，或小口的坛形，一般都用来盛放食盐。揭，是用竹子制成的，长有四寸一分，宽有九分。这种揭，是用来取盐的。

熟 盂

原 文

熟盂[①]，以贮熟水。或瓷或沙。受二升。

注 释

①熟盂：盛开水的容器。

译 文

熟盂，是用来盛放开水的。有瓷的，也有陶的。容量有二升。

碗

原 文

碗，越州上[①]，鼎州次[②]，婺州次[③]，岳州次[④]，寿州、洪州次[⑤]。或者以邢州处越州上[⑥]，殊为不然。若邢瓷类银，越瓷类玉，邢不如越一也；若邢瓷类雪，则越瓷类冰，邢不如越二也；邢瓷白而茶色丹，越瓷青而茶色绿，邢不如越三也。晋杜育《荈赋》所谓“器择陶拣，出自东瓯”。瓯，越也。瓯，越州上。口唇不卷，底卷而浅，受半升已下。越州瓷、岳瓷皆青，青则益茶，茶作白红之色。邢州瓷白，茶色红；寿州瓷黄，茶色紫；洪州瓷褐，茶色黑。悉不宜茶。

注 释

①越州：即今浙江省绍兴一带。唐时越窑主要在余姚，所产青瓷，极名贵。

②鼎州：即今陕西省泾阳、三原一带。鼎州有鼎州窑，主要烧青瓷，是唐五代著名的窑场。

③婺州：即在今浙江省金华一带。婺州有婺州窑，主要烧制青瓷。

④岳州：唐时州郡名。辖境在今湖南长沙以北的洞庭湖沿岸。岳州有岳州窑，为中国最早的青瓷窑。岳州窑的遗址在今湖南曾有发现。

⑤寿州、洪州：皆唐时州郡名，即在今安徽寿县、江西南昌一带。

⑥邢州：唐时州郡名。辖境在今河北邢台一带。邢州有邢窑，是中国白瓷的发祥地，中国古代最早的官窑之一。

译文

碗，以越州产的品质最好，鼎州、婺州的稍差些，岳州产的也好，寿州、洪州生产的就稍差些。有人认为邢州产的瓷碗比越州的好，我认为完全不是这样的。如果说邢州的瓷器质地如银的话，那么越州的瓷器就像是玉，这就是邢瓷不如越瓷的第一点。如果说邢瓷如白雪，那么越瓷就如同寒冰，这是邢瓷不如越瓷的第二点。邢瓷色白而使茶汤呈现出红色，越瓷色青而使茶汤呈现出绿色，这是邢瓷不如越瓷的第三点。晋代杜育《荈赋》说的“器择陶拣，出自东瓯”意指要挑选上等的陶瓷，就要选产自东瓯的。瓯，就是越州，茶瓯这种器具，以越州出产的最好，其口不卷边，底部卷边而浅，容积不超过半升。越州瓷、岳州瓷都是青色的，能彰显茶汤的色泽，使茶汤呈现出白红色。邢州的瓷器色白，茶汤是红色的；寿州的瓷器色黄，茶汤呈现出紫色；洪州瓷器色褐，茶汤呈现出黑色，这些都不适合用来盛茶。

畚

原文

畚[①]，以白蒲卷而编之[②]，可贮碗十枚。或用筥，其纸帊以剡纸夹缝令方[③]，亦十之也。

注释

①畚：用木、竹、铁片做成的撮垃圾、粮食等的器具，即簸箕。

②白蒲：白色的蒲苇。

③纸帊：帛三幅曰帊。此处指用纸包裹茶碗，以防止因相互碰撞而破损。剡：锐利貌。

译文

畚，是用白蒲草编成的，里面可以放置十只碗。也有用筥的。纸帊，是用两层剡纸缝制成纸帊，使之成方形，也可盛放十只茶碗。

札

原 文

札，缉栟榈皮，以茱萸木夹而缚之[①]，或截竹束而管之，若巨笔形。

注 释

① 茱萸：又名“越椒”“艾子”，是一种常绿带香的植物。木本茱萸有吴茱萸、山茱萸和食茱萸之分，都是著名的中药。

译 文

札，即用茱萸木中间夹上棕榈皮，捆系紧实。或者用一段竹子，扎上棕榈的纤维，如同一支大毛笔。

涤 方

原 文

涤方，以贮涤洗之余，用楸木合之，制如水方。受八升。

译 文

涤方，用来贮存洗涤后剩余的水，用楸木制成，它的制法和水方一样。容积都是八升。

滓 方

原 文

滓方，以集诸滓，制如涤方。处五升。

译 文

滓方，是用来盛各种茶的渣滓的，制作方法也和涤方一样。容积是五升。

巾

原 文

巾，以绝布为之[①]，长二尺[②]。作二枚，互用之，以洁诸器。

注 释

①绝：自蚕茧缫制得到白丝或以蚕丝织成的织物，即绢的别称。

②尺：中国古代的长度单位。一尺等于十寸，今三尺等于一米。

译 文

巾，是用粗绸子做成的，长有二尺。做成两块，以便交替使用，用来清洁茶具。

具 列

原 文

具列，或作床[①]，或作架。或纯木、纯竹而制之，或木或竹，黄黑可扃而漆者[②]。长三尺，阔二尺，高六寸。具列者，悉敛诸器物，悉以陈列也。

注 释

①床：此处意为安放器物的一种架子。

②可扃：指可以关上锁住。扃，可以上闩、关锁的门。

译 文

具列，有的做成床的形状，有的做成架子的形状。有的完全都用木制成，有的完全都用竹制成。也可木竹兼用，做成个小柜子，漆成黄黑色，有门可以关。长有三尺，宽有二尺，高有六寸。之所以叫它具列，是因为它可以贮放陈列全部的器物。

都篮

原文

都篮[1]，以悉设诸器而名之。以竹篾内作三角方眼，外以双篾阔者经之，以单篾纤者缚之，递压双经，作方眼，使玲珑。高一尺五寸，底阔一尺，高二寸，长二尺四寸，阔二尺。

注释

①都篮：木竹篮。用以盛茶具或酒具。

译文

都篮，因为能够盛下所有的器具而得名。它是用竹篾编织而成的，里面编成三角形或者方形的眼，外面用两道宽篾当作经线，一道窄篾作纬线，交替编压在作经线的两道宽篾上，编织成方眼，使它玲珑剔透。都篮高一尺五寸，底宽一尺，高二寸，长约二尺四寸，宽有二尺。

卷　下

五之煮

原　文

凡炙茶[1]，慎勿于风烬间炙，熛焰如钻[2]，使炎凉不均。持以逼火，屡其翻正，候炮出培塿[3]，状虾蟆背[4]，然后去火五寸。卷而舒，则本其始，又炙之。若火干者，以气熟止；日干者，以柔止。

其始，若茶之至嫩者，蒸罢热捣，叶烂而牙笋存焉。假以力者，持千钧杵亦不之烂，如漆科珠[5]，壮士接之，不能驻其指，及就则似无穰骨也[6]。炙之，则其节若倪倪，如婴儿之臂耳。既而承热用纸囊贮之，精华之气无所散越，候寒末之。末之上者，其屑如细米；末之下者，其屑如菱角。

注　释

①炙茶：烘焙茶叶。

②熛焰：火焰；光芒。

③炮：烘烤。培塿：原意为小山丘，这里指突起的小疙瘩。

④虾蟆背：有很多丘泡，不平滑。形容茶饼在烘焙时表面起泡如蟾蜍的背。

⑤如漆科珠：意指用漆斗量珍珠，滑溜难量。科，用斗称量。《说文》："从禾，从斗。斗者，量也。"

⑥穰：通"穰"。

译　文

烘焙茶叶的时候，注意千万不要在通风的余火上烤，因为飘忽不定的火苗犹如钻子一样，会使茶受热不均匀。在烤饼茶的时候一定要靠近火苗，不停地翻动饼茶，等到烤出饼茶上突起了像蛤蟆背上的小疙瘩时，再远离火苗，与火苗距离五寸。当卷曲的茶饼又伸展开来的时候，就要重复先前的方法再烤一次。如果制作茶叶的时候是用火烘干的，要烤到能冒热气为止；如果是太阳晒干的，那么就烤到柔软为止。

开始制饼茶的时候，那些比较柔嫩的茶叶在蒸熟之后，要进行捣杵，当叶子捣烂了，而茶梗还是完整的。如果只用蛮力的话，即使用很重的杵去捣茶叶，也不会捣烂它的。这就好像是圆滑的漆树籽一样，它虽然轻而小，但有力气的壮士反而捏不住，这都是一个道理。茶叶捣好后，当条梗子也没有了，这时就要烤了，要把茶叶烤到如同婴儿的手臂那样柔软。烤好了，就要趁热用纸袋包装起来，这样就能使它的香气不致散发，等茶叶冷下来再碾成末。上等的茶末，颗粒形状像细米；下等的茶末，颗粒形状像菱角。

原　文

其火，用炭，次用劲薪[①]。谓桑、槐、桐、枥之类也。其炭，曾经燔炙[②]，为膻腻所及[③]，及膏木、败器[④]，不用之。膏木为柏、桂、桧也。败器，谓朽废器也。古人有劳薪之味[⑤]，信哉！

注　释

①劲薪：指桑树、槐树、桐树、枥树之类的硬木柴。

②燔炙：烤肉。

③膻腻：膻腥油腻的食物。

④膏木：富含油脂的木材。败器：腐朽的木器。

⑤劳薪：旧时木轮车的车脚吃力最大，使用数年后，拆以为柴烧。用旧车轮之类烧烤，食物会有异味。

译　文

烘焙茶叶的火，最好是用木炭，其次就是用火力比较强的柴。说的是桑木、槐木、桐木、枥木之类。如果炭曾经烤过肉，或是染上了腥膻油腻气味，就不能用了。如果是带了油烟的柴或是朽坏的木器，也不能用。膏木是指柏木、桂木、桧木之类。败器，指的是朽坏的木器。古人说“用朽坏的木器来烧煮食物，就会发出怪味”，确实如此。

原　文

其水，用山水上，江水中，井水下。《荈赋》所谓“水则岷方之注①，挹彼清流[②]”。其山水，拣乳泉、石池慢流者上[③]。其瀑涌湍漱[④]，勿食之，久食，令人有颈疾。又多别流于山谷者，澄浸不泄。自火天至霜郊以前[⑤]，或潜龙蓄毒于其间，饮者可决之，以流其恶，使新泉涓涓然，酌之。其江水，取去人远者。井水，取汲多者。

注 释

①岷方之注：流经岷地的河流。

②挹：舀取。

③乳泉：从石钟乳上滴下的水。

④瀑涌湍漱：飞溅翻涌的急流。

⑤火天：指夏天。古人认为，五行之中，火主夏，故称夏天为火天。

译 文

煮茶的水，用山上的水是最好的，其次就是江河的水，井水最差。《荈赋》所说的“舀取岷江流淌的清水”。山水，最好选取从石钟乳上滴下的和在石面上慢慢流淌的最好，奔涌湍急的水最好不要饮用，长期饮用这种水会使人颈部生病。如果有几处溪流汇合，停蓄在山谷里，即使水很澄清，但不会流动。从炎夏到霜降之前，或许会有鱼、蛇等动物潜伏在其中，水质受到污染，要喝时就应先挖开缺口，把污秽的水放走，令新鲜的泉水涓涓流来，然后饮用。江河的水，就要到离人远的地方去取。井水的选取，就要从有很多人汲水的井中汲取。

原 文

其沸，如鱼目[①]，微有声，为一沸；缘边如涌泉连珠，为二沸；腾波鼓浪，为三沸。已上，水老，不可食也。初沸，则水合量，调之以盐味，谓弃其啜余。啜，尝也市税反，又市悦反。无乃䷾䷿而钟其一味乎[②]？上古暂反，下吐滥反。无味也。第二沸，出水一瓢，以竹筴环激汤心，则量末当中心而下。有顷，势若奔涛溅沫，以所出水止之，而育其华也。

凡酌，置诸碗，令沫饽均。《字书》并《本草》：“饽均茗沫也。”蒲笏反。沫饽，汤之华也。华之薄者曰沫，厚者曰饽，细轻者曰花，如枣花漂漂然于环池之上。又如回潭曲渚、青萍之始生[③]；又如晴天爽朗，有浮云鳞然[④]。其沫者，若绿钱浮于水渭[⑤]，又如菊英堕于樽俎之中[⑥]。饽者，以滓煮之。及沸，则重华累沫，皤皤然若积雪耳[⑦]。《荈赋》所谓“焕如积雪，烨若春藪[⑧]”，有之。

注　释

①鱼目：刚刚沸腾之水的水泡像鱼的眼睛。

②䶗䶣（gàn tàn）：没有味道。

③回潭曲渚：回旋曲折的池水中和洲渚上。青萍：浮萍。

④浮云鳞然：鱼鳞状的云。

⑤绿钱：苔藓的别称。《文选·沈约<冬至后至丞相第诣世子车中作>诗》："宾阶绿钱满，客位紫苔生。"李善注引崔豹《古今注》："空室无人行，则生苔藓，或青或紫，一名绿钱。"

⑥樽：盛酒的器具。俎：古时祭祀盛放牺牲的礼器。

⑦皤皤然：原用来形容头发花白的样子，此处形容白色的茶末。

⑧烨若春藪：灿烂得像春天的花。烨，光辉、灿烂；藪，花。

译　文

水煮沸了，有小小的气泡像是鱼的眼珠子一样，还有些轻微的响声，叫作"一沸"。锅的边缘如果有气泡连珠般地往上蹿，叫作"二沸"。待到水波翻腾，狂沸起来，就叫作"三沸"。如果再继续煮的话，水就煮老了，味道不好，就不适宜饮用了。开始沸腾时，按照水量放适当的盐调味，把尝剩下的那点水泼掉。啜，就是尝。切莫因无味而过分加盐，否则，不就成了特别喜欢这种盐味了吗？䶗䶣，意为没有味道。第二沸时，就要舀取一瓢水，再用竹筴在沸水之中转圈搅动，用"则"这种量器来量取茶末，然后沿旋涡中心倒下。过一会儿，水就大开了，水面上波涛翻滚，水沫飞溅，就要把先前舀出的水倒进去使水不再沸腾，以保留茶汤中生成的精华。

喝茶的时候，需放置几个碗，把茶汤中的浮沫均匀地分配到各个碗中。在《字书》以及《本草》中饽字都释为茶汤沫。这些浮沫是茶汤的精华，薄的就叫"沫"，厚的就叫"饽"，细轻的叫"花"。"花"的外貌，犹如枣花在圆形的池塘上浮动，又如同回环曲折的潭水、绿洲间新生的浮萍，还恰似晴朗天空中片片鳞状的浮云。那"沫"，就像是青苔浮在水边上，又像是菊花落入杯中。那"饽"，就是茶渣煮沸时，水面上会堆起一层很厚的白色浮沫，白白的如同积雪。《荈赋》中讲的"明亮如积雪，光彩如春花"，真的是这样的。

原 文

第一煮水沸，而弃其沫，之上有水膜如黑云母[①]，饮之则其味不正。其第一者为隽永，徐县、全县二反[②]。至美者曰隽永。隽，味也。永，长也。史长曰隽永。《汉书》：蒯通著《隽永》二十篇也[③]。或留熟盂以贮之，以备育华、救沸之用。诸第一与第二、第三碗次之。第四、第五碗外，非渴甚莫之饮。凡煮水一升，酌分五碗，碗数少至三，多至五；若人多至十，加两炉。乘热连饮之，以重浊凝其下，精英浮其上。如冷，则精英随气而竭。饮啜不消亦然矣。

茶性俭[④]，不宜广，广则其味黯澹。且如一满碗，啜半而味寡，况其广乎！其色缃也[⑤]，其馨欽也。香至美曰"欽"，欽音史。其味甘，槚也；不甘而苦，荈也。啜苦咽甘，茶也。一本云：其味苦而不甘，槚也；甘而不苦，荈也。

注 释

①黑云母：云母类矿物中的一种，为硅酸盐矿物。黑云母的颜色从黑色到褐色、红色或绿色都有，具有玻璃光泽。

②徐县、全县二反：即有徐县反、全县反两种读音。反切是古人在"直音""读若"之后创制的一种注音方法，又称"反""切""翻""反语"等。反切的基本规则是用两个汉字相拼给一个字注音，切上字取声母，切下字取韵母和声调。

③《汉书》：又称《前汉书》，是中国第一部纪传体断代史，"二十四史"之一。由东汉史学家班固编撰。蒯通：本名蒯彻，范阳（今河北徐水北固镇）人，因为避汉武帝之讳而改为通。蒯通辩才无双，善于陈说利害，曾为韩信手下谋士，先后献灭齐之策和三分天下之计。韩信死后蒯通成为相国曹参的宾客。《隽永》：《汉书·蒯通传》："通论战国时说士权变，亦自序其说，凡八十一首，号曰《隽永》。"颜师古注："隽，肥肉也；永，长也。言其所论甘美而义深长也。"后以此谓言语、诗文意味深长。

④茶性俭：比喻茶叶中可溶于水的物质不多。俭，俭朴无华。

⑤缃：浅黄色。

译 文

茶第一次煮开时，要把沫上一层像黑云母样的膜状物去掉，它的味道是不好的。以后，从锅里舀出的第一道水，味道很美留香很长，就叫作"隽永"，隽，有徐县反、全县反两种读音。茶味最佳的称为隽永。隽的意思是味，永的意思是长，回味悠长就被称为隽永，《汉书》：蒯通著《隽永》二十篇。通常就把它贮放在“熟盂”里，以用来育华止沸。以下第一、第二、第三碗，味道就稍微差一点。第四、第五碗之外，如果不是渴得太厉害，那就干脆不要喝了。一般烧水一升，就要分成五碗，碗的数量少则为三，多则为五，如果人多到十个，则增加到两炉。趁热把五碗都喝完。因为重浊不清的东西都凝聚沉淀在下面，精华都浮在上面。如果茶一冷，精华就跟着热气跑光了。要是喝得太多，也同样不好。

茶的性质比较“俭”，水不适合放多了，放多了它的味道就会淡。就像一满碗茶，喝了一半，味道就感觉到差些了，更何况水加多了呢！茶汤的颜色浅黄，香气四溢。香味特别好称为“𩡌”，𩡌读作史。味道甜的，就叫“槚”，不甜而苦的就叫“荈”。入口的时候有苦味，咽下去又有余甘的才是茶。另一种说法是：味道苦而不甜的是“槚”；只甜不苦的是“荈”。

六之饮

原 文

翼而飞，毛而走，呿而言[①]，此三者俱生于天地间。饮啄以活，饮之时，义远矣哉！至若救渴，饮之以浆；蠲忧忿[②]，饮之以酒；荡昏寐，饮之以茶。

茶之为饮，发乎神农氏[③]，闻于鲁周公[④]，齐有晏婴[⑤]，汉有扬雄、司马相如[⑥]，吴有韦曜[⑦]，晋有刘琨、张载、远祖纳、谢安、左思之徒[⑧]，皆饮焉。滂时浸俗[⑨]，盛于国朝[⑩]，两都并荆、渝间[⑪]，以为比屋之饮[⑫]。

注 释

①翼而飞，毛而走，呿而言：长翅膀能飞的飞禽，长毛能跑的走兽，张口能说话的人类。

②蠲忧忿：消除忧虑悲愤。蠲，除去。

③神农氏：传说中上古三皇之一，又称为炎帝。他亲尝百草，用草药治病。《神农食经》："茶茗久服，令人发力，悦志。"

④鲁周公：姬旦，周文王之子，辅佐武王灭商，建立西周王朝。因封国在鲁，又称鲁周公。后人伪托周公作《尔雅》，其中有内容讲到茶。

⑤晏婴：字仲，夷维（今山东高密）人，春秋时期齐国著名政治家、思想家、外交家。历任齐灵公、庄公、景公三朝，辅政长达50余年。《晏子春秋》："婴相齐景公时，食脱粟之饭，炙三弋，五卵，茗茶而已。"

⑥扬雄：字子云，西汉官吏、学者。扬雄长于辞赋，著有《甘泉赋》《河东赋》等。司马相如：字长卿，蜀郡成都人，西汉辞赋家。著有《子虚赋》《上林赋》《大人赋》《长门赋》《美人赋》等。

⑦韦曜：本名韦昭，字弘嗣，吴郡云阳（今江苏丹阳）人。三国时期著名史学家、东吴四朝重臣。著有《吴书》（合著）《汉书音义》《国语注》《官职训》《三吴郡国志》等。

⑧刘琨：字越石，中山魏昌（今河北无极）人，西汉中山靖王刘胜之后，晋朝政治家、文学家、音乐家和军事家，金谷二十四友之一。张载：字孟阳，安平（今河北安平）人。张载与其弟张协、张亢，都以文学著称，时称"三张"。远祖纳：即

陆纳，字祖言，吴郡吴县(今江苏苏州)人。陆羽与其同姓，故尊为远祖。谢安：字安石。陈郡阳夏（今河南太康）人。东晋政治家、名士。左思：字太冲，齐国临淄（今山东淄博）人。西晋著名文学家，其《三都赋》颇为当时所称颂，一时造成“洛阳纸贵”。

⑨滂时浸俗：指形成社会风尚。滂，滂沱，水流多的样子。

⑩国朝：古时本朝人称本朝为国朝，此处指唐。

⑪两都：指唐朝京城长安和东都洛阳。荆、渝：今湖北、重庆一带。

⑫比屋之饮：家家户户都饮茶。比，接连。

译文

长翅膀能飞的飞禽，长毛能跑的走兽，开口能说话的人类，这三者都生在天地之间，都要依靠饮水、吃食物来维持生命活动。可见饮的作用十分重大，意义深远。为了解渴，所以要喝水；为了消愁解闷，所以要喝酒；为了提神而解除瞌睡，所以要喝茶。

茶作为饮品，早在神农氏时就已经开始了，后来周公旦作了茶的文字记载，才为大家所知。春秋时齐国的晏婴，汉代的扬雄、司马相如，以及三国时吴国的韦曜，晋代的刘琨、张载、陆纳、谢安、左思等人都喜欢喝茶。后来喝茶一天一天地广泛流行起来，逐渐成为社会的风气，到唐朝的时候达到极盛。在西安、洛阳两个都城和江陵重庆等地，家家户户都在饮茶。

原文

饮有粗茶、散茶、末茶、饼茶者[①]。乃斫、乃熬、乃炀、乃舂[②]，贮于瓶缶之中，以汤沃焉，谓之痷茶[③]。或用葱、姜、枣、橘皮、茱萸、薄荷之等[④]，煮之百沸，或扬令滑，或煮去沫，斯沟渠间弃水耳，而习俗不已。

於戏[⑤]！天育万物，皆有至妙。人之所工，但猎浅易。所庇者屋，屋精极，所著者衣，衣精极；所饱者饮食，食与酒皆精极之。茶有九难：一曰造，二曰别，三曰器，四曰火，五曰水，六曰炙，七曰末，八曰煮，九曰饮。阴采夜焙，非造也；嚼味嗅香，非别也；膻鼎腥瓯，非器也；膏薪庖炭，非火也；飞湍壅潦[⑥]，非水也；外熟内生，非炙也；碧粉缥尘[⑦]，非末也；操艰搅遽[⑧]，非煮也；夏兴冬废，非饮也。

夫珍鲜馥烈者[⑨]，其碗数三；次之者，碗数五。若座客数至五，行三碗；至七，行五碗；若六人已下，不约碗数，但阙一人而已，其隽永补所阙人。

注释

①粗茶：用连同嫩茎一起采摘的茶叶加工成的散茶。散茶：与饼茶、团茶之类的紧压茶相对而言，指蒸青后直接烘干而成的茶叶，没经过拍打与研磨，从而基本保持着茶的原形。末茶：指蒸青、捣碎后直接干燥而成的碎末茶。

②斫：用刀斧砍，指直接采摘茶树叶而制成的粗茶。熬：蒸煮，指蒸煮后直接烘干成散叶茶。炀：焙烤茶叶，指经过焙烤极干后碾成末茶。舂：捶捣，指经过捣碎茶叶的工序制成饼茶。

③痷茶：指未经过煮沸而仅用热水浸泡的茶。痷，病；瘦病。

④薄荷：土名叫“银丹草”，为唇形科植物。薄荷是中华常用中药之一。

⑤於戏：感叹词。

⑥飞湍：飞奔的急流。壅潦：停滞的积水。潦，雨后积水。

⑦碧粉缥尘：指较差的茶末的颜色呈青绿色与青白色。

⑧操艰搅遽：操作艰难、慌乱。遽，惶恐、窘急。

⑨鲜馥烈者：指香浓味美的新鲜茶。

译文

茶的种类很多，有粗茶、散茶、末茶、饼茶。饮用饼茶的时候，要用刀砍开它，然后炒、烤干、捣碎，最后放到瓶缶中，用开水冲灌，这样做的就叫“痷茶”。或者在茶里添加葱、姜、枣、橘皮、茱萸、薄荷等，煮开后待很长的时间，把茶汤扬起变清，或煮好之后再把茶上的“沫”去掉，这样的茶就和倒在沟渠里的废水没有什么区别了，可是一般都习惯这么做了！

啊，天生万物，都有它最精妙的地方，然而人们擅长的，也仅仅只是它那些浅显易做的而已。住的是房屋，房屋的构造已经精致极了；所穿的是衣服，衣服做得已经精美极了；填饱肚子的是饮食，而食物和酒也都已经精美极了。茶有九难：一是制造，二是识别，三是器具，四是火力，五是水质，六是炙烤，七是捣碎，八是烹煮，九是品饮。阴天采摘的茶叶，夜间烘烤，那就是制造不当；凭口嚼辨别味道，鼻闻辨别香味的，那就是鉴别不当；如果用沾染了膻气的锅和腥气的盆来煮茶或泡茶，那就是所用的器具不当；如果用有油烟的柴和烤过肉的炭来烘焙茶叶，那就是所选的燃料不当；如果用流动很急或停滞不流的水来煮茶的，那就是选用水的不当；得外熟内生，那就是炙烤不当；捣得太细，都捣成了绿色的粉末，那就是捣碎不当了；操作不熟练，搅动得太急，那么就应该是烧煮不当了；夏天才喝，而冬天不喝，这就是饮用不当了。

属于珍贵鲜美馨香的茶，一炉只能有三碗；其次就是五碗。如果喝茶的客人达到五个，那么就要舀出三碗传着喝；达到七个人，就要舀出五碗传着喝；如果是六个人，那就不用计算碗数了，只不过缺少一人罢了，那就用“隽永”来补充。

七之事

原　文

三皇[①]：炎帝神农氏。

周：鲁周公旦，齐相晏婴。

汉：仙人丹丘子[②]，黄山君[③]，司马文园令相如，扬执戟雄。

吴[④]：归命侯[⑤]，韦太傅弘嗣。

晋：惠帝，刘司空琨，琨兄子兖州刺史演，张黄门孟阳，傅司隶咸，江洗马统，孙参军楚，左记室太冲，陆吴兴纳，纳兄子会稽内史俶，谢冠军安石，郭弘农璞[⑥]，桓扬州温[⑦]，杜舍人育，武康小山寺释法瑶，沛国夏侯恺，余姚虞洪，北地傅巽，丹阳弘君举，乐安任育长，宣城秦精，敦煌单道开，剡县陈务妻，广陵老姥，河内山谦之。

后魏：琅琊王肃。

宋：新安王子鸾，鸾弟豫章王子尚，鲍照妹令晖[⑧]，八公山沙门昙济[⑨]。

齐：世祖武帝。

梁：刘廷尉，陶先生弘景[⑩]。

皇朝[⑪]：徐英公勣[⑫]。

注　释

①三皇：古代中国传说中的三个杰出部落首领，后世尊为皇。有“天皇、地皇、泰皇”“伏羲、神农、黄帝”等说法。

②丹丘子：神仙名。《神异记》记载：浙江余姚人虞洪有一次进山采茶，遇见一名道士叫丹丘子，丹丘子知道虞洪喜欢饮茶，就从山上采了一种好茶送给他。虞洪在那里立了茶祠，给这种茶命名为丹丘茗。

③黄山君：传说中的人物。《太平广记》卷二引《神仙传》：“后有黄山君者，修彭祖之术，数百岁犹有少容。彭祖既去，乃追论其言，以为《彭祖经》。”

④吴：又称东吴、孙吴，三国时期孙权在中国东南部建立的政权。

⑤归命侯：即顺应天命归顺投降的亡国之君。这里指东吴亡国之君孙皓。280年，晋灭东吴，孙皓投降，封“归命侯”。

⑥郭弘农璞：郭璞，字景纯，河东郡闻喜县（今山西闻喜）人。两晋时期著名文学家、训诂学家、风水学者。

⑦桓扬州温：桓温，字符子，谯国龙亢(今安徽怀远)人。东晋杰出的军事家，权臣。

⑧鲍照妹令晖：鲍照，字明远，南朝宋文学家，与颜延之、谢灵运合称“元嘉三大家”。其妹令晖，擅长词赋，钟嵘《诗品》说她：“歌诗往往崭新清巧，拟古尤胜。”

⑨八公山沙门昙济：八公山，位于安徽省淮南市与寿县古城交界处，是著名的文化胜地，汉文化重镇。沙门，佛家指出家修行的人。昙济，即下文说的“昙济道人”。

⑩陶先生弘景：陶弘景，字通明，南朝梁时丹阳秣陵(今江苏南京)人，著名的医药家、炼丹家、文学家，人称“山中宰相”。

⑪皇朝：即指唐朝。

⑫徐英公勣：即李勣，原名徐世勣，字懋功，曹州离狐（今山东菏泽）人。唐朝初年名将，凌烟阁二十四功臣之一。

译 文

上古三皇时代：炎帝神农氏。

周朝：周公即周武王之弟姬旦，齐相晏婴。

汉朝：仙人丹丘子，黄山君，孝文帝时期任文园令的司马相如，任给事黄门侍郎的扬雄。

吴国：归命侯孙皓、太傅韦弘嗣(韦曜)。

晋朝：惠帝司马衷，司空刘琨，以及刘琨兄长的儿子衮州刺史刘演，黄门侍郎张孟阳(张载)，司隶校尉傅咸，太子洗马江统，参军孙楚，记室参军左太冲(左思)，吴兴人陆纳，陆纳兄长的儿子会稽内史陆俶，冠军将军谢安石(谢安)，弘农太守郭璞，扬州太守桓温，中书舍人杜育，武康小山寺和尚法瑶，沛国人夏侯恺，余姚人虞洪，北地人傅巽，丹阳人弘君举，乐安人任瞻，宣城人秦精，敦煌人单道开，剡县陈务的妻子，广陵一老妇人，河内人山谦之。

后魏：琅琊人王肃。

刘宋：新安王刘子鸾，以及子鸾的弟弟豫章王刘子尚，鲍照的妹妹鲍令晖，八公山的和尚昙济。

南朝齐：世祖武皇帝。

南朝梁：廷尉刘孝绰，陶弘景先生。

本朝：英国公徐世勣。

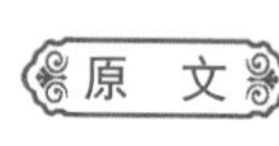

《神农食经》[①]："茶茗久服，令人有力、悦志。"

周公《尔雅》[②]："槚，苦荼。"

《广雅》云[③]："荆巴间采叶作饼，叶老者，饼成，以米膏出之。欲煮茗饮，先炙令赤色，捣末置瓷器中，以汤浇覆之，用葱、姜、橘子芼之[④]。其饮醒酒，令人不眠。"

《晏子春秋》[⑤]："婴相齐景公时，食脱粟之饭，炙三戈、五卵、茗、菜而已[⑥]。"

司马相如《凡将篇》[⑦]："乌喙、桔梗、芫华、款冬、贝母、木蘗、蒌、芩、草芍药、桂、漏芦、蜚廉、藿菌、荈诧、白敛、白芷、菖蒲、芒消、莞椒、茱萸[⑧]。"

《方言》[⑨]："蜀西南人谓茶曰荈。"

《吴志·韦曜传》："孙皓每飨宴[⑩]，坐席无不率以七升为限。虽不尽入口，皆浇灌取尽。曜饮酒不过二升，皓初礼异，密赐茶荈以代酒。"

注　释

①《神农食经》：古书名，未详。

②《尔雅》：儒家的经典之一，是中国古代最早的词典，是辞书之祖。收集了比较丰富的古代汉语词汇。

③《广雅》：三国时张揖撰，是我国最早的一部百科词典。共收字18150个，是仿照《尔雅》体裁编纂的一部训诂学汇编，相当于《尔雅》的续篇，篇目也分为19类，各篇的名称、顺序，说解的方式，以及全书的体例，都和《尔雅》相同，甚至有些条目的顺序也与《尔雅》相同。

④芼：意为掺入肉羹的菜，引申为拌和。

⑤《晏子春秋》：又称《晏子》，是记载春秋时期（前770—前476）齐国政治家晏婴言行的一种历史典籍，用史料和民间传说汇编而成。旧题齐晏婴撰，实为后人采晏子事辑成，成书约在汉初。

⑥三戈：犹三禽。

⑦《凡将篇》：伪托司马相如作的字书，已佚。此处引文为后人所辑。

⑧乌喙：中药附子的别称。桔梗：多年生草本植物。其根可入药。芫华：落叶灌木。叶小椭圆形，花小色紫，可供观赏。款冬：别名冬花、蜂斗菜或款冬蒲公英，属于菊科款冬属植物。贝母：多年生草本植物。其鳞茎供药用。木蘗：即黄蘗，芸香科植物，其干燥树皮可入药，又称为"关黄柏"。蒌：即蒌菜，胡椒

科。芩：黄芩，唇形科黄芩属多年生草本植物，其以根入药。草芍药：即赤芍为野生芍药科植物芍药的块根。桂：木犀科常绿乔木，根、叶、花、果实均可入药。漏芦：多年生草本植物。有清热解毒，消痈，下乳，舒筋通脉的功效。蜚廉：菊科二年生或多年生草本植物，以全草或根入药。雚菌：产于东海滨或沼泽地，类似于菌类。气味咸平，有小毒。白敛：葡萄科植物白蔹的干燥块根。白芷：多年生高大草本。有解表散寒，祛风止痛的功效。菖蒲：多年生草本植物。有化痰、开窍、健脾、利湿的功效。芒消：又名盆消、芒硝，一种分布很广泛的硫酸盐矿物，可入药。莞椒：不详。

⑨《方言》：全称《𬨎轩使者绝代语释别国方言》，汉扬雄撰。

⑩飨宴：宴饮。《三国志·蜀志·张嶷传》："嶷杀牛飨宴。"

译 文

《神农食经》中说："长期引用茶水，可以使人精力饱满、兴奋。"

周公《尔雅》中说："槚，就叫苦荼。"

《广雅》中说："荆州、巴州一带的地方，采摘茶叶做成饼茶，制成饼茶后的叶子比较老的，就用米汤来浸泡它。想煮茶喝的时候，就要先烘烤饼茶，使饼茶呈现出红色来，然后再把饼茶捣成碎末放入瓷器中，用沸水冲泡。或者放一些葱、姜、橘子一起煎煮。喝了它可以醒酒，使人精神振奋而不想睡。"

《晏子春秋》中说："晏婴作齐景公的宰相时，吃的是粗粮和烧烤的禽鸟和蛋品，除此之外，也就只有饮茶。"

汉司马相如《凡将篇》在药物类中就记载着："乌喙、桔梗、芫华、款冬、贝母、木蘗、蒌、芩、草芍药、桂、漏芦、蜚廉、雚菌、荈诧、白敛、白芷、菖蒲、芒消、莞椒、茱萸。"

汉扬雄《方言》中说："蜀地西南的百姓都把茶叶叫作荈。"

三国《吴志·韦曜传》中说："孙皓每次设宴，规定每个人都要饮酒七升，即使不全部喝下去，也要把酒全倒进嘴里，表示喝完。韦曜酒量不超过二升。孙皓当初非常尊重他，就暗地赐他茶以代替酒。

原 文

《晋中兴书》[①]："陆纳为吴兴太守时，卫将军谢安尝欲诣纳，《晋书》云纳为吏部尚书。纳兄子俶怪纳无所备，不敢问之，乃私蓄十数人馔。安既至，所设唯茶果而已。俶遂陈盛馔，珍羞必具。及安去，纳杖俶四十，云："汝既不能光益叔父，奈何秽吾素业？'"

《晋书》："桓温为扬州牧[②]，性俭，每宴饮，唯下七奠拌茶果而已。"

《搜神记》[③]："夏侯恺因疾死。宗人字苟奴，察见鬼神，见恺来收马，并病其妻。着平上帻、单衣[④]，入坐生时西壁大床，就人觅茶饮。"

刘琨《与兄子南兖州刺史演书》云[⑤]："前得安州干姜一斤、桂一斤、黄芩一斤[⑥]，皆所须也。吾体中溃闷，常仰真茶，汝可置之。"

傅咸《司隶教》曰："闻南市有蜀妪作茶粥卖[⑦]，为廉事打破其器具。后又卖饼于市。而禁茶粥以困蜀妪，何哉？"

《神异记》[⑧]："余姚人虞洪，入山采茗，遇一道士，牵三青牛，引洪至瀑布山，曰：'予，丹丘子也。闻子善具饮，常思见惠。山中有大茗，可以相给，祈子他日有瓯牺之余，乞相遗也。'因立奠祀。后常令家人入山，获大茗焉。

注释

①《晋中兴书》：七十八卷，一作八十卷。南朝宋何法盛撰。

②扬州牧：扬州的最高官员。古代以九州之长为"牧"，"牧"是管理人民之意。汉武帝时设十三州部，每部设一刺史，汉成帝时，改刺史为州牧。后废置无常。

③《搜神记》：是一部记录中国古代汉族民间传说中神奇怪异的故事集，搜集了古代的神异故事共400多篇，开创了中国古代神话的先河，作者是东晋史学家干宝。

④帻：又称巾帻。古代中国男子包裹鬓发、遮掩发髻的巾帕。始见于汉代。

⑤南兖州：晋时州名，治所在今江苏镇江。

⑥安州：晋时州名，今河北隆化一带。

⑦妪：年老的女人。

⑧《神异记》：西晋王浮著，原书已佚。

译文

《晋中兴书》："陆纳做吴兴太守的时候，卫将军谢安常想去拜访他。陆纳的侄子陆俶奇怪他没有准备什么，但又不敢问，便私自准备了十多个人用的菜肴饭食。谢安来到之后，陆纳仅仅摆出茶和果品招待，陆俶于是摆上了丰盛的肴馔，各种美味的菜全都有。等到谢安走后，陆纳打了陆俶四十板子，并对他说：'你既不能使你的叔父增添光彩，为什么还要破坏我廉洁的名声呢？'"

《晋书》："桓温在任职扬州太守的时候，他性好节俭，每次宴会，就只准备七盘茶与果品。"

《搜神记》："夏侯恺因病去世之后，他族人的儿子苟奴就看见了鬼魂。他看到夏侯恺回来取马匹，而且把他的妻子也弄病了。苟奴看见他戴着平上帻，穿着单衣进屋来，还找到他活着的时候经常坐的西壁的床位坐下来，然后就向人讨要茶水喝。"

刘琨《与兄子南兖州史演书》中说："前些时候收得安州干姜一斤、桂一斤、黄芩一斤，都是我需要的。我心烦意乱，精神不好，常常靠着喝茶来提神，排遣郁闷，你可以多购买一点。"

傅咸《司隶教》说："听说剑南蜀郡有一位老婆婆，自己煮茶水在街上叫卖，管理街市的官吏看到了，就把她的器皿打破了，禁止她在市上卖茶饼和茶羹。这使老婆婆陷入了困境，这究竟是为什么呢？"

《神异记》里面说："余姚人虞洪进山采摘茶叶就遇到一位道士，这个道士牵着三只青牛。他带虞洪到瀑布山上后，说：'我是丹丘子，听说你善于煮茶喝，想麻烦你。山中有一棵很大的茶树，你可以在此采摘，希望你日后有喝不完的茶，就送一些给我喝。'虞洪于是设奠祭祀了这位道人，后来他经常叫家人进山，果然找到了那棵大茶树。"

原　文

左思《娇女诗》[①]："吾家有娇女，皎皎颇白皙。小字为纨素，口齿自清历。有姊字惠芳，眉目灿如画。驰骛翔园林，果下皆生摘。贪华风雨中，倏忽数百适[②]。心为茶荈剧，吹嘘对鼎钘[③]。"

张孟阳《登成都楼诗》云[④]："借问杨子舍[⑤]，想见长卿庐[⑥]。程卓累千金[⑦]，骄侈拟五侯[⑧]。门有连骑客，翠带腰吴钩[⑨]。鼎食随时进，百和妙且殊。披林采秋橘，临江钓春鱼。黑子过龙醢[⑩]，果馔逾蟹蝑[⑪]。芳茶冠六清[⑫]，溢味播九区[⑬]。人生苟安乐，兹土聊可娱。"

傅巽《七诲》[⑭]："蒲桃、宛柰、齐柿、燕栗、峘阳黄梨、巫山朱橘、南中茶子、西极石蜜[⑮]。"

弘君举《食檄》[⑯]："寒温既毕[⑰]，应下霜华之茗。三爵而终，应下诸蔗、木瓜、元李、杨梅、五味、橄榄、悬豹、葵羹各一杯[⑱]。"

孙楚《歌》[⑲]：'茱萸出芳树颠，鲤鱼出洛水泉[⑳]。白盐出河东[㉑]，美豉出鲁渊[22]。姜桂茶荈出巴蜀，椒橘木兰出高山。蓼苏出沟渠[23]，精稗出中田。”

注 释

①《娇女诗》：原诗有56句，是晋代文学家左思的诗作。陆羽所引仅为有关茶的12句。

②倏忽：指很快地，忽然间。《战国策·楚策四》：“（黄雀）昼游乎茂树，夕调乎酸醎，倏忽之间，坠于公子之手。”

③鬲：或作“镉”，一种与鼎同类的烹饪器具。

④张孟阳：即张载。《登成都楼诗》：一作《登成都白菟楼诗》，原诗有32句，陆羽仅录有关茶的16句。前半部分为：“重城结曲阿，飞宇起层楼。累栋出云表，峣嶭临太虚。高轩启朱扉，回望畅八隅。西瞻岷山岭，嵯峨似荆巫。蹲鸱蔽地生，原隰殖嘉蔬。虽遇尧汤世，民食恒有余。郁郁小城中，岌岌百族居。街术纷绮错，高甍夹长衢。”

⑤杨子舍：指扬雄的住宅。

⑥长卿庐：《史记·司马相如列传》称司马相如娶卓文君后回到成都居住的地方，“买田宅，为富人居久之”。

⑦程卓：西汉程郑与蜀卓氏迁徙至蜀地后，因冶铸而成为巨富，事见于《史记·货殖列传》。

⑧五侯：一指公、侯、伯、子、男五等爵位的诸侯，一指同时封侯的五人。汉成帝封其舅氏五人为侯，称五侯。

⑨吴钩：吴地所产的宝刀，似剑而略弯曲。

⑩龙醢：比喻极美的食物。醢，肉酱。

⑪蟹蝑：蟹酱。

⑫六清：《周礼·天官·膳夫》：“凡王之馈……饮用六清。”郑玄注：“六清，水、浆、醴、凉、医、酏。”后用以泛指饮料。

⑬九区：即九州。古人将中国分为冀、兖、青、徐、扬、荆、豫、梁、雍九州。

⑭《七诲》：七，是古代的一种文体，源于西汉枚乘的《七发》。

⑮蒲桃：蒲地所产的桃。蒲，在今山西境内。宛柰：宛地所产的柰。宛，在今河南南阳；柰，古书上指一种类似花红的果子。齐柿：齐地所产的柿。燕栗：燕地所产的栗子。峘阳：峘，疑为“恒”之讹，即北岳恒山。峘阳，即是恒山之南。巫山：四川、湖北、湖南交界一带。朱橘：橘子。橘成熟后常呈红色，故称。南中：今云南、贵州、四川一带。西极：指西方极远的地方，又指古代长安以西的疆域。石蜜：冰糖的异称，指甘蔗汁或者白糖、淀粉、白矾经过太阳曝晒后或者熬制而成的固体原始蔗糖。

⑯《食檄》：古书名，未详。

⑰寒温：寒暄，相见时互道天气冷暖。

⑱诸蔗：甘蔗。五味：五味子。木兰科植物。《新修本草》载“五味皮肉甘酸，核中辛苦，都有咸味”，故有五味子之名。葵羹：用冬葵所做的羹汤。

⑲《歌》:《太平御览》卷八六七引作《出歌》。

⑳洛水：源出陕西洛南县西北部，向东流经河南卢氏、洛宁、宜阳、洛阳、偃师，在巩义洛口汇入黄河。

㉑河东：晋河东郡，属司州。辖境在今山西运城、绛县、垣曲、平陆、芮城、永济、临猗一带。

㉒美豉：上等的豆豉。鲁渊：鲁地的湖泽。

㉓蓼：蓼科植物的泛称。苏：紫苏，唇形科，一年生草本植物。

译　文

西晋左思《娇女诗》写道：“我家有娇女，长得很白皙。小名叫纨素，口齿很伶俐。姐姐叫蕙芳，眉目美如画。蹦蹦跳跳到园林中，果子未熟就摘下。哪管风和雨，跑出跑进上百次。看见煮茶心高兴，对着茶炉帮吹气。

张孟阳《登成都楼诗》写道：“请问当年扬雄住在哪里呢？司马相如的故居又是什么样子？昔日程郑、卓王孙这两个大豪门，骄奢淫逸，可与王侯之家比媲。他们的门前经常是车水马龙，宾客不断，腰间总是飘曳着绿色的缎带，佩挂着名贵的宝刀。家中吃的山珍海味，精妙无双。秋天里，人们在橘林中采摘着丰收的柑橘；春天里，人们就在江边垂钓。果品胜过佳肴，鱼肉格外细嫩。如果人一辈子只是知道苟且寻求安乐的话，那成都这个地方还是可以供人们尽情享乐的。

傅巽《七诲》说：“蒲地的桃、宛地的柰、齐地的柿子、燕地的板栗、峘阳的黄梨、巫山的红橘、南中的茶子、西极的石蜜。”

弘君举《食檄》说：“见到寒暄一番之后，就要先请客人喝浮有白沫的三杯好茶。然后陈上用甘蔗、木瓜、元李、杨梅、五味、橄榄、悬豹、冬葵做的羹各一杯。”

孙楚《歌》说：“茱萸是在树巅上取得的，鲤鱼是在洛水中捕捉的。白盐出产在河东，美豉出产于鲁渊。姜、桂、茶则出产于巴蜀，椒、橘、木兰出产于高山。蓼苏生长在沟渠里，稗子生长在稻田中。”

原文

华佗《食论》[1]："苦荼久食，益意思。"

壶居士《食忌》[2]："苦荼久食羽化[3]。与韭同食，令人体重。"

郭璞《尔雅注》云："树小似栀子，冬生，叶可煮羹饮，今呼早取为茶，晚取为茗，或一曰荈，蜀人名之苦荼。"

《世说》[4]："任瞻，字育长，少时有令名，自过江失志。既下饮，问人云："此为茶？为茗？'觉人有怪色，乃自分明云：'向问饮为热为冷。'"

《续搜神记》[5]："晋武帝世[6]，宣城人秦精，常入武昌山采茗[7]。遇一毛人，长丈余，引精至山下，示以丛茗而去。俄而复还[8]，乃探怀中橘以遗精。精怖，负茗而归。"

《晋四王起事》[9]："惠帝蒙尘[10]，还洛阳，黄门以瓦盂盛茶上至尊[11]。"

注释

①华佗：字符化，名勇，汉族，沛国谯县人。东汉末年著名医学家。华佗与董奉、张仲景并称为"建安三神医"。

②壶居士：道家臆造的真人之一，又称壶公。《太平广记》卷十二引《神仙传》记载壶公常在屋中悬一空壶，晚上跳入壶中。

③羽化：道家称飞升成仙为羽化。

④《世说》：南朝宋临川王刘义庆组织一批文人编写的《世说新语》。它是中国魏晋南北朝时期"笔记小说"的代表作，是我国最早的一部文言志人小说集。它原本有8卷，被遗失后只有3卷。

⑤《续搜神记》：又称《搜神后记》，东晋陶潜撰。

⑥晋武帝：即司马炎，字安世，河内温县（今河南省温县）人，西晋开国皇帝。

⑦武昌山：《嘉庆一统志》卷三三五："武昌山：在武昌县南一百九十里。《方舆胜览》：'孙权都鄂，欲以武而昌，故名。'"

⑧俄而：不久；一会儿。

⑨《晋四王起事》：即《晋四王遗事》，四卷，晋卢綝撰。

⑩惠帝蒙尘：古时以"蒙尘"比喻君主流亡或失位而遭受屈辱。西晋惠帝时发生八王之乱，惠帝逃亡。

⑪黄门：宦官。至尊：指惠帝。

译文

华陀《食论》中说："长期饮用苦茶，对提高思维能力有益处。"

壶居士《食忌》中说：“长期饮用苦茶，身体轻健如同飘然的仙子；如果把茶和韭菜放在一起吃，就会容易增加人的体重。”

郭璞《尔雅注》中说：“茶树矮小像栀子一样。冬季它的叶子不凋零，可以用来煮茶喝。现在把早采的叫‘茶’，晚采的叫‘茗’，还有的叫‘荈’，蜀地的人称它作‘苦茶’。”

《世说新语》中说：“任瞻，字育长，青年时期有好的名声，自从过江之后就丧失了心志。有一次到主人家作客，主人呈上茶，他问人说：‘这是茶，还是茗？’发觉旁人有奇怪不解的表情，自己就解释说：‘刚才是问茶是热的，还是冷的？’”

《续搜神记》中说：“在晋武帝的时候，宣城人秦精，经常去武昌山里采摘茶叶。有一次，他遇见了个浑身长毛的人，此人有一丈多高，他带秦精到山下把一丛丛的茶树指给他后就离开了，过了一会儿他又回来，从怀中掏出橘子送给秦精。秦精感到害怕，赶忙背了茶叶就回家。”

《晋四王起事》中说：“晋惠帝逃难到外面去，当他回到洛阳的时候，黄门就用陶钵盛了茶水献给他喝。”

原　文

《异苑》[①]：“剡县陈务妻[②]，少与二子寡居，好饮茶茗。以宅中有古冢，每饮，辄先祀之。二子患之曰：‘古冢何知？徒以劳意。’欲掘去之，母苦禁而止。其夜，梦一人云：‘吾止此冢三百余年，卿二子恒欲见毁，赖相保护，又享吾佳茗，虽潜壤朽骨，岂忘翳桑之报[③]！’及晓，于庭中获钱十万，似久埋者，但贯新耳。母告二子，惭之，从是祷馈愈甚。”

《广陵耆老传》：“晋元帝时有老姥[④]，每日独提一器茗，往市鬻之。市人竞买，自旦至夕，其器不减。所得钱散路傍孤贫乞人。人或异之，州法曹絷之狱中[⑤]。至夜，老妪执所鬻茗器从狱牖中飞出。”

《艺术传》：“敦煌人单道开，不畏寒暑，常服小石子。所服药有松、桂、蜜之气，所饮茶苏而已。”

释道该说《续名僧传》[⑥]：“宋释法瑶，姓杨氏，河东人。元嘉中过江[⑦]，遇沈台真[⑧]，请真君武康小山寺[⑨]。年垂悬车[⑩]，饭所饮茶。永明中[⑪]，敕吴兴礼致上京[⑫]，年七十九。”

注　释

①《异苑》：南朝宋刘敬叔撰。刘敬叔，《宋书》《南史》俱无传。明胡震亨始采诸书补作之。《津逮秘书》《学津讨源》等古丛书中收有此书。今存10卷。

②剡县：在今浙江嵊州。

③翳桑之报：鲁宣公二年（前607），赵宣子在首阳山（今山西永济东南）打猎，住在翳桑。他看见一人非常饥饿，将食物送给他吃，又为他准备了一篮饭和肉留给家中的母亲。后来，这个人做了晋灵公的武士。一次，灵公想杀宣子，这个人反过来抵挡晋灵公的手下，使宣子得以脱险。宣子问他为何这样做，他回答说："我就是在翳桑的那个饿汉。"宣子再问他的姓名和家居时，他不告而退。

④晋元帝：司马睿，字景文，东晋开国皇帝。

⑤法曹：古代司法机关或司法官员的称谓。

⑥《续名僧传》：《隋书·经籍志》著录释宝唱撰《名僧传》30卷，《续名僧传》当是后人续宝唱之书。

⑦元嘉：原作"永嘉"，与法瑶生活年代不符，故改。元嘉为南朝宋文帝刘义隆的年号。

⑧沈台真：沈演之，字台真，南朝宋吴兴武康（今浙江德清）人。

⑨武康：今属湖州德清。三国吴黄武元年（222），武康立县，初名永安。属吴郡。晋武帝太康三年（286）改名武康。仍属吴兴郡。

⑩年垂悬车：指黄昏之前的一段时间。《淮南子·天文》："爰止羲和，爰息六螭，是谓悬车。"

⑪永明：南朝齐武帝萧赜的年号。

⑫吴兴：南朝宋时吴兴郡属扬州，今浙江湖州一带。

译　文

《异苑》中说："剡县陈务的妻子，年轻时就带着两个儿子守寡，她喜欢喝茶。因为她住的地方有一个古墓，所以每当她饮用茶水的时候，总是先给古墓奉祭一碗。两个儿子感到古墓是个祸害，就说：'一个古墓它知道什么？给它奉祭白花力气！'于是，他们俩想把古墓挖去。即使母亲苦苦劝说，他们始终不听。就在当天夜里，她梦见一人对她说：'我住在这古墓里已经有三百多年了，你的两个儿子总要把它铲平，幸亏你保护了它，而且还拿好茶祭奠我。我虽然是地下的枯骨，但怎么能忘记你的恩德不来报答呢？'天亮了，她在院子里见到了十万串钱，这些钱像是埋了很久一样，只有穿钱的绳子是新的。母亲把这件事告诉了她的儿子们，两个儿子都感到十分惭愧。从此他们对古墓的祭祷就更加频繁和敬重了。

《广陵耆老传》说："在晋元帝的时候，有一位老太婆，每天一早，她都独自提着一器皿的茶，到街市上去卖。市上的人都争着来买她的茶喝。然而，从早到晚她器皿中的茶从不减少。她把赚得的钱施舍给路旁的孤儿、穷人和乞丐。有人就把她看作怪人，向官府报告了。州里的官吏就把她捆绑起来，送进了监狱。到了夜晚，老太婆就手提卖茶的器皿，从监狱的窗口飞出去了。"

《艺术传》中说："敦煌人单道开，冬天不怕寒冷，夏天不怕酷热，他经常服食小石子，他服食的药有松、桂、蜜的香气，此外还有茶叶、紫苏等。"

释道该说《续名僧传》："南朝宋时有位法瑶和尚，本来姓杨，是河东人，在元嘉年间他过江，在武康小山寺遇到了沈台真，请他，那时法瑶年纪已经很大了，就用茶水当饭。在永明年间，皇上命令吴兴的官吏要隆重地把他送进京城，他那时就已经七十九岁了。"

原　文

宋《江氏家传》[①]："江统，字应元，迁愍怀太子洗马[②]，尝上疏，谏云：'今西园卖醯、面、篮子、菜茶之属[③]，亏败国体。'"

《宋录》："新安王子鸾、豫章王子尚，诣昙济道人于八公山[④]。道人设茶茗，子尚味之曰：'此甘露也[⑤]，何言茶茗？'"

王微《杂诗》[⑥]："寂寂掩高阁，寥寥空广厦。待君竟不归，收领今就槚。"

鲍昭妹令晖著《香茗赋》。

南齐世祖武皇帝《遗诏》："我灵座上慎勿以牲为祭[⑦]，但设饼果、茶饮、干饭、酒、脯而已。

梁刘孝绰《谢晋安王饷米等启》[⑧]："传诏李孟孙宣教旨，垂赐米、酒、瓜、笋、菹、脯、酢、茗八种[⑨]。气苾新城[⑩]，味芳云松[⑪]。江潭抽节，迈昌荇之珍[⑫]；疆埸擢翘[⑬]，越葺精之美。羞非纯束，野麐裛似雪之鲈；鲊异陶瓶[⑭]，河鲤操如琼之粲。茗同食粲，酢颜望柑，免千里宿舂，省三月种聚[⑮]。小人怀惠，大懿难忘。"

注　释

①《江氏家传》：南朝宋江祚著。一作江饶著。已佚。

②愍怀太子：晋武帝司马炎之孙，晋惠帝司马衷长子。元康元年（300）为

贾后害死，年仅21岁。洗马：官职名，为太子属官，职掌如谒者，太子出行时为显威仪的前导。晋朝时还有掌管图籍、祭祀先师、讲师等职责。

③醯（xī）：醋。

④道人：六朝时僧人的别称。

⑤甘露：甘美的露水。

⑥王微：字景玄，琅琊临沂（今山东临沂）人，南朝宋文学家、书画家。历任司徒祭酒、太子中舍人等职。《杂诗》原有28句，陆羽仅录4句。

⑦灵座：也称灵位。指埋葬逝者后供奉牌位神主的几筵。

⑧刘孝绰：本名冉，孝绰是他的字。晋安王：名肖纲，昭明太子卒后，继为皇太子。后登位称简文帝。

⑨菹：腌菜。酢：通“醋”。

⑩气苾新城：形容所赐的米气味芳香。新城米为当时名产。

⑪味芳云松：比喻酒味芳香。

⑫江潭抽节，迈昌荇之珍：这两句形容笋和菹两种食物味美超过菖荇。

⑬疆埸擢翘：此句形容选取的是最好的瓜。疆埸，指田界。

⑭鲊异陶瓶：典出东晋陶侃事，《世说新语·贤媛》：“陶公少时，作鱼梁吏。尝以坩鲊饷母。母封鲊付使，反书责侃曰：‘汝为吏，以官物见饷，非唯不益，乃增吾忧也。’”

⑮免千里宿舂，省三月种聚：这两句形容赐赠的食物可以吃很长时间。《庄子·逍遥游》：“适百里者宿舂粮，适千里者三月聚粮。”

译 文

宋《江氏家传》中说：“江统，字应元。升任愍怀太子洗马之职。他曾经上疏谏道：‘现在西园卖醋、面、篮子、菜、茶这些东西，有损国家的体面。’”

《宋录》中说：“新安王刘子鸾、豫章王刘子尚到八公山拜访昙济道人，道人就备设茶水来招待他们。刘子尚品尝后说：‘这是甘露啊，怎么说是茶呢？’”

王微《杂诗》云：“静悄悄地，关上高阁的门；冷清清的，大厦空荡荡一片。等您啊，您竟迟迟不归来；失望啊，且去饮茶解愁怀。”

鲍照的妹妹令晖写了一篇《香茗赋》。

南齐世祖武皇帝的遗诏称：“我的灵座上不要用杀掉的牛、羊等动物当作祭品，只需要摆放一点饼果、茶饮、干饭、酒肉就够了。”

梁刘孝绰《谢晋安王饷米等启》中说：“李孟孙君带给您告谕，赏赐给我的米、酒、瓜、笋、腌菜、肉干、醋、茗等八种食品。酒气馨香，味道淳厚，可以和新城、云松的佳酿媲美。水边初生的竹笋，胜过菖荇这一类的珍馐；田园里肥硕的瓜菜比任何美味都要好。白茅束捆的野鹿虽然很好，哪有您惠赐我的肉脯好呢？陶侃瓶里面装的河鲤虽然很好，哪有您馈赠的鲈鱼好呢？大米如同玉粒晶莹剔透，茗茶又跟大米一样精良，醋也非常开胃。食品如此丰盛，即使我远行千里，也用不着再想办法准备干粮了。我记着您给我的恩惠，您的大德我永记不忘！”

原　文

陶弘景《杂录》：“苦茶，轻身换骨，昔丹丘子、黄山君服之。”

《后魏录》：“琅琊王肃[①]，仕南朝，好茗饮、莼羹[②]。及还北地，又好羊肉、酪浆，人或问之：‘茗何如酪？’肃曰：‘茗不堪，与酪为奴。’”

《桐君录》[③]：“西阳、武昌、庐江、晋陵好茗[④]，皆东人作清茗。茗有饽，饮之宜人。凡可饮之物，皆多取其叶，天门冬、拔揳取根[⑤]，皆益人。又巴东别有真茗茶[⑥]，煎饮令人不眠。俗中多煮檀叶，并大皂李作茶，并冷。又南方有瓜芦木，亦似茗，至苦涩，取为屑茶饮，亦可通夜不眠。煮盐人但资此饮，而交、广最重[⑦]，客来先设，乃加以香芼辈[⑧]。”

注　释

①王肃：在南朝齐为官，后降北魏。北魏是北方少数民族鲜卑族拓跋部建立的政权，该民族习性喜食牛羊肉、鲜牛羊奶加工的酪浆。王肃为讨好新主子，所以当北魏高祖问他时，他贬低说茶还不配给酪浆当奴仆。这话传出后，北魏朝贵遂称茶为“酪奴”，并且在宴会时，“虽设茗饮，皆耻不复食”。事见《洛阳伽蓝记》。

②莼羹：用莼菜烹制的羹。

③《桐君录》：相传桐君是黄帝时的医官，此书为后人假托桐君所撰，已佚。

④西阳：两晋南北朝时西阳郡，在今湖北黄冈一带。武昌：两晋南北朝时武昌郡，在今湖北鄂州一带。庐江：两晋南北朝时庐江郡，在今安徽舒城一带。晋陵：两晋南北朝时晋陵郡，在今江苏常州一带。

⑤天门冬：百合科，属多年生草本植物。天门冬的块根是常用的中药，性寒，味甘苦。拔揳：又作菝葜，多年生藤本落叶攀附植物。根状茎入药，性平，味甘酸，有利湿去浊、祛风除痹、解毒散瘀的功效。

⑥巴东：晋郡名。治所在现在的四川万县一带。

⑦交、广：交州和广州。交州在今广西合浦、北海市一带。

⑧香芼辈：各种香草作料。

译文

陶弘景《杂录》中说："苦茶能使人身体强健，脱胎换骨，从前丹丘子、黄山君就饮用它。"

《后魏录》中说："琅琊王肃在南朝做官，就喜欢喝茶，吃莼羹。然而等他回到北方，又喜欢吃羊肉，喝羊奶，有人问他：'茶和奶比，怎么样？'王肃说：'茶给奶做奴仆的资格都不够。'"

《桐君录》中说："西阳、武昌、庐江、晋陵一带的百姓都喜欢喝茶，都是主人家自己准备的。茶有沫饽，喝了对人有益处。凡是可以作为饮料的植物，大多是用它的叶，而天门冬、菝葜却是用它的根，也对人有益处。又湖北巴东有真茶，煮来喝能使人精神振奋不会瞌睡。当地人习惯把檀叶和大皂李叶煮来当茶喝，两者的性质都是冷的。另外，南方有瓜芦树，外形像茶，喝起来很苦很涩，制取为末，像喝茶一样地喝，也可以一个晚上不睡觉。煮盐的人都爱喝这个茶，交州和广州一带就十分重视饮茶，客人来了，他们就先用茶水来招待，还要加一些香菜。"

原文

《坤元录》①："辰州溆浦县西北三百五十里无射山②，云蛮俗当吉庆之时，亲族集会歌舞于山上。山多茶树。"

《括地图》③："临遂县东一百四十里有茶溪④。"

山谦之《吴兴记》⑤："乌程县西二十里有温山⑥，出御荈。"

《夷陵图经》⑦："黄牛、荆门、女观、望州等山⑧，茶茗出焉。"

《永嘉图经》："永嘉县东三百里有白茶山⑨。"

《淮阴图经》："山阳县南二十里有茶坡⑩。"

《茶陵图经》："云茶陵者⑪，所谓陵谷生茶茗焉。"

注释

①《坤元录》：又名《括地志》，唐代李泰组织撰写的地理总志。宋王应麟《玉海》卷十五："《中兴书目》：《坤元录》十卷，泰撰。"注："即《括地志》也，其书残缺，《通典》引之。"

②辰州：南朝属武陵郡，隋始置辰州。在今湖南沅陵一带。湖南是中国重点产茶省之一，沅陵一带有碣滩茶，陆贽《翰苑集》云："邑中出茶处多，先以碣滩产者为最，今且以之充土贡矣。"碣滩茶为绿茶，其形、色、香、味均独特无

二，其外形条索紧细，挺秀显毫，色泽绿润，内质香高持久，有栗香气，滋味鲜醇甘爽，饮后回甘，冲泡后汤色黄绿清透，杯中茶叶时起时落如银鱼游翔。

③《括地图》：地理类书籍，撰者未详，已佚。

④临遂县：晋时县名，今湖南衡东县。

⑤《吴兴记》：南朝宋山谦之著，共三卷。山谦之，元嘉(424—453)时为史学生，后任学士、奉朝请。受著作郎何承天的委托，协助编撰《宋书》，孝建元年(454)奉诏续撰。

⑥乌程县：县治即今浙江湖州。湖州是茶圣陆羽的第二故乡，《茶经》即是陆羽在湖州完成。湖州历来盛产名茶，除了文中所述的温山御荈，还有顾渚紫笋、安吉白茶、三癸雨芽、莫干黄芽。温山茶区坐落在湖州城的北郊。温山是弁山一峰，因山有温泉而得名。据史书记载：早在晋至南北朝时期，温山一带生产的茶叶就已经作为皇室的御用贡品。温山御荈，色泽翠绿，外形细巧，芽毫显露，品质优异。

⑦《夷陵图经》：这是陆羽从方志中摘出，自己加的书名。夷陵，在今湖北宜昌地区，位于风景秀丽的湖北宜昌长江西陵峡畔，长江中上游的分界处，属鄂西山区向江汉平原过渡地带。

⑧黄牛、荆门、女观、望州：黄牛山在湖北省宜昌市西向北80里处。荆门山在湖北宜昌市西北、长江南岸，上有盘桓雄踞的荆门山十二碚，下有银潢倒泄的虎牙滩；南与五龙山的群峰相接，北和虎牙山隔江相峙，即今宜昌市东南30里处。女观山在今宜都县西北。望州山在今宜昌市西。宜昌地处武夷山、大巴山和长江西陵峡两岸，山峦叠嶂，群山起伏，是茶叶发展的“最适宜区”。当地盛产采花毛尖、峡州碧峰、水仙春、千丈白毫、仙人掌茶等。

⑨永嘉县：旧治在今浙江温州。温州也是浙江盛产名茶的一个地区，著名的有三杯香、平阳黄汤茶等。

⑩山阳县：今称淮安县。江苏自古以来就是产茶大省，吴县太湖的东洞庭山及西洞庭山（今苏州吴中区）一带所产的碧螺春是中国十大名茶之一，唐朝时就被列为贡品。

⑪茶陵：即今湖南茶陵县。隶属株洲市，位于湖南东部。

译　文

《坤元录》：“在辰州溆浦县西北三百五十里有无射山，据称当地土著的风俗，在遇到吉庆的时候，亲族都要在一起聚会，在山上歌舞。山上有许多茶树。”

《括地图》：“在临遂县以东一百四十里左右，有条茶溪。”

山谦之《吴兴记》：“在吴兴县西二十里有温山，这里出产的茶叶都进贡给皇上。”

《夷陵图经》：“黄牛、荆门、女观、望州等山，出产茶叶。”

《永嘉图经》：“永嘉县以东三百里左右，有座白茶山。”

《淮阳图经》：“山阳县以南二十里左右，有一个茶坡。”

《茶陵图经》说：“茶陵，即生长在陵谷中的茶。”

原　文

《本草·木部》[①]：“茗，苦荼。味甘苦，微寒，无毒。主瘘疮[②]，利小便，去痰、渴、热，令人少睡。秋采之苦，主下气、消食。注云：‘春采之。’”

《本草·菜部》：“苦荼，一名荼，一名选，一名游冬[③]，生益州川谷山陵道傍[④]，凌冬不死。三月三日采，干。注云‘疑此即是今茶，一名荼，令人不眠。’《本草注》：‘按《诗》云“谁谓荼苦”[⑤]，又云“堇荼如饴”[⑥]，皆苦菜也。陶谓之苦茶，木类，非蔬流。茗，春采谓之苦樣。’”

《枕中方》：“疗积年瘘，苦茶、蜈蚣并炙[⑦]，令香熟，等分，捣筛。煮甘草汤洗，以末傅之。”

《孺子方》：“疗小儿无故惊蹶，以苦茶、葱须煮服之。”

注　释

①《本草·木部》：《本草》即《唐新修本草》又称《唐本草》或《唐英本草》，因唐英国公徐勣任该书总监。下文《本草》同。

②瘘疮：瘘，在中医中指的是颈部生疮，久而不愈，常出脓水。本意是指皮肤上粟堆样的肿块，引申意是皮肤上肿烂溃疡的病。

③游冬：一种苦茶，可入药。因其生于秋末，经冬春长成而得名。

④益州：汉武帝设置的十三州（十三刺史部）之一，治所在蜀郡的成都。

⑤谁谓荼苦：语出《诗经·邶风·谷风》：“谁谓荼苦，其甘如荠。”先秦时，荼作二解，一为茶，一为野菜。此指野菜。

⑥堇荼如饴：语出《诗经·大雅·绵》：“周原朊朊，堇荼如饴。”

⑦蜈蚣：陆生节肢动物，身体由许多体节组成，每一节上均长有步足，故为多足生物。可入药，性温，味辛，有毒，有息风镇痉，通络止痛，攻毒散结的功效。

译　文

《本草·木部》:“茗，又称苦荼。味道甜中带苦，性微寒，没有毒。主要治瘘疮、利尿、除痰、解渴、散热，使人少眠。秋天采摘有点苦味，能下气，帮助消化。原注说:‘要春天采摘它。’”

《本草·菜部》:“苦菜，又称荼，又称选，又称游冬，在四川西部的河谷、山陵和路旁生长，即使在寒冬结冰的时候也冻不死。三月三日采下来，弄干。陶弘景注:‘推测这就是现在称的茶，又叫荼，喝了能使人难睡。’《本草注》按:‘《诗经》中说“谁说荼苦”，又说“苦荼像糖一样甜”，即指苦菜。陶弘景称的苦荼，是木本植物茶，不是菜类。茗，是春季采摘的，称苦搽。’”

《枕中方》:“治疗多年的瘘疾，把茶和蜈蚣一起放到火上烤熟，等发出了香气，再分成相等的两份，捣碎筛掉碎末，一份加甘草煮水洗，一份外敷。”

《孺子方》:“治疗小孩无缘无故的惊厥，就可以用苦茶和葱须来煎服。”

八之出

原文

山南[1]：以峡州上[2]，峡州生远安、宜都、夷陵三县山谷。襄州、荆州次[3]，襄州生南漳县山谷，荆州生江陵县山谷。衡州下[4]，生衡山、茶陵二县山谷。金州、梁州又下[5]。金州生西城、安康二县山谷。梁州生褒城、金牛二县山谷。

注释

①山南：唐贞观十道之一。唐贞观元年，划全国为十道，道辖郡州，郡辖县。

②峡州：又称夷陵郡，在长江三峡之口，治夷陵(今湖北宜昌)。峡州地区出产的茶有峡州碧峰、峡州翠绿茶。

③襄州：隶属于湖北襄阳，位于湖北省西北部，即今湖北襄樊市。荆州：治江陵，今湖北江陵。

④衡州：是衡阳的古称，历史上曾有衡州府，大致覆盖现在湖南衡阳、永州以及郴州部分地区。

⑤金州：今陕西安康一带。梁州：今陕西汉中一带。陕西有大巴山等茶乡出产多种好茶，其中著名的有产于安康紫阳县的紫阳毛尖、西乡县午子山及邻近地区的午子仙毫、宁强县的宁强雀舌等。

译文

山南地区的茶，以峡州出产的最好，峡州茶产于远安、宜都、夷陵三县的山谷中。襄州、荆州出产的次之，襄州茶产于南漳县的山谷中，荆州茶产于江陵县的山谷中。衡州出产的稍差些，金州、梁州的就更差一些。金州茶产于西城、安康二县的山谷中。梁州茶产于褒城、金牛二县的山谷中。

原文

淮南[1]：以光州上[2]，生光山县黄头港者，与峡州同。义阳郡、舒州次[3]，生义阳县钟山者，与襄州同。舒州生太湖县潜山者，与荆州同。寿州下[4]，盛唐生霍山者，与衡州同也。蕲州、黄州又下[5]。蕲州生黄梅县山谷，黄州生麻城县山谷，并与荆州、梁州同也。

注释

①淮南：唐贞观十道之一。相当于现在的江苏省中部、安徽省中部、湖北省东北部和河南省东南角等范围。唐朝时期，茶叶生产发展开始进入兴盛时期，“淮南茶区”作为地处最北的一个产茶地区，盛产多种名茶，成为上贡之品。

②光州：又称弋阳郡。即今河南信阳、光山一带。淮南茶区所产之茶以河南地区最为上乘，而信阳毛尖当为河南所产茶中之最。信阳毛尖又称豫毛峰，属绿茶类，是中国十大名茶之一。

③义阳郡：治所在新野(今河南新野南)，其后屡有迁移，唐天宝、至德时曾分别改义州、申州为义阳郡。舒州：又名同安郡。位于安徽省西南部、皖河上游，是安徽安庆的前身。安徽出产的茶叶质量亦是极佳，黄山毛峰、太平猴魁、祁门红茶皆属中国十大名茶。

④寿州：又名寿春郡，隋朝设立，其疆域基本等于今安徽淮南市。

⑤蕲州：又名蕲春郡。今湖北蕲春一带。黄州：又名永安郡。位于湖北省东部，大别山南麓，长江中游北岸。今湖北黄冈一带。

译文

淮南地区的茶，以光州出产的最好，产于光山县黄头港的茶，与峡州的茶一样好。义阳郡、舒州出产的次之，产于义阳县钟山的茶，与襄州的茶一样。舒州茶产于太湖县、潜山县，和荆州茶一样。寿州出产的就较差些，产于盛唐县霍山的茶，与衡州茶一样。蕲州、黄州出产的更差一些。蕲州茶产于黄梅县的山谷中，黄州茶产于麻城县的山谷中，两者与荆州、梁州的茶一样。

原文

浙西[①]：以湖州上[②]，湖州生长城县顾渚山谷，与峡州、光州同；生山桑、儒师二坞、白茅山悬脚岭，与襄州、荆南、义阳郡同；生凤亭山伏翼阁飞云、曲水二寺、啄木岭，与寿州、常州同。生安吉、武康二县山谷，与金州、梁州同。常州次[③]，常州义兴县生君山悬脚岭北峰下，与荆州、义阳郡同。生圈岭善权寺、石亭山，与舒州同。宣州、杭州、睦州、歙州下[④]，宣州生宣城县雅山，与蕲州同。太平县生上睦、临睦，与黄州同。杭州临安、于潜二县生天目山，与舒州同。钱塘生天竺、灵隐二寺；睦州生桐庐县山谷；歙州婺源山谷；与衡州同。润州、苏州又下[⑤]。润州江宁县生傲山，苏州长洲县生洞庭山，与金州、蕲州、梁州通。

注释

①浙西：唐贞观十道之一。浙西茶区是中国最大的茶叶出产地之一，出产的茶叶种类繁多，质量上乘。

②湖州：地处浙江省北部，东邻嘉兴，南接杭州，西依天目山，北濒太湖，与无锡、苏州隔湖相望，是环太湖地区唯一因湖而得名的城市。湖州所产顾渚紫笋、安吉白茶、三癸雨芽、莫干黄芽皆为名茶。

③常州：又名毗陵郡。地处长江之南、太湖之滨，属于今江苏省。

④宣州：又称宣城郡。治所在今安徽宣城。杭州：又名余杭郡，在今浙江北部钱塘江边，自古有“人间天堂”的美誉。杭州所产的龙井茶素以色翠、形美、香郁、味醇冠绝天下，其独特的“淡而远”“香而清”的绝世神采和非凡品质，在众多茗茶中独具一格，冠列中国十大名茶之首。除了西湖龙井，杭州著名的茶还有产于余杭西北境内之天目山东北峰的径山的径山茶。睦州：又称遂安郡，在今浙江建德、桐庐、淳安一带。歙州：又名新安郡，即徽州，位于安徽省南部、新安江上游。

⑤润州：又称丹阳郡，即今江苏镇江。苏州：又称吴郡。古称吴，简称苏，又称姑苏、平江等，位于江苏东南部、长江以南、太湖东岸、长江三角洲中部。

译文

浙西地区出产的茶叶，以湖州出产的最好，湖州茶产于长城县顾渚的山谷中的，与峡州、光州茶一样；产于山桑、儒师二坞、白茅山悬脚岭的，与襄州、荆南、义阳郡的茶一样；产于凤亭山伏翼阁飞云、曲水二寺、啄木岭的茶，与寿州、常州的茶一样。产于安吉、武康二县山谷中的茶，与金州、梁州茶一样。**常州出产的次之，**常州茶产于义兴县君山悬脚岭北峰下的，和金州、义阳郡的一样；产于圈岭善权寺及石亭山的茶，和舒州的一样。**宣州、杭州、睦州、歙州出产的稍差些，**宣州茶产于宣城县雅山的，与蕲州的茶一样。产于太平县上睦、临睦的茶，与黄州的茶一样。杭州茶产于临安、于潜二县天目山的，与舒州茶一样。钱塘茶产于天竺、灵隐二寺；睦州茶产于桐庐县山谷中；歙州茶产于婺源山谷中；这三种与衡州茶一样。**润州、苏州出产的就更差一些。**润州茶产于江宁县傲山，苏州茶产于长洲县洞庭山，这两种与金州、蕲州、梁州的茶一样。

原　文

剑南[①]：以彭州上[②]，生九陇县马鞍山至德寺、棚口，与襄州同。绵州、蜀州次[③]，绵州龙安县生松岭关，与荆州同；其西昌、昌明、神泉县西山者并佳；有过松岭者，不堪采。蜀州青城县生丈人山，与绵州同。青城县有散茶、木茶。邛州次[④]，雅州、泸州下[⑤]，雅州百丈山、名山，泸州泸川者，与金州同也。眉州、汉州又下[⑥]。眉州丹棱县生铁山者，汉州绵竹县生竹山者，与润州同。

注　释

①剑南：唐贞观元年(627)，废除州、郡制，改益州为剑南道，治所位于成都府。四川是中国种植、制作、饮用茶叶的起源地之一，有着悠久的茶文化历史。蒙顶山茶、峨眉竹叶青、青城雪芽、文君绿茶等都富有盛名。

②彭州：唐垂拱二年（686）置。领九陇、濛阳、导江等县，治九陇。今四川彭州、都江堰一带。

③绵州：今四川绵阳、安县一带。蜀州：古称崇州、蜀洲，今四川崇庆、灌县一带。

④邛州：与成都(益州)、重庆(巴郡)、郫县(鹃城)并称为巴蜀四大古城，是西汉才女卓文君的故乡，在今四川邛崃、大邑一带。

⑤雅州：位于长江上游、四川盆地西缘，东邻成都、西连甘孜，南界凉山、北接阿坝，今四川雅安一带。泸州：又称泸川郡，古称“江阳”，别称酒城、江城，位于四川省东南部，长江和沱江交汇处，今四川泸州市及其周边一带。

⑥眉州：又名通义郡，位于四川盆地成都平原西南边缘，今四川眉山、洪雅一带。汉州：即今四川德阳、什邡一带。

译　文

剑南地区的茶，以彭州出产的最好，产于九陇县马鞍山至德寺、棚口的茶，与襄州茶一样。绵州、蜀州出产的次之，绵州龙安县的茶产于松岭关，与荆州茶一样；产于西昌、昌明、神泉县西山的茶都比较好；但过了松岭的，就不值得采摘了。蜀州茶产于青城县丈人山的，与绵州茶一样。青城县还产散茶、木茶。邛州出产的又居其次，雅州、泸州出产的要更差一些，产于雅州百丈山、名山，泸州泸川的茶，与金州茶一样。眉州、汉州出产的就更要差了。眉州茶产于丹棱县铁山的，汉州茶产于绵竹县竹山的，和润州的一样。

原 文

浙东[1]：以越州上[2]，余姚县生瀑布泉岭曰仙茗，大者殊异，小者与襄州同。明州、婺州次[3]，明州贸县生榆荚村，婺州东阳县东白山，与荆州同。台州下[4]。始山丰县生赤城者，与歙州同。

注 释

①浙东：浙江东道节度使方镇的简称，节度使驻地浙江绍兴。

②越州：今浙江绍兴一带。产于新昌的大佛龙井、产于平水的平水珠茶、产于会稽的日铸雪芽都是绍兴一带的名茶。宋吴处厚《青箱杂记》称："越州日铸茶，为江南第一。日铸茶芽纤白而长，味甘软而永，多啜宜人，无停滞酸噎之患。"

③明州：今浙江宁波、奉化一带。产于余姚四明山区的瀑布茶、产于宁波市宁海县的望府银毫，皆为宁波地区所产之名茶。婺州：今浙江金华、兰溪一带。产于东阳、磐安一带的东白春芽，产于金华市双龙洞一带的双龙银针，都是金华出产的质量上乘的茶。

④台州：今位于浙江省中部沿海，东濒东海，南邻温州市，西与金华和丽水市毗邻。产于浙江天台山华顶峰一带的华顶云雾、产于浙江省临海市灵江南岸云峰山的临海蟠毫茶、产于仙居的仙居碧绿都是台州地区所产的名茶。

译 文

浙东一带的茶叶，以越州出产的最好，产于余姚县生瀑布泉岭的茶被称为仙茗，大叶的比较特殊，小叶的与襄州的一样好。明州、婺州出产的次之，明州茶产于贸县榆荚村，婺州茶产于东阳县东白山，两者都和荆州所产的一样。台州出产的稍差些。台州茶产于始山丰县生赤城的，和歙县所产的一样。

原 文

黔中[1]：生思州、播州、费州、夷州[2]。

江南[3]：生鄂州、袁州、吉州[4]。

岭南[5]：生福州、建州、韶州、象州[6]。福州生闽县方山之阴也。

其思、播、费、夷、鄂、袁、吉、福、建、泉、韶、象十一州未详[7]，往往得之，其味极佳。

注释

①黔中：唐开元十五道之一。即今贵州大部、重庆湖北湖南小部。产于贵州都匀一带的都匀毛尖、产于贵州省贵定县云雾山一带的贵定云雾茶、绿宝石茶都是贵州名茶。

②思州：今贵州省北部大娄山以东的务川、秀山、印江沿河一带。播州：今贵州遵义、桐梓一带。费州：今贵州思南、德江一带。夷州：今贵州绥阳、湄潭、凤冈一带。

③江南：唐贞观十道之一，开元时又分为江南东道和江南西道。

④鄂州：今湖北武昌、黄石一带。袁州：治宜春，今江西宜春、萍乡、新余一带。

⑤岭南：唐贞观十道之一。唐贞观元年（627）初置，治所位于广州(今广州市)，辖境包含今福建全部、广东全部、广西大部、云南东南部、越南北部地区。云南素以普洱茶和滇红茶闻名于世。福建乌龙茶最为出名，其中武夷岩茶、大红袍、安溪铁观音都是中国名茶。广西出产的名茶有凌云白毫茶、桂林毛尖、南山白毛茶等。广东出产的名茶有潮安凤凰水仙、信宜合箩茶、古劳茶等。

⑥福州：别称榕城、三山、左海、冶城、闽都，简称“榕”。今福建福州、永泰一带。建州：今位于福建省北部，闽江上游，武夷山脉东南面、鹫峰山脉西北侧。韶州：简称“韶”，古称韶州，得名于丹霞的名山韶石山，改东衡州为韶州，之后历朝沿袭，今广东韶关、仁化一带。象州：唐朝名将薛仁贵曾徙谪之地，即今广西象州一带。

⑦泉：疑为衍文。

译文

黔中道：茶叶产地是思州、播州、费州、夷州。

江南道：茶叶产地是鄂州、袁州、吉州。

岭南道：茶叶产地是福州、建州、韶州、象州。福州的茶产于闽县方山的北坡。

对于思州、播州、费州、夷州、鄂州、袁州、吉州、福州、建州、韶州、象州这十一州所出产的茶叶，还不太清楚，有时得到一些，品尝一下，觉得味道非常好。

九之略

原 文

其造具：若方春禁火之时[①]，于野寺山园丛手而掇，乃蒸，乃舂，乃□[②]，以火干之，则棨、朴、焙、贯、棚、穿、育等七事皆废[③]。

其煮器：若松间石上可坐，则具列废，用槁薪、鼎鬲之属，则风炉、灰承、炭杖、火筴、交床等废；若瞰泉临涧，则水方、涤方、漉水囊废。若五人已下，茶可末而精者，则罗废。若援藟跻岩[④]，引絙入洞[⑤]，于山口炙而末之，或纸包合贮，则碾、拂末等废。既瓢、碗、筴、札、熟盂、鹾簋悉以一筥盛之[⑥]，则都篮废。但城邑之中，王公之门，二十四器阙一，则茶废矣。

注 释

①禁火：旧俗寒食停炊称“禁火”。

②乃□：所缺之字《说郛》本作“复”，《学津讨原》本、《四库》本作“炀”。据《茶经校注》，竹素园本作“拍”，仪鸿堂本作“炙”。

③棨：古代用木头做的一种仪仗。朴：竹鞭。焙：焙坑。贯：细竹条。棚：置焙坑上的棚架。穿：细绳索。育：贮藏工具。

④藟：藤蔓，葛类蔓草名。《广雅》：“藟，藤也。”跻：登、升。《释文》：“跻，升也。”

⑤絙：绳索。

⑥鹾簋：盛盐的器皿。

译 文

制造饼茶的工具：如果正当春季寒食节前后，在野外的寺院或山林茶园里，大家一齐动手采摘茶叶，当即就把茶叶蒸熟、捣碎……用火烘烤干燥(然后饮用)，那么，棨、朴、焙、贯、棚、穿、育等七种工具以及制茶的这七道工序就都可以不用了。

煮茶的用具：如果在松间，有石头可以坐，具列(陈列床或陈列架)就可以不要。如果用干柴、鼎锅这些器具来烧水，那么，风炉、炭杖、火筴、交床等也都可以不用了。如果是在泉上溪边，那么水方、涤方、漉水囊也就可以省去了。如果是五人以下出游，茶又可以碾得精细，就不必再用罗筛了。如果要攀藤附葛，登上险岩，或者沿着粗大的绳索进入山洞，就要先在山口把茶烤好捣细，或者用纸包好，或者用盒装好，那么，碾、拂末也就可以省去了。要是瓢、碗、筴、札、熟盂、盐罐都用筥装，都篮也就可以省去了。但是，在城市之中，贵族之家，如果二十四种茶器中缺少一样，也就失去了饮茶的雅兴了。

十之图[1]

原　文

以绢素或四幅、或六幅分布写之，陈诸座隅，则茶之源、之具、之造、之器、之煮、之饮、之事、之出、之略，目击而存[2]，于是《茶经》之始终备焉。

注　释

①十之图：第十章挂图。即指把《茶经》本文写在素绢上挂起来。《四库全书总目》说："其曰图者，乃谓统上九类写绢素张之，非有别图。其类十，文实九也。"

②击：接触。此处作看见。俗语有"目击者"。

译　文

用白绢四幅或是六幅，把上述内容分别写出来，把它张挂在座位的旁边。这样，茶的起源、采制工具、制茶方法、煮茶方法、饮茶方法、有关茶事的记载、产地以及茶具的省略方式等，就可以随时看在眼里了，于是，《茶经》从头至尾的内容也就记载完备了。

续茶经

凡 例

《茶经》著自唐桑苎翁，迄今千有余载，不独制作各殊，而烹饮迥异，即出产之处，亦多不同。余性嗜茶，承乏崇安，适系武夷产茶之地。值制府满公，郑重进献，究悉源流，每以茶事下询，查阅诸书，于武夷之外，每多见闻，因思采集为《续茶经》之举。曩以簿书鞅掌，有志未遑。及蒙量移，奉文赴部，以多病家居，翻阅旧稿，不忍委弃，爰为序次第。恐学术久荒，见闻疏漏，为识者所鄙，谨质之高明，幸有以教之，幸甚！

《茶经》之后，有《茶记》及《茶谱》《茶录》《茶论》《茶疏》《茶解》等书，不可枚举，而其书亦多湮没无传。兹特采所见各书，依《茶经》之例，分之源、之具、之造、之器、之煮、之饮、之事、之出、之略。至其图无传，不敢臆补，以茶具、茶器图足之。

《茶经》所载，皆初唐以前之书。今自唐、宋、元、明以至本朝，凡有绪论，皆行采录。有其书在前而《茶经》未录者，亦行补入。

《茶经》原本止三卷，恐续者太繁，是以诸书所见，止摘要分录各书所引相同者，不取重复。偶有议论各殊者，姑两存之，以俟论定。至历代诗文暨当代名公巨卿著述甚多，因仿《茶经》之例，不敢备录，容俟另编，以为外集原本《茶经》，另列卷首。历代茶法附后。

译 文

《茶经》是由唐代陆羽所著，迄今已有千余年，书中所记茶叶不单单制作手法各有不同，而烹煮饮用所用的器具和手法也迥异，还有茶叶的出产地，也多有不同。我生性爱好喝茶，暂任福建崇安知县，这里正好是武夷山地区产茶之地。恰好制府满公，郑重进献，究悉源流，每每以茶事下询，查阅各种书籍，对于武夷山之外的地区所产茶的情况，也多有见闻，因此想着要采集编写一本《续茶经》。从前因为职务繁忙，所以有这样的想法，却一直没有实现。等到蒙受皇恩得以迁职，奉文赴部，因为体弱多病而居于家，翻阅旧稿，不忍委弃，于是一一整理。恐学术荒废日久，见闻疏漏而为有学识之人所鄙弃，于是谨慎而恭敬地向那些有才学的人请教，幸而得到他们的指教，实在是幸运极了！

《茶经》之后，有《茶记》及《茶谱》《茶录》《茶论》《茶疏》《茶解》等书，不可枚举，而这些书大多湮没无传。于是我特地博采各书之长，依照《茶经》的体例，将全书分为茶之源、茶之具、茶之造、茶之器、茶之煮、茶之饮、茶之事、茶之出、茶之略。至于其中的图没有流传下来，不敢臆补，就用茶具、茶器的图来补充。

《茶经》所载，都是初唐以前之书。如今从唐、宋、元、明到本朝，凡是有绪论的，都予以采录。有其书在前而《茶经》未录者，也将其补入。

《茶经》原本只有三卷，恐续者太繁，因此诸书所见，只是摘要分录各书所引相同的部分，不重复摘取。偶尔有议论各不相同的，姑且都保留下来，等确定之后再下定论。至历代诗文暨当代名公巨卿著述甚多，因此效仿《茶经》之例，不敢备录，容俟另编，以为外集。原本《茶经》，另列卷首。历代茶法附录在后面。

卷上

一　茶之源

原　文

许慎《说文》①：茗，茶芽也。

王褒《僮约》②：前云“炰鳖烹茶”，后云“阳武买茶”③。注：前为苦菜，后为茗。

张华《博物志》④：饮真茶，令人少眠。

《诗疏》⑤：椒树似茱萸，蜀人作茶，吴人作茗，皆合。煮其叶以为香。

《唐书·陆羽传》：羽嗜茶，著《经》三篇，言茶之源、之具、之造、之器、之煮、之饮、之事、之出、之略、之图尤备，天下益知饮茶矣。

《唐六典》⑥：金英、绿片，皆茶名也。

注　释

①许慎：字叔重，东汉著名的经学家、文字学家，著有《说文解字》和《五经异义》等。《说文解字》是我国第一部按部首编排的字典，正文共14篇，叙目一篇，共计部首540个，所释单字9353个。

②王褒：字子渊，西汉文学家，写有《甘泉》《洞箫》等赋16篇，与扬雄并称“渊云”。

③炰鳖烹茶、武阳买茶：皆为《僮约》中有关茶的记述，是茶叶进行商贸的最早记载。

④张华：字茂先，西晋时期政治家、文学家，西汉留侯张良十六世孙，著有《博物志》等。此句说明，茶有清心提神的功效。

⑤《诗疏》：即《毛诗草木鸟兽虫鱼疏》，三国时吴国陆玑著。

⑥《唐六典》：全称《大唐六典》，我国现存最早的行政法典。

译　文

东汉许慎的《说文解字》中说：茗，就是茶。

东汉王褒的《僮约》在前面提到“炰鳖烹茶”。后面说“武阳买茶”。注：前面指苦菜，后面指茗。

张华在其《博物志》中说，喝真正的好茶，能够使人解困少眠。

《毛诗草木鸟兽虫鱼疏》中记载，椒树跟茱萸很相似，蜀地的人做茶，吴地的人做茗，都要拿它的叶子和茶一起煮，以增添清香的气味。

《新唐书·陆羽传》记载，陆羽特别喜欢喝茶，编撰有《茶经》三篇，讲述了茶的起源、采制工具、加工制造、煮饮器具、烤煮方法、品饮方式、茶事典故、产地、用具、图画等，于是天下的人渐渐都知道喝茶了。

《唐六典》中记载：金英、绿片，都是茶叶的名称。

原　文

《李太白集·赠族侄僧中孚玉泉仙人掌茶序》[①]：余闻荆州玉泉寺近青溪诸山，山洞往往有乳窟，窟多玉泉交流。中有白蝙蝠，大如鸦。按《仙经》：蝙蝠，一名仙鼠。千岁之后，体白如雪。栖则倒悬，盖饮乳水而长生也。其水边，处处有茗草罗生，枝叶如碧玉。唯玉泉真公常采而饮之，年八十余岁，颜色如桃花。而此茗清香滑熟，异于他茗，所以能还童振枯，扶人寿也。余游金陵，见宗僧中孚示余茶数十片，卷然重叠，其状如掌，号为仙人掌茶[②]。盖新出乎玉泉之山，旷古未觌。因持之见贻，兼赠诗，要余答之，遂有此作。俾后之高僧大隐，知仙人掌茶发于中孚禅子及青莲居士李白也。

《皮日休集·茶中杂咏诗序》[③]：自周以降，及于国朝茶事，竟陵子陆季疵言之详矣。然季疵以前称茗饮者必浑以烹之，与夫瀹蔬而啜者无异也。季疵之始为经三卷，由是分其源，制其具，教其造，设其器，命其煮。俾饮之者除痟而去疠，虽疾医之未若也。其为利也，于人岂小哉？余始得季疵书，以为备矣，后又获其《顾渚山记》二篇[④]，其中多茶事；后又太原温从云、武威段碻之各补茶事十数节，并存于方册。茶之事由周而至于今，竟无纤遗矣。

注　释

①《李太白集》：唐代诗文别集名。李白撰。因李白字太白而得名。最早由唐代李阳冰编成《草堂集》10卷，现已散佚。现在通行的本子为北宋宋敏求增补

刻本《李太白文集》30卷。《赠族侄僧中孚玉泉仙人掌茶》序:"常闻玉泉山,山洞多乳窟。仙鼠如白鸦,倒悬清溪月。茗生此中石,玉泉流不歇。根柯洒芳津,采服润肌骨。丛老卷绿叶,枝枝相接连。曝成仙人掌,似拍洪崖肩。举世未见之,其名定谁传。宗英乃禅伯,投赠有佳篇。清镜烛无盐,顾惭西子妍。朝坐有余兴,长吟播诸天。"

②仙人掌茶:属绿茶类,产于湖北当阳境内的玉泉山,制成后的仙人掌茶,外形扁平似掌指,色泽翠绿,白毫披露。冲泡后,芽叶舒展,嫩绿成朵,汤色清澈明亮,清香淡雅,滋味鲜醇,回味甘甜。

③皮日休:字袭美,一字逸少,号鹿门子,晚唐诗人、散文家。与陆龟蒙齐名,世称"皮陆"。著有《皮日休集》《皮氏鹿门家钞》等。

④《顾渚山记》:陆羽著,今佚。

译 文

《李太白集·赠族侄僧中孚玉泉仙人掌茶序》中有这么一段:我听说在荆州玉泉寺附近青溪等山,山洞里面往往有钟乳窟,窟里大多有交汇的泉水流出。里面有白色的蝙蝠,如乌鸦一般大。按照《仙经》里面的记载:"蝙蝠,又叫仙鼠。千年之后,它的身体如同雪一样洁白。栖息的时候它会倒悬起来,它就是因为饮用了钟乳水才能够长生的。"这种水边到处都是茶树丛生,其枝叶就像碧玉一样。玉泉真人常常采摘下来并饮用,他到了80多岁时,脸色仍和桃花一样,而这里的茶叶清香滑热,也和其他的茶叶品种不同,所以能够延年益寿、防止衰老。我游览金陵时,高僧中孚拿给我几十片茶叶,这种茶叶卷起来重叠在一起,形状就如同"手掌",故名"仙人掌茶"。这是玉泉山新出产的茶,以前从未见过。于是拿来赠送给我,又做了诗,邀我酬答,所以才有了这首诗。以便使得后世的高僧和出名的隐士,都知道"仙人掌茶"来源于中孚禅子和青莲居士李白。

《皮日休集·茶中杂咏诗序》中写到:自从周朝以后到我朝关于茶的记录,竟陵人陆季疵讲得最为详尽。然而在陆季疵以前喝茶的人,都是含混地烹煮茶叶,跟我们煮菜喝汤没有什么差别。陆季疵最早编撰《茶经》三卷,从此之后,区分了茶叶的起源、制造了采制的工具、教人如何制茶,设计了烹饮的器具,将它煮熟。从而使得喝茶的人能够消除疲劳防治疾病,即使是专门治疗疾病的医生也不一定能有这样的效果。它的好处,对人们来说难道还小吗?我最初得到陆季疵著作的时候,认为已经很详备了,后来又得到了他的《顾渚山记》两篇,发现其中有很多关于茶的内容。再后来我又看到太原温从云、武威段碣之各自补充了关于茶的内容十数节,与陆羽的《茶经》一起存放到书里面。关于茶的史事从周朝到现在,竟然再也没有一点遗漏了。

原 文

《封氏闻见记》[①]：茶，南人好饮之，北人初不多饮。开元中，泰山灵岩寺有降魔师，大兴禅教。学禅务于不寐，又不夕食，皆许饮茶。人自怀挟，到处煮饮。从此转相仿效，遂成风俗。起自邹、齐、沧、棣[②]，渐至京邑，城市多开店铺，煎茶卖之，不问道俗，投钱取饮。其茶自江淮而来，色额甚多。

《唐韵》：茶字，自中唐始变作茶。

注 释

①《封氏闻见记》：唐代封演撰，笔记小说，共10卷，卷六记茶事。

②邹、齐、沧、棣：分别位于今山东邹平一带、山东北部及河北东南部、河北沧州一带和山东滨州一带。

译 文

唐朝封演的《封氏闻见记》中记载：茶，南方人喜欢喝，而北方人最初很少喝。玄宗开元年间，泰山灵岩寺有一位降魔师，大力倡导禅宗。学禅务必不能睡觉，又不能吃晚饭，只允许喝茶。人们各自把茶叶夹在腋下，到处烹煮着喝。从此以后彼此之间相互效仿，于是逐渐形成了喝茶的风气。从邹州、齐州、沧州、棣州，渐渐就传到了京都长安，城里有许多人开店铺专门煎茶卖，人们不论是否修道，出钱就可以饮茶。他们的茶叶是从江淮转运来的，名色和数量都很多。

《唐韵》中记载："茶"字，是从中唐时期才开始变为"茶"字的。

原 文

裴汶《茶述》[①]：茶，起于东晋，盛于今朝。其性精清，其味浩洁，其用涤烦，其功致和。参百品而不混，越众饮而独高。烹之鼎水，和以虎形，人人服之，永永不厌。得之则安，不得则病。彼芝术黄精[②]，徒云上药，致效在数十年后，且多禁忌，非此伦也。或曰多饮令人体虚病风。余曰不然。夫物能祛邪，必能辅正，安有蠲逐聚病而靡裨太和哉？今宇内为土贡实众，而顾渚、蕲阳、蒙山为上[③]，其次则寿阳、义兴、碧涧、㴩湖、衡山[④]。最下有鄱阳、浮梁[⑤]。今者其精无以尚焉，得其粗者，则下里兆庶，瓯碗纷糅；顷刻未得，则胃腑病生矣。人嗜之若此者，西晋以前无闻焉。至精之味或遗也。因作《茶述》。

宋徽宗《大观茶论》[6]：茶之为物，擅瓯闽之秀气[7]，钟山川之灵禀，祛襟涤滞，致清导和，则非庸人孺子可得而知矣[8]。冲淡闲洁，韵高致静，则非遑遽之时可得而好尚矣[9]。

而本朝之兴，岁修建溪之贡[10]，龙团凤饼[11]，名冠天下，而壑源之品[12]，亦自此而盛。延及于今，百废俱举，海内宴然，垂拱密勿[13]，幸致无为。缙绅之士[14]，韦布之流[15]，沐浴膏泽，薰陶德化，咸以雅尚相推，从事茗饮。故近岁以来，采择之精，制作之工，品第之胜，烹点之妙，莫不盛造其极。

呜呼！至治之世，岂唯人得以尽其材，而草木之灵者，亦得以尽其用矣。偶因暇日，研究精微，所得之妙，后人有不知为利害者，叙本末二十篇，号曰《茶论》。一曰地产，二曰天时，三曰择采，四曰蒸压，五曰制造，六曰鉴别，七曰白茶，八曰罗碾，九曰盏，十曰筅，十一曰瓶，十二曰杓，十三曰水，十四曰点，十五曰味，十六曰香，十七曰色，十八曰藏，十九曰品，二十曰外焙[16]。

注释

①裴汶：古时茶坊间奉陆羽为茶神，常将裴汶、卢仝配享两侧。

②芝术黄精：灵芝、白术、黄精。

③顾渚：在今天浙江长兴水口乡顾渚山。蕲阳：在今湖北蕲春。蒙山：在今山东蒙阴南部。

④寿阳：位于山西省东部，地处太原、阳泉、晋中三市之交。义兴：古县名，今属江苏宜兴。碧涧：今湖北松滋。衡山：又名南岳，是我国五岳之一，位于湖南衡阳。

⑤鄱阳：位于今江西鄱阳。浮梁：位于今江西浮梁。

⑥宋徽宗：赵佶(1082—1135)，北宋第八位皇帝，神宗第十一子，哲宗弟。哲宗病死，太后立他为帝。宋徽宗在位25年，禅位儿子钦宗，不久北宋为金所灭，徽宗被俘受折磨而死，终年54岁，葬于永佑陵(今浙江绍兴)。

⑦瓯闽：浙南的东瓯、福建的闽越。

⑧孺子：小子、竖子。

⑨遑遽：惊惧不安。

⑩建溪：在福建，为闽江北源。其地产名茶，号建茶，因亦借指建茶。

⑪龙团凤饼：即龙凤团茶，宋朝贡茶，产于建安北苑(在今福建建瓯东峰镇)。

⑫ 壑源：位于今福建省建瓯市。

⑬ 垂拱：垂衣拱手。意谓不亲理事务。多用以称颂帝王无为而治。唐吴兢《贞观政要·君道》："鸣琴垂拱，不言而化。"戈直注："垂拱者，垂衣拱手，无为而治也。"

⑭ 缙绅：原意是插笏（古代朝会时官员所执的手板，有事就写在上面，以备遗忘）于带，旧时官员的装束，转用为官员的代称。

⑮ 韦布：韦带布衣。古指未仕者或平民的寒素服装。借指寒素之士，平民。汉司马相如《报卓文君书》："五色有灿，而不掩韦布。"

⑯ 以上所列为宋徽宗《大观茶论》中列出的二十题的题名。

译 文

唐朝裴汶《茶述》中记载：茶起源于东晋，在唐朝开始盛行。茶的本性精良清爽，味道丰富纯净，它的作用可以祛除烦恼，它的功能可以调和机理。即使在上百种东西中都不会相混，比所有饮品都好，而且独具风味。茶用古鼎盛水来烹制，以虎形茶具调和，人人都喝，永远不会厌烦。喝了就会身体安泰，没喝的就会生病。那些灵芝、白术、黄精等上等的药材，徒有上好药材的名声，效果要在数十年后才显现出来，而且还有很多禁忌，是不能和茶相比的。有人说，多喝茶就会使人体质虚弱，容易生病。我认为不是这样的。既然它能驱除邪气，那就一定能够辅助正气，怎么会有只消除疾病而又无益于健康的呢？现在各地以出产茶叶贡献给朝廷的实在是太多了，顾渚、蕲阳、蒙山这些地方所产的茶都是上品，其次就是寿阳、义兴、碧涧、滍湖、衡山，最差的是鄱阳、浮梁。现在其中的精品茶，就没有比它们更好的了，即使得到了比较粗糙的，在乡下民众那里，也要推杯换盏，纷纷取来喝。一会儿不喝，那么肠胃就会生病。人人都这么喜好它，这在西晋以前还没有听说过。因为害怕最精妙的味道遗失了，因此就编撰了这一篇《茶述》。

宋徽宗在《大观茶论》中记载：茶叶这种植物，长于瓯闽的秀气，饱含山川的灵禀。它能够使人开阔胸襟，涤除心中的郁闷，使人清醒调和，这其中的韵味就不是凡夫俗子可以知道的了。冲淡闲杂、高雅宁静，那就无法在生计窘迫、兵荒马乱的岁月中体味和崇尚了。

自从宋朝建立以来，兴起的风气就是每年在建溪制造贡茶，这里的"龙团""凤饼"也由此而闻名天下，而建安壑源的那些品种，也是从这里开始日负盛名。延续到了现在，百废俱兴，海内晏然风情，君臣勤勉治国，幸好达到了国富民安的境地。上到王公贵族，下到平民百姓，都承蒙天地恩泽，受到道德教化的熏陶，盛行高雅的生活风尚，都沐浴在茶水之中，在它的熏陶影响之下，都推崇这种高雅的风气，喝起茶来。所以近几年来，茶叶采摘的精细、制作的精良、品质的优良、烹煮的美妙，都达到了登峰造极的地步。

啊！天下太平的至治之世，难道不是让每个人都能够完全发挥自己的才华，而草木像茶叶这种本性通灵的也能尽到它的作用吗？我借着闲暇的时候，潜心研究茶精妙的地方，领悟到了其中的奥妙，恐怕后人不知道，所以从头到尾详细叙述了茶事的本末，共分为20篇，叫作《茶论》。第一是产地，第二是天时，第三是采摘，第四是蒸压，第五是制造，第六是鉴别，第七是白茶，第八是罗碾，第九是茶杯，第十是茶筅，第十一是茶瓶，第十二是勺子，第十三是水，第十四是点茶，第十五是茶味，第十六是香气，第十七是颜色，第十八是储藏，第十九是品尝，第二十是外焙。

原 文

名茶各以所产之地，如叶耕之平园、台星岩，叶刚之高峰、青凤髓，叶思纯之大岚，叶屿之屑山，叶五崇林之罗汉上水桑芽，叶坚之碎石窠、石臼窠一作穴窠。叶琼、叶辉之秀皮林，叶师复、师贶之虎岩，叶椿之无双岩叶，叶懋之老窠园，各擅其美，未尝混淆，不可概举。焙人之茶，固有前优后劣、昔负今胜者，是以园地之不常也。

丁谓《进新茶表》①：右件物产异金沙②，名非紫笋。江边地暖，方呈“彼茁”之形，阙下春寒，已发“其甘”之味。有以少为贵者，焉敢韫而藏诸？见谓新茶，实遵旧例。

注 释

①丁谓：字谓之，后更字公言，江苏长洲（今苏州）人，宋真宗时任参知政事。

②金沙：即金沙泉。在今杭州西湖孤山。据清《长兴县志》：“顾渚贡茶院侧，有碧泉涌沙，灿如金星。”故而得名金沙泉。杜牧诗云：“泉濑黄金涌，芽茶紫壁截。”前句指的就是金沙泉。以此沸泉沏紫笋茶，茶汁如茵，香气扑鼻，啜之甘冽，沁人心脾。故有“紫笋茶、金沙泉”之称。

译 文

好茶叶的命名，都各按其产地而取，如平园、台星岩是在园子里种植，高峰、青凤髓茶性刚，大岚茶纯净，屑山茶产自岛上，罗汉上水桑芽产自五崇林，碎石窠、石臼窠茶坚实，秀皮林茶的叶子闪光，虎岩茶师复、师贶，无双岩叶似椿芽，老窠园的茶芽茂盛。各有各独具的美味，大不相同，不曾混淆，无法一一列举出来。制茶的人所焙出的茶叶，也有前面的质量好而后来质量差的，或者是过去质量差而后来质量好的，因此产茶的园地也并不是一成不变的。

北宋丁谓在《进新茶表》中记载：所进这件物产既不同于杭州西湖孤山的金沙泉水，它的茶名也不是紫笋。江边回暖，茶叶初发才能有这种茁壮的形态；都城里春天还冷，已经散发出了“其甘如荠”的香味。物以稀为贵，我怎么还敢私自藏匿起来呢？我进贡的新茶，实遵旧例。

原 文

蔡襄《进<茶录>表》[①]：臣前因奏事，伏蒙陛下谕，臣先任福建运使日，所进上品龙茶，最为精好。臣退念草木之微，首辱陛下知鉴，若处之得地，则能尽其材。昔陆羽《茶经》，不第建安之品；丁谓《茶图》，独论采造之本。至烹煎之法，曾未有闻。臣辄条数事简而易明，勒成二篇，名曰《茶录》。伏惟清闲之宴，或赐观采，臣不胜荣幸。

欧阳修《归田录》[②]：茶之品，莫贵于龙凤，谓之团茶[③]，凡八饼重一斤。庆历中，蔡君谟始造小片龙茶以进，其品精青绝，谓之小团，凡二十饼重一斤，其价值金二两。然金可有，而茶不可得。每因南效致斋，中书、枢密院各赐一饼[④]，四人分之。宫人往往缕金花于其上，盖其贵重如此。

注 释

①蔡襄：字君谟，北宋书法家、文学家、政治家和茶学家。在建州时，他倡导种植福州至漳州七百里驿道松，主持制作武夷茶“小龙团”。所著《茶录》总结了古代制茶、品茶的经验。《茶录》是蔡襄有感于陆羽《茶经》“不第建安之品”而特地向皇帝推荐北苑贡茶之作。计上、下两篇，上篇论茶，分色、香、味、藏茶、炙茶、碾茶、罗茶、候汤、熁盏、点茶十目，主要论述茶汤品质和烹饮方法。下篇论器，分茶焙、茶笼、砧椎、茶铃、茶碾、茶罗、茶盏、茶匙、汤瓶九目。《茶录》是继陆羽《茶经》之后最有影响的论茶专著。

②欧阳修：字永叔，号醉翁，又号六一居士，江西永丰人，谥号文忠，世称欧阳文忠公，北宋著名的文学家、史学家。唐宋八大家之一。《归田录》记述朝

廷旧事和士大夫琐事，分二卷，凡一百十五条。

③团茶：团茶是产生于宋代的一种小茶饼，始制于丁谓任福建官员之时，专供宫廷饮用。茶饼上印有龙、凤花纹。印盘龙者称“龙团”或龙茶、盘龙茶、龙焙、小团龙；印凤者称“凤团”或凤饼、小凤团等。团茶中还杂有各种香料，茶团、茶饼的表面则涂饰金银重彩；“不无夺其真味”。这些做法或多或少地都侵夺了茶的自然香味。一直到大观宣和年间，才有漕臣郑可闻制银丝冰茶，始不用香，名为胜雪。

④中书：中书省。古代皇帝直属的中枢官署之名。汉朝始设中书令，晋朝以后称中书省。沿至隋唐，遂成为全国政务中枢（三省六部制）。枢密院：五代至元的最高军事机构。宋设枢密院与“中书”分掌军政大权，号称“二府”。

译　文

北宋的蔡襄在其《进<茶录>表》中写道：臣以前因事奏请，承蒙陛下颁发诏谕，说：以前臣任福建转运使的时候，所进贡的上等龙团茶是最好的。臣退朝之后因为草木的卑微，竟然蒙陛下知遇和品鉴，如果处理得当的话，就能尽到它的作用了。前人陆羽所作的《茶经》，没有记载建安的茶品；我朝丁谓的《茶图》，又只论述了采摘茶叶的方法。至于茶的烹煎品饮方式，还没有听说过有专门的记载。所以臣列出这些事情，简明扼要，写成上下两篇，起名为《茶录》。伏请皇上在举行宫廷清闲的宴会上，能够有机会让大家一起观览和采纳，臣将不胜惶恐，荣幸之至。

北宋欧阳修在《归田录》中记载：茶叶中的品种，最贵重的就是龙、凤饼茶了，通称为“团茶”，每8块茶饼重1斤。庆历年间，蔡君谟才开始制作小片的龙团茶进贡，它的品质精致绝伦，被称作“小龙团”，每20块重1斤，价值黄金2两。但是金子可以得到，而这样的好茶叶却不一定能够得到。每年南郊祭天斋戒，也不过赐给中书、枢密院各一饼龙团，4个人一起分。宫里面的人往往还在它的表面贴上用金花镂刻的花纹装饰，由此可见其贵重的程度。

原　文

赵汝砺《北苑别录》[①]：草木至夜益盛，故欲导生长之气，以渗雨露之泽。茶于每岁六月兴工，虚其本，培其末，滋蔓之草，遏郁之木，悉用除之，政所以导生长之气而渗雨露之泽也。此之谓开畲。唯桐木则留焉。桐木之性与茶相宜，而又茶至冬则畏寒，桐木望秋而先落；茶至夏而畏日，桐木至春而渐茂。理亦然也。

王辟之《渑水燕谈》[2]：建茶盛于江南，近岁制作尤精，龙团最为上品，一斤八饼。庆历中[3]，蔡君谟为福建运使，始造小团，以充岁贡，一斤二十饼，所谓上品龙茶者也。仁宗尤所珍惜，虽宰相未尝辄赐，唯郊礼致斋之夕，两府各四人，共赐一饼。宫人剪金为龙凤花，贴其上。八人分蓄之，以为奇玩，不敢自试，有佳客，出为传玩。欧阳文忠公云："茶为物之至精，而小团又其精者也。"嘉祐中，小团初出时也。今小团易得，何至如此多贵？

注释

①《北苑别录》：由宋朝人赵汝砺所著，此书是作者对熊蕃《宣和北苑贡茶录》的补充。前为绪论，概述北苑情况，然后分列12条，即御园、开焙、采茶、拣茶、蒸茶、榨茶、研茶、造茶、过黄(干燥过程)、纲次(每次运送贡茶的顺序名称)、开畬(茶园管理)、外焙(北苑附属的茶园)。本书详细叙述了46处御园的位置名称，然后介绍茶叶的采制方法，采摘必须在太阳升起前至午前8时结束，可使茶汤鲜明。采回的芽叶要进行分拣后加工，制成的饼茶用箬叶包裹放入绫罗制的小箱内运往宫中。至7月进行茶园培土、管理等工作。

②王辟之：字圣涂，临淄(今山东临淄)人，宋英宗时进士。《渑水燕谈》：即《渑水燕谈录》，分"帝德""谠论""名臣"，17类，自序云："闲接贤大夫谈议，有所取者，辄记之，久而得三百六十余事。"

③庆历：宋仁宗赵祯年号。下文"嘉祐"也是宋仁宗年号。

译文

南宋赵汝砺在其《北苑别录》中记载：草木到了晚上更加兴盛，这是为了吸收生长所需的气息，吮吸雨露的精华。茶园在每年6月的时候开始修整，虚其本，培其末，把四周滋生的杂草和其他茶树的枝条都清理掉，这也是为了让茶能够吸收生长所需的气息，吮吸雨露的精华，这也叫作开畬。只留下园中的桐木。因为桐木与茶叶的本性相适宜，而且茶到冬天就怕寒冷，桐木到了秋天就先落叶，茶到了夏天就怕太阳晒，而桐木到了春天就日渐茂盛。

南宋王辟之的《渑水燕谈》中说：建茶盛行于江南，近几年来制作尤其精良，其中最上品的是"龙团"，8块饼重1斤。庆历年间，蔡君谟担任福建转运使，才开始制造小龙团，用来作为当年进贡的物品，20块饼重有1斤，这就是所说的上等龙茶。仁宗尤为珍爱，即使是宰相也没有随意赏赐，只有在南郊祭天大礼前斋戒之时，中书省和枢密院两府各4个人，每府赏赐1块。宫里面的人把金纸剪成龙凤图形贴于其上。8个人分别保存起来，作为很奇特的物品，自己都不敢轻易烹点取饮，有相当要好的客人到来了，就会拿出来把玩观赏。欧阳修曾说：“茶这种东西本身就是精致的极品，而小龙团又更是精致中的精致了。”嘉祐年间，小龙团刚刚出来。现在，小龙团已经很容易就能够得到了，怎么能如此昂贵呢？

原　文

周辉《清波杂志》[①]：自熙宁后[②]，始贡密云龙[③]。每岁头纲修贡[④]，奉宗庙及贡玉食外，赉及臣下无几。戚里贵近，丐赐尤繁。宣仁太后令建州不许造密云龙，受他人煎炒不得也。此语既传播于缙绅间，由是密云龙之名益著。淳熙间[⑤]，亲党许仲启官苏沙，得《北苑修贡录》序以刊行。其间载岁贡十有二纲，凡三等，四十有一名。第一纲曰龙焙贡新，止五十余銙。贵重如此，独无所谓密云龙者。岂以贡新易其名耶？抑或别为一种，又居密云龙之上耶？

沈存中《梦溪笔谈》[⑥]：古人论茶，唯言阳羡、顾渚、天柱、蒙顶之类[⑦]，都未言建溪。然唐人重串茶粘黑者，则已近乎建饼矣。建茶皆乔木，吴、蜀唯丛茇而已，品自居下。建茶胜处曰郝源、曾坑，其间又有坌根、山顶二品尤胜。李氏号为北苑，置使领之。

胡仔《苕溪渔隐丛话》[⑧]：建安北苑，始于太宗太平兴国三年[⑨]，遣使造之，取象于龙凤，以别入贡。至道间，仍添造石乳、蜡面。其后大小龙，又起于丁谓，而成于蔡君谟。至宣、政间[⑩]，郑可简以贡茶进用，久领漕添续入，其数渐广，今犹因之。

注　释

①周辉：字昭礼，北宋著名词人周邦彦之子。著有《清波杂志》12卷，为笔记体著作，内容多为宋人杂事，对于宋代官制有一定史料价值。

②熙宁：宋神宗赵顼的年号。

③密云龙：茶名。产于福建武夷山，品质优异，曾为北宋贡茶。根据茶种分为密云龙大红袍和密云龙北苑贡。

④纲：唐、宋时成批运输货物的组织。

⑤淳熙：南宋孝宗赵昚的第三个也是最后一个年号，共计16年。

⑥沈存中：即沈括，号梦溪丈人，杭州钱塘(今浙江杭州)人，北宋科学家、政治家。《梦溪笔谈》为沈括所著的笔记体著作，包括《笔谈》《补笔谈》《续笔谈》三部分。

⑦阳羡：阳羡茶产于江苏宜兴，以汤清、芳香、味醇的特点而誉满全国。阳

羡紫笋茶历来与杭州龙井茶、苏州碧螺春齐名，被列为贡品。顾渚：湖州顾渚产名茶，以春秋时吴王夫差“顾其渚次”而得名。后用为咏茶的典故。宋乐史《太平寰宇记》：“长兴县：顾渚，在县西北三十里。昔吴王夫差，顾其渚次，原隰平衍，为都邑之所。今崖谷林薄之中，多产茶茗，以充岁贡。”天柱：安徽省天柱山盛产名茶，名曰天柱山茶，属于绿茶。分为剑毫、龙牙（仙牙）、玄月、翠兰、云雾五大系列品种，其中以天柱山剑毫为佳。蒙顶：蒙顶茶是中国传统绿茶，产于四川省雅安市名山区蒙顶山。相传为西汉甘露普惠妙济大师吴理真所植，唐代时作为土特产入贡皇室。其外汤色碧清微黄，清澈明亮，滋味鲜爽，浓郁回甜。

⑧胡仔：字元任，号苕溪渔隐，安徽绩溪人。胡仔著诗话集《苕溪渔隐丛话》，分《前集》60卷，《后集》40卷。

⑨太平兴国：宋太宗赵匡义的年号，使用共计近8年。下文“至道”也是宋太宗年号。

⑩宣、政间：宣和、政和年间。皆为北宋徽宗的年号。

译　文

南宋周辉的《清波杂志》中记载：自熙宁年间以后，北苑才开始制造进贡“密云龙”。每年开春的时候进贡第一纲，除献给宗庙祭祀和皇宫饮用，轮到赏赐臣下的就没有多少了。皇帝的亲戚和亲信请求赏赐的特别多。宣仁太后曾下令建州不许制造“密云龙”，其他人不能煎炒。就是因为受不了他人求索的烦扰。这样的消息在官绅之间传播后，“密云龙”的名气从此就更大了。淳熙年间，皇上的亲信许仲启在苏沙任职，得到了一部《北苑修贡录》，就为其作序加以印刷发行。这期间记载每年的贡品12纲，共三等，41种。第一纲叫作“龙焙贡新”，只有50多铸。贵重到了这种地步，也只有所谓的“密云龙”了。但怎么又以“贡新”改易其名了呢？或许还有另外一种，比“密云龙”还好吗？

北宋沈括在《梦溪笔谈》中说：古代人评论茶叶只有阳羡、顾渚、天柱、蒙顶这些，都没有提到建溪。然而唐朝的人很重视粘黑的串茶，那就已经很接近建茶了。建溪的茶树都是乔木，而吴、蜀两地的茶叶只是丛生的灌木而已，品质自然不好。好的建茶产地叫郝源、曾坑，这中间又有坌根、山顶这两个品种更胜一筹。南唐李氏把它叫作北苑，还设置官吏专门管理。

南宋胡仔的《苕溪渔隐丛话》中记载：建安北苑进贡的茶，在太宗太平兴国三年的时候就已经开始制造了，朝廷派专人监督制造，把它印成龙凤的图样，用来进贡。到了至道年间，才添加制造了石乳、蜡面。后来就又兴起了大小龙团茶，开始于丁谓，而成形于蔡君谟。到宣和、政和年间，福建的郑可简开始以贡茶进献，以后任福建路转运使，他长期掌管漕运，又添加进去新品种进贡，贡品数量渐渐多了起来，今天还沿袭以前的做法。

原文

细色茶五纲，凡四十三品，形制各异，共七千余饼其间贡新、试新、龙团胜雪、白茶、御苑玉芽①，此五品乃水拣，为第一；余乃生拣，次之。又有粗色茶七纲，凡五品。大小龙凤并拣芽，悉入龙脑，和膏为团饼茶，共四万余饼。盖水拣茶即社前者，生拣茶即火前者，粗色茶即雨前者。闽中地暖，雨前茶已老而味加重矣。又有石门、乳吉、香口三外焙，亦隶于北苑，皆采摘茶芽，送官焙添造。每岁縻金共二万余缗②，日役千夫，凡两月方能迄事。第所造之茶不许过数，入贡之后市无货者，人所罕得。唯壑源诸处私焙茶，其绝品亦可敌官焙，自昔至今，亦皆入贡，其流贩四方者，悉私焙茶耳。

北苑在富沙之北，隶建安县，去城二十五里，乃龙焙造贡茶之处，亦名凤凰山。自有一溪，南流至富沙城下，方与西来水合而东。

注释

①贡新、试新：皆为茶名。宋姚宽《西溪丛语》卷上："茶有十纲，第一、第二纲太嫩，第三纲最妙，自六网至十网，小团至大团而止，第一名曰试新，第二名曰贡新。"龙团胜雪：南宋赵汝砺的《北苑别录》第十部分，纲次篇，细色第三纲和细色第四纲中明确写有：'龙团胜雪，水芽，十六水，十二宿火。'御苑玉芽：宋赵汝砺《北苑别录》细色第三纲："御苑玉芽、小芽，十二水，八宿火，正贡一百斤。"此指上品芽茶。

②缗：古代货币计量单位。一缗即一串铜钱，每串一千文。

译文

细色茶叶分5批，一共有43个品种，制造的形状各有不同，共有7000多块饼，其中的贡新、试新、龙团胜雪、白茶、御苑玉芽这5种是在水里面挑拣得最好的；其他的都是生拣茶，稍微差一点。还有成色粗一点的茶叶7批，共5个品种。大小龙凤茶和拣芽，都要加入龙脑香料，制成圆形的团饼茶，总共4万多块。水拣茶也就是春社前采摘的茶芽，生拣茶是寒食前采摘的茶芽，粗色茶就是雨水前采摘的茶芽。福建天气暖和，雨前的茶叶已经老了，而且味道浓重。又有石门、乳吉、香口这3种外焙的品种，都是隶属于北苑的，它们都是把茶芽摘下来后，送到官焙里面添造。每年要花去白银一共两万多缗，每天要雇佣上千夫役，历时两个月才能完成。这里制造的茶叶不允许超过规定的数量，进贡后市场上几乎就没有这种茶叶了，所以民间很难得到。只有壑源那些地方烘焙的私茶，其中的绝品好茶也可以与官焙的茶叶相提并论，从过去到现在，北苑的茶都进贡了，而那些卖到各个地方的，全都是私自烘焙的。

北苑在富沙的北面，隶属于建安县，距离城里25里远，就是制造贡茶的地方——龙焙，又叫凤凰山。那里有一条小溪，往南流到富沙城下，才与自西面来的水汇合在一起往东流去。

原文

车清臣《脚气集》[①]:《毛诗》云[②]:“谁谓荼苦，其甘如荠[③]。”注：荼，苦菜也。《周礼》[④]:“掌荼以供丧事取其苦也。苏东坡诗云：“周诗记苦荼，茗饮出近世。”乃以今之茶为荼。夫茶，今人以清头目，自唐以来，上下好之，细民亦日数碗，岂是荼也？茶之粗者是为茗。

宋子安《东溪试茶录》序[⑤]：茶宜高山之阴，而喜日阳之早。自北苑凤山，南直苦竹园头，东南属张坑头，皆高远先阳处，岁发常早，芽极肥乳，非民间所比次出壑源岭，高土沃地，茶味甲于诸焙。丁谓亦云：凤山高不百丈，无危峰绝崦，而冈翠环抱，气势柔秀，宜乎嘉植灵卉之所发也。又以建安茶品甲天下，疑山川至灵之卉，天地始和之气，尽此茶矣。又论石乳出壑岭断崖缺石之间，盖草木之仙骨也。近蔡公亦云：“唯北苑凤凰山连属诸焙，所产者味佳，故四方以建茶为名，皆曰北苑云。”

注释

①车清臣：宋朝人，字若水，字清臣，号玉峰山民，黄岩人。《脚气集》：此书据其从子惟一跋，盖成于咸淳甲戌，因病脚气，作书自娱，故名曰《脚气集》。

②《毛诗》：指西汉时，鲁国毛亨和赵国毛苌所辑和注的古文《诗》，也就是现在流行于世的《诗经》。

③谁谓荼苦，其甘如荠：出自《诗经·邶风·谷风》。

④《周礼》：儒家经典，十三经之一。世传为周公旦所著，但实际上可能是战国时期归纳创作而成。《周礼》《仪礼》和《礼记》合称“三礼”。

⑤《东溪试茶录》：宋子安所作茶书。首序论，次分总叙焙名，分北苑(曾坑，石坑附)、壑源(叶源附)、佛岭、沙岭、茶名、采茶、茶病等八目。

译文

南宋车清臣的《脚气集》中记载：《诗经·邶风·谷风》中说：“谁谓荼苦，其甘如荠。”注：荼就是苦菜。《周礼·地官·司徒》中记载：“掌荼以供丧事。”就是取其苦的含义。苏东坡诗中咏道：“周诗记苦荼，茗饮出近世。”是把今天的茶认为是荼。茶叶，现在的人用它来清心明目，从唐朝以来，自上而下人人都喜欢喝茶，就是普通的老百姓也每天要喝上数碗，这是荼吗？茶中比较粗糙的叫作茗。

南宋子安的《东溪试茶录》序中记载：茶叶适合生长在高山的阴坡，并且早上有太阳普照的地方。从北苑的凤凰山，到南面的苦竹园，向东南一直到远处的张坑头，都是地处高远且向阳的地方，每年很早的时候茶芽就发出，茶芽极其肥乳，不是其他的民间茶山能够相比的。其次是壑源岭，地势很高且土地肥沃，烘焙出来的茶味道独占鳌头。丁谓也说，凤凰山高不过百丈，没有危峰和陡峭的岩壁，但是山冈环抱，绿翠环绕，气势很柔美灵秀，适合于各种有灵气的花草树木生长繁衍。又因为建安茶品质为天下第一，所以有人认为山川之间最灵秀的草木，天地之间最和谐的气息，都在建安的茶里面。又说石乳出自壑岭的断崖缺石之间，正是草木的仙骨。近来蔡公也说道：“只有北苑的凤凰山一带烘焙出产的茶叶味道最好，所以各个地方都认为建茶最为有名，也都称是北苑茶。”

原　文

黄儒《品茶要录》序[①]：说者尝谓陆羽《茶经》不第建安之品[②]。盖前此茶事未甚兴，灵芽真笋往往委翳消腐[③]，而人不知惜。自国初以来，士大夫沐浴膏泽，咏歌升平之日久矣[④]。夫体势洒落，神观冲淡，唯兹茗饮为可喜。园林亦相与摘英夸异，制卷鬻新[⑤]，以趋时之好。故殊异之品，始得自出于榛莽之间[⑥]，而其名遂冠天下。借使陆羽复起，阅其金饼，味其云腴[⑦]，当爽然自失矣。因念草木之材，一有负瑰伟绝特者，未尝不遇时而后兴，况于人乎？

苏轼《书黄道辅<品茶要录>后》：黄君道辅讳儒，建安人，博学能文，淡然精深，有道之士也。作《品茶要录》十篇，委曲微妙，皆陆鸿渐以来论茶者所未及。非至静无求，虚中不留，乌能察物之情如此其详哉？

注　释

①《品茶要录》：宋朝人黄儒所作茶书，前后各有总论一篇，中分采造过时、白合盗叶、入杂、蒸不熟、过熟、焦釜、压黄、渍膏、伤焙、辨壑源沙溪等十

目。此书主要讨论采制搀杂等弊病，辨别很详细，属茶叶品质鉴别的专门论著。

②建安：东汉末年汉献帝的第5个年号。

③委翳：萎谢的意思。宋王安石《芝阁记》："于是神奇之产，销藏委翳于蒿藜榛莽之间。"

④升平：太平。《汉书·梅福传》："使孝武帝听用其计，升平可致。"颜师古注引张晏曰："民有三年之储曰升平。"

⑤制卷鬻新：焙制销售新茶。制卷，描制出新奇的饼茶形状。

⑥榛莽：杂乱丛生的草木。唐李白《古风》之十四："白骨横千霜，嵯峨蔽榛莽。"

⑦云腴：茶的别称。味似云腴美，形如玉脑圆。唐朝皮日休《奉和鲁望四明山九题·青棂子》："借使陆羽复起，阅其金饼，味其云腴，当爽然自失矣。"

译 文

南宋黄儒在《品茶要录》序中说：谈论茶史的人都说陆羽的《茶经》里面没有论及建安的茶叶。这大概是因为从前喝茶的风气还不是很盛行，灵芽真笋往往任其腐烂枯萎掉，自然消失，而不知珍惜。自从宋朝以来，各级官员承蒙上天的恩惠，歌舞升平的盛世已经很长了。他们风度潇洒脱俗，精神清净淡泊，只有喝茶才契合他们的生活，从而成了他们修身养性的赏心乐事。园林之间也互相摘英夸异，制楼出新，以迎合人们的喜好。所以茶中上好的品种，才得以从杂乱丛生的草木中脱颖而出，闻名天下。假如陆羽复生，看到色泽金黄的茶饼，尝到清香馥郁的茶汤，应该会觉得很失落。念及草木这样的东西，一旦出现了奇特的品质，未尝不是遇着时机然后兴起盛行的，何况是人呢！

苏轼在《书黄道辅<品茶要录>后》中说：黄道辅先生，名儒，建安人，博学多才且能写得一手好文章，性格恬淡精深，是一个很有修养、学养深厚的人。他编撰了《品茶要录》10篇，中间的精妙之处，是陆羽以后谈论茶的人所未曾有过的。如果不是内心修为平静，没有什么欲求，没有其他的顾虑，又怎么能够体察事物的情状如此详尽呢？

原 文

《茶录》：茶，古不闻食，自晋、宋以降，吴人采叶煮之，名为茗粥。

叶清臣《煮茶泉品》[①]：吴楚山谷间，气清地灵，草木颖挺，多孕茶荈。大率右于武夷者为白乳[②]，甲于吴兴者为紫笋[③]，产禹穴者以天章显，茂钱塘者以径山稀[④]，至于桐庐之岩，云衢之麓，雅山著于宣、歙，蒙顶传于岷、蜀，角立差胜，毛举实繁。

周绛《补茶经》[5]：芽茶[6]，只作早茶，驰奉万乘，尝之可矣。如一旗一枪，可谓奇茶也。

胡致堂曰：茶者，生人之所日用也。其急甚于酒。

陈师道《茶经丛谈》：茶，洪之双井[7]，越之日注[8]，莫能相先后。而强为之第者，皆胜心耳。

注 释

①《煮茶泉品》：为宋人叶清臣所著茶书，谈饮茶之趣、茶叶之质、泉品之别。

②白乳：名茶的一种。宋沈括《梦溪笔谈·药议》："薰陆，即乳香也……如腊茶之有'滴乳''白乳'之品，岂可各是一物？"

③吴兴：今浙江湖州。紫笋：紫笋茶产于长兴水口乡顾渚村。

④钱塘：即浙江杭州。径山：径山茶，又名径山毛峰茶。产于杭州余杭区西北境内之天目山东北峰的径山，因产地而得名，属绿茶类名茶。

⑤《补茶经》：《郡斋读书志》说："皇朝周绛撰。绛，祥符初知建州，以陆羽<《茶经》不载建安，故补之。又一本有陈龟注。丁谓以为茶佳，不假水之助，绛则载诸名水云。"

⑥芽茶：是指以纤嫩新芽制成的茶叶，即最嫩的茶叶。宋熊蕃《宣和北苑贡茶录》："凡茶芽数品，最上曰小芽，如雀舌、鹰爪，以其劲直纤锐，故号芽茶。"

⑦洪之双井：双井茶又名洪州双井、黄隆双井、双井白芽等，产于分宁（今江西修水）、洪州（今江西南昌）。属芽茶。宋代名茶，也是贡茶之一。

⑧越之日注：即日铸茶，产于绍兴县东南50里的会稽山日铸岭，以御茶湾采出的茶叶制成的日铸茶为极品。《归田录》记载："草茶盛于两浙，两浙之品，日铸第一。"

译 文

《茶录》中说：茶，古代没有听说有人饮用，从东晋、南朝宋以后，吴地的人采摘茶叶煮好饮用，叫作"茗粥"。

北宋叶清臣在《煮茶泉品》中说：吴楚两地的山谷之间，空气清新、土地肥沃，草木相当茁壮，多生长着茶叶。大体而言，武夷所出产的是上等的白乳，吴兴所产最好的是紫笋，会稽所产最好的为天章，钱塘所产上等茶是径山的茶。至于桐庐的山岩，云衢的山麓，都是产名茶之地。雅山的茶叶出名于宣城、歙县一带，蒙顶茶却流传于岷、蜀一带，这些名茶各负盛名，如果列举起来实在是太多了。

北宋周绛在《补茶经》中说：芽茶只作为早茶，驰奉万乘，尝到就可以了。如果是一旗一枪的茶，那就可以称得上是奇茶了。

胡致堂说：茶，是我们日常生活中所必需的东西，比酒还重要。

南宋陈师道在《茶经丛谈》中说：茶，洪州的双井茶，越州的日注茶，都是极品，不能辨别它们的前后，而非要给它们分出个等次来，只是为了满足自己的心理而已。

原 文

陈师道《茶经序》：夫茶之著书自羽始，其用于世亦自羽始，羽诚有功于茶者也。上自宫省，下逮邑里，外及异域遐陬[①]，宾祀燕享[②]，预陈于前；山泽以成市，商贾以起家，又有功于人者也，可谓智矣。《经》曰："茶之否臧，存于口诀。"则书之所载，犹其粗也。夫茶之为艺下矣，至其精微，书有不尽，况天下之至理，而欲求之文字纸墨之间，其有得乎？昔者先王因人而教，同欲而治，凡有益于人者，皆不废也。

吴淑《茶赋》注[③]：五花茶者，其片作五出花也。

姚氏《残语》：绍兴进茶，自高文虎始。

王楙《野客丛书》[④]：世谓古之荼，即今之茶。不知荼有数种，非一端也。《诗》曰"谁谓荼苦，其甘如荠"者，乃苦菜之荼，如今苦苣之类[⑤]。《周礼》"掌荼"、《毛诗》"有女如荼"者，乃苕荼之荼也，此萑苇之属[⑥]。唯荼槚之荼，乃今之茶也。世莫知辨。

《魏王花木志》：茶，叶似栀(子)，可煮为饮。其老叶谓之荈，嫩叶谓之茗。

注 释

①遐陬：边远一隅。《宋书·谢灵运传》："内匡寰表，外清遐陬。"

②燕享：即燕飨。指以酒食祭神，泛指以酒食款待人。汉董仲舒《春秋繁露·服制》："天子服有文章，不得以燕飨，以庙。"

③吴淑：字正仪，润州丹阳(今江苏丹阳)人，宋初预修《太平御览》《太平广记》《文苑英华》等书。

④王楙：字勉夫，宋代长洲(今江苏苏州)人，著有《野客丛书》30卷。

⑤苦苣：菊科一二年生草本植物。嫩叶可食。

⑥萑苇：两种芦类植物。《诗经·豳风·七月》："七月流火，八月萑苇。"朱熹集传："萑苇，即蒹葭也。"

陈师道在《茶经序》中写道：写茶的专著是从陆羽开始的，喝茶之风的盛行也是从陆羽开始的，陆羽的确是普及茶的有功之臣。上到皇宫和各省大员，下到城邑乡里，外到边疆异域他乡，礼宾祭祀，宴会应酬，都把它摆在前面；山村和沼泽之地都成了集市，商贾也因此而起家发财，陆羽是一位有功之臣，可以说是个智者。《茶经》中说："辨别茶叶的好坏，另外有一套诀窍。"其实书中所记载的，还是非常粗略的。而茶叶的精妙之处，书上并不能尽言，况且天下的至理名言，要想在文字和笔墨之间都得到，那又怎么可能呢？从前，先王根据各人的实际而施以不同的教育，根据人们的想法不同而采用不同的治理方式，所以，只要是有益于人的方法，都不会轻易放弃。

宋吴淑在《茶赋》中注解道：所谓五花茶，是指它的叶子如同五朵花一样。

姚氏《残语》中记载：绍兴进贡茶叶，是从高文虎开始的。

南宋王楙在《野客丛书》中记载：世人认为古代的荼，就是现在的茶。却不知道荼有好几种，并不是只有一种含义。《诗经·邶风·谷风》中说"谁谓荼苦，其甘如荠"，其实指的是苦菜，就如同现在的苦苣菜这类东西。《周礼·地官·司徒》中的"掌荼"、《毛诗》所谓的"有女如荼"说的都是苕荼之荼，都是萑苇一类。只有荼槚那种荼，才是我们现在所说的茶。可是世人却并不知道加以辨别。

《魏王花木志》中记载：茶叶与栀子树叶相似，可以煮好饮用。它的老叶称作荈，嫩叶则称作茗。

原 文

《瑞草总论》：唐宋以来有贡茶，有榷茶[①]。夫贡茶，犹知斯人有爱君之心。若夫榷茶，则利归于官，扰及于民，其为害又不一端矣。

元熊禾《勿斋集·北苑茶焙记》：贡，古也。茶贡不列于《禹贡》、周《职方》[②]，而昉于唐[③]，北苑又其最著者也。苑在建城东二十五里，唐末里民张晖始表而上之。宋初丁谓漕闽，贡额骤益，斤至数万。庆历承平日久，蔡公襄继之，制益精巧，建茶遂为天下最。公名在四谏官列，君子惜之。欧阳公修虽实不与，然犹夸侈歌咏之。苏公轼则直指其过矣。君子创法可继，焉得不重慎也。

《说郛·臆乘》[④]：茶之所产，六经载之详矣。独异美之名未备。唐宋以来，见于诗文者尤夥，颇多疑似，若蟾背、虾须、雀舌、蟹眼、瑟瑟、沥沥、霏霏、霭霭、鼓浪、涌泉、琉璃眼、碧玉池[⑤]，又皆茶事中天然偶字也。

注　释

①榷茶：中国唐代以后官府对茶叶实行征税、管制、专卖的措施。

②《禹贡》:《尚书》中的一篇，是先秦最富于科学性的地理记载，囊括了各地山川、地形、土壤、物产等情况。《职方》:《周礼》夏官所属有职方氏。

③昉：起始。

④《说郛》：元末明初的学者陶宗仪编纂，多选录汉魏至宋元的各种笔记汇集而成。共100卷。

⑤蟾背：与下文“虾须”等皆为茶叶名。宋杨伯嵒《臆乘·茶名》:“茶之所产，六经载之详矣，独异美之名未备……若蟾背、虾须、雀舌、蟹眼、瑟瑟、霏霏、霭霭及鼓浪、涌泉、琉璃眼、碧玉池，又皆茶事中天然偶字也。”

译　文

《瑞草总论》中记载：唐宋以来有贡茶，有榷茶。如果是贡茶，还可以从中知晓大家有爱君的心理。至于榷茶，那就是对茶叶进行征税和专卖，让官员得利，百姓遭殃了，它的危害还不止一点啊。

元代熊禾在《勿斋集·北苑茶焙记》中记载：北苑烘焙茶叶进贡已经很久了。贡茶在《尚书·禹贡》《周礼·职方》里都没有记载，而兴起于唐代，北宋北苑的贡茶又是最著名的。北苑位于建城东面约25里的地方，唐朝末年，百姓张晖才上表奏告贡茶于朝廷。宋朝初年，丁谓担任福建漕运使，进贡的数量骤然增加，达到了几万斤。庆历年间承平日久，蔡襄继承了这种做法，贡茶制作得更为精良，建茶才成为天下最出名的茶。蔡襄名列四谏官之中，正人君子都感到可惜。欧阳修虽然实未参加贡茶，但是仍然用诗歌赞美它。苏轼则直接指出贡茶的过失。由此可见，君子创立的法例可以继承，但是不能不慎重。

《说郛·臆乘》中记载：茶叶的生产，六经上所记载的已经非常详尽了，但是唯独没有美好的名称。唐宋以来，诗文中的记载非常多，词藻和用典有很多相似的，像蟾背、虾须、雀舌、蟹眼、瑟瑟、沥沥、霏霏、霭霭、鼓浪、涌泉、琉璃眼、碧玉池，这些都是茶事中天然形成的名字。

原　文

《茶谱》：衡州之衡山、封州之西乡茶[①]，研膏为之，皆片团如月。又彭州蒲村、堋口[②]，其园有仙芽、石花等号。

明人《月团茶歌序》：唐人制茶，碾末以酥滫为团，宋世尤精，元时其法遂绝。予效而为之，盖得其似，始悟古人咏茶诗所谓“膏油首面”、所谓“佳茗似佳人”、所谓“绿云轻绾湘娥鬟[3]”之句。饮啜之余，因作诗记之并传好事。

屠本畯《茗笈·评》：人论茶叶之香，未知茶花之香。余往岁过友大雷山中，正值花开，童子摘以为供，幽香清越，绝自可人，惜非丰瓯中物耳。乃予著《瓶史月表》，以插茗花为斋中清玩。而高濂《盆史》，亦载“茗花足助玄赏”云。

注　释

①衡州：唐时州郡名，今湖南衡阳一带。封州：唐时州郡名，今广东新兴县东南、开平县西。

②彭州：唐武后垂拱二年（686）置彭州。今四川成都一带。

③绿云轻绾湘娥鬟：出自唐李咸用《谢僧寄茶》诗。

译　文

五代毛文锡的《茶谱》中记载：衡州的衡山茶、封州的西乡茶，蒸青后把茶叶碾细制造，都制成了团，像月亮一样。还有彭州的蒲村、堋口，那里的茶园有“仙芽”石花”等称呼。

明代诗人高启在《月团茶歌序》中说：唐代的人制茶的时候把茶碾成粉末，便于制成圆形，宋代的时候制作得更加精良，元代的时候茶的制法就消失了。我模仿其法制茶，做得也只是形似，然而也因此才开始领略到古代人咏茶诗中所说的“膏油首面”“佳茗似佳人”“绿云轻绾湘娥鬟”这样的句子。喝茶以外，做诗记下，并来传播这样美妙的事情。

明代屠本畯在《茗笈·评》中说：人们只说茶叶香，却不知道茶花的香。我往年曾经过大雷山的朋友那里，去拜访他。当时正好是茶花开的时候，童子把茶花摘下来以供欣赏。那种幽香飘到了很远的地方，特别惹人喜爱，可惜它并不是小瓯中的品饮之物。我在编撰的《瓶史月表》中，就把插茶树花当作是非常高雅的行为。而高濂的《盆史》中也记载有“茗花足助玄赏”的句子。

原　文

《茗笈·赞》十六章：一曰溯源[1]，二曰得地，三曰乘时，四曰揆制，五曰藏茗，六曰品泉，七曰候火，八曰定汤，九曰点瀹[②]，十曰辨器，十一曰申忌，十二曰防滥，十三曰戒淆，十四曰相宜，十五曰衡鉴，十六曰玄赏。

谢肇淛《五杂俎》[③]：今茶品之上者，松萝也[④]，虎丘也[⑤]，罗岕也，龙井也[⑥]，阳羡也，天池也。而吾闽武夷、清源、彭山三种，可与角胜。六安、雁宕、蒙山三种，祛滞有功，而色香不称，当是药笼中物，非文房佳品也。

《西吴枝乘》：湖人于茗，不数顾渚，而数罗岕。然顾渚之佳者，其风味已远出龙井下。岕稍清隽，然叶粗而作草气。丁长孺尝以半角见饷，且教余烹煎之法，迨试之，殊类羊公鹤。此余有解有未解也。余尝品茗，以武夷、虎丘第一，淡而远也。松萝、龙井次之，香而艳也。天池又次之，常而不厌也。余子琐琐，勿置齿喙。

注释

①溯源：沿着上游寻找发源地，比喻探求本源。

②点瀹：煮茶的方法。

③谢肇淛：字在杭，福建长乐人，明朝作家、官员。所撰著有《五杂俎》，共16卷，多记风物掌故，另著有《文海披沙》《文海披沙摘录》等。

④松萝：松萝茶属绿茶类，为历史名茶。产于安徽省黄山市休宁县休歙边界黄山余脉的松萝山，具有色绿、香高、味浓等特点。条索紧卷匀称，色泽绿润，香气高爽，滋味浓厚，带有橄榄香味，汤色绿明，叶底绿嫩。饮后令人神驰心怡，古人有“松萝香气盖龙井”之赞辞。

⑤虎丘：即虎丘茶，产于苏州。据《虎丘志》载：“虎丘茶色如玉，味如兰，宋人呼为白云茶，号称珍品。”《茶解》介绍虎丘茶：“茶色白，味甘鲜，香气扑鼻，乃为精品。茶之精者，淡亦白，浓亦白，初泼白，久贮亦白，味甘色白，其香自溢，三者得，则具得也。”

⑥龙井：龙井茶。产于杭州，是如今最耳熟能详的一类名茶。龙井茶素以色翠、形美、香郁、味醇冠绝天下，其独特的“淡而远”“香而清”的绝世神采和非凡品质，在众多茗茶中独具一格，冠列中国十大名茶之首。

译文

明代屠本畯《茗笈·赞》分上下篇，一共有十六章：第一章是追溯它的历史，第二章说的是产地，第三章是说时机，第四章是谈论制作的方法，第五章是说贮藏茶叶，第六章说的是品水，第七章说的是火候，第八章说的是定汤，第九章说的是煮茶的方法，第十章说的是辨别器具，第十一章说的是各种禁忌，第十二章说的是防滥，第十三章说的是防止混淆，第十四章说的是相宜，第十五章说的是鉴定，第十六章说的是观赏。

明代谢肇淛在《五杂俎》中说：现在茶叶中的上品，有松萝、虎丘、罗岕、龙井、阳羡、天池。而我们福建的武夷、清源、彭山产的三种茶，可以和它们一争高下。六安、雁宕、蒙山产的三种茶，对于祛除人体内的积滞很有作用，但是色泽和香味却不够，应该算作是医药里面的品种，而不是文房中的清玩佳品。

明代谢肇淛在《西吴枝乘》中记载：湖州人喝茶，不喜欢喝顾渚茶而偏好罗岕茶。但是上好的顾渚茶，其茶味已经远远超过了龙井茶。罗岕茶稍微清隽一点，但是叶子太粗还有草气。丁长孺曾经赠送给我半角的罗岕茶，并且教给我烹煮的方法，我试了之后，觉得特别像羊公鹤，名不副实，这是我所不能理解的。我品尝过的茶，以武夷茶、虎丘茶为第一，因为其清淡而味久远。松萝茶和龙井茶要差一点，其茶馨香而娇艳。天池就更差一些了，因为其茶味普通，但不会令人厌烦。其他的都比较平常，就不值得一提了。

原　文

屠长卿《考槃余事》[①]：虎丘茶最号精绝，为天下冠，惜不多产，皆为豪右所据，寂寞山家无由获购矣。天池青翠芳馨，啖之赏心，嗅亦消渴，可称仙品。诸山之茶，当为退舍。阳羡俗名罗岕，浙之长兴者佳，荆溪稍下。细者其价两倍天池，惜乎难得，须亲自收采方妙。六安品亦精[②]，入药最效，但不善炒，不能发香而味苦，茶之本性实佳。龙井之山不过数十亩，外此有茶，似皆不及。大抵天开龙泓美泉，山灵特生佳茗以副之耳。山中仅有一二家，炒法甚精。近有山僧焙者亦妙，真者天池不能及也。天目为天池、龙井之次，亦佳品也。地志云："山中寒气早严，山僧至九月即不敢出。冬来多雪，三月后方通行，其萌芽较他茶独晚。"

注　释

①屠长卿：即屠隆(1543—1605)，字长卿，一字纬真，号赤水、鸿苞居士，浙江鄞县人，明代文学家、戏曲家。

②六安品：六安瓜片，简称瓜片、片茶，产自安徽省六安市大别山一带，唐称"庐州六安茶"，明始称"六安瓜片"，为上品、极品茶。

译 文

明代屠长卿在《考槃余事》中记载：苏州的虎丘茶是最精绝的，为天下第一，可惜出产的并不多，都被当地豪门夺去了，像寂寞无闻的山林人家是没办法得到的。天池青翠，带有清香，喝着赏心悦目，闻着都觉得能够解渴，堪称仙品。其他山上的茶叶，都要退避三舍了。阳羡俗名叫罗岕，浙江长兴出产的罗岕茶最好，荆溪的要稍微差一些。精细的罗岕茶价格是天池茶的两倍，可惜很难得到，还必须亲自采摘加工才好。六安那种品质也很好，用它做药物最好，但是当地人不善于炒，就不能让它的香气散发出来，喝起来就觉得味道苦涩，其实茶叶的本性是很好的。龙井山上不过只有几十亩茶叶，这之外的茶叶虽与龙井相似，但是品质不及。大概是上天开了龙泓这样的秀美泉水，所以山灵特地生出了佳茶与之相配。山中只有一两家，他们的炒法很精湛。近来有山里的和尚烘焙的茶叶也很巧妙，真正的龙井茶就是天池茶也比不上啊！天目山茶的品质与天池茶、龙井茶相比要差一点，不过也是好茶。《地志》中记载："山中天寒得早而且寒气重，山里的和尚到了9月就都不敢出山了。冬天来了之后经常下雪，3月以后道路才可以通行，所以这里的茶树比其他地方的独晚。"

原 文

包衡《清赏录》：昔人以陆羽饮茶比于后稷树谷，及观韩翃《谢赐茶启》云[①]："吴主礼贤，方闻置茗；晋人爱客，才有分茶。"则知开创之功，非关桑苎老翁也[②]。若云在昔茶勋未普，则比时赐茶已一千五百串矣。

陈仁锡《潜榷类书》：紫琳腴、云腴[③]，皆茶名也。茗花，白色，冬开似梅，亦清香。按：冒巢民《岕茶汇钞》云[④]："茶花味浊无香，香凝叶内。"二说不同。岂岕与他花独异欤？

《农政全书》[⑤]：六经中无茶，荼即茶也。《毛诗》云'谁谓荼苦，其甘如荠。'以其苦而味甘也。

夫茶，灵草也。种之则利溥，饮之则神清。上而王公贵人之所尚，下而小夫贱隶之所不可阙，诚民生食用之所资，国家课利之一助也。

注 释

①韩翃：字君平，南阳（今河南南阳）人，唐代诗人。"大历十才子"之一。

②苎：多年生草本植物。

③云腴：茶的别称。味似云腴美，形如玉脑圆。

④冒巢民：即冒襄，字辟疆，号巢民，一号朴庵，又号朴巢，私谥潜孝先生，明末清初的文学家。

⑤《农政全书》：明徐光启撰，全书分为12目，共60卷，50余万字。12目中包括：农本3卷，田制2卷，农事6卷，水利9卷，农器4卷，树艺6卷，蚕桑4卷，蚕桑广类2卷，种植4卷，牧养1卷，制造1卷，荒政18卷。《农政全书》基本上囊括了古代农业生产和人民生活的各个方面。

译 文

明代包衡在《清赏录》中说：从前，人们用陆羽喝茶与后稷树谷相比，等读到韩翃的《谢赐茶启》中说："三国中吴国的吴王礼贤下士，才听说了置茗以代酒；东晋人比较好客，才有分茶的习惯。"于是，知道开创喝茶这种习俗的功劳，并不归于桑苎翁陆羽。如果说以前喝茶的功效还没有普及的话，那么当时赐茶的数量已经达到1500串了。

明代陈仁锡在《潜榷类书》中记载：紫琳腴、云腴都是茶的名称。茶花为白色，冬天开的时候与梅花很像，也很清香异常。按：冒巢民所著的《岕茶汇钞》中说茶花的味道浓但是没有香味，香气都凝聚在叶子里面。"这两种说法不一样，难道就只有岕与其他的茶不一样吗？

明代徐光启的《农政全书》中记载：六经中没有茶字，荼也就是茶。《诗经》中说"谁谓荼苦，其甘如荠"，就是说它苦中带甜味。

茶是一种很有灵气的植物。种茶能获得很多利益，喝茶能使人神清气爽。茶被上层社会中的王公贵族所崇尚，下到普通的老百姓也不能够缺少，这的确已经成了百姓日常生活的必需品，对于国家的税收也有帮助。

原 文

罗廪《茶解》[①]：茶园不宜杂以恶木，唯古梅、丛桂、辛夷、玉兰、玫瑰、苍松、翠竹，与之间植，足以蔽霜雪，掩映秋阳。其下可植芳兰、幽菊清芬之品。最忌菜畦相逼，不免渗漉，滓厥清真。

茶地南向为佳，向阴者遂劣[②]。故一山之中，美恶相悬。

李日华《六研斋笔记》[③]：茶事于唐末未甚兴不过幽人雅士手撷于荒园杂秽中，拔其精英，以荐灵爽，所以饶云露自然之味。至宋设茗纲[④]，充天家玉食，士大夫益复贵之，民间服习寖广，以为不可缺之物。于是营植者拥溉孳粪，等于蔬蔌，而茶亦陨其品味矣。人知鸿渐到处品泉，不知亦到处搜茶。皇甫冉《送羽摄山采茶》诗数言，仅存公案而已。

注　释

①罗廪：字高君，明朝书法家、学者，明朝万历时浙江慈溪(今浙江宁波)人，能诗，工书。行草师二王及怀素。

②阴：山南水北为阳，山北水南为阴。

③《六研斋笔记》：明人李日华所著。书分三集十二卷，皆随笔札记集辑，除谈玄及偶尔论及诗词外，大多论书画及记所见书画之文。

④纲：中国从唐代起转运大批货物所行的办法。

译　文

明代罗廪在《茶解》中说：茶园不适合与不好的树木掺杂种植，只有古梅、丛桂、辛夷、玉兰、玫瑰、苍松、翠竹和它一起夹杂着种植，也足以遮挡风霜雨雪和掩映秋天的阳光了。茶树的下面可以种上兰花、梅花以及那些清淡芳香的植物。茶园最忌讳靠近菜地，因为这样难免会有污秽之气渗透进来，会妨碍茶的本质。

茶地向南朝阳的好，背阴的要差一点。所以同一座山中，茶也都有好坏之分。

明代李日华的《六研斋笔记》中记载道：喝茶在唐朝末年的时候还不太盛行，不过只是隐士雅人亲自从荒凉的茶园或杂草丛生的地方采摘出来，撷取茶的精华以供物质和精神的享受，这样有来自云露而又自然的味道。到了宋朝才有喝茶的讲究，有了成批进贡朝廷的制度，也只是充当皇家的玉食，是士大夫阶层更加推崇的珍品。渐渐地，民间喝茶的人越来越多，茶也渐渐成了不能缺少的饮品。于是种植茶叶的人给茶树施肥浇水培植，和种植蔬菜一样管理，这样一来就损害了茶的品味。人们只知道陆羽到处品泉，却不知道他也到处搜集茶叶，品味名茶。皇甫冉在《送羽摄山采茶》诗中的几句话，就只是仅存的故事而已。

原　文

徐岩泉《六安州茶居士传》：居士姓茶[①]，族氏众多，枝叶繁衍遍天下。其在六安一枝最著[②]，为大宗[③]；阳羡、罗岕、武夷、匡庐之类，皆小宗；蒙山，又其别枝也。

乐思白《雪庵清史》[④]：夫轻身换骨，消渴涤烦，茶荈之功，至妙至神。昔在有唐，吾闽茗事未兴，草木仙骨，尚閟其灵。五代之季，南唐采茶北苑，而茗事兴。迨宋至道初，有诏奉造，而茶品日广。及咸平、庆历中丁谓、蔡襄造茶进奉，而制作益精。至徽宗大观、宣和间，而茶品极矣。断崖缺石之上，木秀云腴，往往于此露灵。倘微丁、蔡来自吾闽，则种种佳品，不几于委翳消腐哉？虽然，患无佳品耳。其品果佳，即微丁、蔡来自吾闽，而灵芽真笋岂终于委翳消腐乎？吾闽之能轻身换骨、消渴涤烦者，宁独一茶乎？兹将发其灵矣。

注释

①居士：古代称有德才而隐居不仕或未仕的人。《礼记·玉藻》："居士锦带。"郑玄注："居士，道艺处士也。"

②六安：今属安徽。

③大宗：数量最多的商品或产品。

④《雪庵清史》：明代乐纯所撰杂著。

译文

明代徐岩泉的《六安州茶居士传》中说：居士姓茶，族氏有很多，枝叶繁衍，遍布天下。它在六安的一支最出名，称为大宗；阳羡、罗岕、武夷、匡庐这都是小宗，蒙山则又只不过是它的别支罢了。

明代乐思白在《雪庵清史》中记载：茶能让人浑身轻松，脱胎换骨，解渴祛除烦恼，茶叶的功劳，至妙至神。以前在唐代，我们福建的茶事还不兴盛，草木的灵妙之处还没有完全发挥出来。五代后期的南唐，开始在北苑采茶，喝茶的风气才开始盛行起来。等到宋朝至道初年的时候，有诏令造茶进奉，茶叶的品种也日渐增多。到了咸平、庆历年间，丁谓、蔡襄相继在福建任职，造茶进贡，茶的制作就更精细了。到了宋徽宗大观、宣和年间，建州的茶叶品质达到极致。在悬崖峭壁的上面，树木葱翠、浮云缭绕，这种地方往往就容易出产灵异的东西。如果没有丁谓、蔡襄来到我们这里，那这些茶中的佳品，不也就丢弃不见、无端腐烂了吗？虽然是这样，还是怕没有佳品。但是如果它的品种很好，即使没有丁谓、蔡襄来到我们这里，这样的灵芽真笋难道最终还要烂掉消失吗？我们这里能够使人浑身轻松、脱胎换骨、祛除口渴烦恼的东西，难道只有茶这一种吗？只是揭示出了它的灵气罢了。

原文

冯时可《茶谱》：茶，全贵采造。苏州茶饮遍天下，专以采造胜耳。徽郡向无茶，近出松萝[①]，最为时尚。是茶始比丘大方，大方居虎丘最久，得采造法。其后于徽之松萝结庵，采诸山茶，于庵焙制，远迩争市，价忽翔涌。人因称松萝，实非松萝所出也。

胡文焕《茶集》：茶，至清至美物也，世皆不味之，而食烟火者又不足以语此。医家论茶，性寒能伤人脾。独予有诸疾，则必借茶为药石，每深得其功效。噫！非缘之有自，而何契之若是耶？

《群芳谱》[②]：蕲州蕲门团黄[③]，有一旗一枪之号，言一叶一芽也。欧阳公诗有"共约试新茶，旗枪几时绿"之句[④]。王荆公《送元厚之》句云[⑤]："新茗斋中试一旗。"世谓茶始生而嫩者为一枪，寖大而开者为一旗。

注释

①松萝：松萝茶属绿茶类，为历史名茶，创于明初，产于安徽省黄山市休宁县休歙边界黄山余脉的松萝山。

②《群芳谱》：明王象晋著，介绍栽培植物的著作，按天、岁、谷、蔬、果、茶竹、桑麻、葛棉、药、木、花、卉、鹤鱼等十二谱分类，记载植物达400余种。

③蕲州：今属湖北。团黄：团黄贡茶是黄茶中的佼佼者，大别山是中国最大的名贵茶叶主产区。唐朝李肇《国史补》："寿州有霍山黄芽，蕲州有蕲门团黄，而浮梁商货不在焉。"

④欧阳公：即欧阳修，字永叔，号醉翁，晚号六一居士，吉州永丰（今江西永丰）人，北宋政治家、文学家，世称欧阳文忠公。唐宋八大家之一。

⑤王荆公：即王安石，字介甫，号半山，封荆国公，世称王荆公。临川（今江西抚州）人。北宋杰出的政治家、文学家，也是著名的改革家。唐宋八大家之一。

译文

冯时可所写的《茶谱》中记载：茶关键在采摘，苏州的茶叶之所以天下人都喜欢，那是赢在采摘方面。徽郡一向都没有好茶叶，近来所出产的松萝茶最为时尚。其实这种茶叶最初是由大方和尚创造的，大方和尚在虎丘住了很久，得到了真正的采摘制造技巧。后来他在安徽的松萝结庵修行，从各座山里面采来茶叶，在庵里烘培制造，远近的人们都来买，价格飞涨。人们称它为松萝茶，其实并不是松萝山出产的。

胡文焕在《茶集》中说：茶叶是至清至美的东西，世上的人都不能够完全体味到这一点，而像我们这些凡夫俗子又不足以说这样的话。医生说茶叶性寒，会伤害人的脾胃。可是我有很多种病痛，还必须借助茶水来做药引子，一直很有效。唉！如果不是源自其本身的品性，又哪来这样的功用呢？

明代王象普在《群芳谱》中说：蕲州蕲门的团黄茶，有一旗一枪的称号，也就是一叶一芽。欧阳修的诗里有"共约试新茶，旗枪几时绿"的句子。王荆公在《送元厚之》中有"新茗斋中试一旗"这样的句子。大多说茶刚发出来的嫩芽就是一枪，叶大而开的称之为一旗。

原 文

鲁彭《刻茶经序》：夫茶之为经，要矣。兹复刻者，便览尔。刻之竟陵者，表羽之为竟陵人也。按羽生甚异类令尹子文[①]。人谓子文贤而仕，羽虽贤，卒以不仕。今观《茶经》三篇，固具体用之学者。其曰"伊公羹、陆氏茶"，取而比之，实以自况。所谓易地皆然者，非欤？厥后茗饮之风，行于中外。而回纥亦以马易茶[②]，由宋迄今，大为边助。则羽之功，固在万世，仕不仕奚足论也。

沈石田《书岕茶别论后》[③]：昔人咏梅花云："香中别有韵，清极不知寒。"此唯岕茶足当之。若闽之清源、武夷，吴郡之天池、虎丘，武林之龙井，新安之松萝，匡庐之云雾，其名虽大噪，不能与岕相抗也。顾渚每岁贡茶三十二斤，则岕于国初，已受知遇。施于今，渐远渐传，渐觉声价转重。既得圣人之清，又得圣人之时，第蒸、采、烹、洗，悉与古法不同。"

注 释

①令尹子文：斗谷於菟，芈姓，字子文，斗伯比之子。春秋时期著名的楚国令尹。令尹，是楚国在春秋战国时代的最高官衔，是掌握政治事务、发号施令的最高官。

②回纥：即回鹘，是中国的少数民族部落。主要分布于新疆，另外也散居在内蒙古、甘肃、蒙古以及中亚的一些地区。

③沈石田：沈周，字启南，号石田，又号玉田翁，长洲（今江苏苏州）人，明朝著名画家、书法家，是明代中期文人画"吴派"的开创者。

译文

明代鲁彭在《刻茶经序》中说：为茶叶作书而称经，是很重要的。现在重新印制行世，便于大家阅览。之所以在竟陵刻印是因为陆羽是竟陵人。陆羽天生就不同于一般人，与令尹子文很类似。世人都说令尹子文贤明所以才能做官，而陆羽虽然很贤明，但最终没有走上仕途。现在看这三篇《茶经》，是具体使用的学问。其中说到“伊公羹、陆氏茶”都是取自这里，其实是用自己作比。所谓改变地域也是这样，不是吗？后来喝茶的风俗流行中外。而且回纥也来以马匹换取茶叶，从宋朝到现在，对边塞防务很有帮助。那么陆羽的功劳，当然就能永垂千古了，是否出仕做官也就没有必要再去讨论了。

明代沈石田在《书岕茶别论后》中说：古人咏叹梅花说：“香中别有韵，清极不知寒。”担得上这种境界的只有岕茶了。如福建的清源茶、武夷茶，苏州的天池茶、虎丘茶，杭州的龙井茶，徽州的松萝茶，匡庐的云雾茶，它们的名气虽然很大，但还是不能和岕茶相比。顾渚每年进贡32斤茶叶，那就是说岕茶在本朝的初年，就已经受到重视了。到了今天，越来越盛行，身价越来越高。岕茶既得到了圣人之清，又得到了圣人之时，只是其蒸、采、烹、洗各道工序，都与古代的做法不一样。

原文

李维桢《茶经序》：羽所著《君臣契》三卷，《源解》三十卷，《江表四姓谱》十卷，《占梦》三卷，不尽传，而独传《茶经》，岂他书人所时有，此其觭长，易于取名耶？太史公曰[①]：“富贵而名磨灭，不可胜数，唯俶傥非常之人称焉[②]。”鸿渐穷厄终身，而遗书遗迹，百世下宝爱之。以为山川邑里重。其风足以廉顽立懦，胡可少哉？

杨慎《丹铅总录》[③]：茶，即古荼字也。周《诗》记苦荼，《春秋》书齐荼，《汉志》书荼陵。颜师古、陆德明虽已转入茶音[④]，而未易字文也。至陆羽《茶经》、玉川《茶歌》、赵赞《茶禁》以后，遂以荼易茶。

注释

①太史公：指西汉史学家司马迁，著有《史记》。下文“富贵而名磨灭，不可胜数，唯俶傥非常之人称焉”出自司马迁所作《报任安书》。

②俶傥：卓异不凡。《史记·鲁仲连邹阳列传》：“鲁仲连者，齐人也。好奇

伟俶傥之画策，而不肯仕宦任职，好持高节。”司马贞索隐引《广雅》云：“俶傥，卓异也。”

③杨慎：字用修，号升庵。明代文学家，明代三大才子之一。

④颜师古：名籀（zhòu），字师古，以字行。雍州万年（今陕西西安）人，唐朝初年经学家、训诂学家、历史学家。陆德明：名元朗，以字行，苏州吴县人。唐代经学家、训诂学家，唐太宗十八学士之一。

译文

明代李维桢在《茶经序》中说：陆羽所写的《君臣契》3卷，《源解》30卷，《江表四姓谱》10卷，《占梦》3卷，都没有流传下来，而唯独《茶经》流传于世，这难道不是因为其他的书别人随时都能得到，而只有这本书是有自己特色、特长的，所以更容易出名吗？太史公说：“富贵但是名声磨灭的人，多得不可胜数。只有不同凡响的人才能被人称颂。”陆羽一生都贫穷困顿，但是他流传下来的著作和足迹，却为后世的人们所尊崇。他高尚的风范足以使顽者廉、懦夫立，怎么可以缺少呢？

明代杨慎的《丹铅总录》说：茶，也就是古代的荼字。如《诗经》中记有苦荼，《春秋》所说的齐荼，《汉志》写为荼陵。唐代颜师古注释《汉书》、陆德明编撰《经典释文》虽然已改成了茶的读音，却没有改变荼字。到了陆羽的《茶经》、卢仝的《茶歌》和赵赞的《茶禁》以后，才把荼改成茶。

原文

董其昌《茶董题词》[①]：荀子曰[②]：“其为人也多暇，其出入也不远矣。”陶通明曰[③]：“不为无益之事，何以悦有涯之生？”余谓茗碗之事足当之。盖幽人高士，蝉蜕势利，以耗壮心而送日月。水源之轻重，辨若淄渑[④]；火候之文武，调若丹鼎。非枕漱之侣不亲[⑤]，非文字之饮不比者也。当今此事，唯许夏茂卿拈出。顾渚、阳羡，肉食者往焉，茂卿亦安能禁？壹似强笑不乐，强颜无欢，茶韵故自胜耳。予夙秉幽尚，入山十年，差可不愧茂卿语。今者驱车入闽，念凤团龙饼，延津为瀹，岂必士思，如廉颇思用赵？唯是《绝交书》所谓“心不耐烦，而官事鞅掌”者[⑥]，竟有负茶灶耳。茂卿能以同味谅吾耶！

童承叙《题陆羽传后》：余尝过竟陵，憩羽故寺，访雁桥，观茶井，慨然想见其为人。夫羽少厌髡缁[⑦]，笃嗜坟素[⑧]，本非忘世者。卒乃寄号桑苎，遁迹苕霅[⑨]，啸歌独行，继以痛哭，其意必有所在。时乃比之接舆[⑩]，岂知羽者哉？至其性甘茗荈，味辨淄渑，清风雅趣，脍炙今古。张颠之于酒也[⑪]，昌黎以为有所托而逃[⑫]，羽亦以是夫。

注释

①董其昌：字玄宰，号思白、香光，明朝万历年间进士，著名画家。

②荀子：名况，字卿，战国末期赵国人。著名思想家、文学家、政治家，时人尊称其为“荀卿”。

③陶通明：即陶弘景，字通明，号华阳隐居，丹阳秣陵(先江苏南京)人，著名炼丹家、文学家。

④淄渑：淄水和渑水的并称。位于今山东省，相传二水味各不同，混合之后难以辨别。

⑤枕漱：即枕流漱石，指隐居生活。

⑥《绝交书》：即《与山巨源绝交书》，晋嵇康作。

⑦髡缁：指僧尼。僧人穿黑衣。明徐渭《<逃禅集>序》：“今之诋佛者，动以吾佛律之，甚至于不究其宗祖之要眇，而责诸其髡缁之末流。”

⑧坟素：泛指古代典籍。

⑨苕霅：苕溪、霅溪二水的并称。在今浙江湖州境内，是唐代张志和隐居之地。

⑩接舆：春秋时代楚国著名隐士。

⑪张颠：张旭，唐著名草书家，因为醉后往往有颠狂之态，所以人称张颠。

⑫昌黎：即韩愈。字退之，河南河阳（今河南孟州）人。自称“郡望昌黎”，世称“韩昌黎”“昌黎先生”。唐代杰出的文学家、思想家、哲学家、政治家。

译文

明代董其昌的《茶董题词》中记载：荀子说：“为人处世很闲暇，出入进退的自由也不远了。”陶通明说：“不做没有好处的事情，怎么能够使有限的岁月欢悦？”我认为喝茶一事就足够了。那些志趣高雅的隐逸之士，摆脱名利、权势，以此来消磨雄心壮志和打发悠长的时光。水源的轻重清浊，可以品出它的出处，火候的文武缓急，以便在丹鼎中调试。不是隐逸之人不算亲近，不是文雅的饮酒赋诗不能与它们相比。现在这样的事情也只允许夏茂卿拈出，撰成《茶董》一书。顾渚、阳羡，都是做官的人向往的，茂卿怎么能够禁止得了呢？这就好比强笑不乐，强颜无欢，茶的韵味就在于自胜罢了。我一直保持爱好山林的高风亮节，到山里隐居10年，这样才不辜负茂卿所说。现在的人驱车来到福建，感念龙凤茶，机缘巧合得以亲见，哪里还要有什么作为，像廉颇想被赵国所用那样呢？只是《绝交书》上所说的“心中不耐烦，而官事又烦杂无暇”，那就辜负了这么好的茶了。茂卿是否能理解我的心境呢？

明代童承叙在《题陆羽传后》中说：我曾经过竟陵，在陆羽的寺庙里休憩，探访雁桥，参观茶井，慨然想见他本人。陆羽不在乎艰苦和贫穷，只是特别爱好过清淡的生活，他本来就不是避世忘世的人。他之所以寄号桑苎翁，遁迹山林，特立独行，然后又忍不住痛哭，一定有其本意所在。当时的那些人，把他比作春秋时期的狂人接舆，怎么能够理解他呢？直到他醉心茶叶，能够辨别水质，清风雅趣，流传到了今天。唐代张颠对于酒的喜好，被世人称为酒颠，昌黎认为他是有所寄托才逃避的，陆羽可能也是这样吧。

原　文

《谷山笔麈》[1]：茶自汉以前不见于书，想所谓槚者，即是矣。

李贽《疑谓》[2]：古人冬则饮汤，夏则饮水，未有茶也。李文正《资暇录》谓茶始于唐崔宁[3]，黄伯思已辨其非，伯思尝见北齐杨子华作《邢子才魏收勘书图》，已有煎茶者。《南窗记谈》谓饮茶始于梁天监中[4]，事见《洛阳伽蓝记》[5]。及阅《吴志·韦曜传》，赐茶荈以当酒，则茶又非始于梁矣。”余谓饮茶亦非始于吴也。《尔雅》曰：“槚，苦荼。”郭璞注：“可以为羹饮。早采为茶，晚采为茗，一名荈。”则吴之前亦以茶作茗矣。第未如后世之日用不离也。盖自陆羽出，茶之法始讲。自吕惠卿、蔡君谟辈出，茶之法始精。而茶之利，国家且藉之矣。此古人所不及详者也。

王象晋《茶谱小序》[6]：茶，嘉木也。一植不再移，故婚礼用茶，从一之义也。虽兆自《食经》[7]，饮自隋帝，而好者尚寡。至后兴于唐，盛于宋，始为世重矣。仁宗，贤君也，颁赐两府，四人仅得两饼，一人分数钱耳。宰相家至不敢碾试，藏以为宝，其贵重如此。近世蜀之蒙山，每岁仅以两计。苏之虎丘，至官府预为封识，公为采制，所得不过数斤。岂天地间尤物，生固不数数然耶？瓯泛翠涛，碾飞绿屑，不借云腴，孰驱睡魔？作《茶谱》。

注　释

①《谷山笔麈》：明于慎行著，主要记述明朝万历以前的典章、人物、兵刑、

财赋、礼乐、释道、边塞诸事，为考源流，亦时或兼及前明诸朝史实。

②李贽：字宏甫，号卓吾，别号温陵居士、百泉居士等。明代思想家、文学家。著有《焚书》《续焚书》《藏书》等。

③《资暇录》：三卷，唐代考据辨证类笔记，李匡乂撰。

④《南窗记谈》：一卷，多记北宋盛时事，作者不详。

⑤《洛阳伽蓝记》：是一部有关历史、地理、佛教、文学等的名著，又称《伽蓝记》，为北魏人杨炫之所撰。

⑥王象晋：字荩臣、子进，又字三晋，一字康候，号康宇，自号名衣居士。明代文人、农学家。他编撰的《群芳谱》是我国17世纪初期论述多种作物生产及与生产有关的一些问题的巨著。

⑦《食经》：北魏崔浩著，已佚。在《齐民要术》《北堂书钞》及王祯《农书》等书中引证有未署作者姓名的《食经》，内容有40多条。

译 文

明代于慎行在《谷山笔麈》中记载：茶在汉朝以前还没有记载，大概所说的槚就是茶了。

李贽在《疑谓》中讲道：古代人冬天喝汤，夏天喝水，并没有茶。李文正在《资暇录》中记载，茶叶开始于唐朝崔宁，黄伯思已经考察辨别了它的好坏，伯思曾经看见了北齐杨子华所画的《邢子才魏收勘书图》，其中已经有煎茶的人了。《南窗记谈》中说，喝茶开始于梁代天监年间，相关事情在《洛阳伽蓝记》中有记载。等到看了《三国志·吴志·韦曜传》，里面赏赐茶水以代替酒，那么说茶又并不是从梁朝开始的了。”我认为喝茶也不是从三国时吴国开始的。《尔雅》中说：“槚，苦荼。”郭璞注解说：“可以作为羹来饮。采得早的是茶，采得晚的是茗，也叫荈。”那么在吴以前就已经用茶作茗了。到了后来就成了每天不可缺少的东西了。从陆羽开始，才有制茶的方法。自从宋朝的吕惠卿、蔡君谟这些人开始，茶的做法更加精细。而茶借此成为专卖的商品，对国家的贡献也由此而来。这些都是古代人没有详细说明的。

明代王象晋的《茶谱小序》中记载：茶树，是一种优良的植物。一旦种下之后就不能移植了，所以在婚礼上一定用茶，这是为了取“从一而终”这个含义。虽然茶事最早见诸《食经》，从隋帝的时候才开始喝茶，但是喜爱的人还是很少。后来到了唐朝才开始兴起，到宋朝就很鼎盛了，茶才被人们所推重。宋仁宗是一位贤明的君主，每年南郊斋戒前几天，都要赏赐给两府，茶饼四个人才合得两块，一个人才分得几钱。宰相也不敢随便碾试，把它藏起来当作珍宝，龙凤团茶就贵重到了这种程度。近来蜀地的蒙山茶，每年所产只能用两计。江苏苏州的虎丘茶，到了时候官府也提前封识，公家去进行统一组织采摘，所能得到的也不过几斤。这就是说天地之间人们喜爱之物数量是有限的吗？杯冷碧波，碾飞绿屑，不借助佳茶，怎么可以驱除睡魔？所以写了《茶谱》。

原　文

陈继儒《茶董小序》[①]：范希文云[②]："万象森罗中，安知无茶星。"余以茶星名馆，每与客茗战，旗枪标格，天然色香映发。若陆季疵复生，忍作《毁茶论》乎？夏子茂卿叙酒，其言甚豪。予曰：何如隐囊纱帽，翛然林涧之间，摘露芽，煮云腴，一洗百年尘土胃耶？热肠如沸，茶不胜酒；幽韵如云，酒不胜茶。酒类侠，茶类隐。酒固道广，茶亦德素。茂卿，茶之董狐也[③]，因作《茶董》。东佘陈继儒书于素涛轩。

夏茂卿《茶董序》：自晋唐而下，纷纷郕莒之会，各立胜场，品别淄渑，判若南董[④]，遂以《茶董》名篇。语曰：穷《春秋》，演河图，不如载茗一车，诚重之矣如谓此君面目严冷，而且以为水厄，且以为乳妖，则请效綦毋先生无作此事。冰莲道人识。

《本草》：石蕊，一名云茶。

卜万祺《松寮茗政》：虎丘茶，色味香韵，无可比拟。必亲诣茶所，手摘监制，乃得真产。且难久贮，即百端珍护，稍过时即全失其初矣。殆如彩云易散，故不入供御耶。但山岩隙地，所产无几，为官司禁据，寺僧惯杂赝种，非精鉴家卒莫能辨。明万历中，寺僧苦大吏需索，薙除殆尽。文肃公震孟《薙茶说》以讥之。至今真产尤不易得。

注　释

①陈继儒：字仲醇，号眉公、麋公。明代文学家、书画家。著有《小窗幽记》。

②范希文：即范仲淹。字希文，苏州吴县人。北宋杰出的思想家、政治家、文学家。

③董狐：春秋时晋国太史，亦称史狐。周太史辛有的后裔，因董督典籍，故姓董氏。董狐敢于秉笔直书，尊重史实，是不阿权贵的正直史家。

④南董：春秋时代齐史官南史、晋史官董狐的合称。皆以直笔不讳著称。《宋书·自序》："臣远愧南、董，近谢迁、固，以闾阎小才，述一代盛典。"南朝梁刘

勰《文心雕龙·史传》："辞宗丘明，直归南董。"后用以借称忠于史实的优秀史官。

译文

明代陈继儒的《茶董小序》中记载：范希文曾写下诗句："万象森罗中，怎知无茶星。"我用茶星来命名馆舍，每当与客人一起品茶，以茶的芽叶旗枪作为标志，茶天然的色泽和香味都散发出来了。如果陆羽在世的话，怎么忍心作《毁茶论》呢？夏茂卿说酒事，他的语气特别自豪。我说，何不弃官归隐山林，悠游于山林泉石之间，采摘这么好的茶叶，煮成好茶，能一洗百年肠胃之中长期沉积的污秽。热肠如沸，茶比不上酒；说到清幽雅致，那酒就比不上茶了。如果说酒如同侠士，那么茶就如同隐士。酒虽然很有劲道，而茶的品德也很高洁。茂卿就是茶中的良史董狐，因此就做了《茶董》一书。东佘陈继儒写于素涛轩。

夏茂卿在《茶董序》中说：自从晋唐以来，饮食之会纷纷纭纭，各有所长，品尝水的出产地，就像史官南史、董狐一样评判，于是作了《茶董》。里面说"穷《春秋》，演河图，不如载茗一车"，这确实非常推重茶叶。如果认为茶的面貌严酷冷峻，而且把它称为水厄，还被认为是乳妖，那就恳求大家不要效仿做此事。冰莲道人记。

《本草纲目》中记载：石蕊，也称作云茶。

明末清初卜万祺在《松寮茗政》中记载：虎丘茶，其色泽和香味都很好，简直无法比拟。必须亲临出产茶叶的地方，亲手采摘，才可以得到它的正品。而且虎丘茶很难长久地保存，即使非常爱护，采摘时间稍过就完全失去了它初始的蕴味。就如同天上的彩云容易飘散，所以它并没有被拿去进贡。况且山林之间的间隙之地，出产的虎丘茶并不多，而且还被官家所掠夺，即使寺庙里的和尚也总是喜欢在里面掺杂上赝品，不是行家恐怕是不能够辨别的。明朝万历年间，寺庙里的和尚苦于被官吏搜刮，几乎将茶树铲除殆尽，文肃公震孟写了《薙茶说》来讽刺评论它。到现在真正的虎丘茶难以得到了。

原文

袁了凡《群书备考》①：茶之名，始见于王褒《僮约》②。

许次纾《茶疏》③：唐人首称阳羡，宋人最重建州。于今贡茶，两地独多。阳羡仅有其名，建州亦（非）上品，唯武夷雨前最胜。近日所尚者，为长兴之罗岕，疑即古顾渚紫笋。然岕故有数处，今唯峒山最佳。

姚伯道云："明月之峡，厥有佳茗。韵致清远，滋味甘香，足称仙品。其在顾渚亦有佳者，今但以水口茶名之，全与岕别矣。若歙之松萝，吴之虎丘，杭之龙井，并可与岕颉颃[4]。"郭次甫极称黄山，黄山亦在歙，去松萝远甚。往时士人皆重天池，然饮之略多，令人胀满。浙之产曰雁宕、大盘、金华、日铸[5]，皆与武夷相伯仲。钱塘诸山产茶甚多，南山尽佳，北山稍劣。武夷之外，有泉州之清源，倘以好手制之，亦是武夷亚匹。惜多焦枯，令人意尽。楚之产曰宝庆，滇之曰五华，皆表表有名，在雁茶之上。其他名山所产，当不止此，或余未知，或名未著，故不及论。

李诩《戒庵漫笔》：昔人论茶，以枪旗为美[6]，而不取雀舌、麦颗[7]。盖芽细则易杂他树之叶，而难辨耳。枪旗者，犹今称壶蜂翅是也。

注 释

①袁了凡：即袁黄，初名表，后改了凡。明代著名思想家。

②王褒：字子渊，西汉时期著名的辞赋家，与扬雄并称"渊云"。王褒所著《僮约》，记奴婢契约。后因以"僮约"泛称主奴契约或对奴仆的种种约束规定。

③《茶疏》：明代许次纾著，全书约4700字，分产茶、古今制茶、炒茶、收藏、置顿、取用、包裹、日用置顿、择水、口啜、论客、茶所、童子、饮时不易用、良友、出游、权宜、宜节、考本等36节。

④颉颃：引申为不相上下，互相抗衡。

⑤日铸：日铸茶，又名"日注茶""日铸雪芽"，产于绍兴县东南50里的会稽山日铸岭，为我国历史名茶之一。自宋朝以来列为贡品，据《归田录》记载："草茶盛于两浙，两浙之品，日铸第一。"

⑥枪旗：成品绿茶之一。由带顶芽的小叶制成。芽尖细如枪，叶开展如旗，故名。

⑦雀舌：雀舌茶，因形状小巧似雀舌而得名。其香气极为独特浓郁，是以嫩芽焙制的上等芽茶。主要产于贵州湄潭。《梦溪笔谈·杂志一》："茶芽，古人谓之'雀舌''麦颗'，言其至嫩也。"麦颗：古代蒸青散茶名，产自今四川一带。为嫩芽所制。因其细嫩纤小形似麦颗而得名。《大观茶论》："凡芽如雀舌、谷粒者为斗品(品质最好)。"

译 文

明代袁了凡的《群书备考》中记载：茶的名字，最初见于东汉王褒的《僮约》。

明代许次纾《茶疏》中说：对于江南的名茶，唐朝的人最重视阳羡茶，宋朝人最重视建州茶。现在的贡茶，这两个地方的最多。然而，如今的阳羡仅仅徒有虚名，建州也并不是上好的品种，只有武夷雨前的茶叶才是最好的。近来人们所崇尚的，是长兴的罗岕茶，有人怀疑这就是古时的顾渚紫笋。虽然岕茶有很多产地，现在只有峒山的最好。姚伯道说：“明月之峡，厥有佳茗。这种茶雅致清远，味道香甜，绝对可以称为仙品。它在顾渚也有好的品种，现在把它叫作水口茶，与岕茶相区别。如安徽歙州的松萝茶、苏州的虎丘茶、杭州的龙井茶，都可以与岕茶相比。”以前，郭次甫主非常称赞黄山茶，黄山也在歙州，但是和松萝茶比起来就相差得很远了。以前的人都很推重天池，但是如果喝多了的话，就会觉得腹部胀满。浙江是出产茶叶之地，还有雁荡山、大盘山、东阳的金华、绍兴的日铸，这些地方所出产的茶叶都跟武夷茶不相上下。钱塘各山出产的茶叶最多，其中南面山上的都是好茶，北面山上略微差一点。除了武夷茶，还有泉州的清源茶，如果是高手来加工制作的话，也能跟武夷茶相比。可惜多半都被炒得焦枯了，令人不满意。楚地出产茶叶的地方有宝庆等，云南出产茶叶之地，如五华，都特别有名，品质甚至在雁茶之上。其他名山所出产的茶叶，应该还不止这么多，或者我还不知道，或者还没有名声，所以我在此没有谈及和评论。

明代李诩在《戒庵漫笔》中说：从前的人论茶，认为旗枪最好，而不取雀舌、麦颗的名字。是因为茶如果叶细小，就容易夹杂其他树木之叶，也就很难辨认了。所谓的旗枪，就是一个茶芽带一片嫩叶，即现在所叫的“壶蜂翅”。

原　文

《四时类要》：茶子于寒露候收晒干，以湿沙土拌匀，盛筐笼内，穰草盖之，不尔即冻不生。至二月中取出，用糠与焦土种之于树下或背阴之地，开坎圆三尺深一尺，熟劚，著粪和土，每坑下子六七十颗，覆土厚一寸许，相离二尺，种一丛。性恶湿，又畏日，大概宜山中斜坡、峻坂、走水处。若平地，须深开沟垄以泄水，三年后方可收茶。

张大复《梅花笔谈》[①]：赵长白作《茶史》，考订颇详，要以识其事而已矣。龙团、凤饼、紫茸、拣芽，决不可用于今之世。予尝论今之世，笔贵而愈失其传，茶贵而愈出其味。天下事，未有不身试而出之者也。

文震亨《长物志》[②]：古今论茶事者，无虑数十家，若鸿渐之《经》，君谟之《录》，可为尽善。然其时法，用熟碾为丸、为挺，故所称有龙凤团、小龙团、密云龙、瑞云翔龙。至宣和间，始以茶色白者为贵。漕臣郑可简始创为银丝水芽，以茶剔叶取心，清泉渍之，去龙脑诸香，唯新铸小龙蜿蜒其上，称龙团胜雪。当时以为不更之法。而吾朝所尚又不同，其烹试之法，亦与前人异。然简便异常，天趣悉备，可谓尽茶之味矣，而至于洗茶、候汤、择器，皆各有法，宁特侈言乌府、云屯等目而已哉？

注 释

①张大复：名彝宜，字心期，一作星其，自号寒山子，又号病居士，苏州昆山人，清代戏曲作家、声律家。

②文震亨：字启美，明代书画家，著有《长物志》，共12卷，分别为室庐、花木、水石、禽鱼、书画、几塌、器具、衣饰、舟车、位置、蔬果、香茗。

译 文

《四时类要》中记载：茶籽在寒露的时候要收回来晒干，用潮湿的沙土把它搅匀，放在筐笼之内，用稻草覆盖在上面，这样就不会冻坏而不生长。到次年2月中旬的时候取出来，用糠和焦土播种下去。播种的时候要在树下或者背阴的地方挖一个坑，方圆约3尺，深1尺，挖好之后，反复刨掘放进粪和土，每一个坑里面种下六七十粒种子，盖上一寸左右的土，隔2尺，每一个坑可以再种一丛。茶的本性怕湿，又怕阳光直射，大多适合在山中的斜坡、高而陡峭的山坡以及排水好的地方种植。如果是平地，那就需要挖很深的沟来排水，3年后才可以采收茶叶。

明代张大复在《梅花笔谈》中说：赵长白所著的《茶史》，考证和修订得都很详细，主要是记载了茶事。龙团、凤饼、紫茸、拣芽，这些现在绝对不可以用。我曾经讨论当今之世，毛笔价格昂贵，制笔技艺就更容易失传了，茶越贵越能品尝出其中的味道。天下的事情没有不亲身实践就能得出的。

明代文震亨在《长物志》中说：从古到今谈论茶的，不下数十家，像陆羽的《茶经》、蔡襄的《茶录》，都可以说是尽善尽美的了。但是当时的制茶方法是把它蒸熟碾碎，做成丸子或挺，所以又称为“龙凤团”“小龙团”“密云龙”“瑞云翔龙”等。到了宋徽宗宣和年间，才开始以白色的茶为贵。福建漕臣郑可简最先制造了银丝水芽，把茶剔除叶子取出它的心，用清水浸泡，放进龙脑等香料，只有新刻的小龙蜿蜒盘旋其上，被称为“龙团胜雪”。当时以为这种制作方法不会再改变，到了清朝又变得不同了。它的烹制方法，也和前人的不一样。但是更加简便了，天然的香味都补充进去了，可以说是尽得茶叶的味道。而至于洗茶、候汤、选择器具，都有各自的方法，更不用多说乌府、云屯这些茶具名目了。

原　文

《虎丘志》：冯梦祯云[①]："徐茂吴品茶，以虎丘为第一。"

周高起《洞山茶系》：岕茶之尚于高流，虽近数十年中事，而厥产伊始，则自卢仝隐居洞山，种于阴岭，遂有茗岭之目。相传古有汉王者，栖迟茗岭之阳，课童艺茶，踵庐仝幽致，故阳山所产，香味倍胜茗岭。所以老庙后一带茶，犹唐宋根株也。贡山茶今也绝种。

徐㶿《茶考》：按《茶录》诸书，闽中所产茶，以建安北苑为第一，壑源诸处次之，武夷之名未有闻也。然范文正公《斗茶歌》云："溪边奇茗冠天下，武夷仙人从古栽。"苏文忠公云："武夷溪边粟粒芽，前丁后蔡相笼加。"则武夷之茶在北宋已经著名，第未盛耳。但宋元制造团饼，似失正味。今则灵芽仙萼，香色尤清，为闽中第一。至于北苑壑源，又泯然无称。岂山川灵秀之气，造物生殖之美，或有时变易而然乎？

劳大与《瓯江逸志》：按茶非瓯产也，而瓯亦产茶，故旧制以之充贡，及今不废。张罗峰当国，凡瓯中所贡方物，悉与题蠲，而茶独留。将毋以先春之采，可荐馨香，且岁费物力无多，姑存之，以稍备芹献之义耶！乃后世因按办之际，不无恣取，上为一，下为十，而艺茶之圃遂为怨丛。唯愿为官于此地者，不滥取于数外，庶不致大为民病。

注　释

① 冯梦祯：字开之，秀水(今浙江嘉兴)人。明朝万历年间进士，明学者、收藏家，著有《快雪堂集》64卷、《快雪堂漫录》1卷、《历代贡举志》等。

译　文

《虎丘志》中记载：冯梦祯说："徐茂吴品尝茶，认为虎丘茶是第一。"

明代周高起在《洞山茶系》中说：罗岕茶是茶叶之中的上好品种，虽然这是近几十年的事，但是最初，则是由唐朝卢仝隐居的洞山、种茶阴岭开始，所以才有茗岭的称呼。传说古时候的汉王，居住在茗岭的南面，一边教育儿童读书，一边种植茶树，继承了卢仝的幽致，所以山南面所出产的岕茶，香味比茗岭的更好。据说老庙后一带所产的茶叶，都是唐宋时期留下来的树木根株。贡山茶现在已经没有了。

明代徐㶿在《茶考》中记载：根据考查《茶录》等书的说法，福建所出产的茶叶以建安北苑的为最好，壑源等地方的差一点，武夷的名字还没有被世人所听说。但是范文正所著的《斗茶歌》中有“溪边奇茗冠天下，武夷仙人从古栽”的诗句，苏文忠公说：“武夷溪边粟粒芽，前丁后蔡相笼加。”可见武夷茶在北宋就已经很出名了，只是没有达到鼎盛而已。但是宋朝和元朝所制造的团茶似乎失去了它本来的味道。现在的武夷灵芽仙萼，香味和色泽特别清新，是福建最好的。至于北苑的壑源所出产的茶叶，又埋没无名了。难道山林的秀美、造物的美妙，有时会随着时势的变易而发生变化吗？

清朝初期劳大与所著的《瓯江逸志》中有记载：茶叶并不是瓯南部出产的，但是瓯的南部也出产茶叶，所以旧制也用它来充当贡品，直到现在仍然没有被废止。明朝张罗峰掌权时，只要是瓯中所进贡的特产都清理出来，只留下了贡茶。如果在早春的时候采摘，可以使它变得清香无比，而且每年花费很多的人力、物力，姑且存留下来，略微表达进献的心意。到了后来具体实施的时候，收取变得无数目可言，不免会有恣意多取的情况，上面定一，下面定十，而使得种茶的园圃就怨声四起。只希望这里的官员，不要擅自索要，滥取无度，也不至于给老百姓造成沉重的负担。

原　文

《天中记》[①]：凡种茶树必下子，移植则不复生。故俗聘妇，必以茶为礼，义固有所取也。

《事物纪原》[②]：榷茶起于唐建中、贞元之间[③]。赵赞、张滂建议税其什一。

《枕谭》：古传注：“茶树初采为茶，老为茗，再老为荈。”今概称茗，当是错用事也。

熊明遇《岕山茶记》：产茶处，山之夕阳胜于朝阳，庙后山西向，故称佳。总不如洞山南向，受阳气特专，足称仙品云。

冒襄《岕茶汇钞》：茶产平地，受土气多，故其质浊。岕茗产于高山，浑是风露清虚之气，故为可尚。

吴拭云：武夷茶赏自蔡君谟始，谓其味过于北苑龙团，周右文极抑之。盖缘山中不谙制焙法，一味计多徇利之过也。余试采少许，制以松萝法，汲虎啸岩下语儿泉烹之，三德俱备，带云石而复有甘软气。乃分数百叶寄右文，令茶吐气，复酹一杯，报君谟于地下耳。

注　释

①《天中记》：明陈耀文所撰类书，共60卷。其特点是作者在辑录资料时，兼指其错误，并加以订正，这是其他类书所不能比及的。

②《事物纪原》：宋代高承编撰，专记事物原始之属。凡10卷，共记1765事，分55部排列。此书自博弈嬉戏之微，鱼虫飞走之类，无不考其所自来。

③榷茶：中国唐代以后各代所实行的一种茶叶专卖制度。《旧唐书·穆宗本纪》载，长庆元年(821)，“加茶榷（茶叶专卖税），旧额百文，更加五十文”。建中、贞元：皆为唐德宗的年号。

译　文

明代陈耀文在《天中记》中记载：要想种茶树一定要先下种子，茶树移植之后就不能成活了。因此民俗婚礼中的聘礼必须要用茶叶作为礼物，也是取它从一而终的含义。

宋代高承《事物纪原》中记载：榷茶兴起于唐朝建中、兴元年间。赵赞、张滂建议按照其十分之一来收税。

明代陈继儒在《枕谭》中说：古传注中有：“茶树初采为茶，老的叫作茗，再老的叫作荈。”现在则统称作茗，应该是错用其事了。

明代熊明遇在《岕山茶记》中说：产茶的地方，山上夕阳照的地方比朝阳照的地方要好，庙后山向西，所以那里的茶好。但总也比不上洞山南面的，因为阳光充足，所以产的茶被称为仙品。

冒襄《岕茶汇钞》中说：出产平地的茶叶，受到的土气太多，因此质地混浊。岕茶产于高山之上，经历了风霜雨露的洗礼，所以是好茶。

吴拭说：武夷茶被欣赏是从北宋的蔡君谟开始的，认为它的味道比北苑、龙团的要好，周右文却非常贬低它。只是因为山中的人不熟悉焙制方法，一味追求利益的错误。我曾经试着采摘了一点，用松萝的方法来焙制，汲取虎啸岩下的泉水烹煮，色、香、味这三种优点都具备了，带云石的还有香甜的气味。于是分了几百片送给周右文，希望武夷山茶能扬眉吐气。等茶泡好了，再洒一杯在地上，以告慰君谟的在天之灵。

原　文

释超全《武夷茶歌注》：建州一老人始献山茶[1]，死后传为山神，喊山之茶始此。

中原市语：茶曰渲老。

陈诗教《灌园史》：予尝闻之山僧言，茶子数颗落地，一茎而生，有似连理，故婚嫁用茶，盖取一本之义。旧传茶树不可移，竟有移之而生者，乃知晁采寄茶，徒袭影响耳。

唐李义山以对花啜茶为杀风景[②]。予苦渴疾，何啻七碗，花神有知，当不我罪。

《金陵琐事》[③]：茶有肥瘦，云泉道人云："凡茶肥者甘，甘则不香。茶瘦者苦，苦则香。"此又《茶经》《茶诀》《茶品》《茶谱》之所未发。

野航道人朱存理云：饮之用必先茶，而茶不见于《禹贡》[④]，盖全民用而不为利。后世榷茶，立为制，非古圣意也。陆鸿渐著《茶经》，蔡君谟著《茶谱》。孟谏议寄卢玉川三百月团，后侈至龙凤之饰，责当备于君谟。然清逸高远，上通王公，下逮林野，亦雅道也。

佩文斋《广群芳谱》[⑤]：茗花，即食茶之花，色月白而黄心，清香隐然，瓶之高斋，可为清供佳品。且蕊在枝条，无不开遍。

注　释

①建州：今属福建。

②李义山：即李商隐，字义山，号玉溪生，又号樊南生。晚唐著名诗人，和杜牧合称"小李杜"，与温庭筠合称"温李"。李商隐又与李贺、李白合称"三李"。

③《金陵琐事》：明周晖撰，8卷，内容主要是明初以来金陵的各种典故。

④《禹贡》：《尚书》中的一篇，是先秦最富于科学性的地理记载，囊括了对各地山川、地形、土壤、物产等情况。

⑤《广群芳谱》：清康熙四十七年命内阁学士汪灏等撰成，凡100卷。分天时谱、谷谱、桑麻谱、蔬谱、茶谱、竹谱、花谱、果谱、木谱、卉谱、药谱等十谱。

译　文

超全和尚在所著的《武夷茶歌注》中说：建州有位老人最早进献山上的茶叶，民间传说他死后变成了山神，喊山茶就是由此兴起的。

《中原市语》中记载：茶叫作渲老。

明代陈诗教《灌园史》：我曾经听山中的和尚说，几颗茶籽落到地上，一日生长出来，就像连理枝，因此婚嫁时用茶，就是取其同根之意。以前听说茶树不可移植，终究有移植后仍然活着的，由此可知这种说法也只是沿袭前人的影响而已。

唐朝的李义山认为对着花喝茶是很煞风景的事情。我在口渴之时，饮茶何止七碗，如果花神知道的话，应该不会怪罪我。

明代周晖《金陵琐事》中记载：茶叶有肥有瘦，云泉道长说："凡是茶叶肥厚的，味道很甜，味道甜的就不香。茶叶瘦小的就显得苦涩，味道苦的就会很香。这些是《茶经》《茶诀》《茶品》《茶谱》等书中所没有记录的。"

野航道人朱存理说："首先用来喝的是茶，而茶在《尚书·禹贡》里面没有记载，所以全民都喝却不是为了谋利。后世制定榷茶的制度，并不是古人的本意。陆羽编写《茶经》，蔡君谟编写《茶谱》。孟谏议寄给卢仝三百片月团，后来奢侈浪费到用龙凤装饰，应该责备蔡君谟。然而喝茶清逸高远，上到王公贵族，下到平常百姓，也是一件很有雅致的事情。"

清朝佩文斋《广群芳谱》中记载：茗花，就是日常所喝的茶叶之花，茶叶之花色泽月白，花蕊黄色，隐约有清香，插在书斋的瓶子里养着，可以作为清供佳品。而且花蕊在枝条的上面，都开遍了。

原 文

王新城《居易录》[①]：广南人以蒼为茶。予顷著之《皇华记闻》，阅《道乡集》有张纠《送吴洞蒼绝句》云："茶选修仁方破碾，蒼分吴洞忽当筵。君谟远矣知难作，试取一瓢江水煎。"盖志完迁昭平时作也。

《分甘余话》[②]：宋丁谓为福建转运使，始造龙凤团茶，上贡不过四十饼。天圣中，又造小团，其品过于大团。神宗时，命造密云龙，其品又过于小团。元祐初，宣仁皇太后曰[③]："指挥建州，今后更不许造密云龙，亦不要团茶，拣好茶吃了，生得甚好意智。"宣仁改熙宁之政，此其小者。顾其言，实可为万世法。士大夫家，膏粱子弟，尤不可不知也。谨备录之。

《百夷语》：茶曰芽。以粗茶曰芽以结，细茶曰芽以完。缅甸夷语，茶曰腊扒，吃茶曰腊扒仪索。

徐葆光《中山传信录》：琉球呼茶曰札[④]。

注 释

①王新城：即王士祯，字贻上，号阮亭，又号渔洋山人。清代诗人。著有《带经堂集》《渔洋诗话》等。

②《分甘余话》：清王士祯所撰笔记，共4卷，内容涉及先世著述、典章制度、诗歌品评、地名考辨、文人逸事、字义辨析、古书藏佚、社会风俗、地方物产，以至治病验方等。

③宣仁皇太后：北宋英宗皇后高滔滔。元丰八年（1085）其子神宗死后，立哲宗，以太皇太后身份临朝称制。复起用司马光等人，恢复旧法。

④琉球：位于中国东海东部外围的一个国家，现属日本。

译文

清朝的王士祯在《居易录》中说：广南人把蕟作为茶叶。我写了《皇华记闻》，将其收入其中。看到《道乡集》里面有张纠的一首《送吴洞蕟绝句》，里面写到：茶选修仁方破碾，蕟分吴洞忽当筵。君谟远矣知难作，试取一瓢江水煎。"这是志完迁到昭平时所作的。

王士祯在《分甘余话》中写到：宋朝的丁谓任福建转运使之时，才开始制造"龙凤团"茶，上供给朝廷，也不过四十块饼。天圣年间，又制造了小团，它的品质超过了大团。神宗时期，命令制造"密云龙"，它的品质又胜过了小团。元祐初年，宣仁皇太后摄政，她说："敕令建州，以后不准再制造'密云龙'了，也不要团茶，选择上好的茶叶来吃，就会生得甚好意智。"宣仁改变了熙宁时的新政，这是贡茶改制中的小事情。然而，根据这种说法，实在应该为世代所效仿。官绅世家，尤其是膏粱子弟，不能不知道其中的道理。因此备录在此。

《百夷语》中记载：茶又叫作芽。把粗茶叫作芽以结，细茶叫作芽以完。缅甸又把茶叶称为腊扒，喝茶也被说成是腊扒仪索。

清代徐葆光在《中山传信录》中说：琉球一带把茶叫作札。

原文

《武夷茶考》：按丁谓制龙团，蔡忠惠制小龙团，皆北苑事。其武夷修贡，自元时浙省平章高兴始，而谈者辄称丁、蔡。苏文忠公诗云："武夷溪边粟粒芽，前丁后蔡相笼加。"则北苑贡时，武夷已为二公赏识矣。至高兴武夷贡后，而北苑渐至无闻。昔人云，茶之为物涤昏雪滞，于务学勤政未必无助，其与进荔枝、桃花者不同。然充类至义，则亦宦官、宫妾之爱君也。忠惠直道高名，与范、欧相亚，而进茶一事乃侪晋公。君子举措，可不慎欤？

《随见录》：按沈存中《笔谈》云："建茶皆乔木。吴、蜀惟丛茇而已。"以余所见，武夷茶树俱系丛茇，初无乔木，岂存中未至建安欤？抑当时北苑与此日武夷有不同欤？《茶经》云“巴山、峡川有两人合抱者”，又与吴、蜀丛茇之说互异，姑识之以俟参考。

《万姓统谱》载[①]：汉时人有荼恬，出《江都易王传》。按《汉书》：“荼恬苏林曰：荼，食邪反，则荼本两音，至唐而荼、茶始分耳。”

焦氏《说楛》：茶曰玉茸。补

注释

①《万姓统谱》：亦称《古今万姓统谱》，明代万历年间凌迪知撰，共140卷，另附《历代帝王姓系统谱》6卷和《氏族博考》14卷。该书将古今姓氏分韵编排，以姓氏为目次，先常姓，后稀姓，每姓下先注郡望和五音（阴平、阳平、上声、去声、入声），并考姓氏所出，而后依时代先后，分列各姓著名人物。

译文

《武夷茶考》中说：北宋的丁谓制造“龙团”，蔡忠惠制造了“小龙团”，都是北苑的事情。武夷茶向朝廷进贡，是从元代时浙江省平章高兴开始的，但是谈论的都是丁谓、蔡君谟。苏文忠公的诗中说：“武夷溪边粟粒芽，前丁后蔡相笼加。”那么谈到北苑进贡的时候，武夷茶已经得到两位先生的欣赏了。到了高兴以武夷茶进贡之后，北苑慢慢地就湮没无闻了。古人说，茶作为一种物产，能够祛除疲劳，消化积滞，驱除体内的残留物体，对于我们学习、从政来说不一定没有好处，它们与进献的荔枝、桃花不一样。然而，它们的相同之处在于都是宦官、宫内的妃嫔们敬爱君王的工具。蔡襄以正直闻名，与名臣范仲淹、欧阳修很相似，而献茶这件事情却与晋公丁谓不相上下。君子的举措，难道可以不慎重吗？

清朝屈擢升在《随见录》中说：按照沈括《梦溪笔谈》中所记载的来说：“建茶都是乔木，而吴地、蜀地的只是丛生的灌木罢了。”根据我所见过的武夷的茶树，起初也都是丛生的草根，最终也没有乔木，难道沈括没有去过建安吗？抑或是当时的北苑与如今的武夷有所不同呢？《茶经》中记载“巴山、峡川有两人合抱者”，又跟吴地、蜀地丛生灌木的说法不一样。姑且记述于此以供参考。

明代凌迪知在《万姓统谱》中记载：汉朝的时候有荼恬，来自于《江都易王传》。根据《汉书》中的记载：荼恬苏林说：荼，食邪反，那么荼就有两种读音，到了唐朝时，才把荼和茶分开。

明代焦周在《说楛》中记载：茶又称作玉茸。补

二　茶之具

原　文

《陆龟蒙集·和茶具十咏[1]》

茶坞

茗地曲隈回，野行多缭绕。向阳就中密，背涧差还少。遥盘云髻慢，乱簇香篝小。何处好幽期，满岩春露晓。

茶人

天赋识灵草，自然钟野姿。闲来北山下，似与东风期。雨后探芳去，云间幽路危。唯应报春鸟，得共斯人知。

茶笋

所孕和气深，时抽玉笤短。轻烟渐结华，嫩蕊初成管。寻来青霭曙，欲去红云暖。秀色自难逢，倾筐不曾满。

茶籯

金刀劈翠筠[2]，织似波纹斜。制作自野老，携持伴山娃。昨日斗烟粒，今朝贮绿华。争歌调笑曲，日暮方还家。

茶舍

旋取山上材，架为山下屋。门因水势斜，壁任岩隈曲。朝随鸟俱散，暮与云同宿。不惮采掇劳，只忧官未足。

茶灶 经云："灶无突。"

无突抱轻岚，有烟映初旭。盈锅玉泉沸，满甑云芽熟。奇香袭春桂，嫩色凌秋菊。炀者若吾徒，年年看不足。

茶焙

左右捣凝膏，朝昏布烟缕。方圆随样拍，次第依层取。山谣纵高下，火候还文武。见说焙前人，时时炙花脯。紫花，焙人以花为脯。

茶鼎

新泉气味良，古铁形状丑。那堪风雨夜，更值烟霞友。曾过赭石下，又住清溪口。赭石、清溪，皆江南出茶处。且共荐皋卢，何劳倾斗酒。

茶瓯

昔人谢坻埞，徒为妍词饰。《刘孝威集》有《谢坻埞启》。岂如圭璧姿，又有烟岚色。光参筠席上，韵雅金罍侧。直使于阗君，从来未尝识。

煮茶

闲来松间坐，看煮松上雪。时于浪花里，并下蓝英末。倾余精爽健，忽似氛埃灭。不合别观书，但宜窥玉札。

注　释

①陆龟蒙：字鲁望，号天随子、江湖散人、甫里先生，长洲（今江苏苏州）人。唐代农学家、文学家、道家学者。

②翠筠：绿竹。唐白居易《寄蕲州簟与元九因题六韵》："笛竹出蕲春，霜刀劈翠筠。"

译　文

《陆龟蒙集·和茶具十咏》（略）

原　文

《皮日休集·茶中杂咏·茶具[①]》

茶籝[②]

筤篣晓携去，蓦过山桑坞。开时送紫茗，负处沾清露。歇把傍云泉，归将挂烟树。满此是生涯，黄金何足数。

茶灶

南山茶事动，灶起岩根傍。水煮石发气，薪燃杉脂香。青琼蒸后凝，绿髓炊来光。如何重辛苦，一一输膏粱。

茶焙

凿彼碧岩下，恰应深二尺。泥易带云根，烧难碍石脉。初能燥金饼，渐见干琼液。九里共杉林皆焙名，相望在山侧。

茶鼎

龙舒有良匠，铸此佳样成。立作菌蠢势，煎为潺湲声。草堂暮云阴，松窗残月明。此时勺复茗，野语知逾清。

茶瓯

邢客与越人，皆能造前器。圆似月魂堕，轻如云魄起。枣花势旋眼，蘋沫香沾齿。松下时一看，支公亦如此。

注释

①皮日休：字袭美，一字逸少，复州竟陵（今湖北天门）人。曾居住在鹿门山，道号鹿门子。晚唐著名诗人、文学家。

②茶籝：箱笼一类的茶具。

译文

《皮日休集·茶中杂咏·茶具》（略）

原文

《江西志》：余干县冠山有陆羽茶灶。羽尝凿石为灶，取越溪水煎茶于此。

陶谷《清异录》[①]：豹革为囊，风神呼吸之具也。煮茶啜之，可以涤滞思而起清风。每引此义，称之为水豹囊。

《曲洧旧闻》[②]：范蜀公与司马温公同游嵩山[③]，各携茶以行。温公取纸为帖，蜀公用小木合子盛之，温公见而惊曰："景仁乃有茶具也。"蜀公闻其言，留合与寺僧而去。后来士大夫茶具，精丽极世间之工巧，而心犹未厌。晁以道尝以此语客，客曰："使温公见今日之茶具，又不知云如何也。"

《北苑贡茶别录》：茶具有银模、银圈、竹圈、铜圈等。

梅尧臣《宛陵集·茶灶》诗[④]：山寺碧溪头，幽人绿岩畔。夜火竹声干，春瓯茗花乱。兹无雅趣兼，薪桂烦燃爨。又《茶磨》诗云：楚匠斫山骨，折檀为转脐。乾坤人力内，日月蚁行迷。又有《谢晏太祝遗双井茶五品茶具四枚》诗。

《武夷志》：五曲朱文公书院前，溪中有茶灶。文公诗云："仙翁遗石灶，宛在水中央。饮罢方舟去，茶烟袅细香。"

《群芳谱》：黄山谷云："相茶瓢与相筇竹同法，不欲肥而欲瘦，但须饱风霜耳。"

注 释

①《清异录》：北宋陶谷所著笔记，它借鉴类书的形式，分为天文、地理、君道、官志、人事、女行、君子、幺麽、释族、仙宗、草、木、花、果、蔬、药、禽、兽、虫、鱼、肢体、作用、居室、衣服、装饰、陈设、器具、文用、武器、酒浆、茗荈、馔羞、薰燎、丧葬、鬼、神、妖，共37门，每门若干条，共661条。

②《曲洧旧闻》：宋朱弁所撰笔记杂著，共10卷。

③范蜀公：即范镇，字景仁，华阳（今四川成都）人，北宋文学家、史学家。司马温公：即司马光，字君实，号迂叟，陕州夏县（今山西夏县）涑水人，世称涑水先生。北宋政治家、史学家、文学家。

④梅尧臣：字圣俞，宣州宣城（今属安徽）人。北宋著名诗人。

译 文

《江西志》记载：在余干县冠山，有陆羽茶灶。陆羽曾经在这里凿石为灶，取越溪水煎茶。

宋初陶谷《清异录》记载：用豹子皮做风囊，可以作为风神呼吸也就是鼓风的器具。烹煮茶叶品饮，可以荡涤艰涩不通的思虑，从而生发飘然清风的愉悦。人们常常引申此义，称之为"水豹囊"。

南宋朱弁《曲洧旧闻》记载：北宋名臣范镇与司马光一同游览嵩山，各自携带茶叶旅行。司马光取纸为帖包裹茶叶，范镇则用小盒子盛茶，司马光见后惊叹道："景仁还有茶具呢！"范镇听到他的话，把茶盒子留给寺中的和尚就离去了。后来士大夫所用的茶具精致华丽，可以说极尽世间之工巧，可是心中尚且追求豪华没有止境。晁说之曾经对客人说过这番话，客人回答："假使司马光见到今天的茶具，又不知道会如何说了。"

《北苑贡茶别录》记载：茶具有银模、银圈、竹圈、铜圈等。

北宋梅尧臣《宛陵集》中有《茶灶》诗写道："山寺碧溪头，幽人绿岩畔。夜火竹声干，春瓯茗花乱。兹无雅趣兼，薪桂烦燃爨。"又有《茶磨》诗写道："楚匠斫山骨，折檀为转脐。乾坤人力内，日月蚁行迷。"又有《谢晏太祝遗双井茶五品茶具四枚》诗。

《武夷志》记载：武夷山五曲朱文公书院前，山溪中有茶灶。朱熹《茶灶》诗写道："仙翁遗石灶，宛在水中央。饮罢方舟去，茶烟袅细香。"

王象晋《群芳谱》记载：黄庭坚曾说过："观赏选择茶瓢与观赏选择筇竹方法相同，不要过肥而要偏瘦，但是需要饱经风霜。"

原 文

乐纯《雪庵清史》：陆叟溺于茗事，尝为茶论，并煎炙之法，造茶具二十四事，以都统笼贮之。时好事者家藏一副，于是若韦鸿胪、木待制、金法曹、石转运、胡员外、罗枢密、宗从事、漆雕秘阁、陶宝文、汤提点、竺副帅、司职方辈[①]，皆入吾籯中矣。

许次纾《茶疏》：凡士人登山临水，必命壶觞，若茗碗薰炉，置而不问，是徒豪举耳。余特置游装，精茗名香，同行异室。茶罂、铫、注、瓯、洗、盆、巾诸具毕备，而附以香奁、小炉、香囊、匙、箸……未曾汲水，先备茶具，必洁，必燥。瀹时壶盖必仰置，磁盂勿覆案上。漆气、食气，皆能败茶。

朱存理《茶具图赞序》：饮之用必先茶，而制茶必有其具。赐具姓而系名，宠以爵，加以号，季宋之弥文；然清逸高远，上通王公，下逮林野，亦雅道也。愿与十二先生周旋，尝山泉极品以终身，此间富贵也，天岂靳乎哉？

注 释

① 韦鸿胪：指的是炙茶用的烘茶炉。木待制：指的是捣茶用的茶臼。金法曹：指的是碾茶用的茶碾。石转运：指的是磨茶用的茶磨。胡员外：指的是量水用的水勺。罗枢密：指的是筛茶用的茶罗。宗从事：指的是清茶用的茶帚。漆雕秘阁：指的是盛茶末用的盏托。陶宝文：指的是茶盏。汤提点：指的是注汤用的汤瓶。竺副帅：指的是调沸茶汤用的茶筅。司职方：指提清洁茶具用的茶巾。

译 文

乐纯《雪庵清史》记载：陆羽沉湎于茶事，曾经著有《茶论》，兼及煎煮、烘焙的方法，并创制了一套茶具，包括二十四件，以都统笼盛起来贮藏。当时好事者每家收藏一副，于是像韦鸿胪、木待制、金法曹、石转运、胡员外、罗枢密、宗从事、漆雕秘阁、陶宝文、汤提点、竺副帅、司职方等以古代官爵名称命名的茶具，都进入了我的箱笼之中。

许次纾《茶疏》记载：大凡士大夫外出游历，登山临水，一定要带上酒壶和酒杯，至于茶碗和熏炉却弃置一旁不予理睬，这就只是在豪饮中游玩，而忘记了老朋友茶。我外出游历时，特意置备一套行装，准备好精品茶叶、名贵香料，行旅之中随身携带，住下时则要放在另外一间房中。这些行装包括茶瓶、茶铫、茶壶、小茶杯、茶洗、瓷盆、手巾等各种茶具，附带着香奁、小炉、香囊、匙、筷子……在没有汲取泉水之前，就要预先准备好茶具。茶具一定要清洁而干燥。冲泡时壶盖定要仰放着，瓷盘不能直接向下扣着放置在桌案上。油漆的气味和食物的味道，都能够败坏茶味。

明代朱存理《茶具图赞序》中说：品饮的功用，以茶为首，而制茶必须具备相应的茶具。赐予茶具姓名并宠以爵位，加以名号，这是宋朝末年更加崇尚文采的表象；但是这种做法格调清逸，蕴涵高远，上通王公贵族，下达山林隐逸，也是一种雅道。我希望能够常与茶具十二先生周旋，品尝山泉极品，并以此终老此生，此间的富贵，上天难道会吝惜而不给予吗？

原　文

审安老人茶具十二先生姓名[①]：韦鸿胪文鼎，景旸，四窗闲叟；木待制利济，忘机，隔竹主人；金法曹研古，元锴，雍之旧民；铄古，仲鉴，和琴先生；石转运凿齿，遄行，香屋隐君；胡员外惟一，宗许，贮月仙翁；罗枢密若药，传师，思隐寮长；宗从事子弗，不遗，扫云溪友；漆雕秘阁承之，易持，古台老人；陶宝文去越，自厚，兔园上客；汤提点发新，一鸣，温谷遗老；竺副帅善调，希默，雪涛公子；司职方成式，如素，洁斋居士。

高濂《遵生八笺》[②]：茶具十六事，收贮于器局内，供役于苦节君者，故立名管之。盖欲归统于一，以其素有贞心雅操，而自能守之也。商像古石鼎也，用以煎茶，降红铜火箸也，用以簇火，不用联索为便，递火铜火斗也，用以搬火，团风素竹扇也，用以发火，分盈挹水勺也，用以量水斤两，即《茶经》水则也，执权准茶秤也，用以衡茶，每勺水二斤，用茶一两，注春瓷瓦壶也，用以注茶，啜香磁瓦瓯也，用以啜茗，撩云竹茶匙也，用以取果，纳敬竹茶橐也，用以放盏，漉尘洗茶篮也，用以浣茶，归洁竹筅帚也，用以涤壶，受污拭抹布也，用以洁瓯，静沸竹架，即《茶经》支鍑也，运锋剩果刀也，用以切果，甘钝木砧墩也。

王友石《谱》：竹炉并分封茶具六事：苦节君湘竹风炉也，用以煎茶，更有行省收藏之，建城以箬为笼，封茶以贮庋阁，云屯瓷瓦瓯，用以勺泉以供煮水，水曹即瓷缸瓦缶，用以贮泉，以供火鼎，乌府以竹为篮，用以盛炭，为煎茶之资，器局编竹为方箱，用以总收以上诸茶具者，品司编竹为圆撞提盒，用以收贮各品茶叶，以待烹品者也。

注释

①审安老人茶具十二先生：审安老人姓名无考，著有《茶具图赞》。茶具共有12种，审安老人运用图解，以拟人法赋予姓名、字、雅号，并用官名称呼之。

②高濂：字深甫，号瑞南，浙江钱塘(今浙江杭州)人。明代戏曲作家。

译文

审安老人茶具十二先生的姓、名、字、号如下：韦鸿胪文鼎，景旸，四窗闲叟，木待制利济，忘机，隔竹主人，金法曹研古，元锴，雍之旧民；铄古，仲鉴，和琴先生，石转运凿齿，遄行，香屋隐君，胡员外惟一，宗许，贮月仙翁，罗枢密若药，传师，思隐寮长，宗从事子弗，不遗，扫云溪友，漆雕秘阁承之，易持，古台老人，陶宝文去越，自厚，兔园上客，汤提点发新，一鸣，温谷遗老，竺副帅善调，希默，雪涛公子，司职方成式，如素，洁斋居士。

明代高濂《遵生八笺》中说：茶具十六件，都收藏贮存在器局之内，供役于苦节君，所以将其一一命名，以便于管理。这也是想将其归于一统，由于茶具素有坚贞的心志和高雅的节操，自然能够坚守。商像就是古石鼎，用来煎茶，降红就是铜火箸，用来夹拢火，不用铁链连在一起用时很方便，递火就是铜火斗，用来搬火，团风就是素竹扇，用来发火，分盈就是挹水勺，用来度量水的多少，相当于《茶经》中的水则，执权就是称量茶的秤，用来计量茶的多少，每勺水二斤，用茶一两，注春就是瓷瓦壶，用来倒茶，啜香就是瓷瓦瓯，用来喝茶，撩云就是竹茶匙，用来取果，纳敬就是竹茶橐，用来放茶盏，漉尘就是洗茶篮，用来洗茶，归洁就是竹筅帚，用来清洗茶壶，受污就是擦拭的抹布，用来清洁茶瓯，静沸就是竹架，相当于《茶经》中的支镀，运锋就是剩果刀，用来切水果，甘钝就是木制的砧墩。

明代王友石《谱》记载竹炉并分封茶具六事：苦节君就是湘竹做的风炉，用来煎茶，更有行省收藏之，建城用竹叶做成笼子，包裹茶叶以便收藏贮存，云屯就是瓷瓦瓶，用来舀取泉水，以供应煮水，水曹就是瓷缸瓦缶，用来贮存泉水，以供应火鼎，乌府用竹子做篮，以盛木炭，作为煎茶的燃料，器局用竹子编成方箱，用来把上述茶具收拢起来集中贮存，品司用竹子编成圆形的提盒，用来收藏贮存各种茶叶，以待烹煮品饮。

原文

屠赤水《茶笺》：茶具：湘筠焙焙茶箱也，鸣泉煮茶瓷罐，沉垢古茶洗，合香藏日支茶瓶，以贮司品者，易持用以纳茶，即漆雕秘阁。

屠隆《考槃余事》：构一斗室，相傍书斋，内设茶具，教一童子专主茶役，以供长日清谈、寒宵兀坐。此幽人首务，不可少废者。

《灌园史》：卢廷璧嗜茶成癖，号茶庵。尝蓄元僧讵可庭茶具十事，具衣冠拜之。

王象晋《群芳谱》：闽人以粗瓷胆瓶贮茶。近鼓山支提新茗出，一时尽学新安，制为方圆锡具，遂觉神采奕奕不同。

冯可宾《岕茶笺·论茶具》：茶壶，以窑器为上，锡次之。茶杯，汝、官、哥、定如未可多得①，则适意为佳耳。

李日华《紫桃轩杂缀》：昌化茶，大叶如桃枝柳梗，乃极香。余过逆旅偶得，手摩其焙甑，三日龙麝气不断。

臞仙云：古之所有茶灶，但闻其名，未尝见其物，想必无如此清气也。予乃陶土粉以为瓦器，不用泥土为之，大能耐火，虽猛焰不裂。径不过一尺五，高不过二尺余，上下皆镂铭、颂、箴、戒之。又置汤壶于上，其座皆空，下有阳谷之穴，可以藏瓢瓯之具，清气倍常。

《重庆府志》：涪江青蟾石②，为茶磨极佳。

《南安府志》：崇义县出茶磨，以上犹县石门山石为之，尤佳。苍翳缜密，镌琢堪施。

闻龙《茶笺》：茶具涤毕，覆于竹架，俟其自干为佳。其拭巾只宜拭外，切忌拭内。盖布帨虽洁，一经人手，极易作气。纵器不干，亦无大害。

注　释

①汝、官、哥、定：宋代四大名窑。汝窑，窑址在今河南省宝丰县清凉寺，宋时属汝州，故名。釉色主要有天青、天蓝、淡粉、粉青、月白等，釉层薄而莹润，釉泡大而稀疏，有“寥若晨星”之称。釉面有细小的纹片，称为“蟹爪纹”。官窑，即官府经营的瓷窑。北宋官窑在北宋末年宋徽宗时才开始烧造，宋高宗南渡后，在临安（今杭州）另设新窑。宋代官窑瓷器主要为素面。其胎色铁黑、釉色粉青，“紫口铁足”增添古朴典雅之美。哥窑，相传宋代龙泉章氏兄弟各主窑事，哥者称哥窑，为宋代名窑之一。哥窑瓷器胎多紫黑色、铁黑色，也有黄褐色。定窑，宋代北方著名瓷窑。窑址在今河北曲阳涧磁村。始烧于晚唐、五代，盛烧于北宋，金、元时期逐渐衰落。盘、碗因覆烧，有芒口及因釉下垂而形成泪痕之特点。

②涪江青蟾石：涪江石，产于四川省绵阳市涪江中上游河段。

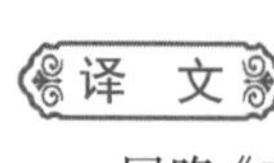

屠隆《茶笺》记载的茶具有：湘筠焙就是烘焙茶叶的箱子，鸣泉就是煮茶的瓷罐，沉垢就是古代的茶洗，合香就是日常用的茶瓶，以贮存茶具，易持用来盛茶，就是漆雕秘阁。

屠隆《考槃余事》中说：构建一个斗室，与书斋相邻，室内设置茶具，指导一个童子专门从事烹茶，以供终日清谈，寒夜独坐。这是幽人隐士的首要工作，不可稍有荒废。

明代陈诗教《灌园史》记载：卢廷璧嗜茶成癖，号称茶庵。他曾经收藏元代和尚讵可庭茶具十件，衣冠整齐地进行参拜。

明代王象晋《群芳谱》记载：福建人以粗瓷胆瓶贮存茶叶。近年来鼓山佛教寺院半岩茶下来后，一时风气全都学习新安，制成方形或圆形锡茶具，就觉得神采奕奕，与众不同。

明代冯可宾《岕茶笺·论茶具》中说：茶壶，以瓷器为上，锡器次之。茶杯，以汝窑、官窑、哥窑、定窑为佳，如果不可多得，只要适意就好了。

明代李日华《紫桃轩杂缀》记载：昌化茶，大叶好像桃叶和柳梗，味道特别香。我经过当地的旅馆偶然得到昌化茶，用手在制茶的焙甑上摩挲，龙涎、麝香的味道三日不绝。

臞仙说：古代所用的茶灶，只听说过其名声，不曾见过其实物，想必没有如此的清香之气。我于是以陶土做成瓦器，不用泥土烧制，更能耐火，即使猛烈的高温焰火也不会烧裂。直径不超过一尺五寸，高不过二尺多，上下都雕刻有铭、颂、箴、戒之类的文字。又把汤壶放在上面，底座都是空的，下面还有空穴，可以贮藏瓢、瓯等茶具，清香之气倍于平常。

《重庆府志》记载：涪江的青蠊石做茶磨极好。

《南安府志》记载：崇义县出产茶磨，以上犹县石门山的石头制成的尤其好。色呈青黑，纹理缜密，镌刻雕琢得很好。

明代闻龙《茶笺》记载：茶具洗涤好之后，反扣过来放在竹架上面，等待其自然风干为佳。擦拭的抹布只适宜擦拭茶具表面，切忌擦拭茶具内部。因为布巾虽然清洁，然一经过人手，非常容易产生异味。即使茶具不干燥，也没有什么大碍。

三　茶之造

原　文

《唐书》：太和七年正月，吴、蜀贡新茶，皆于冬中作法为之。上务恭俭，不欲逆物性，诏所在贡茶，宜于立春后造。

《北堂书钞》[①]：《茶谱》续补云：龙安造骑火茶[②]，最为上品。骑火者，言不在火前，不在火后作也。清明改火，故曰火。

《大观茶论》："茶工作于惊蛰，尤以得天时为急。轻寒，英华渐长，条达而不迫，茶工从容致力，故其色味两全。故焙人得茶天为庆。

撷茶以黎明，见日则止。用爪断芽，不以指揉。凡芽如雀舌、谷粒者，为斗品。一枪一旗为拣芽，一枪二旗为次之，余斯为下。茶之始芽萌，则有白合，不去害茶味。既撷则有乌蒂，不去害茶色。

茶之美恶，尤系于蒸芽、压黄之得失。蒸芽欲及熟而香，压黄欲膏尽亟止。如此则制造之功十得八九矣。

涤芽唯洁，濯器唯净，蒸压唯其宜，研膏唯熟，焙火唯良。造茶先度日晷之长短，均工力之众寡，会采择之多少，使一日造成，恐茶过宿，则害色味。

茶之范度不同，如人之有首面也。其首面之异同，难以概论。要之，色莹彻而不驳，质缜绎而不浮，举之则凝结，碾之则铿然，可验其为精品也。有得于言意之表者。

白茶，自为一种，与常茶不同。其条敷阐，其叶莹薄。崖林之间偶然生出，有者不过四五家，生者不过一二株，所造止于二三铐而已。须制造精微，运度得宜，则表里昭澈，如玉之在璞，他无与伦也。

蔡襄《茶录》：茶味主于甘滑，唯北苑凤凰山连属诸焙所造者味佳。隔溪诸山，虽及时加意制作，色味皆重，莫能及也。又有水泉不甘，能损茶味，前世之论《水品》者以此。

《东溪试茶录》：建溪茶比他郡最先，北苑、壑源者尤早。岁多暖则先惊蛰十日即芽，岁多寒则后惊蛰五日始发。先芽者，气味俱不佳，唯过惊蛰者为第一。民间常以惊蛰为候。诸焙后北苑者半月，去远则益晚。

凡断芽必以甲，不以指。以甲则速断不柔，以指则多湿易损。择之必精，濯之必洁，蒸之必香，火之必良，一失其度，俱为茶病。

芽择肥乳，则甘香而粥面，著盏而不散。土瘠而芽短，则云脚涣乱，去盏而易散。叶梗长，则受水鲜白；叶梗短，则色黄而泛。乌蒂、白合，茶之大病。不去乌蒂，则色黄黑而恶。不去白合，则味苦涩。蒸芽必熟，去膏必尽。蒸芽未熟，则草木气存。去膏未尽，则色浊而味重。受烟则香夺，压黄则味失，此皆茶之病也。

注　释

①《北堂书钞》：唐代一部重要的类书，与欧阳询等编纂的《艺文类聚》，白居易辑、宋人孔传续辑的《白氏六帖》，徐坚等撰集的《初学记》，合称为唐代的“四大类书”。

②骑火茶：茶名，清明前后采制。

译　文

《唐书》记载：太和七年（833）正月，吴地、蜀地进贡新茶，都是在冬天特别加工而成。皇上为政恭俭，不想违背植物的自然之性，于是诏令各地贡茶，应在立春以后加工制造。

《北堂书钞》记载：毛文锡《茶谱》续补说：龙安制造的骑火茶，最为上品。骑火的意思，就是说既不在改火前，也不在改火后。清明节改火，所以称为火。

宋徽宗《大观茶论》中说：茶叶采摘和加工制造开始于每年的惊蛰时节，尤其要把得天时之利，也就是把握气候寒暖、阴晴变化作为最为急迫的事情。如果天气还稍微有些寒冷，茶树芽叶开始生长，枝条伸展得比较缓慢，茶农可以从容不迫地投入劳动，所以采制而成的茶叶，其色泽与味道两全而兼美。所以采制茶叶的人们都把得到天时之利作为最可庆幸的事情。

采茶要在黎明时分进行，看到太阳出来就要停止。采摘时要用指甲掐断茶芽，而不要用手指揉搓。一般说来，采摘的茶芽如果像雀舌、谷粒般大小，便可以称作斗品。一芽带一叶，也就是所谓的一枪一旗，称作拣芽；一芽带二叶，也就是所谓的一枪二旗，称作中芽，质量次之；其余的质量就更等而下之了。茶叶刚开始萌芽的时候，会出现一个小芽而外包较大二叶的情形，称作白合，如果不去掉，就会过于苦涩，损害茶味。采摘之后则会出现带有蒂头的情形，称作乌蒂，如果不去掉乌蒂，就会过于黄黑，损害茶色。

茶叶质量的优劣高下，尤其取决于蒸芽、压黄这两道工序操作的得失成败。蒸芽这一工序的关键，就是要把握刚好蒸熟的时机，茶味最香；压黄这一工序的关键，就是要把握膏汁榨尽的火候，便果断停止。能够做到这样，那么制造茶叶的功夫，十分之中已经掌握了八九分。

在制茶的过程中洗涤茶芽务求清洁，清洗茶具务求干净，蒸芽和压黄务求时机火候把握得当，将经过压黄的茶叶碾成细末并调和成胶合状态，务求水干茶熟，烘焙茶饼则务求火力均匀。制茶的时候首先要考虑时间的长短，均衡所用劳动力的多少，合计采摘茶叶的多少，从而计划在一天之内将这些茶叶制造完成。恐怕采摘下来而没有经过加工的茶叶，在那里存放一夜，将会损害其色泽和香味。

由于制茶的范模大小、形状、纹饰、风格不同，加上制作工艺和制作人员操作的区别，所以制成的茶饼就像人一样各有其面容，彼此不同。茶饼表面形态各不相同，很难一概而论。择要而言之，茶饼的表面颜色晶莹剔透而不杂乱，质地细密厚实而不浮漂，举在手中就会感到凝结得很坚固，用茶碾碾时就会铿然有声，这样就可以验证为茶中精品了。有的可以从中得到结论，有的则不得而知，需要用心去体味。

白茶风格独特，自成一种，与一般的茶叶不同。它的枝条舒展，叶芽晶莹单薄。这种茶树是在山崖丛林之间偶然生长出来的珍稀品种，有此茶者也不过四五家，每家也不过一两株，所制造出来的白茶也不过二三镑罢了。白茶的制造必须做到精致入微，运作把握得恰到好处，这样才会使得茶叶表里鲜明透彻，如同美玉蕴含于璞石之中，其品质是无与伦比的。

北宋蔡襄《茶录》中说：茶味的评判标准，主要是甘甜和润滑。只有建安北苑凤凰山一带的茶焙所制的贡茶味道最好。隔溪对岸各山所产的茶叶，即使及时采摘、精心制作，但是其色泽比较混浊、味道也比较厚重，比不上北苑茶。另外还有的水泉不甘甜，也能够损害茶的味道，前人之所以论述水泉的品质，就是因为这个。

宋子安《东溪试茶录》记载：建溪的茶比其他地方都要早，出产于北苑、壑源的就更早了。如果气候暖和的话，惊蛰前十天就发芽了；如果气候寒冷的话，惊蛰后五天才开始发芽。最先萌发的茶芽气味都不好，只有过惊蛰之后的茶芽最好。所以民间经常以惊蛰作为采制茶叶的节气。其他地方的茶焙要比北苑晚半个月左右，距离较远的地方就更晚了。

大凡掐断茶芽，只能用指甲，不能用手指。用指甲就会快速掐断而不致揉损茶叶，用手指则容易损伤茶叶。拣择茶叶一定要精细，清洗茶叶一定要干净，蒸压茶叶一定要散发并保留其香味，烘焙茶叶一定要把握好火候，一旦任何一个环节失去其应有的标准尺度，都会给茶叶带来危害。

茶芽选择肥嫩厚实的，制成的茶味道就会甘甜清香，烹点出的茶面着盏而不散。如果是土地贫瘠、茶芽短小，那么烹点出的茶面就会云脚涣散，沫饽去盏而易散。茶叶的梗长，经过烹点之后就色泽鲜白；茶叶的梗短，经过烹点之后就色泽黄泛。乌蒂、白合是茶叶的两种大的病害，不去掉乌蒂，那么茶汤的色泽就显得黄黑而难看；不去掉白合，那么茶汤的味道就会苦涩。蒸芽的时候一定要使茶叶蒸熟，压黄的时候一定要去尽茶中的膏油。如果蒸芽不熟，就会使茶中保存有草木之气；如果去膏未尽，就会使茶色混浊而茶味过重。过黄的时候火中烟气过多就会侵夺茶的香味，压黄去膏的时候久压而不研造就会使茶味丧失，这些都是制造茶叶过程中的弊病。

原　文

《北苑别录》：御园四十六所，广袤三十余里。自官平而上为内园，官坑而下为外园。方春灵芽萌坼，先民焙十余日，如九窠、十二陇、龙游窠、小苦竹、张坑、西际，又为禁园之先也。而石门、乳吉、香口三外焙，常后北苑五七日兴工。每日采茶、蒸榨，以其黄悉送北苑并造。

造茶旧分四局。匠者起好胜之心，彼此相夸，不能无弊，遂并而为二焉。故茶堂有东局、西局之名，茶銙有东作、西作之号。凡茶之初出研盆，荡之欲其匀，揉之欲其腻，然后入圈制銙，随笪过黄。有方故銙，有花銙，有大龙，有小龙，品色不同，其名亦异，随纲系之于贡茶云。

采茶之法，须是侵晨，不可见日。晨则夜露未晞，茶芽肥润。见日则为阳气所薄，使芽之膏腴内耗，至受水而不鲜明。故每日常以五更挝鼓集群夫于凤凰[1]山有伐鼓亭，日役采夫二百二十二人，监采官人给一牌，入山至辰刻，则复鸣锣以聚之，恐其逾时贪多务得也。大抵采茶亦须习熟，募夫之际必择土著及谙晓之人，非特识茶发早晚所在，而于采摘亦知其指要耳。

茶有小芽，有中芽，有紫芽，有白合，有乌蒂，不可不辨。小芽者，其小如鹰爪。初造龙团胜雪、白茶，以其芽先次蒸熟，置之水盆中，剔取其精英，仅如针小谓之水芽，是小芽中之最精者也。中芽，古谓之一枪二旗是也。紫芽，叶之紫者也。白合，乃小芽有两叶抱而生者是也。乌蒂，茶之带头是也。凡茶，以水芽为上，小芽次之，中芽又次之。紫芽、白合、乌蒂，在所不取使其择焉而精，则茶之色味无不佳。万一杂之以所不取则首面不均，色浊而味重也。

惊蛰节万物始萌。每岁常以前三日开焙，遇闰则后之，以其气候少迟故也。

蒸芽再四洗涤，取令洁净，然后入甑，俟汤沸蒸之，然蒸有过熟之患，有不熟之患。过熟则色黄而味淡，不熟则色青而易沉，而有草木之气。故唯以得中为当。茶既蒸熟，谓之茶黄，须淋洗数过欲其冷也，方入小榨，以去其水，又入大榨，以出其膏水芽则以高榨压之，以其芽嫩故也，先包以布帛，束以竹皮，然后入大榨压之，至中夜取出揉匀，复如前入榨，谓之翻榨。彻晓奋击，必至于干净而后已。盖建茶之味远而力厚，非江茶之比。江茶畏沉其膏，建茶唯恐其膏之不尽。膏不尽则色味重浊矣。

茶之过黄，初入烈火焙之，次过沸汤爁之，凡如是者三，而后宿一火，至翌日，遂过烟焙之。火不欲烈，烈则面泡而色黑。又不欲烟，烟则香尽而味焦。但取其温温而已。凡火之数多寡，皆视其銙之厚薄。銙之厚者，有十火至于十五火。銙之薄者，六火至于八火。火数既足，然后过汤上出色。出色之后，置之密室，急以扇扇之，则色泽自然光莹矣。

研茶之具，以柯为杵，以瓦为盆，分团酌水，亦皆有数。上而胜雪、白茶以十六水，下而拣芽之水六，小龙凤四，大龙凤二，其余皆以十二焉。自十二水而上曰研一团，自六水而下，曰研三团至七团。每水研之，必至于水干茶熟而后已。水不干，则茶不熟，茶不熟则首面不匀，煎试易沉。故研夫尤贵于强有力者也。尝谓天下之理，未有不相须而成者。有北苑之芽，而后有龙井之水。龙井之水清而且甘，昼夜酌之而不竭，凡茶自北苑上者皆资焉。此亦犹锦之于蜀江[2]，胶之于阿井也[3]，讵不信然？

注　释

①凤凰：即凤凰山，多处山皆以凤凰命名，此处指的是今天福建省境内的凤凰山，原外双凤山主峰海拔88米，山势挺拔秀丽，苍松翠柏密布，因前山如凤凰展翅故名。

②锦：即蜀锦。专指蜀地（四川成都地区）生产的丝织提花织锦。蜀江：河

流的名称，蜀郡境内的江河。

③胶：即阿胶。为马科动物驴的皮去毛后熬制而成的胶块。具有补血滋阴、润燥、止血的功效。阿井：井名，井水清冽甘美，用以煮胶，称为阿胶。

译文

赵汝砺《北苑别录》记载：北苑御茶园共有46所，分布在方圆30余里的广袤地区。从官平以上为内园，官坑以下为外园。每到春暖花开之时，茶树开始发芽，采制茶叶要比民间茶园早十多天，例如九窠、十二陇、龙游窠、小苦竹、张坑、西际，又是御茶园中开始制茶最早的官焙。而石门、乳吉、香口三个外焙，经常是比北苑晚上五六天、六七天开工。每天采茶、蒸芽榨膏，然后把压好的茶黄送到北苑一同烘焙制造。

造团茶原来分为四个茶局。因为工匠起了好胜之心，彼此骄矜自夸，不免会导致很多弊端，于是合并成为两个茶局。所以茶堂也有所谓的东局、西局之名号，茶锷也有所谓的东作、西作之名号。大凡茶叶经过蒸、榨、研的工序初出研盆，要通过摇荡使其均匀，通过揉搓使其细腻，然后把已成糊状的茶注入茶模，制成茶，放在竹席上用炭火焙干。制成的茶饼，有方锷，有花锷，有大龙，有小龙，品种不同，名号也不一样，根据批次列入贡茶的目录。

采茶的时间，必须是在早晨，不可见到太阳。早晨则夜间露水尚未干，茶芽肥嫩湿润。见到太阳就会被阳气所迫，使茶芽的汁液养分从内部消耗，等到烹点时受水就不鲜明清澈。因此，到了采茶时节，每天五更时分就擂鼓聚集劳力到凤凰山山上有伐鼓亭，每天参加采茶的劳力达到222人，监采官发给每人一个牌子，入山采茶到辰时，就要再次鸣锣集合，恐怕采茶人贪多超过时辰。大抵采茶也必须熟练，招募劳力的时候定要选择当地居民或者熟悉茶事的人，不仅仅是为了了解各处茶芽萌发早晚的情况，而且也知道采摘茶芽中的要领。

茶芽有小芽，有中芽，有紫芽，有白合，有乌蒂，不可不仔细加以辨别。小芽，小如鹰爪。当初制造龙团胜雪、白茶之时，就是用小芽按照先后次序蒸熟，放到水盆中，剔取其精英，只有针尖般大小，称作水芽，这是小芽中最为精华的部分。中芽，也就是古代所谓的一枪二旗。紫芽，是叶子呈紫色的茶芽。白合，是指小芽中有两叶合抱而生的茶芽。乌蒂，则是指带有乳头的茶芽。一般说来，茶芽以水芽为最好，小芽次之，中芽又次之。紫芽、白合、乌蒂根本不能要。假使选择茶叶时仔细精当，那么茶的色、香、味没有不好的。万一混杂了没取出的紫芽、白合和乌蒂，就会使得茶饼的表面纹理不均匀，茶色浑浊而且味道苦涩厚重。

惊蛰时节，万物开始萌动。每年常常在惊蛰前三日开焙造茶，遇到闰年就相应推迟，这是气候稍微迟后的缘故。

茶芽经过多次洗涤，取出来清洁干净，然后放入甑中，等候水烧开后进行蒸茶。但是蒸茶有蒸得过熟的问题，也有蒸得不熟的问题。蒸得过熟就会使茶叶色黄而味淡，蒸得不熟就会使茶叶色青而易沉，从而带有草木之气。因此，蒸茶以适中为得当。茶叶蒸熟之后，称作茶黄，必须淋洗多遍以便使茶冷却，才放入小榨，去其水分，然后再放入大榨，以便压出茶膏水芽则用高榨压之，因为其茶芽鲜嫩。接下来先用布帛包起来，用竹皮束扎好，然后放入大榨压之，到半夜时分取出来揉搓均匀，再按前道工序入榨，称作翻榨。直到拂晓，用力捶打，一定要达到彻底干净为止。建茶味道绵远而力道厚重，不是江南茶所能比拟的。江南茶在压榨时害怕膏油流出，建茶则唯恐膏油流不尽。膏油流不尽，茶的色泽和味道就厚重而混浊。

茶饼烘焙的过程叫作过黄，先放在烈火上烘焙，其次以沸水烫过再进行炙烤，共如此反复三次，而后在火上烘烤一宿，到第二天就过烟烘焙。火不要过于猛烈，过于猛烈茶饼表面会起泡，颜色也会发黑；也不要烟气过于浓重，烟气过于浓重就会使茶香味出尽而味道焦苦。只是温温然就可以了。大凡火烤次数的多少，都是根据茶銙的厚薄而定。茶銙厚的，要经过十次到十五次火。茶銙薄的，则经过六次到八次火。火烤次数用足之后，然后过汤出色；出色之后，放置到密室之中，赶快用扇子扇风，这样茶饼的色泽自然就会光亮莹润了。

研茶的器具，用木枝作为杵，以瓦器作为盆，根据茶等级不同，研茶中兑水多少，也有一定的标准。上到龙团胜雪、白茶，研茶时要加十六次水，下到拣芽研茶时要加六次水，小龙凤茶要加四次水，大龙凤茶要加两次水，其余都要加十二次水。从十二次水以上，叫作研一团，从六次水以下，叫作研三团至研七团。每次加水研茶，一定要达到水干茶熟而后停止。水不干，茶就不熟，茶不熟，茶饼表面就不均匀，烹煎时容易下沉。因此，研茶贵在强而有力。我曾经认为天下的道理，没有不是互相依赖、相辅相成的。有北苑的茶叶，而后有龙井的泉水。龙井的泉水清澈而甘冽，日夜取之而不尽，凡是茶叶从北苑进贡的，都有赖于龙井之水。这也好比四川地区的蜀锦因为蜀江水的漂洗而最佳，山东东阿的阿胶因为东阿井水的调制而最佳，难道不是这样的吗？

原 文

姚宽《西溪丛语》[1]：建州龙焙面北，谓之北苑[2]。有一泉极清淡，谓之御泉。用其池水造茶，即坏茶味。唯龙团胜雪、白茶二种，谓之水芽，先蒸后拣。每芽先去外两小叶，谓乌蒂；又次取两嫩叶，谓之白合；留小心芽置于水中，呼为水芽。聚之稍多，即研焙为二品，即龙团胜雪、白茶也。茶之极精好者，无出于此。每铐计工价近二十千，其他皆先拣而后蒸研，其味次第减也。

茶有十纲，第一纲、第二纲太嫩，第三纲最妙。自六纲至十纲，小团至大团而止。

黄儒《品茶要录》："茶事起于惊蛰前，其采芽如鹰爪。初造曰试焙，又曰一火，其次曰二火。二火之茶，已次一火矣。故市茶芽者，唯伺出于三火前者为最佳。尤喜薄寒气候，阴不至冻。芽登时尤畏霜，有造于一火二火者皆遇霜，而三火霜霁，则三火之茶胜矣。晴不至于暄，则谷芽含养约勒而滋长有渐，采工亦优为矣。凡试时泛色鲜白，隐于薄雾者，得于佳时而然也。有造于积雨者，其色昏黄，或气候暴暄，茶芽蒸发，采工汗手熏渍，拣摘不洁，则制造虽多，皆为常品矣。试时色非鲜白，水脚微红者，过时之病也。

茶芽初采，不过盈筐而已，趋时争新之势然也。既采而蒸，既蒸而研，蒸或不熟，虽精芽而所损已多。试时味作桃仁气者，不熟之病也。唯正熟者味甘香。蒸芽以气为候，视之不可以不谨也。试时色黄而粟纹大者，过熟之病也。然过熟愈于不熟，以甘香之味胜也。故君谟论色，则以青白胜黄白。而余论味，则以黄白胜青白。

茶，蒸不可以逾久，久则过熟，又久则汤干，而焦釜之气出。茶工有乏薪汤以益之，是致熏损茶黄。故试时色多昏黯，气味焦恶者，焦釜之病也建人谓之热锅气。

夫茶，本以芽叶之物就之卷模。既出卷，上笪焙之用火务令通彻。即以灰覆之，虚其中，以透火气。然茶民不喜用实炭，号为冷火。以茶饼新湿，急欲干以见售，故用火常带烟焰。烟焰既多，稍失看候，必致熏损茶饼。试时其色皆昏红，气味带焦者，伤焙之病也。

茶饼先黄而又如阴润者，榨不干也。榨欲尽去其膏，膏尽则有如干竹叶之意。唯喜饰首面者，故榨不欲干，以利易售。试时色虽鲜白，其味带苦者，渍膏之病也。茶色清洁鲜明，则香与味亦如之。故采佳品者，常于半晓间冲蒙云雾而出，或以瓷罐汲新泉悬胸臆间，采得即投于中，盖欲其鲜也。如或日气烘烁，茶芽暴长，工力不给，其采芽已陈而不及蒸，蒸而不及研，研或出宿而后制，试时色不鲜明、薄如坏卵气者，乃压黄之病也。

茶之精绝者曰斗，曰亚斗，其次拣芽。茶芽，斗品虽最上，园户或止一株，盖天材间有特异，非能皆然也且物之变势无常，而人之耳目有尽，故造斗品之家，有昔优而今劣、前负而后胜者。虽人工有至有不至，亦造化推移不可得而擅也。其造，一火曰斗，二火曰亚斗，不过十数铸而已。拣芽则不然，遍园陇中择其精英者耳。

其或贪多务得，又滋色泽，往往以白合盗叶间之。试时色虽鲜白，其味涩淡者，间白合、盗叶之病也。一凡鹰爪之芽，有两小叶抱而生者，白合也。新条叶之初生而白者，盗叶也。造拣芽者，只剔取鹰爪，而白合不用，况盗叶乎？物固不可以容伪，况饮食之物，尤不可也。故茶有入他草者，建人号为入杂。铸列入柿叶，常品入桴槛叶，二叶易致，又滋色泽，园民欺售直而为之。试时无粟纹甘香，盏面浮散，隐如微毛，或星星如纤絮者，入杂之病也。善茶品者，侧盏视之，所入之多寡，从可知矣。向上下品有之，近虽铸列，亦或勾使。

注　释

①《西溪丛语》：宋代姚宽著。《西溪丛语》一书，分条记事，多考证典籍之异同，足资今人参考。

②北苑：亦称北苑龙焙。中国历史上著名的宫廷御茶园，宋代贡茶产制中心，中国团饼茶最高制作工艺的发祥地。据史料记载，北宋(熙宁、元丰年间)是北苑发展高峰期。建安有官私茶焙1336焙。其中官焙32焙，小焙10余。当时建茶以北苑为主，《宋会要辑稿》载："元丰七年（1084）建茶岁出不下三百万斤。"北苑御焙所产龙团凤饼、密云龙等御茶举世闻名。

译　文

南宋姚宽《西溪丛语》记载：建州龙焙面向北方，称作北苑。那里有一泓泉水，极为清淡，称作御泉。用这个池中的泉水造茶，就会败坏茶味。只有龙团胜雪、白茶这两种极品可以，称作水芽，先蒸后拣。每一个茶芽先去掉外面的两个小叶，称作乌蒂；其次则要取出两个嫩叶，称作白合；留下中心的小芽放到水中，称作水芽。积累较多之后，即研制、烘焙成为二品，也就是龙团胜雪、白茶。茶叶中极精的绝品没有超过这两种的，每一茶计算工价接近二十千。其他品种都是先拣茶而后蒸茶和研茶，其味道也依次递减。

贡茶分批入贡，一批称作一纲，建茶共分十纲，第一、第二纲太嫩，第三纲最好。从第六纲到第十纲，从小团到大团而止。

北宋黄儒《品茶要录》中说："每年的茶事活动开始于惊蛰之前，所采摘的茶芽就像鹰爪般大小。第一次制造称作试焙，又叫一火，其次叫作二火。二火所制的茶叶，已经比第一火所制的次一等了。所以购买茶芽的人们，只认准出于三火之前的茶叶是最好的。尤其喜欢在微寒的气候下所采的茶叶，那时天气虽然阴冷，却达不到冰冻的程度。初生的茶芽特别怕霜，有时在一火、二火制茶时都遇上了霜冻，而三火时霜已经消散，因而三火所制的茶叶就是最好的了。天气虽然晴朗，却达不到曝晒的程度，这样茶叶像谷粒般的幼芽蕴含着长期积存的养分，又受气候的制约，从而渐渐滋长起来，而对采制茶叶的人们来说也是最佳的工作时机了。大凡在烹试时泛出鲜白色泽、隐隐约约好像处于薄雾之中的茶叶，都是在最佳时节采制的好茶。有的茶叶在采制时正好遇到阴雨连绵的天气，其色泽昏黄发暗；有的茶叶在采制时正好遇到阳光曝晒的天气，茶芽上的水分蒸发，采茶人的汗手沾染，采来的茶叶也来不及拣择，这样采制的茶叶虽然很多，但全都是平常的品级。烹试的时候，如果茶汤不能呈现出鲜白的色泽，茶汤表面沫饽消退时在盏壁上留下的水痕微微泛红，这就是茶叶采制超过了适当时机的弊病。

茶芽初次采摘，也不过采满一筐罢了。这是人们趋时争新所造成的。茶芽采摘之后就要蒸，蒸好了榨去水分就要进行研茶，使之成为胶和状态。蒸茶有时会出现火候欠缺而不熟的问题，即使是精选出来的优质芽茶，其成色也会因此而损失很多。烹试的时候茶味之中杂有核桃的气味，就是蒸茶不熟所带来的弊病。只有蒸到恰到火候的茶，其味道才是甘甜清香的。蒸茶，根据蒸汽来判断火候，所以观测蒸汽的大小变化，是不可不谨慎的。烹试的时候茶色泛黄而且粟纹过大的，就是蒸得过熟的弊病。但是蒸得过熟，还是要胜过蒸得不熟的茶叶，因为甘甜清香的味道要胜过没有蒸熟的茶叶。所以，蔡君谟评论茶的色泽，就认为青白色要胜过黄白色。而我论茶的味道，就认为黄白色要胜过青白色。

蒸茶的时间不能过久，如果时间久了，超过了一定火候就会过熟，时间过久了，其中的水分就会烤干，从而发出锅底焦糊的气味。有的茶工这时就往里面加进新水，这样必然导致烟熏之味损坏茶黄。因而烹试的时候茶色多为暗红，气味焦糊难闻的，正是这种锅底焦糊的弊病建人称之为热锅气。

茶叶，本来是芽叶形状的，采制之后放入卷模当中压制成型后取出，放在用粗竹篾编成的状如竹席的笪上用炭火烘烤。烘烤的时候，一定要用文火把茶饼烤得均匀透彻。烤好之后，随即用灰把炭火覆盖，炭火的中间要虚，从而使炭火充分燃烧，保持火温，以涵养茶之色香味。可是茶农不喜欢用实炭，称之为冷火。因为刚刚制成的茶饼很潮湿，茶农都希望迅速烘烤干燥，以便早日出售，所以烘烤时用的火都比较大，并常常冒着烟、带着火焰。这样烟气和火焰既然很多，烘烤时稍微不留意看护守候，就会熏坏和烤糊茶饼。烹试的时候茶色昏暗发红，茶味带有焦糊之气，这就是烘烤时茶饼熏烤过重所导致的弊病。

加工制作出来的茶饼，如果光亮发黄，又好像潮湿润泽的样子，就是蒸过的茶黄没有榨干膏油和水分的缘故。榨茶就是要把其中的膏油清除干净，膏油除尽之后，茶叶就好像干竹叶的色泽。只有那些为了装饰茶饼表面色泽的人，才故意不把茶叶中的膏油榨尽，以使茶饼便于销售。烹试的时候色泽虽然鲜白，其味道却带有苦涩，这就是茶中含有膏油所带来的弊病。茶色清洁鲜明，那么香气和色泽就会很好。因此采摘上好的茶，茶农往往在拂晓的时候顶着云雾去工作。有人还用罐汲上新鲜的泉水挂在胸间，采到茶芽就投入其中，大概是想保持茶的新鲜。有时遇到阳光很好，茶园烘热，茶芽疯长，而采茶的人力跟不上，他们采摘的茶芽已经放得不新鲜了，还来不及蒸，蒸过之后却来不及研磨，研成细末经过一夜之后才能放入模具制作茶饼。这样制成的茶在烹试的时候色泽就不鲜明，味道也稍微带有坏鸡蛋的气味，这就是压了工时的茶黄带来的弊病。

茶叶之中的精品、绝品，叫作斗、亚斗，其次叫作拣芽。茶芽之中，斗品虽然最为上乘，但是生产茶叶的园户有的只有一株。大概是天然茶树中非常稀有的特殊品种，不是所有的茶树都能生长出这样的茶芽。况且事物的变化无穷无尽，而人们的目见耳闻却是十分有限的，所以能够制造斗品的园户，有从前产品质优如今变得粗劣、从前质量低劣如今质量优胜的。这虽然有人为的技艺的差别，可也是大自然的发展变化、时光的转化推移不可能使某个人得以专有和垄断。茶叶的制造，一火叫作斗，二火叫作亚斗，每年仅仅生产十多镑罢了。而拣芽却不是这样，遍寻茶园山陇之间，只要选择其中的上好的茶芽就可以了。

有的茶农贪多务得，又要滋润茶叶的色泽，往往就把白合、盗叶也掺杂进茶芽当中。这样的茶叶，在烹试的时候虽然色泽鲜白，味道却苦涩而淡薄，这就是其中掺杂了白合、盗叶的弊病。一个鹰爪般的茶芽，有两片小叶合抱而生，就叫作白合；茶树新枝条上的叶芽合抱而生，而颜色又发白的，就叫作盗叶。采制拣芽的时候，常常要剔取鹰爪，去掉白合而不用，更何况是盗叶呢？人们日常所用的物品当然容不得假冒伪劣，何况是饮食的物品，尤其不可以容忍假冒伪劣。所以茶叶中掺杂进其他草木叶子，建安人就叫作入杂。通常的情况是上等的茶芽中掺杂柿树叶子，普通的茶芽中掺杂进桴槛叶子。这两种叶子很容易得到，又可增加茶叶的色泽，是茶农为了欺骗客商从而卖得高价才这样做的。这种茶叶在烹试的时候没有粟纹和甘香的味道，茶汤表面浮散而不能凝聚，隐隐好像细细的毛发，有的则是星星点点，好像纤细的絮丝一般，这就是茶中入杂的弊病。善于品茶的人遇到这种情况，就会把茶盏侧起来进行观察，那么茶中掺进杂叶的多少，就可以一目了然了。从前通常是上品、下品茶叶中有入杂的情况，近来即使一般茶叶当中，也有假冒伪劣、掺进杂叶的。

原　文

《万花谷》：龙焙泉在建安城东凤凰山，一名御泉。北苑造贡茶，社前芽细如针。用此水研造，每片计工直钱四万。分试其色如乳，乃最精也。

《文献通考》：宋人造茶有二类，曰片，曰散[①]。片者即龙团旧法，散者则不蒸而干之，如今时之茶也。始知南渡之后，茶渐以不蒸为贵矣。

《学林新编》：茶之佳者，造在社前；其次火前，谓寒食前也；其下则雨前，谓谷雨前也。唐僧齐己诗曰："高人爱惜藏岩里，白甄封题寄火前。"其言火前，盖未知社前之为佳也。唐人于茶，虽有陆羽《茶经》，而持论未精。至本朝蔡君谟《茶录》，则持论精矣。

《苕溪诗话》：北苑，官焙也，漕司岁贡为上；壑源[②]，私焙也，土人亦以入贡，为次。二焙相去三四里间。若沙溪，外焙也，与二焙绝远，为下。故鲁直诗"莫遣沙溪来乱真"是也。官焙造茶，常在惊蛰后。

朱翌《猗觉寮记》：唐造茶与今不同，今采茶者得芽即蒸熟焙干，唐则旋摘旋炒。刘梦得《试茶歌》[③]："自傍芳丛摘鹰嘴，斯须炒成满室香。"又云："阳崖阴岭各不同，未若竹下莓苔地。"竹间茶最佳。

《武夷志》：通仙井在御茶园[④]，水极甘冽，每当造茶之候，则井自溢，以供取用。

《金史》：泰和五年春，罢造茶之防。

张源《茶录》：茶之妙，在乎始造之精，藏之得法，点之得宜。优劣定于始铛，清浊系乎末火。

火烈香清，铛寒神倦。火烈生焦，柴疏失翠。久延则过熟，速起却还生。熟则犯黄，生则著黑。带白点者无妨，绝焦点者最胜。

藏茶切勿临风近火。临风易冷，近火先黄。其置顿之所，须在时时坐卧之处，逼近人气，则常温而不寒。必须板房，不宜土室。板房温燥，土室潮蒸。又要透风，勿置幽隐之处，不唯易生湿润，兼恐有失检点。

谢肇淛《五杂俎》：古人造茶，多舂令细，末而蒸之。唐诗"家僮隔竹敲茶臼"是也。至宋始用碾。若揉而焙之，则本朝始也。但揉者，恐不及细末之耐藏耳。

今造团之法皆不传，而建茶之品，亦远出吴会诸品下。其武夷、清源二种，虽与上国争衡，而所产不多，十九赝鼎，故遂令声价靡复不振。

闽之方山、太姥、支提，俱产佳茗，而制造不如法，故名不出里。予尝过松萝，遇一制茶僧，询其法，曰："茶之香，原不甚相远，唯焙之者火候极难调耳。茶叶尖者太嫩，而蒂多老。至火候匀时，尖者已焦，而蒂尚未熟。二者杂之，茶安得佳？"制松萝者，每叶皆剪去其尖蒂，但留中段，故茶皆一色。而工力烦矣，宜其价之高也。闽人急于售利，每斤不过百钱，安得费工如许？若价高，即无市者矣。故近来建茶所以不振也。

注　释

①片：片茶，即压制成片、团的茶叶。散茶经过蒸软，然后压制出来的砖、饼、团等形状，就成了片茶。散：散茶，即未压制成片、团的茶叶。

②壑源：壑源与北苑皆为建州茶叶的产区，不同的是北苑为官营御用茶叶产区，而壑源与北苑仅一山之隔，宋时同隶建州吉苑里管辖，壑源为民间私焙，是北苑御焙上贡的附纲。

③刘梦得：即刘禹锡，字梦得，河南洛阳人，唐朝文学家、哲学家，有"诗豪"之称。

④通仙井：又名呼来泉。在武夷山四曲御茶园内，为元代时所掘。

译　文

《万花谷》记载：龙焙泉在建安城东凤凰山，也叫作御泉。北苑制造贡茶，社前茶芽细如针。用此泉水研造，每片合计工值四万钱。烹试的时候其色泽如乳汁，是茶中最佳的精品。

南宋马端临《文献通考》记载：宋代茶的制造分为两类，一种叫作片茶，一种叫作散茶。片茶就是龙团茶的传统制法，散茶则是不经过蒸而直接焙干的，就像今天的制茶方法。由此可知，宋室南渡之后，茶叶的制造逐渐以不蒸为贵了。

宋代王观国《学林新编》中说：茶中的上品，要在社前制造，也就是春社前；其次，要在火前制造，也就是寒食节前；其下品则在雨前制造，也就是谷雨前。唐代僧人齐己《闻道林诸友尝茶因有寄》诗中写道："高人爱惜藏岩里，白甀封题寄火前。"他所说的火前，大概是还不知道社前茶更佳的缘故。唐代人对于茶的研究，虽然有陆羽的《茶经》，但持论并未达到精审。到了本朝的蔡君谟的《茶录》，才达到持论精辟的境界。

南宋胡仔《苕溪诗话》记载：北苑，是官府的茶焙，制造转运司每年的贡茶，称为上品；壑源，是私人茶焙，当地民间也制茶上贡，品质较次。这两处茶焙相距三四里。至于像沙溪，则称为外焙，与以上二焙相距很远，品质下等。因此黄庭坚诗句"莫遣沙溪来乱真"说的正是这种情况。官焙制茶，一般在惊蛰之后。

宋代朱翌《猗觉寮记》记载：唐朝的制茶方法与今天不同，今天采摘茶芽随即蒸熟焙干，唐朝人则是旋摘旋炒。刘禹锡《西山兰若试茶歌》写道："自傍芳丛摘鹰嘴，斯须炒成满室香。"又说："阳崖阴岭各不同，未若竹下莓苔地。"竹林间的茶叶最好。

《武夷志》记载：通仙井在御茶园，泉水非常甘甜清凉，每当制茶的时节，井水自然溢出，以供取用。

《金史》记载：泰和五年（1205）春，取消造茶的禁令。

明代张源《茶录》中说：茶叶的奥妙，在于开始制作时要做到精益求精，收藏要得法，冲泡时方法得当。茶叶的优劣，在开始炒制时就决定了；而茶叶冲泡出来的清浊，则取决于最后烘焙时火候的把握。

火力强烈，制成的茶叶就会清香宜人；开始炒茶时锅比较凉，那么制成的茶叶就会缺少神韵。但是如果火力过于猛烈，茶叶就会变得焦枯；相反，如果柴薪火力跟不上，那么制成的茶叶就会失去青翠的色泽。茶叶炒好后在锅中停留时间过长，就会使茶叶过熟；相反如果拿出来过早，那么茶叶就可能没有炒熟。过熟，茶叶就会泛黄；不熟，茶叶就会带有黑色。炒制出来的茶叶，带有白点的无妨，没有一点炒焦的地方的最好。

收藏茶叶的坛子切不可临近风口和靠近火。临近风口，容易使茶叶过冷；靠近火，茶叶的色泽就会首先变黄。放置茶叶的处所，必须选择人们时常坐卧起居的地方。靠近人的气息的地方，就会保持相对的温暖而不至于过分寒冷。一定要放置木板房内，不适合放在土屋里。木板房比较温暖干燥，而土屋就比较潮湿闷热。放置茶叶的地方还要保持通风，不要放在昏暗隐蔽的地方。昏暗隐蔽的地方不仅容易闷热和潮湿，同时恐怕还不便于时时检查。

明代谢肇淛《五杂俎》中说：古人制茶，大多是把茶叶舂成细末，然后再蒸。唐诗中所说的"家僮隔竹敲茶臼"就是指的这种情况。到宋朝开始运用茶碾。至于揉而炒的方法，则从本朝开始。但是，揉后炒之的方法，恐怕比不上研成细末方便贮藏。

如今团饼茶的制造方法都不再流传，因而建茶的品质，也远远落后于江浙各个品种之下。其中福建的武夷茶、清源茶两个品种，虽然可与江浙诸茶相抗衡，可是所产不多，而且十之八九为赝品，因而使得福建茶叶的声誉一再地萎靡不振。

福建的方山、太姥、支提，都出产上品佳茶，但制造不得其法，所以其名声不出里巷。我曾经过访松萝，遇到一个制茶的高僧，向他询问制茶的方法，他回答说："茶叶的香味本来相差并不太多，只是在烘焙之时火候非常难以把握罢了。茶叶的尖蕊太嫩，而蒂部过老，烘焙时火候均匀，其尖蕊已经焦枯，可是蒂部还没有炒熟。二者掺杂在一起制造，制成的茶叶怎么能好呢？"松萝茶的制造方法，是每个叶子都剪去其尖蕊和蒂部，只保留中段，因而制成的茶叶都是一色。既然工序繁杂，其价格高也是适宜的。福建人急于抛售求利，每斤茶叶不超过百钱，怎么能够做到耗费工力、精心制造呢？如果提高价格，就会失去市场，这就是福建茶叶近来萎靡不振的原因。

原　文

罗廪《茶解》：采茶制茶，最忌手汗、体膻、口臭、多涕、不洁之人及月信妇人，更忌酒气。盖茶酒性不相入，故采茶制茶，切忌沾醉。

茶性淫，易于染著，无论腥秽及有气息之物不宜近，即名香亦不宜近。

许次纾《茶疏》：岕茶非夏前不摘。初试摘者，谓之开园，采自正夏，谓之春茶[①]。其地稍寒，故须待时，此又不当以太迟病之。往时无秋日摘者，近乃有之。七八月重摘一番，谓之早春。其品甚佳，不嫌少薄。他山射利，多摘梅茶，以梅雨时采，故名。梅茶苦涩，且伤秋摘，佳产戒之。

茶初摘时，香气未透，必借火力以发其香。然茶性不耐劳，炒不宜久。多取入铛，则手力不匀。久于铛中，过熟而香散矣。炒茶之铛，最忌新铁。须预取一铛以备炒，毋得别作他用。一说惟常煮饭者佳，既无铁腥，亦无脂腻。炒茶之薪，仅可树枝，勿用干叶。干则火力猛炽，叶则易焰、易灭。铛必磨洗莹洁，旋摘旋炒。一铛之内，仅可四两，先用文火炒软，次加武火催之。手加木指，急急炒转，以半熟为度，微俟香发，是其候也。

清明太早[②]，立夏太迟[③]，谷雨前后[④]，其时适中。若再迟一二日，待其气力完足，香烈尤倍，易于收藏。

藏茶于庋阁，其方宜砖底数层，四围砖砌，形若火炉，愈大愈善，勿近土墙。顿瓮其上，随时取灶下火灰，候冷簇于瓮傍。半尺以外，仍随时取火灰簇之，令里灰常燥，以避风湿。却忌火气入瓮，盖能黄茶耳。日用所须，贮于小磁瓷瓶中者，亦当箬包苎扎，勿令见风。且宜置于案头，勿近有气味之物，亦不可用纸包。盖茶性畏纸，纸成于水中，受水气多也。纸裹一夕既，随纸作气而茶味尽矣。虽再焙之，少顷即润。雁宕诸山之茶，首坐此病。纸帖贻远，安得复佳！

茶之味清，而性易移，藏法喜温燥而恶冷湿，喜清凉而恶郁蒸，宜清触而忌香惹。藏用火焙，不可日晒。世人多用竹器贮茶，虽加箬叶拥护，然箬性峭劲，不甚伏贴，风湿易侵。至于地炉中顿放，万万不可。人有以竹器盛茶，置被笼中，用火即黄，除火即润。忌之！忌之！

注 释

①春茶：依据季节变化，茶可分为春茶、夏茶与秋茶。春茶一般指由越冬后茶树第一次萌发的芽叶采制而成的茶叶。春茶约3月下旬萌芽，一年分四季采制，谷雨至立夏(4月中下旬—5月上旬)为春茶，产量占全年总产量的40%—45%。

②清明：二十四节气之一，一般在4月5日前后，春分后第15日。

③立夏：二十四节气中的第七个节气，夏季的第一个节气，表示盛夏时节的正式开始。每年5月5或6或7日。

④谷雨：二十四节气中的第六个节气，也是春季最后一个节气，每年4月19—21日为谷雨。

译 文

明代罗廪《茶解》中说：采摘和制造茶叶，最忌讳手汗、身体有膻味、口臭、多鼻涕、不干净整洁的人以及月经来潮的妇女，更忌讳酒气。因为茶与酒的本性不相得，所以采摘和制造茶叶，切忌喝酒、醉酒。

茶叶本性容易发散，容易沾染，所以无论是油腥污秽还是一切有气味的物品都不宜接近，即使是名贵香料也不宜接近。

明代许次纾《茶疏》中说：出产于长兴的罗岕茶不到立夏前不采摘。初次试摘茶叶，叫作开园。正当立夏时节所采茶叶，称作春茶。这是因为当地气候偏寒，所以要等到立夏时节，对此不应当因为采摘太迟而有所批评。过去没有在秋天采茶的，近来才有人这样做。在秋天七八月间重新采摘一遍，称为早春茶。这种茶的品质非常好，饮用起来并没有味道淡薄的感觉。其他山中的茶农为了图谋经济利益，很多在梅雨季节采摘茶叶，因在此时采而得名。这种梅茶味道又涩又苦，而且有损于秋茶的采摘，品种优良的茶树要力戒这种做法。

新鲜的茶芽刚刚采摘下来，香气还没有充分发透，必须借助火力进行炒制，以便把茶的清香促发出来。然而茶叶生性经不起折腾，炒制也不宜时间太久。如果一下子把很多茶叶放入茶铛内，那么在炒制时手力翻炒就会用力不均匀。如果茶叶在茶铛中的时间过长，就会因炒得过熟而使香气散失。炒茶所用的茶铛，最忌讳以新铁制成。因此必须事先预备一个炒铛，专门用来炒茶，不能同时兼有其他用途。也有人认为经常用来煮饭的炒铛较好，既没有铁腥气，也没有油腻。炒茶所用的柴薪只能是树枝，而不能用树干和树叶，树干燃烧时火力过大过猛，树叶燃烧时则容易起大火焰又容易熄灭，火力不稳定。炒茶的时候，茶铛要磨得光亮洁净，茶叶则要随摘随炒。一铛之中，只能放入四两生茶，首先用文火烘软，然后再用武火炙烤。手上要戴上木指，急急地翻炒转动茶叶；炒茶以半熟为适度，等到茶的香气微微散发出来，也就到了火候了。

采茶的时节，清明太早，立夏就显得太迟，谷雨前后，时间正适宜。如果再推迟一两天，等到茶叶所蕴含的气力完全充足，然后采摘，茶叶的清香甘冽就更加成倍地增长，而且也容易收藏。

藏茶于度阁，其方法应该用几层砖铺地，四周也用砖围砌起来，形状如同火炉，越大越好，不要接近土墙。把收藏茶叶的瓷瓮搁在上面，随时取来灶下的火灰，等冷却之后堆于瓷瓮的周围。在瓷瓮半尺以外的地方，仍旧随时取来火灰堆于周围，从而使得里面的火灰经常保持干燥，一方面可以用来避风，另一方面可以用来防潮。但是要切忌火气进入瓷瓮中，因为那样就会使茶叶变黄。日常生活所必需的茶叶，贮存到小瓷瓶中，也应当用箬竹叶包裹，不要让茶叶见风。而且适宜放置在案头，不可接近有气味的物品，也不可用纸来包裹。这是因为茶叶的本性害怕纸，纸是由水浆制成的，接受水汽较多。用纸包裹茶叶一晚上过后，随纸作气，茶味就被败坏殆尽了。即使再次烘焙茶叶，不一会儿会又湿润了。雁荡各山所产的茶叶，首先存在这种弊病。如此，用纸贴包裹茶叶寄赠远方亲友，怎么能得到真正的好茶呢？

茶叶的味道清香，而其本性却容易转移，所以收藏茶叶的方法，是喜欢温暖干燥而忌讳阴冷潮湿，喜欢清凉而忌讳闷热，适宜接近清新之物而忌讳沾染香气。收藏的时候用炭火烘焙而不可阳光曝晒。世人多用竹器贮存茶叶，虽然也用很多层箬叶包裹加以保护，但是箬叶生性坚劲峭直，不很服帖，寒风和潮气容易侵入。至于在地炉中放置，更是万万不可采用。有人用竹器盛放茶叶，铺于被笼之中，用火烘焙马上就会发黄，离开了火就会受潮湿润。这种方法也切忌不可使用。

原文

闻龙《茶笺》："尝考《经》言，茶焙甚详。愚谓今人不必全用此法。予构一焙室，高不逾寻，方不及丈，纵广正等。四围及顶绵纸密糊，无小罅隙，置三四火缸于中，安新竹筛于缸内，预洗新麻布一片以衬之。散所炒茶于筛上，阖户而焙。上面不可覆盖，以茶叶尚润一覆则气闷罨黄，须焙二三时，俟润气既尽，然后覆以竹箕。焙极干出缸，待冷，入器收藏。后再焙，亦用此法，则香色与味犹不致大减。"

诸名茶，法多用炒，唯罗岕宜于蒸焙，味真蕴藉世竞珍之。即顾渚、阳羡，密迩洞山，不复仿此。想此法偏宜于岕，未可概施诸他茗也。然《经》已云"蒸之焙之"，则所从来远矣。

吴人绝重岕茶，往往杂以黑箬，大是阙事。余每藏茶，必令樵青入山采竹箭箬，拭净烘干，护罂四周，半用剪碎，拌入茶中。经年发覆，青翠如新。

吴兴姚叔度言："茶若多焙一次，则香味随减次。予验之良然。但于始焙时，烘令极燥，多用炭箬如法封固，即梅雨连旬①，燥仍自若。唯开坛频取，所以生润，不得不再焙耳。自四月至八月，极宜致谨。九月以后，天气渐肃，便可解严矣。虽然，能不弛懈尤妙。炒茶时须用一人从傍扇之，以祛热气，否则茶之色香味俱减，此予所亲试。扇者色翠，不扇者色黄。炒起出铛时，置大瓷盆中，仍须急扇，令热气稍退。以手重揉之，再散入铛，以文火炒干之。盖揉则其津上浮，点时香味易出。田子艺以生晒不炒不揉者为佳，其法亦未之试耳。

《群芳谱》：以花拌茶，颇有别致。凡梅花、木樨、茉莉、玫瑰、蔷薇、兰、蕙、金橘、栀子、木香之属，皆与茶宜。当于诸花香气全时摘拌，三停茶，一停花，收于瓷罐中，一层茶，一层花，相间填满，以纸箬封固，入净锅中，重汤煮之，取出待冷，再以纸封裹，于火上焙干贮用。但上好细芽茶，忌用花香，反夺其真味。唯平等茶宜之。

注　释

①梅雨：在中国长江中下游地区、台湾、日本中南部以及韩国南部等地，每年6、7月份都会出现持续天阴有雨的气候现象，由于正是江南梅子的成熟期，故称其为“梅雨”，此时段便被称作梅雨季节。

译　文

明代闻龙《茶笺》中说：“我曾经考察《茶经》，讲述茶焙非常详尽。但我认为今人没必要完全采用这种方法。我自己建造了一个茶焙室，高不过八尺，周长不过一丈，长和宽相等，四周墙壁和房顶都用棉纸严密糊裱起来，不留一点小的缝隙。然后放置三四个火缸在室内，安装新的竹筛于缸内，预先洗好一片新麻布衬着。把炒好的茶叶散置在竹筛上，关起门来进行焙制。竹筛上面不可覆盖，因为茶叶还不够干燥，一旦覆盖就会气闷而发黄。必须焙制两三个时辰，等到茶叶的湿润之气烘焙净尽之后，用竹簸箕盖上。烘焙非常干燥之后出缸，等待冷却后放入器皿收藏。以后再次烘焙，也采用这种方法，这样茶的色泽和香味还不至于有较大的消减。

各种名茶的制法多采用炒法，只有罗岕茶适宜用蒸焙，茶味纯正而持久，世人竞相珍藏。即使接近罗岕茶所出产的洞山的顾渚茶、阳羡茶，也不再仿照这种方法。可想而知这种方法只适宜于罗岕茶，不可一概适用于其他名茶。然而《茶经》已经讲过“蒸之焙之”，那么这种方法由来已久了。

苏州人非常推重罗岕茶，往往掺杂青黑色的箬竹叶，的确是令人遗憾的事情。我每当收藏茶叶的时候，一定要让打柴的人采摘竹箭叶，擦拭干净烘焙干燥，围护在藏茶陶罐的四周，另以一半剪碎后拌入茶中。一年后打开封口，茶叶依然青翠如新。

吴兴姚叔度说：“茶叶如果多烘焙一次，其香味就随之消减一次。”我经过试验，果然如此。但是在初次烘焙的时候，烘焙得非常干燥，多用木炭和箬竹叶，按照上述方法密封起来，即使是梅雨连绵，茶叶依然和原来一样干燥。只是因为频繁地开坛取茶，所以会使茶叶湿润，不得不再次烘焙罢了。从四月到八月，尤其应当加倍小心谨慎。九月以后，天气逐渐转冷，便可以稍微解严。即使如此，若能仍不懈怠放松更好。炒茶的时候，必须有一个人从旁边扇风，以便除去其中的热气，否则茶的色、香、味都会有所消减，这是我亲自试验的结果。有人扇风的茶色青翠，无人扇风的茶色泛黄。炒茶完毕出铛之时，要放在大瓷盆中，仍然要急急扇风，使热气稍退，用手反复揉搓，再次散入茶铛之中，用文火烘焙干燥。因为揉搓就会使茶中的津液上浮，烹点的时候香味容易散发。田子艺认为茶叶生晒不炒不揉为最佳，这种方法也没有经过实践检验。

明代王象晋《群芳谱》中说：以花拌茶，颇为别致。大凡梅花、木樨花、茉莉花、玫瑰花、蔷薇花、兰花、蕙花、金橘花、栀子花、木香花之类，都与茶性相适宜。应当在各种花卉盛开、香气充盈之时采摘下来拌入茶中，其比例大体是三份茶叶里放一份花，收藏到瓷罐中，一层茶一层花，相间填满，用纸或箬叶密封放到干净的锅中，热水煮过，取出来等待冷却后，再用纸封裹起来在火上烘焙干燥贮存待用。但是上好的精细芽茶，忌用花香，以花入茶反而会侵夺其纯正的味道，只有平常的茶叶适宜。

原　文

《云林遗事》：莲花茶，就池沼中，于早饭前日初出时，择取莲花蕊略绽者，以手指拨开，入茶满其中，用麻丝缚扎定。经一宿，次早连花摘之，取茶纸包晒，如此三次。锡罐盛贮，扎口收藏。

邢士襄《茶说》：凌露无云，采候之上。霁日融和，采候之次；积日重阴，不知其可。

田艺蘅《煮泉小品》：芽茶以火作者为次，生晒者为上，亦更近自然，且断烟火气耳。况作人手器不洁，火候失宜，皆能损其香色也。生晒茶，瀹之瓯中，则旗枪舒畅，清翠鲜明，香洁胜于火炒，尤为可爱。

《洞山（岕）茶系》：岕茶采焙，定以立夏后三日，阴雨又需之。世人妄云"雨前真岕"，抑亦未知茶事矣。茶园既开，入山卖草枝者，日不下二三百石。山民收制，以假混真。好事家躬往予租采焙，戒视唯谨，多被潜易真茶去。人地相京，高价分买，家不能二三斤。近有采嫩叶、除尖蒂、抽细筋焙之，亦曰片茶。不去尖筋，炒而复焙，燥如叶状，曰摊茶，并难多得。又有俟茶市将阑，采取剩叶焙之，名曰修山茶，香味足而色差老，若今四方所货岕片，多是南岳片子，署为"骗茶"可矣。

茶贾炫人，率以长潮等茶，本岕亦不可得。噫！安得起陆龟蒙于九京，与之赓《茶人》诗也？茶人皆有市心，令予徒仰真茶而已。故余烦闷时，每诵姚合《乞茶诗》一过。

《月令广义》："炒茶，每锅不过半斤，先用干炒，后微洒水，以布卷起，揉做。"

茶择净微蒸，候变色摊开，扇去湿热气。揉做毕，用火焙干，以箬叶包之。语曰："善蒸不若善炒，善晒不若善焙。"盖茶以炒而焙者为佳耳。

《农政全书》[①]：采茶在四月[②]。嫩则益人，粗则损人。茶之为道，释滞去垢，破睡除烦，功则著矣。其或采造藏贮之无法，碾焙煎试之失宜，则虽建芽、浙茗只为常品耳。此制作之法，宜亟讲也。

冯梦祯《快雪堂漫录》③：炒茶，锅令极净。茶要少火要猛，以手拌炒令软净，取出摊于匾中，略用手揉之，揉去焦梗，冷定复炒，极燥而止。不得便入瓶，置于净处，不可近湿。一二日后再入锅炒，令极燥，摊冷，然后收藏。

藏茶之罂，先用汤煮过烘燥。乃烧栗炭透红，投罂中，覆之令黑。去炭及灰，入茶五分，投入冷炭，再入茶将满，又以宿箬叶实之，用厚纸封固罂口。更包燥净元气味砖石压之，置于高燥透风处，不得傍墙壁及泥地方。

注　释

①《农政全书》：成书于明朝万历年间，基本上囊括了中国明代农业生产和人民生活的各个方面，而其中又贯穿着一个基本思想，即徐光启的治国治民的“农政”思想。

②采茶在四月：四月所采之茶，我们称之为春茶。春季气温适中，雨量充沛，茶叶色泽翠绿，叶质柔软，营养更为丰富，以至于这时候所采之茶滋味鲜爽，香气浓馥。此外，春茶一般无病虫危害，无须使用农药，茶叶无污染，因此春茶特别是早期的春茶，往往是一年中品质最佳的。

③《快雪堂漫录》：明代学者冯梦祯编著的一部史料笔记。

译　文

明代顾元庆《云林遗事》记载：莲花茶，莲花盛开在池沼中，于早饭前太阳刚刚出来的时候，选择莲花花蕊略开者，用手指拨开，把茶叶放满其中，用麻线或丝线扎紧，一定要经过一个晚上。次日早晨连同莲花采摘下来，取茶纸包好晒干。如此三次，用锡罐盛着贮存扎口收藏。

明代邢士襄《茶说》中说：清晨踏着露水，天空无云，这是采茶最好的天气；雨过初晴，天气融和，是采茶较好的天气；阴雨连绵或阴天多云，是不可以采茶的。

明代田艺蘅《煮泉小品》中说：芽茶经过炒制而成的，品质要次一些；而以阳光晒制而成的为最好，也更加接近于自然天成，并且断绝了烟火之气。况且，制作加工人的手和器具不洁净或者不能恰当地掌握火候，都能够损害茶叶的香气和色泽。阳光晒制的芽茶冲泡于茶瓯之中，则能达到叶芽舒展畅达、青翠鲜明的效果。其香味和洁净都胜过火炒的茶叶，尤其可爱。

明代周高起《洞山（岕）茶系》中说：岕茶的采摘和焙制，一定要在立夏后三日，遇到阴雨又须推迟。世人妄言说“雨前真岕”，也可能是不懂得茶事。茶园开放之后，入山贩卖的草枝每天不下两三百石，山中茶农收购制造，以假乱真。喜好茶事之人亲自到山中预先租下茶园进行采摘焙制，谨慎仔细地加以监督视察，但也多被暗中替换真茶而去。但是人们依然竞相以高价购买，每家不到两三斤。近来有人采摘嫩叶、除去尖蒂、抽取细筋进行焙制，也叫作片茶。如果不去除尖蒂、细筋，炒后再烘焙干燥，形状如叶，就叫作摊茶，都很难多得。又有等到茶市接近尾声的时候，采摘剩余的茶叶进行焙制，叫作修山茶，香味充足但色泽较老。如今四方所贩卖的岕片，大多是南岳片子，称为“骗茶”还可以。

茶商为了掩人耳目，纷纷以长潮等地茶叶充数，真正的茶已经无法得到了。唉！怎么能够使陆龟蒙复起于地下，与他一起续写并唱和其《茶人》诗呢？当地茶农都有谋利之心，让我只能徒自仰望真茶罢了。因此，我在烦闷的时候，常常诵读唐代姚合的《乞茶诗》一遍。

明代冯应京《月令广义》中说：炒茶时每锅不能超过半斤，首先采用干炒，然后稍微洒一点水，用布卷起来揉搓。

茶叶要拣择干净，轻微蒸过，等到色泽变化后摊开用扇扇去其湿热之气。揉搓完毕，用火烘焙干燥，用箬竹叶包裹起来。俗语说：“善蒸不若善炒，善晒不若善焙。”因为茶叶以炒过之后再进行烘焙的为最好。

明代徐光启《农政全书》中说：采茶一般在四月。嫩茶对人体有益，过于粗糙的茶则对人体有害。茶之为道，消除壅滞，祛除污垢，破除睡眠，清除烦闷，其功用非常明显。有时因为采摘、制作或者收藏贮存不得要领，有时因为焙制烹试不合法度，这样的话，即使是建安贡茶、浙茶极品，也只能变为平常的茶叶。因此茶叶制作的方法，亟须多加练习讲究。

明代冯梦祯《快雪堂漫录》中说：炒茶的时候，炒锅要极其干净。茶叶要少，火力要猛，用手搅拌着炒制使茶叶绵软洁净，取出来摊在竹制的平底匾中，稍微用手揉搓，拣去炒焦的茶梗，冷却后再次炒制，直到极为干燥才停止。炒制完后不可当即放入瓶中，而应当放在干净的地方，切不可接近潮湿之气，两天之后再次入锅炒制，使茶叶非常干燥，摊出晾冷，然后收藏起来。

藏茶的瓷器，要先用开水煮过，烘烤干燥。把烧红的栗木炭投入其中，覆盖起来让炭火变黑。然后去掉木炭和炭灰，放入一半茶叶，投入冷却的木炭，再在上面放入茶叶。将近装满时，用旧的箬竹叶填实，用厚纸密封瓶口。还要用包好的干燥洁净无气味的砖石压在上面，放到高处干燥通风的地方，不能靠近墙壁以及有泥土的地方，这样才算适宜。

原　文

屠长卿《考槃余事》：茶宜箬叶而畏香药，喜温燥而忌冷湿。故收藏之法，先于清明时收买箬叶，拣其最青者，预焙极燥，以竹丝编之，每四片编为一块，听用。又买宜兴新坚大罂，可容茶十斤以上者，洗净焙干听用。山中采焙回，复焙一番，去其茶子、老叶、梗屑及枯焦者，以大盆埋伏生炭，覆以灶中，敲细赤火，既不生烟，又不易过，置茶焙下焙之，约以二斤作一焙。别用炭火入大炉内，将罂悬架其上，烘至燥极而止。先以编箬衬于罂底，茶焙燥后，扇冷方入。茶之燥，以拈起即成末为验。随焙随入，既满，又以箬叶覆于茶上，每茶一斤约用箬二两。罂口用尺八纸焙燥封固，约六七层，摈以方厚白木板一块，亦取焙燥者。然后于向明净室或高阁藏之。用时以新燥宜兴小瓶，约可受四五两者，另贮。取用后随即包整。夏至后三日再焙一次，秋分后三日又焙一次，一阳后三日又焙一次，连山中共焙五次。从此直至交新，色味如一。罂中用浅，更以燥箬叶满贮之，虽久不浥。

又一法，以中坛盛茶，约十斤一瓶。每年烧稻草灰入大桶内，将茶瓶座于桶中，以灰四面填桶，瓶上覆灰筑实。用时拨灰开瓶，取茶些少，仍复封瓶覆灰，则再无蒸坏之患。次年另换新灰。又一法，于空楼中悬架，将茶瓶口朝下放，则不蒸。缘蒸气自天而下也。

采茶时，先自带锅入山，别租一室，择茶工之尤良者，倍其雇值。戒其搓摩，勿使生硬，勿令过焦。细细炒燥，扇冷方贮罂中。采茶，不必太细，细则芽初萌而味欠足；不可太青，青则叶已老而味欠嫩。须在谷雨前后，觅成梗带叶微绿色而团且厚者为上。更须天色晴明，采之方妙。若闽广岭南，多瘴疠之气，必待日出山霁，雾瘴岚气收净，采之可也。

译　文

明代屠隆《考槃余事》中说：茶叶适宜箬叶而畏惧香料，喜欢温暖干燥而忌讳阴冷潮湿。所以茶叶的收藏之法，要在清明之前就收买箬叶，选择其中最为青翠的，预先烘焙到非常干燥，用竹篾编起来，每四片箬叶编为一块，以便备用。再购买宜兴新出产的坚固的陶罂，可以盛茶十斤以上的那种，清洗洁净并烘焙干燥待用。山中采摘焙制的茶叶，回来后要再烘焙一番，去除其中的茶子、老叶、梗屑以及枯焦的部分，用大盆装满生炭，扣到灶中，敲碎赤火，既不会生发烟气，又不容易过热，放到茶焙下面烘焙，大约以两斤作一焙。另外用炭火放入大炉内，将盛茶的陶罂悬架在上面，烘焙到极其干燥为止。先用编好的箬叶衬到陶罂底下，茶叶烘焙干燥后，扇冷才放进去。茶叶的干燥程度，以拈起来即成细末为标准。随即烘焙随即放入陶罂，盛满之后再用箬叶覆盖到茶叶上面，每一斤茶叶大约需要箬叶二两。陶罂的口部用一尺八寸见方的纸烘焙干燥密封起来，大约密封六七层，压上一块方形厚重白木板，也要选择烘焙干燥的。然后选择朝向明亮的净室或者高阁收藏起来。取用的时候要用新买的干燥宜兴小陶瓶，大约可以盛茶四五两的，另外贮藏。取用后随即包装整齐。夏至后三天再拿出来烘焙一次，秋分后三天再烘焙一次，冬至后三天还要烘焙一次，加上山中第一次烘焙，共计五次。从此直到来年新茶上市，其色泽香味依然保持如新。陶器中的茶叶取用少了之后，就要用干燥的箬叶盛满贮藏，这样即使贮藏时间很久也不会受潮。

还有一种藏茶的方法，用中型的坛子盛茶，大约十斤一瓶。每年烧稻草灰放入大桶内，将茶瓶放入桶中，用灰把四周填满，茶瓶上面也覆盖上灰，压实盖好。取用的时候拨开灰打开茶瓶，取茶少许，仍旧密封茶瓶，覆盖上灰，这样就再也不会出现蒸坏的弊病。次年需要另换新灰。还有一种藏茶的方法，是在空楼中悬架，把茶瓶口朝下放置，这样就不会有蒸汽而受潮，因为蒸汽是从上而下的。

采摘茶叶的时候，要预先带着锅入山，另外租赁一间房子；挑选制茶工人中的优秀者，加倍给他们工钱。告诫他们采茶时不可搓摩，制茶时不要使茶叶生硬，也不可使茶叶过焦。仔细炒制干燥，扇冷后才贮藏到陶罂之中。

采摘茶叶，不必太过选择细小的茶芽，细小的茶芽刚刚萌发，味道欠足；也不可以采摘过于青翠的茶叶，茶叶过青就说明茶叶已经过老，味道欠嫩。必须在谷雨前后，寻找成梗带微绿色叶而团且厚的茶叶，这才是上品。还必须是天气晴朗，采茶才好。至于福建、广东岭南地区，多有瘴疠之气，一定要等到太阳出来、雾气消散，瘴疠和山岚之气都收净，才可以开始采摘茶叶。

原　文

冯可宾《岕茶笺》：茶，雨前精神未足，夏后则梗叶太粗。然以细嫩为妙，须当交夏时，看风日晴和，月露初收，亲自监采入篮。如烈日之下，应防篮内郁蒸，又须伞盖。至舍，速倾于净，匾内薄摊，细拣枯枝、病叶、蛸丝、青牛之类[①]，一一剔去，方为精洁也。蒸茶，须看叶之老嫩，定蒸之迟速，以皮梗碎而色，带赤为度。若太熟，则失鲜。其锅内汤，须频换新水，盖熟汤能夺茶味也。

陈眉公《太平清话》：吴人于十月中采小春茶，此时不独逗漏花枝，而尤喜日光晴暖。从此磋过，霜凄雁冻，不复可堪矣。

眉公云：采茶欲精，藏茶欲燥，烹茶欲洁。

吴拭云：山中采茶歌，凄清哀婉，韵态悠长，一声从云际飘来，未尝不潸然堕泪。吴歌未便能动人如此也。

熊明遇《岕山茶记》：贮茶器中，先以生炭火煅过，于烈日中曝之，令火灭，乃乱插茶中，封固罂口，覆以新砖，置于高爽近人处。霉天雨候，切忌发覆，须于清燥日开取。其空缺处，即当以箬填满，封闭如故，方为可久。

《雪蕉馆记谈》：明玉珍子昇，在重庆取涪江青蟣石为茶磨，令宫人以武隆雪锦茶碾，焙以大足县香霏亭海棠花，味倍于常。海棠无香，独此地有香，焙茶尤妙。

《诗话》：顾渚涌金泉，每岁造茶时，太守先祭拜，然后水稍出。造贡茶毕，水渐减。至供堂茶毕，已减半矣。太守茶毕，遂涸。北苑龙焙泉亦然。

《紫桃轩杂缀》：天下有好茶，为凡手焙坏。有好山水，为俗子妆点坏。有好子弟，为庸师教坏。真无可奈何耳。

匡庐顶产茶，在云雾蒸蔚中，极有胜韵，而僧拙于焙，瀹之为赤卤，岂复有茶哉！戊戌春，小住东林，同门人董献可、曹不随、万南仲，手自焙茶，有“浅碧从教如冻柳，清芬不遣杂花飞”之句。既成，色香味殆绝。

顾渚，前朝名品，正以采摘初芽，加之法制，所谓“罄一亩之入，仅充半环”，取精之多，自然擅妙也。今碌碌诸叶茶中，无殊菜沈，何胜括目？

金华仙洞与闽中武夷俱良材，而厄于焙手。埭头本草市溪庵施济之品，近有苏焙者，以色稍青，遂混常价。

注 释

①蛸丝：蟢子、蜘蛛等所结的网。青牛：一种吸食茶树芽叶、嫩枝的昆虫。

译 文

明代冯可宾《岕茶笺》中说：茶叶，在谷雨之前精神尚未充足，立夏以后则梗叶太粗。但是茶叶以细嫩为佳，所以采茶应当选择立夏之际，观察风和日丽，清晨月光和露水刚刚收起，亲自监督采摘放入篮中。如果在烈日之下采摘，应当防止竹篮内闷热潮湿，还需要用伞盖住。拿回房中，尽快倒入洁净的竹匾中，薄薄地摊上一层，仔细拣出其中的枯枝、病叶、蛸丝、青牛之类的杂物，一一剔除干净，才算精致洁净。蒸茶必须根据茶叶的老或嫩，决定蒸茶的快与慢，要以皮梗煮碎、汤色略带红色作为标准。如果过熟，就会失去茶叶的鲜味。茶锅中的水必须频繁地更换新水，因为熟汤能够侵夺茶叶纯正的香味。

陈继儒《太平清话》记载：苏州人在每年的十月采摘小春茶。这时小阳天气，有些花又开放，尤其可喜的是阳光晴朗温和。错过时机，霜冻降临，就不能再采茶了。

陈继儒说：采茶时要讲究精细，藏茶时要讲究干燥，烹茶时要讲究洁净。

吴拭说：山中所流行的采茶歌，凄清哀婉，韵味悠长，一声声从云际飘来，未尝不令人潸然泪下。即使是吴歌也不一定能如此动人！

熊明遇《岕山茶记》中说：贮藏茶叶的陶罂，预先要用生炭火烘烤，并在烈日下曝晒，使火熄灭，于是散乱放入茶叶，密封罂口，上面用新砖覆盖，放到高处通风且接近人的地方。潮湿或下雨的天气，切忌打开封口，必须在清爽干燥的天气打开取用。取用茶叶留下的空缺，即刻用箬叶填满，封闭如故，这样才可以持久保存。

明初孔迩《雪蕉馆记谈》记载：明玉珍的儿子明昇，在重庆用涪江青瑭石做成茶磨，让宫人用武隆雪锦茶碾，焙制大足县香霏亭海棠花茶，味道倍于平常的茶叶。海棠花不香，只有这里的海棠花有香味，用来焙茶效果非常好。

《蔡宽夫诗话》记载：浙江长兴顾渚涌金泉，每年造茶的时候，太守首先祭拜，然后泉水稍稍涌出。贡茶制造完毕，泉水逐渐减小。到供堂茶制造完毕，已经减半了。太守制造好茶后，泉水就干涸了。福建北苑龙焙泉也是这样。

明代李日华《紫桃轩杂缀》中说：天下有佳茶，却被凡夫焙制坏了。天下有好山好水，却被俗人装点坏了。天下有好子弟，却被庸师教育坏了。真是无可奈何啊！

庐山顶上出产茶叶，在云蒸霞蔚之中，极有韵味，可是僧人不擅焙制，冲泡之后茶汤呈红褐色，味道涩苦，难道还有茶味吗？戊戌年春天，我在庐山东林寺小住，同门人董献可、曹不随、万南仲亲自焙制茶，曾留下“浅碧从教如冻柳，清芬不遣杂花飞”的诗句。制成之后，茶的色香味绝佳。

顾渚茶，是前朝的名品，正是因为采摘刚刚萌发的茶芽，如法焙制，所谓“罄尽一亩茶园所产，仅仅制成半方茶饼”，选取精华之多，自然独擅精妙。如今的顾渚茶制作不精，混杂于平常茶品之中，和菜叶没有两样，怎么会引起人们的重视？

浙江金华仙洞和福建武夷山出产的茶叶，都是优良的品种，却受制于焙制技术的不精。埭头本草市溪庵施济之品，近来有苏州人进行制作，因为色泽稍青，于是价格也与平常茶品无异。

原 文

《岕茶汇钞》：岕茶不炒，甑中蒸熟，然后烘焙。缘其摘迟，枝叶微老，炒不能软，徒枯碎耳。亦有一种细炒岕，乃他山炒焙，以欺好奇者。岕中人惜茶，决不忍嫩采，以伤树本。余意他山摘茶，亦当如岕之迟摘老蒸，似无不可。但未经尝试，不敢漫作。

茶以初出雨前者佳[①]，唯罗岕立夏开园。吴中所贵梗粗叶厚者，有箫箬之气，还是夏前六七日，如雀舌者，最不易得。

《檀几丛书》：南岳贡茶，天子所尝，不敢置品。县官修贡，期以清明日入山肃祭，乃始开园采造。视松萝、虎丘而色香丰美，自是天家清供，名曰片茶。初亦如岕茶制法，万历丙辰，僧稠荫游松萝，乃仿制为片。

冯时可《滇行记略》：滇南城外石马井泉，无异惠泉；感通寺茶，不下天池、伏龙。特此中人不善焙制耳。徽州松萝，旧亦无闻，偶虎丘一僧往松萝庵，如虎丘法焙制，遂见嗜于天下。恨此泉不逢陆鸿渐，此茶不逢虎丘僧也。

《湖州志》：长兴县啄木岭金沙泉，唐时每岁造茶之所也，在湖、常二郡界，泉处沙中，居常无水。将造茶，二郡太守毕至，具仪注，拜敕祭泉，顷之发源。其夕清溢，供御者毕，水即微减；供堂者毕，水已半之；太守造毕，水即涸矣。太守或还旆稽期，则示风雷之变，或见鸷兽、毒蛇、木魅、阳晱之类焉[②]。商旅多以顾渚水造之，无沾金沙者。今之紫笋[③]，即用顾渚造者，亦甚佳矣。

高濂《八笺》：藏茶之法，以箬叶封裹入茶焙中，两三日一次。用火当如人体之温温然，而湿润自去。若火多，则茶焦不可食矣。

注 释

①茶以初出雨前者佳：雨前，即谷雨前。4月5日至4月20日左右采制的细嫩芽尖制成的茶叶称雨前茶。由于这时气温高，芽叶生长相对较快，积累的内含物也较丰富，因此雨前茶往往滋味鲜浓而耐泡。明代许次纾在《茶疏》中谈到采茶时节时说："清明太早，立夏太迟，谷雨前后，其时适中。"

②鸷兽：猛兽。《后汉书·马融传》："鸷兽毅虫，倨牙黔口。"

③紫笋：紫笋茶。产于浙江长兴顾渚山一带。顾渚紫笋茶于每年的清明至谷雨期采摘，摘取一芽一叶或一芽二叶初展的茶芽。其制作，经摊青、杀青、理

条、摊凉、初烘、复烘等过程。制成的极品茶芽叶相抱似笋；上等茶芽嫩叶稍展，形似兰花。

译文

冒襄《岕茶汇钞》中说：罗岕茶不用炒制，而是先放入甑中蒸熟，然后再进行烘焙。这是因为茶采摘较晚，枝叶稍微偏老，炒制不能使茶叶变软，只是白白地使之焦枯揉碎罢了。也有一种细炒，是用其他山中所产茶叶进行炒制烘焙而成，以欺骗好奇者的。山中的茶农爱惜茶叶，决不忍心在茶芽鲜嫩时采摘，以伤害茶树。我想其他山中采摘茶叶，也应当像罗岕茶一样，较晚采摘，采取蒸的方法似乎没有什么不可以。但没有经过尝试，不敢随意作出论断。

茶叶以谷雨之前初萌的芽茶为佳，只有罗岕在立夏时节才开园采茶。吴中地区的人们所珍贵的佳品是梗粗叶厚的茶叶，夹带有箫箬竹叶的气味，还是立夏前六七天犹如雀舌的芽茶，最为难得。

清代王晫《檀几丛书》记载：南岳衡山的贡茶，是天子所品尝的名品，不敢置评。县官修贡，定期在清明节这一天入山进行祭拜，才开始开园采摘制造。与松萝茶、虎丘茶相比，其色香丰美，自然不愧为皇家清供，称为片茶。起初其制造方法与罗岕茶一样，万历丙辰（1616），僧人稠荫游历松萝，才仿制为片茶。

明代冯时可《滇行记略》记载：滇南城外的石马井泉，水质与号称天下第二泉的无锡惠山泉没有什么差别；感通寺的茶叶，也不亚于苏州天池茶和伏龙茶；只可惜当地人不善于焙制罢了。徽州的松萝茶原来也是默默无闻，偶然有一位苏州虎丘的和尚到松萝庵，按照虎丘茶的制法进行焙制，于是被天下人所嗜爱。遗憾的是，石马井泉没有遇到陆羽的品鉴，感通寺茶没有遇到虎丘和尚的焙制。

《湖州志》记载：长兴县啄木岭的金沙泉，唐朝的时候是每年制造贡茶的地方，该地正好处于湖州、常州两郡的交界处，泉水处于沙中，平常没有水。每年开始制造贡茶的时候，两郡太守都来到这里，履行完备的礼节，拜读诏敕，祭祀泉水，顷刻间泉水涌出。当晚清泉四溢，等到进贡皇家的茶叶制造完毕，泉水就稍微减小了；进贡中央各部堂官的茶叶制造完毕，泉水只剩一半；等到太守所要的茶叶制造完毕，泉水就干涸了。一旦太守用泉水制造茶叶的日期延长，就会有上天示警的灾异，有时会出现凶恶的野兽、毒蛇、山间的鬼怪、阳光下的幻景之类的怪异现象。一般商旅之人多用顾渚泉水造茶，无法沾溉金沙泉水的惠爱。如今的紫笋茶，就是用顾渚泉水制造的，也非常好。

明代高濂《遵生八笺》中说：收藏茶叶的方法，用箬叶密封包裹放入茶焙之中，两三天一次进行烘焙，火的温度应当像体温一样，这样茶中的湿气自然去除。如果火力过大，茶叶就会焦枯，不可饮用了。

原　文

陈眉公《太平清话》：武夷、芳崱、紫帽、龙山皆产茶。僧拙于焙，既采，则先蒸而后焙，故色多紫赤，只堪供宫中浣濯用耳。近有以松萝法制之者，既试之，色香亦具足，经旬月，则紫赤如故。盖制茶者，不过土著数僧耳。语三吴之法，转转相效，旧态毕露。此须如昔人论琵琶法，使数年不近，尽忘其故调，而后以三吴之法行之，或有当也。

徐茂吴云："实茶大瓮，底置箬，瓮口封闭，倒放，则过夏不黄，以其气不外泄也。"子晋云："当倒放有盖缸内。缸宜砂底，则不生水而常燥。加谨封贮，不宜见日，见日则生翳而味损矣。藏又不宜于热处。新茶不宜骤用，贮过黄梅，其味始足。"

张大复《梅花笔谈》：松萝之香馥馥，庙后之味闲闲，顾渚扑人鼻孔，齿颊都异，久而不忘。然其妙在造，凡宇内道地之产，性相近也，习相远也。吾深夜被酒，发张震所遗顾渚，连啜而醒。

宗室文昭《古瓻集》：桐花颇有清味，因收花以熏茶，命之曰桐茶。有"长泉细火夜煎茶，觉有桐香入齿牙"之句。

王草堂《茶说》：武夷茶，自谷雨采至立夏，谓之头春；约隔二旬复采，谓之二春；又隔又采，谓之三春。头春叶粗味浓，二春、三春叶渐细，味渐薄，且带苦矣。夏末秋初又采一次，名为秋露，香更浓，味亦佳，但为来年计，惜之不能多采耳。茶采后以竹筐匀铺，架于风日中，名曰晒青。俟其青色渐收，然后再加炒焙。阳羡岕片只蒸不炒，火焙以成。松萝、龙井皆炒而不焙，故其色纯。独武夷炒焙兼施，烹出之时半青半红，青者乃炒色，红者乃焙色。茶采而摊，摊而摝，香气发越即炒，过时、不及皆不可。既炒既焙，复拣去其中老叶枝蒂，使之一色。释超全诗云："如梅斯馥兰斯馨，心闲手敏工夫细。"形容殆尽矣。

王草堂《节物出典》：《养生仁术》云："谷雨日采茶，炒藏合法，能治痰及百病。"

《随见录》：凡茶见日则味夺，唯武夷茶喜日晒。

武夷造茶，其岩茶以僧家所制者最为得法。至洲茶中采回时，逐片择其背上有白毛者，另炒另焙，谓之白毫，又名寿星眉。摘初发之芽，一旗未展者，谓之莲子心。连枝二寸剪下，烘焙者谓之凤尾、龙须。要皆异其制造，以欺人射利，实无足取焉。"

译 文

明代陈继儒《太平清话》记载：福建武夷山、紫帽、龙山都出产茶叶。当地的僧人不善焙制，采摘之后先蒸后焙，所以茶色多呈紫红，只配供应宫中洗涤所用罢了。近来有采用松萝茶的制法进行焙制的，经过试验，色泽、香味都很充足。经过一个月，茶色依然紫红如故。因为以此法制茶的，不过是当地的几个僧人罢了。谈论三吴地区的制茶方法转相仿效，旧态毕露。这就好比古人谈论琵琶弹奏方法，假如数年不弹奏，就把原来的调子忘记了，而后再用吴地的制茶方法进行焙制，或许有其适当之处。

徐桂说：“把茶叶装在大瓮中，瓮底放上箬叶，瓮口密封，颠倒过来放置，这样就可以使茶叶经过夏天也不变黄。这是因为其气味不会外泄。”子晋说：“茶叶应当放置在有盖的缸内。缸适宜砂底，这样就不致产生水汽而经常保持干燥。仔细谨慎地密封贮存，不宜见到阳光，见到阳光就会产生潮气而有损茶味。贮藏还不宜在热处。新茶不宜马上饮用，贮藏过了梅雨季节，其味道才会充足。”

明代张大复《梅花草堂笔谈》中说：松萝茶的香味馥郁，庙后的茶香味清淡，顾渚茶的香味扑人鼻孔，品饮口感都不一样，却都会令人难忘。然而其中的奥妙在于制造，大凡天下正宗的名茶，其本性都相近，只是制造和品饮的风习相去甚远。我曾经在深夜饮酒而醉，打开张震所赠送的顾渚茶，连饮数杯，随即清醒。

清代宗室文昭《古瓻集》中说：桐花颇有清淡之味，于是收桐花用来熏茶，命名桐茶，有“长泉细火夜煎茶，觉有桐香入齿牙”的诗句。

清代王复礼《茶说》中说：武夷茶从谷雨到立夏采制，称作头春；大约间隔两旬再采，称作二春；再间隔两旬又采，称作三春。头春茶叶粗味浓，二春、三春茶叶逐渐纤细，味道也逐渐淡薄，而且带有苦味。夏末秋初再采摘一次，称作秋露，香更浓，味也佳，但是为了来年考虑，珍惜茶树而不能多采。茶叶采摘之后，用竹筐均匀摊开铺好，悬架到通风而且阳光充足的地方，称作晒青。等到其青色逐渐消退，然后再进行炒焙。阳羡的岕片只蒸不炒，以火烘焙而成。松萝茶、龙井茶则是只炒而不焙，所以其色泽更为纯正。只有武夷茶兼用炒法和烘焙，烹点之时茶色半青半红，青的是炒色，红的是焙色。茶叶采摘之后要摊开，摊开之后要摇动，等到香气散发出来随即炒制，超过或不到时机都不行。经过炒制和烘焙之后，还要拣择去掉其中的老叶和枝蒂，使之色泽一致。超全和尚有诗写道：“如梅斯馥兰斯馨，心闲手敏工夫细。”可以说形容殆尽了。

王复礼《节物出典》中说：《养生仁术》记载：“谷雨日采摘茶叶，炒制、收藏合乎标准，就能治疗痰疾以及其他各种疾病。”

清代屈擢升《随见录》中说：大凡茶叶见到阳光就使茶味受到侵夺，只有武夷茶喜欢阳光曝晒。

武夷山制造茶叶，其中的岩茶以僧家所制的最为得法。至于洲茶，采摘回来要逐片拣择其背上有白毛的茶叶，另外炒制和烘焙，称为白毫，又叫作寿星眉。采摘刚刚萌发的茶芽，一个茶芽尚未舒展开来的，称为莲子心。连同茶枝二寸剪下来烘焙的，称为凤尾、龙须。总之都是追求制作方法的新奇，以便欺骗世人，谋求暴利，其实都不足取。

卷 中

四 茶之器

原 文

《御史台记》[1]：唐制，御史有三院：一曰台院，其僚为侍御史；二曰殿院，其僚为殿中侍御史；三曰察院，其僚为监察御史。察院厅居南。会昌初，监察御史郑路所葺。礼察厅，谓之松厅，以其南有古松也。刑察厅谓之魇厅，以寝于此者多梦魇也。兵察厅主掌院中茶，其茶必市蜀之佳者，贮于陶器，以防暑湿。御史辄躬亲缄启，故谓之茶瓶厅。

《资暇集》[2]：茶托子，始建中蜀相崔宁之女，以茶杯无衬，病其熨指，取楪子承之。既啜而杯倾。乃以蜡环楪子之央，其杯遂定，即命工匠以漆代蜡环，进于蜀相。蜀相奇之，为制名而话于宾亲，人人为便，用于当代。是后，传者更环其底，愈新其制，以至百状焉。

贞元初[3]，青郓油缯为荷叶形，以衬茶碗，别为一家之楪。今人多云托子始此，非也。蜀相即今升平崔家，讯则知矣。

《大观茶论》：茶器：罗碾。碾以银为上，熟铁次之。槽欲深而峻，轮欲锐而薄。罗欲细而面紧，碾必力而速。唯再罗，则入汤轻泛，粥面光凝，尽茶之色。

盏须度茶之多少，用盏之大小。盏高茶少，则掩蔽茶色；茶多盏小，则受汤不尽。唯盏热，则茶立发耐久。

筅以筋竹老者为之，身欲厚重，筅欲疏劲，本欲壮而末必眇，当如剑脊之状。盖身厚重，则操之有力而易于运用。筅疏劲如剑脊，则击拂虽过，而浮沫不生。

瓶宜金银，大小之制唯所裁给。注汤利害，独瓶之口嘴而已。嘴之口差大而宛直，则注汤力紧而不散。嘴之末欲圆小而峻削，则用汤有节而不滴沥。盖汤力紧则发速有节，不滴沥则茶面不破。

勺之大小，当以可受一盏茶为量。有余不足，倾勺烦数，茶必冰矣。

注释

①御史台：中国古代一种官署名。东汉至元设置的中央监察机构，负责纠察、弹劾官员，肃正纲纪。

②《资暇集》：共3卷，唐朝李匡义撰，旧本也有的题为李济翁。

③贞元：唐德宗李适的年号，共计21年。

译文

唐代韩琬《御史台记》记载：唐朝制度，御史有三院：第一个叫作台院，其官员叫作侍御史；第二个叫作殿院，其官员叫作殿中侍御史；第三个叫作察院，其官员叫作监察御史。察院的办公场所察院厅居南，是唐武宗会昌初年监察御史郑路所修葺。其中的礼察厅，称作松厅，因为其南有一棵古松；刑察厅，称作魇厅，因为在这里就寝的人多梦魇；兵察厅，主管察院的茶饮。其茶叶定要购买蜀茶中的佳品，贮存在陶器中，以防备暑天发潮变质。御史往往亲自封存或者开启，所以兵察厅又称为茶瓶厅。

唐代李匡义《资暇集》记载：茶托子，创始于唐德宗建中年间蜀相崔宁之女，因为茶杯没有衬垫，害怕烫手，于是取碟子托起来。品饮之后，杯子倾倒了，就用蜡环绕在碟子中央，茶杯就固定下来，随即派工匠用漆代替蜡环，进奉给蜀相。蜀相很惊奇，就为之命名并告诉亲朋好友，人们都认为很方便，当时就流行开来。此后，传承者再环其底部，更新其规制，从而使茶托子发展到上百种形状。

唐德宗贞元初年，青州郓城用缯布加油漆制成荷叶形状，用来衬垫茶碗，形成另外一种碟子。今人大多说茶托子就是起源于此，其实不然。蜀相即如今的升平崔家，一问便知究竟。

宋徽宗《大观茶论》中谈论茶器说：罗碾，茶碾以银质的为最好，熟铁制成者次之。槽要做得又深又陡，轮要做得又锐又薄。罗网要细密，罗面要拉紧，碾茶时定要用力，并且速度要快。只有经过两次过罗的茶末，入水之后会轻轻漂起，在茶汤的表面有光泽凝聚，从而充分显现出好茶所应有的色泽。

茶盏，必须度量茶叶的多少，从而决定所用茶盏的大小。如果茶盏高而茶叶较少，就会遮盖住茶的色泽；如果茶叶较多而茶盏较小，就会使水量不足以充分溶解茶末，尽显茶之真味。茶盏只有在加热的情况下，才会使茶叶充分发挥其色、香、味，而且持续时间较长。

茶筅，以竹节细密的老竹加工而成，筅身要厚重，筅头则要稀疏有力，根部要粗壮而末梢要纤细，应当像剑脊般的形状。这是因为筅身厚重，就能在操作时有力，便于运用；筅头稀疏有力，根粗末细如剑脊的形状，就会使得在击拂时即便用力过猛也不会产生浮沫。

茶瓶，适合用金银，其大小规格，只有按照具体需要来决定。注汤这个环节的关键，只是取决于茶瓶口嘴的大小和形状。茶瓶的口，要稍微大一些，而且曲度要小一些，这样注汤时力量就比较集中，水流不会分散；茶瓶嘴的末端，要圆而且尖削，那么在注汤时就会有所节制，水流不会形成滴沥。这是因为注汤时力量集中，那么茶叶的色、香、味就能迅速发挥出来；注汤时有所节制而不形成滴沥，那么茶盏表层的茶面就不会被破坏。

茶勺的规格大小，应当以可以盛下一盏茶水为适量标准。如果盛水超过一盏，就要把多余的水倒回去；如果不足一盏，又要再舀一次加以补充。这样倾倒数次，就会使盏中的茶水凉了。

原　文

蔡襄《茶录·茶器》：茶焙，编竹为之，裹以箬叶。盖其上以收火也，隔其中以有容也。纳火其下，去茶尺许，常温温然，所以养茶色香味也。

茶笼，茶不入焙者。宜密封裹，以箬笼盛之，置高处，切勿近湿气。

砧椎，盖以碎茶。砧，以木为之，椎则或金或铁，取于便用。

茶钤，屈金铁为之，用以炙茶。

茶碾，以银或铁为之。黄金性柔，铜及瑜石皆能生铣，不入用。

茶罗，以绝细为佳。罗底用蜀东川鹅溪绢之密者，投汤中揉洗以罩之。

茶盏，茶色白，宜黑盏。建安所造者绀黑，纹如兔毫，其坯微厚，熁之久热难冷，最为要用。出他处者，或薄或色紫，不及也。其青白盏，斗试自不用。

茶匙要重，击拂有力。黄金为上，人间以银铁为之。竹者太轻，建茶不取。

茶瓶要小者，易于候汤，且点茶注汤有准。黄金为上，若人间以银铁或瓷石为之。若瓶大啜存，停久味过，则不佳矣。

孙穆《鸡林类事》[①]：高丽方言[②]，茶匙曰茶戍。

《清波杂志》[③]：长沙匠者，造茶器极精致，工直之厚，等所用白金之数，士大夫家多有之，置几案间，但知以侈靡相夸，初不常用也。凡茶宜锡，窃意以锡为合，适用而不侈。贴以纸，则茶味易损。

张芸叟云：吕申公家有茶罗子，一金饰，一棕栏。方接客，索银罗子，常客也；金罗子，禁近也；棕栏，则公辅必矣。家人常挨排于屏间以候之。

《黄庭坚集·同公择咏茶碾》诗：要及新香碾一杯，不应传宝到云来。碎身粉骨方余味，莫厌声喧万壑雷。

陶谷《清异录》[④]：富贵汤，当以银铫煮之，佳甚。铜铫煮水，锡壶注茶，次之。

《苏东坡集·扬州石塔试茶》诗：坐客皆可人，鼎器手自洁。

《秦少游集·茶臼》诗[⑤]：幽人耽茗饮，刳木事捣撞。巧制合臼形，雅音伴柷椌[⑥]。

《文与可集·谢许判官惠茶器图》诗[⑦]：成图画茶器，满幅写茶诗。会说工全妙，深谙句特奇。

谢宗可《咏物诗·茶筅》[⑧]：此君一节莹无瑕，夜听松声漱玉华。万里引风归蟹眼，半瓶飞雪起龙芽。香凝翠发云生脚，湿满苍髯浪卷花。到手纤毫皆尽力，多因不负玉川家。

《乾淳岁时记》：禁中大庆会，用大镀金盏。以五色果簇钉龙凤，谓之绣茶。

《演繁露》[⑨]：《东坡后集二·从驾景灵宫》诗云："病贪赐茗浮铜叶。"按今御前赐茶皆不用建盏，用大汤盏，色正白，但其制样似铜叶汤盏耳。铜叶，色黄褐色也。

周密《癸辛杂志》：宋时，长沙茶具精妙甲天下，每副用白金三百星或五百星[⑩]，凡茶之具悉备。外则以大缨银合贮之。赵南仲丞相帅潭，以黄金千两为之，以进尚方。穆陵大喜，盖内院之工所不能为也。

杨基《眉庵集·咏木茶炉》诗[⑪]：绀绿仙人炼玉肤，花神为曝紫霞腴。九天清泪沾明月，一点芳心托鹧鸪。肌骨已为香魄死，梦魂犹在露团枯。孀娥莫怨花零落，分付余醺与酪奴。

注 释

①《鸡林类事》：北宋孙穆撰写的一部有关朝鲜风土、朝制、语言的著作，原作还附有《表文集》。

②高丽：又称高丽王朝、王氏高丽，是朝鲜半岛古代国家之一。

③《清波杂志》：共12卷，宋朝人周煇撰，是宋人笔记中较为著名的一种。书中记载了宋代的一些名人轶事，保留了不少宋人的佚文、佚诗和佚词，记载了当时的一些典章制度、风俗、物产等。

④《清异录》：共两卷，北宋陶谷著，是一部包罗万象的琐事笔记。

⑤秦少游：即秦观，字少游，一字太虚，号淮海居士，别号邗沟居士，"苏门四学士"之一，北宋著名词人。

⑥柷：是中国古代打击乐器，方形，以木棒击奏，用于宫廷雅乐，表示乐曲开始。椌：古代一种打击乐器。

⑦文与可：即文同，字与可，号笑笑居士、笑笑先生，人称石室先生，北宋著名画家、诗人。

⑧谢宗可：元朝时期金陵(今江苏南京)人，字、号均不详，生卒年及生平全不可考，约元文宗至顺初前后在世。能诗，有咏物诗一卷。

⑨《演繁露》：全书共16卷，后有《续演繁露》6卷，又称为《程氏演繁录》，都是由宋代程大昌所著。全书以格物致知为宗旨，记载了三代至宋朝的杂事488项。

⑩星：金银一钱为一星。

⑪杨基：字孟载，号眉庵，原籍嘉州(今四川乐山)，明初十才子之一。《眉庵集》：共12卷(安徽巡抚采进本)，收录了明代著名诗人杨基的一千余首诗词。

译文

北宋蔡襄《茶录》下篇论茶器：茶焙，用竹篾编制而成，外面包裹箬叶。上面盖起来，以便收拢火气；中间隔成两层，以便扩大容量。把茶饼放在上层，下层放置炭火，与茶饼保持一尺左右距离，使其中保持温暖的状态，就是为了保养茶的色、香、味。

茶笼，没有放入茶焙烘烤的茶饼，应当用箬叶紧密封裹，放在茶笼中盛起来，置于高处，切不要接近潮湿之气。

砧椎，砧和椎是用来捶碎茶饼的工具。砧板以木头做成，椎以金或者铁制成，取其方便实用。

茶钤，用金或铁屈曲而制成，用来夹住茶饼进行烘焙。

茶碾，用银或铁制成。黄金本性柔软，而铜和黄铜都容易生锈，不能选用。

茶罗，以罗网极细的为最好。罗底要用四川东川鹅溪绢中特别细密的，放到开水中揉洗干净后罩在罗圈上。

茶盏，茶色浅白，适宜黑色的茶盏。建安所制造的茶盏黑里透红，纹理犹如兔毫，其坯稍厚，经过烘烤后久热难冷，最适宜饮茶之用。其他地方出产的茶盏，有的坯太薄，有的颜色发紫，都比不上建盏。那些青白色的茶盏，斗茶品茗的行家自然不会使用。

茶匙，茶匙要有一定的重量，这样用来击拂才会有力。以黄金制作的茶匙为最好，民间多用银、铁制成。用竹子制成的茶匙太轻，建茶一般不用。

茶瓶，用于烧水的汤瓶要小一点，以便于观察开水变化的情形，而且点茶注水的时候能够把握好分寸。汤瓶以黄金制作的为最好，民间多用银、铁或者瓷制作。如果茶瓶过大，品饮时有所剩余，停久茶味过熟，就不好了。

宋代孙穆《鸡林类事》记载：高丽方言，茶匙叫作茶戍。

宋代周辉《清波杂志》记载：长沙的工匠，制造茶具极其精致，其工价之高几乎与所使用的白银的价格相等，士大夫之家多有收藏，放置到几案之间，只知道相互夸耀珍贵奢侈，并不经常使用。一般说来茶叶适宜锡器，我认为锡器比较合适，而且实用而不奢侈。如果器具上贴上纸，则容易损坏茶的味道。

张舜民说：吕申公家有茶罗子，一个以黄金装饰，一个以棕毛为栏。正接待宾客的时候，招呼要银罗子，就是接待平常的客人；索要金罗子，就是接待皇帝身边的人；索要棕栏，就一定是公辅大臣。家人经常要排着队在屏风间等候召唤。

《黄庭坚集·同公择咏茶碾》诗写道：要及新香碾一杯，不应传宝到云来。碎身粉骨方余味，莫厌声喧万壑雷。

北宋陶谷《清异录》中说：富贵汤，应当用白银制作的茶铫煎煮，非常好。用铜制的茶铫煮水，用锡制的茶壶注茶，次之。

苏东坡《集扬州石塔试茶》诗写道：坐客皆可人，鼎器手自洁。

《秦少游集·茶臼》诗写道：幽人耽茗饮，刳木事捣撞。巧制合臼形，雅音伴柷椌。

《文与可集·谢许判官惠茶器图》诗写道：成图画茶器，满幅写茶诗。会说工全妙，深谙句特奇。

元代谢宗可《咏物诗》中有《茶筅》诗写道：此君一节莹无瑕，夜听松声漱玉华。万里引风归蟹眼，半瓶飞雪起龙芽。香凝翠发云生脚，湿满苍髯浪卷花。到手纤毫皆尽力，多因不负玉川家。

南宋周密《乾淳岁时记》记载：宫中大的庆典活动，用镀金的大鳖。摆设五色水果，中间放龙凤团茶，称作绣茶。

南宋程大昌《演繁露》中说：《东坡后集二》中有《从驾景灵宫》诗写道：“病贪赐茗浮铜叶。”按今天御前赐茶都不用建盏，而用大汤鳖，色泽正白，只是其制作的形制类似薄铜片所做的铜叶汤鳖罢了。这种称为铜叶的茶盏呈黄褐色。

南宋周密《癸辛杂志》记载：宋代，长沙茶具制造精妙，甲于天下。每副茶具用白银三百星或五百星，凡是有关茶的器具都应有尽有。外面用一个饰有穗带的银盒子盛起来贮存。赵葵丞相做潭州知府的时候，用黄金千两制造茶具，进贡给朝廷。理宗皇帝大喜，因为这是宫中的工匠所不能制作的。

元末杨基《眉庵集》中有《咏木茶炉》诗写道：绀绿仙人炼玉肤，花神为曝紫霞腴。九天清泪沾明月，一点芳心托鹧鸪。肌骨已为香魄死，梦魂犹在露团枯。孀娥莫怨花零落，分付余醺与酪奴。

原　文

张源《茶录》：茶铫[①]，金乃水母，银备刚柔，味不咸涩，作铫最良。制必穿心，令火气易透。

茶瓯[②]，以白瓷为上，蓝者次之。

闻龙《茶笺》：茶镬，山林隐逸，水铫用银尚不易得，何况镬乎？若用之恒，归于铁也。

罗廪《茶解》：茶炉，或瓦或竹皆可，而大小须与汤铫称。凡贮茶之器，始终贮茶，不得移为他用。

李如一《水南翰记》：韵书无罄字，今人呼盛茶酒器曰罄。

《檀几丛书》：品茶用瓯，白瓷为良，所谓“素瓷传静夜，芳气满闲轩”也。制宜弇口邃肠，色浮浮而香不散。

《茶说》：器具精洁，茶愈为之生色。今时姑苏之锡注，时大彬之砂壶，汴梁之锡铫，湘妃竹之茶灶，宣成窑之茶盏，高人词客、贤士大夫，莫不为之珍重。即唐宋以来，茶具之精，未必有如斯之雅致。

《闻雁斋笔谈》：茶既就筐，其性必发于日，而遇知己于水。然非煮之茶灶、茶炉，则亦不佳。故曰饮茶，富贵之事也。

《雪庵清史》[③]：泉冽性驶，非扃以金银器，味必破器而走矣。有馈中泠泉于欧阳文忠者，公讶曰：“君故贫士，何为致此奇贶？”徐视馈器，乃曰：“水味尽矣。”噫！如公言，饮茶乃富贵事耶。尝考宋之大小龙团，始于丁谓，成于蔡襄。公闻而叹曰：“君谟士人也，何至作此事？”东坡诗曰：“武夷溪边粟粒芽，前丁后蔡相笼加。吾君所乏岂此物，致养口体何陋耶。”此则二公又为茶败坏多矣。故余于茶瓶而有感。

茶鼎，丹山碧水之乡，月涧云龛之品，涤烦消渴，功诚不在芝术下。

然不有似泛乳花、浮云脚[4]，则草堂暮云阴，松窗残雪明，何以勺之野语清。噫！鼎之有功于茶大矣哉！故日休有“立作菌蠢势，煎为潺湲声”，禹锡有“骤雨松风入鼎来，白云满碗花徘徊”，居仁有“浮花原属三昧手，竹斋自试鱼眼汤”，仲淹有“鼎磨云外首山铜，瓶携江上中泠水”，景纶有“待得声闻俱寂后，一瓯春雪胜醍醐”。噫！鼎之有功于茶大矣哉！虽然，吾犹有取卢仝“柴门反关无俗客，纱帽笼头自煎吃”，杨万里“老夫平生爱煮茗，十年烧穿折脚鼎”。如二君者，差可不负此鼎耳。

冯时可《茶录》：芘莉[5]，一名篣筤，茶笼也。牺，木勺也，瓢也。

《宜兴志》：茗壶，陶穴环于蜀山，原名独山，东坡居阳羡时，以其似蜀中风景，改名蜀山。今山椒建东坡祠以祀之，陶烟飞染，祠宇尽黑。

冒巢民云：茶壶以小为贵，每一客一壶，任独斟饮，方得茶趣。何也？壶小则香不涣散，味不耽迟。况茶中香味，不先不后，恰有一时。太早或未足，稍缓或已过个中之妙，清心自饮，化而裁之，存乎其人。

注　释

①茶铫：煮茶用的一种带柄有嘴的器具。

②茶瓯：最典型的唐代茶具之一，也有人称之杯、碗。至宋代时，发展成为饮酒斗茶的一种标志性日用茶具。茶瓯分为两类，一类以玉璧底碗为代表；另一类常见的是茶碗花口，通常为五瓣花形，一般出现在晚唐时期。

③《雪庵清史》：明代一部重要的清言小品著作，乐纯著。

④乳花：烹茶时茶盏上所泛的浮沫。浮云脚：盏面所浮的蒸汽。

⑤芘莉：又叫作籝子或篣筤，竹制的盘子类器具。用两根长约1米的竹竿制成，身长约85厘米，柄长约15厘米。中间用篾编织成类似筛箩的形状，大小约70厘米见方，用来铺放茶叶。脱模后的茶饼放到“芘莉”上晾干。

译　文

明代张源《茶录》中说：茶铫，金是水之母，银则刚柔兼备，味道不咸不涩，是用来做茶铫的最好材料。

茶瓯，以白瓷为最好，蓝白色的次之。

明代闻龙《茶笺》中说：茶，山林隐逸之人，所用茶铫以白银制成也不可能，何况用黄金制作茶镬呢？如果就使用长久而言，还是用铁制作的为好。

明代罗廪《茶解》中说：茶炉，用陶器或者竹子制成，其大小要与茶壶的大小相称。凡是贮藏茶叶的器具，定要始终贮藏茶叶，不能改作他用。

明代李如一《水南翰记》中说：韵书没有甆字，今人称盛茶、酒的器具叫作甆。

《檀几丛书》中说：品茶所用的茶瓯，以白瓷为佳，所谓“素瓷传静夜，芳气满闲轩”。其形制适宜小口而中间部分较深，这样能使茶色漂浮而香味不散。

明代黄龙德《茶说》中说：饮茶器具精致洁净，茶就会因此而增添光彩。至于当今苏州的锡壶、宜兴出产的时大彬紫砂壶、开封出产的锡铫、湘妃竹所制成的茶灶以及宣德窑、成化窑所出产的茶盏，无论高人隐士、诗人词客，还是贤明的士大夫，没有不倍加珍爱的。就是说自唐宋以来茶具的精致，也未必有当今如此雅致的。

明代张大复《闻雁斋笔谈》中说：茶叶采摘之后，其自然之性一定要借阳光散发开来，并且遇到作为知己的水。但是，不经过茶灶、茶炉烹煮，也达不到最佳效果。所以说，饮茶是一种富贵之事。

明代乐纯《雪庵清史》中说：甘冽的泉水容易变性，如果不是用金银器盛起来，那么其味道必定冲破茶具的局限而散发出来。宋代有人赠送中泠泉给欧阳修。欧阳修惊讶地说道：“先生您本来是贫寒的士人，为什么还要奉送如此厚重的礼物呢？”然后徐徐观察所馈赠的茶具，于是说道：“水味穷尽啦！”唉！诚如欧阳修先生所说，饮茶乃是富贵的事情。曾经考察宋朝的大小龙团茶，创始于丁谓，成于蔡襄。欧阳修听说后感慨道：“君谟作为一个士人，怎么能够做这样的事情？”苏东坡有诗写道：“武夷溪边粟粒芽，前丁后蔡相笼加。吾君所乏岂此物，致养口体何陋耶。”由此可见，丁、蔡二人对于茶的声誉又败坏了很多啊！因此，我面对茶瓶而有所感触。

茶鼎，是炼丹和煮水的地方，那些在明月之涧和白云之龛所出产的茶品，经过茶鼎的烹煎，可以涤烦消渴，其功用确实不在灵芝、白术等养生妙品之下。然而，如果没有泛乳花、浮云脚，那么草堂暮云阴，松窗残雪明，用什么伴随野语清言？啊！鼎对于茶事的功用太大了。因此，唐代皮日休有“立作菌蠢势，煎为潺湲声”的诗句，刘禹锡有“骤雨松风入鼎来，白云满碗花徘徊”的诗句，宋代吕居仁有“浮花原属三昧手，竹斋自试鱼眼汤”的诗句，范仲淹有“鼎磨云外首山铜，瓶携江上中泠水”的诗句，罗大经有“待得声闻俱寂后，一瓯春雪胜醍醐”的诗句。啊！鼎对于茶事的功用太大了！即使如此，我还是叹赏卢仝的“柴门反关无俗客，纱帽笼头自煎吃”，杨万里的“老夫平生爱煮茗，十年烧穿折脚鼎”。像这两位先生，差不多可以不负此鼎了。

明代冯时可《茶录》记载：芘莉，也叫作篣筤，就是茶笼。牺，就是木勺，也就是茶瓢。

《宜兴志》记载：茗壶，陶窑分布于蜀山的周围。蜀山又叫作独山，苏东坡居住在阳羡的时候，认为这里很像蜀中的风景，改名叫作蜀山。如今山顶还建有东坡祠进行祭祀，因为制陶的烟雾飘来熏染，东坡祠的建筑尽呈黑色。

冒襄《岕茶汇钞》中说：茶壶以小巧为最佳，每个客人一个茶壶，任其独自斟茶品饮，这样才能得到茶中真味。为什么呢？茶壶小巧就不会使香气消散，味道也不会改变。况且茶中的香味，不早不晚，恰在一时之间。太早或者未足，稍缓或者已过，其中的奥妙，清心悦神，品饮自知，通晓其中的变化而采取适当的措施，完全在于其人的自我体味。

原　文

周高起《阳羡茗壶系》[①]：茶至明代，不复碾屑和香药、制团饼，已远过古人。近百年中，壶黜银锡及闽豫瓷，而尚宜兴陶，此又远过前人处也。陶曷取诸？取其制，以本山土砂，能发真茶之色、香、味，不但杜工部云“倾金注玉惊人眼”，高流务以免俗也。至名手所作，一壶重不数两，价每一二十金，能使土与黄金争价。世日趋华，抑足感矣。考其创始，自金沙寺僧，久而逸其名。又提学颐山吴公，读书金沙寺中，有青衣供春者，仿老僧法为之。栗色暗暗，敦庞周正，指螺纹隐隐可按，允称第一，世作龚春，误也。

万历间，有四大家：董翰、赵梁、玄锡、时朋[②]。朋即大彬父也。大彬号少山，不务妍媚，而朴雅坚栗，妙不可思，遂于陶人擅空群之目矣。

此外，则有李茂林、李仲芳、徐友泉；又大彬徒欧正春、邵文金、邵文银、蒋伯荂四人；陈用卿、陈信卿、闵鲁生、陈光甫；又婺源人陈仲美，重锼叠刻，细极鬼工；沈君用、邵盖、周后溪、邵二孙、陈俊卿、周季山、陈和之、陈挺生、承云从、沈君盛、陈辰辈，各有所长。徐友泉所自制之泥色，有海棠红、朱砂紫、定窑白、冷金黄、淡墨、沉香、水碧、榴皮、葵黄、闪色、梨皮等名。大彬镌款，用竹刀画之，书法闲雅。

茶洗[③]，式如扁壶，中加一盎，鬲而细窍其底，便于过水漉沙。茶藏，以闭洗过之茶者。陈仲美、沈君用各有奇制。水勺、汤铫，亦有制之尽美者，要以椰瓢、锡缶为用之恒。

茗壶宜小不宜大，宜浅不宜深。壶盖宜盎不宜砥。汤力茗香，俾得团结氤氲，方为佳也。

壶若有宿杂气，须满贮沸汤涤之，乘热倾去，即没于冷水中，亦急出水泻之，元气复矣。

许次纾《茶疏》：茶盒，以贮日用零茶，用锡为之，从大坛中分出，若用尽时再取。

茶壶，往时尚龚春，近日时大彬所制，极为人所重。盖是粗砂制成，正取砂无土气耳。

臞仙云：茶瓯者，予尝以瓦为之，不用瓷。以笋壳为盖，以槲叶攒覆于上，如箬笠状，以蔽其尘。用竹架盛之，极清无比。茶匙，以竹编成，细如笊篱，样与尘世所用者大不凡矣，乃林下出尘之物也。煎茶用铜瓶，不免汤铁，用砂铫，亦嫌土气，唯纯锡为五金之母④，制铫能益水德。

注释

①《阳羡茗壶系》：专论紫砂壶的第一篇著述。作者周高起，名伯高，江苏省江阴县(今江苏江阴）人，明天启年间著名学者，博闻强识，工古文辞，早年与徐遂汤同修江阴县志。居由山里，游兵突至，被执索赀，怒詈不屈而死。著有《读书志》《阳羡茗壶系》《洞山岕茶系》。

②董翰、赵梁、玄锡、时朋：四人为明嘉靖至隆庆年间人，是继供春之后的紫砂名工，人称“四大家”。紫砂壶以宜兴紫砂壶最为出名，宜兴紫砂壶泡茶既不夺茶真香，又无熟汤气，能较长时间保持茶叶的色、香、味。

③茶洗：用来洗茶的工具。茶洗形如大碗，深浅色样很多。烹工夫茶必备三个，一正二副，正洗用以浸茶杯，副洗一个用以浸冲罐，一个用以盛洗杯的水和已泡过的茶叶。

④五金：指金、银、铜、铁、锡五种金属。

译文

明代周高起《阳羡茗壶系》中说：饮茶风尚发展到明代，不再碾成细末、加入香药、制成团饼，这也是远远超过古人的地方。近百年来，茶壶淘汰了银壶、锡壶以及福建、河南的瓷壶，而崇尚宜兴紫砂陶壶，这又是近人远远超过前人的地方。宜兴陶壶的可取之处何在？就在于它用当地山中的含砂陶土，能够充分发挥茶天然的色、香、味，如杜甫《少年行》诗中所吟咏的“倾金注玉惊人眼”，其形制高流也是着意于免俗。至于名家所制作的茶壶，一个茶壶的重量不过数两，其价格往往高达一二十金，从而能使泥土与黄金争价。世风日趋浮华，也足以令人感慨了。考察宜兴陶壶的创始，可以追溯到金沙寺的和尚，因为年代久远已经不知道他的名字了。另一种说法是，提学副使吴仕曾在金沙寺中读书，其青衣小童名叫供春，他模仿老和尚的方法制作陶壶。如今传世的供春壶，色泽如栗子般暗淡深沉，敦厚笃实，形制周正，壶上手指的螺纹隐隐泛起，清晰可辨，可以称得上天下第一了。世人称它为龚春是不对的。

万历年间，有四大制壶名家：董翰、赵梁、玄锡、时朋。时朋即时大彬的父亲。时大彬号少山，他在艺术风格上不追求艳丽妩媚，而以古朴、雅致、坚实、栗色作为特征，工艺奇妙，巧夺天工。于是在陶艺领域标举大雅遗风，独擅空群之名目。

此外，还有李茂林、李仲芳、徐友泉；又有时大彬的徒弟欧正春、邵文金、邵文银、蒋伯荂四人；陈用卿、陈信卿、闵鲁生、陈光甫；还有婺源人陈仲美，所制文玩器具反复镂刻，重叠雕饰，极其细腻，堪称鬼斧神工；沈君用、邵盖、周后溪、邵二孙、陈俊卿、周季山、陈和之、陈挺生、承云从、沈君盛、陈辰等，也都各有所长。徐友泉所自制的茶壶，泥色有海棠红、朱砂紫、定窑白、冷金黄、淡墨、沉香、水碧、榴皮、葵黄、闪色、梨皮等名目。在茶壶上镌刻题款，也是从时大彬开始的，运用竹刀刻画，书法娴雅。

茶洗，又叫作漉尘，式样像扁壶，中间加有一个弧形的鬲，底部有细孔，以便于冲洗掉茶叶中的沙尘。茶藏，是用来留住洗过的茶叶的工具。这两种茶具，陈仲美、沈君用都有非常奇异的制作工艺。至于水勺、汤铫之类的茶具，世间也有制作得尽善尽美的，但日常还是以椰壳、葫芦器、锡器最为实用和常见。

茶壶的制作，宜小不宜大，宜浅不宜深；壶盖适宜弧形拱起而不适宜平面，这样可以使得汤力集中，香气氤氲，才称得上达到了最佳效果。

茶壶如果出现有陈杂气味，就要先用沸水倒满洗涤，并且乘热倒掉，随即浸入冷水之中，也要马上拿出来将水倒掉，这样其元气就可以恢复了。

明代许次纾《茶疏》中说：茶盒，用来贮藏日常所用的零星茶叶，以锡制成，其作用是从大坛中分取茶叶盒，用完之后再从大坛中取用。

茶壶，往时崇尚龚春所制的紫砂壶，近日则是时大彬所制的茶壶，非常受人珍爱。因为紫砂壶都是用粗砂烧制而成，正是取其砂不含土气的优点。

臞仙说：茶瓯，我曾经以陶制成，而不用瓷。用笋壳作为盖子，再用槲叶覆盖在上面，如同箬叶斗笠的形状，以此来遮蔽尘埃。然后以竹架盛起来，无比清幽。茶匙，用竹篾编成，细如笊篱一样，形状与尘世所使用的大不相同，乃是山林隐逸生活中的物件。煎茶使用铜制的茶瓶，不免会有铜锈之味，用砂陶所制的茶铫也嫌有土腥气，只有纯锡乃是五金之母，制成茶铫能够增益茶水的质量。

原　文

谢肇淛《五杂俎》：宋初闽茶，北苑为最。当时上供者，非两府禁近不得赐，而人家亦珍重爱惜。如王东城有茶囊，唯杨大年至[①]，则取以具茶，他客莫敢望也。

《支廷训集》有《汤蕴之传》，乃茶壶也。

文震亨《长物志》[②]：壶以砂者为上，既不夺香，又无熟汤气。锡壶有赵良璧者亦佳。吴中归锡，嘉禾黄锡，价皆最高。

《遵生八笺》[③]：茶铫、茶瓶，瓷砂为上，铜锡次之。瓷壶注茶，砂铫煮水为上。茶盏[④]，唯宣窑坛为最[⑤]，质厚白莹，样式古雅。有等宣窑印花白瓯，式样得中，而莹然如玉。次则嘉窑，心内有茶字小盏为美。欲试茶色黄白，岂容青花乱之。注酒亦然，唯纯白色器皿为最上乘，余品皆不取。

试茶以涤器为第一要。茶瓶、茶盏、茶匙、生铁，致损茶味，必须先时洗洁则美。

曹昭《格古要论》[⑥]：古人吃茶、汤用擎，取其易干不留滞。

陈继儒《试茶》诗，有"竹炉幽讨""松火怒飞"之句。竹茶炉，以惠山者最佳。

《渊鉴类函·茗碗》：韩诗"茗碗纤纤捧"。

徐葆光《中山传信录》：琉球茶瓯，色黄，描青绿花草，云出土噶喇。其质少粗无花，但作水纹者，出大岛。瓯上造一小木盖，朱黑漆之，下作空心托子，制作颇工。亦有茶托、茶帚。其茶具、火炉与中国小异。

葛万里《清异论录》：时大彬茶壶，有名钓雪，似带笠而钓者。然无牵合意。

《随见录》：洋铜茶铫，来自海外。红铜荡锡，薄而轻，精而雅，烹茶最宜。

注 释

①杨大年：名杨亿，字大年，北宋文学家，"西昆体"诗歌主要作家。

②文震亨：字启美，明代作家、画家、园林设计师。《长物志》：明文震亨撰。成于崇祯七年，全书12卷，分为室庐、花木、水石、禽鱼、蔬果、书画、几榻、器具、衣饰、舟车、位置、香茗12类。

③《遵生八笺》：明代高濂所著。全书共分八笺，笺中内容极为丰富，主要包括清修要妙、四时调摄、起居安乐、延年却病、饮馔服食、燕闭清尝、灵秘丹药、尘外遐举等。

④茶盏：是饮茶的用具。它的基本器型为敞口小足，斜直壁，一般比饭碗小，比酒杯大。今存于国内的宋代茶盏的品种有兔毫盏、油滴盏、曜变盏、鹧鸪斑。明清以后的茶盏又配以盏盖，形成了一盏、一盖、一碟的三合一茶盏，现在又称盖碗。

⑤宣窑：即宣德窑。明宣德时景德镇官窑。烧制最优秀的是青花、祭红、甜白和霁青。

⑥《格古要论》：中国现存最早的文物鉴定专著，明曹昭撰。全书共三卷十三论。上卷为古铜器、古画、古墨迹、古碑法帖四论；中卷为古琴、古砚、珍奇(包括玉器、玛瑙、珍珠、犀角、象牙等)、金铁四论；下卷为古窑器、古漆器、锦绮、异木、异石五论。

译文

明代谢肇淛《五杂俎》记载：宋初福建所出产的茶叶，以北苑为最好。当时上贡给朝廷的茶叶，如果不是中书省和枢密院以及皇帝身边的人，都得不到赏赐，而民间也都极其珍重爱惜。例如王东城有一个茶囊，只有杨大年来，才会取出来烹茶待客，其他客人没有敢奢望的。

《支廷训集》中有一篇《汤蕴之传》，也就是给茶壶所做的传记。

明代文震亨《长物志》中说，茶壶以砂陶所做的为最好，既不会侵夺茶的香味，而且也没有熟汤气。锡壶由赵良壁所制的也很好。吴中的归锡、嘉禾的黄锡，价格都是最高的。

明代高濂《遵生八笺》中说：茶铫和茶瓶，以瓷器、陶器为最好，铜器、锡器次之。以瓷壶注茶、砂铫煮水这样的配置为最好。茶盏，只有宣德窑所出的坛盏为最好，质地厚重，色白莹润，样式古雅。有一种宣德窑的印花白色茶瓯，式样得中，莹然如玉。其次是嘉靖官窑，以茶盏底部中心有茶字的小盏为美。要烹试茶叶，以色泽黄白为好，怎么能容忍青花瓷器变乱其色泽？注酒也是一样，只有纯白色的器皿最为上乘，其余的品种都不足取。

烹试茶叶，以洗涤器具作为第一要务。茶瓶、茶盏、茶匙等茶具一旦出现铁锈味，就会损坏茶的色、香、味，所以必须预先清洗洁净才好。

明代曹昭《格古要论》中说：古人饮茶用，取其容易喝干而不会留滞的优点。

明代陈继儒《试茶》诗中有“竹炉幽讨”“松火怒飞”的诗句。竹茶炉，以出产于惠山的为最佳。

清代《渊鉴类函·茗碗》记载：韩愈诗中有“茗碗纤纤捧”的句子。

清代徐葆光《中山传信录》记载：琉球群岛的茶瓯，表面呈黄色，上面描画着青绿花草，据说出产于土噶喇。其质地略显粗糙而没有花纹，但有作水纹的，出产于大岛。茶瓯之上造有一个小木盖，用朱黑色漆好，下面有一个空心托子，制作颇为精致；另外，还有茶托、茶帚等。只有茶具、火炉与我国大陆稍微有些差异。

清代葛万里《清异论录》中说：时大彬所制的茶壶，有一种名叫钓雪，形状好像一个人带着斗笠在垂钓，但是形制意态自然，没有一点牵强之意。

清代屈擢升《随见录》记载：洋铜茶铫，来自海外。红铜表面烫上锡，器形很薄，重量很轻，精致而且高雅，用来烹茶最为合适。

卷 下

五 茶之煮

原 文

唐陆羽《六羡歌》：不羡黄金罍[①]，不羡白玉杯；不羡朝入省，不羡暮入台[②]；千羡万羡西江水，曾向竟陵城下来。

唐张又新《水记》：故刑部侍郎刘公讳伯刍，于又新丈人行也。为学精博，有风鉴。称较水之与茶宜者凡七等：扬子江南零水第一；无锡惠山寺石水第二[③]；苏州虎丘寺石水第三[④]；丹阳县观音寺井水第四[⑤]；大明寺井水第五；吴淞江水第六[⑥]；淮水最下第七。余尝具瓶于舟中，亲挹而比之，诚如其说也。客有熟于两浙者，言搜访未尽，余尝志之。及刺永嘉[⑦]，过桐庐江[⑧]，至严濑，溪色至清，水味甚冷，煎以佳茶，不可名其鲜馥也，愈于扬子南零殊远。及至永嘉，取仙岩瀑布用之，亦不下南零，以是知客之说信矣。

陆羽论水次第，凡二十种：庐山康王谷水帘水第一；无锡惠山寺石泉水第二；蕲州兰溪石下水第三[⑨]；峡州扇子山下虾蟆口水第四[⑩]；苏州虎丘寺石泉水第五；庐山招贤寺下方桥潭水第六；扬子江南零水第七；洪州西山瀑布泉第八[⑪]；唐州桐柏县淮水源第九[⑫]；庐州龙池山岭水第十[⑬]；丹阳县观音寺水第十一；扬州大明寺水第十二；汉江金州上游中零水第十三水苦[⑭]；归州玉虚洞下香溪水第十四[⑮]；商州武关西洛水第十五[⑯]；吴淞江水第十六；天台山西南峰千丈瀑布水第十七；柳州圆泉水第十八[⑰]；桐庐严陵滩水第十九；雪水第二十用雪水不可太冷。

唐顾况《论茶》：煎以文火细烟，煮以小鼎长泉。

苏廙《仙芽传》第九卷载《作汤十六法》谓：汤者，茶之司命。若名茶而滥汤，则与凡味同调矣。煎以老嫩言，凡三品；注以缓急言，凡三品；以器标者，共五品；以薪论者，共五品。一得一汤，二婴汤，三百寿汤，四中汤，五断脉汤，六大壮汤，七富贵汤，八秀碧汤，九压一汤，十缠口汤，十一减价汤，十二法律汤，十三一面汤，十四宵人汤，十五贱汤，十六魔汤。[18]

注　释

①罍：古代一种酒器，多用青铜或陶制成。口小，腹深，有圈足和盖儿。

②省、台：应指三省。三省，即中书省、门下省和尚书省，分别负责起草诏书、审核诏书和执行政令（决策、审核和执行）。肇始于魏晋南北朝，完善于唐，宋辽沿用。唐高宗龙朔元年（661）曾改中书省为西台，唐高宗龙朔二年（662）曾改门下省为东台，改尚书省为中台。

③惠山寺：始建于南北朝。

④虎丘寺：虎丘在今江苏苏州阊门外山塘街。据传春秋末期吴王阖闾葬于此，后有虎踞其上，故称虎丘。一说丘如蹲虎而得名。东晋时，司徒王珣、司空王珉在此山建宅。建和二年（327），二人因崇佛而舍宅为寺，取名虎丘山寺。

⑤丹阳县：今属江苏。建置始于战国，是一座具有悠久历史的文化古城。

⑥吴淞江：古称松江或吴江，发源于苏州市吴江区松陵镇以南太湖瓜泾口，由西向东，穿过江南运河，在今上海市黄浦公园北侧外白渡桥以东汇入黄浦江。与东江、娄江共称“太湖三江”。

⑦刺：刺史。西汉武帝时分全国为十三部（州），各部始置刺史一人。“刺”，检核问事之意。唐代改郡为州，改刺史为太守。至玄宗时，复州为郡，复太守为刺史。永嘉：治今温州。

⑧桐庐江：即富春江。

⑨蕲州：今湖北蕲春一带。

⑩峡州：今湖北宜昌一带。

⑪洪州：今江西南昌一带。

⑫唐州桐柏县：今属河南。

⑬庐州：今安徽合肥一带。

⑭金州：辖今陕西石泉以东、旬阳以西汉水流域。

⑮归州：今湖北秭归一带。

⑯商州：今属陕西。

⑰柳州：应为郴州。

⑱十六汤：一汤，指火候适中，语出《老子》：“天得一则清，地得一则宁。”婴汤，指未到火候，刚刚沸腾就断火。百寿汤，指火候过头，沸腾多次。中汤，指缓急适中。断脉汤，指注水不连贯。大壮汤，指注水过急过快，水量过头。富贵汤，指金银茶具。秀碧汤，指玉石茶具。压一汤，指瓷器。缠口汤，指铜、铁、锡、铅等茶具。减价汤，指陶器。法律汤，指以炭火煎。一面汤，指以火或

虚炭煎。宵人汤，指以粪火煎。贱汤，又称贼汤，指以干竹枯叶煎。魔汤，指以浓烟侵夺茶味。

译 文

唐朝陆羽《六羡歌》写道：不羡黄金，不羡白玉杯；不羡朝入省，不羡暮入台；千羡万羡西江水，曾向竟陵城下来。

唐代张又新《煎茶水记》中说：原刑部侍郎刘伯刍先生，是我尊敬的长辈。他为学精深博大，而且为人风雅很有鉴识。他曾经比较天下之水与茶叶相适宜的，共分以下七等：扬子江南零水第一，无锡惠山寺石水第二，苏州虎丘寺石泉水第三，丹阳县观音寺井水第四，扬州大明寺井水第五，吴淞江水第六，淮河水最下品名列第七。这七种水，我曾经携带茶瓶乘船汲取，亲自品尝比较，的确像刘伯刍先生所言。有熟悉浙江水泉情况的朋友提出说我们搜访得不够全面，我曾经记录下来。等到我做永嘉刺史时，经过桐庐江，到东汉隐士严光垂钓处的严子濑，山溪的水色极为清澈，水味非常寒冷。用来烹煎上好的茶叶，其新鲜馨香的味道不可名状，又超过扬子江南零水很远。等到了永嘉，汲取仙岩瀑布的水来煎茶，也不下于扬子江南零水，因此知道那位朋友的说法的确是可信的。

陆羽谈论适宜煎茶的水，按照顺序有以下二十种：庐山康王谷水帘水第一，无锡惠山寺石泉水第二，蕲州兰溪石下水第三，峡州扇子山下虾蟆口水第四，苏州虎丘寺石泉水第五，庐山招贤寺下方桥潭水第六，扬子江南零水第七，洪州西山瀑布泉水第八，唐州桐柏县淮水源第九，庐州龙池山岭水第十，丹阳县观音寺水第十一，扬州大明寺水第十二，汉江金州上游中零水第十三水苦，归州玉虚洞下香溪水第十四，商州武关西洛水第十五，吴淞江水第十六，浙江天台山西南峰千丈瀑布水第十七，柳州圆泉水第十八，桐庐严陵滩水第十九，雪水第二十用雪水煎茶不可太冷。

唐代顾况《论茶》中说：以文火细烟煎茶，以小鼎长泉烹煮。

唐代苏廙《仙芽传》第九卷所载《作汤十六法》中说：水，是决定茶之命运的关键。如果名贵好茶而用平常的水来煎，就与一般的茶味道无异了。以煎水的过与不及而言，分三种情况；以注水的缓慢与急迫而言，分三种情况；以茶具来评判，分五种情况；以煎水所用柴薪而言，分五种情况。共计十六种情况，称为十六汤：第一叫作得一汤，第二叫作婴汤，第三叫作百寿汤，第四叫作中汤，第五叫作断脉汤，第六叫作大壮汤，第七叫作富贵汤，第八叫作秀碧汤，第九叫作压一汤，第十叫作缠口汤，第十一叫作减价汤，第十二叫作法律汤，第十三叫作一面汤，第十四叫作宵人汤，第十五叫作贱汤，第十六叫作魔汤。

原 文

丁用晦《芝田录》：唐李卫公德裕，喜惠山泉，取以烹茗。自常州到京，置驿骑传送，号曰“水递”。后有僧某曰：“请为相公通水脉。”盖京师有一眼井与惠山泉脉相通[①]，汲以烹茗，味殊不异。公问：“井在何坊曲？”曰：“昊天观常住库后是也。”因取惠山、昊天各一瓶，杂以他水八瓶，令僧辨晰。僧止取二瓶井泉，德裕大加奇叹。

《事文类聚》：赞皇公李德裕居廊庙日，有亲知奉使于京口。公曰：“还日，金山下扬子江南零水，与取一壶来。”其人敬诺。及使回，举棹日，因醉而忘之泛舟至石头城下方忆，乃汲一瓶于江中，归京献之。公饮后，叹讶非常，曰：“江表水味有异于顷岁矣，此水颇似建业石头城下水也。”其人即谢过，不敢隐。

《河南通志》：卢仝茶泉在济源县[②]。仝有庄，在济源之通济桥二里余，茶泉存焉。其诗曰：“买得一片田，济源花洞前。”自号玉川子，有寺名玉泉。汲此寺之泉煎茶。有《玉川子饮茶歌》[③]，句多奇警。

《黄州志》：陆羽泉在蕲水县凤栖山下[④]，一名兰溪泉，羽品为天下第三泉也。尝汲以烹茗，宋王元之有诗。

无尽法师《天台志》：陆羽品水，以此山瀑布泉为天下第十七水。余尝试饮，比余豳溪、蒙泉殊劣。余疑鸿渐但得至瀑布泉耳。苟遍历天台，当不取金山为第一也。

《海录》：陆羽品水，以雪水第二十，以煎茶滞而太冷也。

陆平泉《茶寮记》：唐秘书省中水最佳，故名秘水。

《檀几丛书》：唐天宝中，稠锡禅师名清晏，卓锡南岳涧上，泉忽迸石窟间，字曰真珠泉。师饮之，清甘可口，曰：“得此瀹吾乡桐庐茶，不亦称乎？”

《大观茶论》：水以轻清甘洁为美，用汤以鱼目、蟹眼连络迸跃为度。

《咸淳临安志》：栖霞洞内有水洞，深不可测，水极甘冽。魏公尝调以瀹茗。又莲花院有三井，露井最良，取以烹茗，清甘寒冽，品为小林第一。

《王氏谈录》：公言茶品高而年多者，必稍陈。遇有茶处，春初取新芽轻炙，杂而烹之，气味自复在。襄阳试作甚佳⑤，尝语君谟，亦以为然。

欧阳修《浮槎水记》：浮槎与龙池山皆在庐州界中，较其味不及浮槎远甚。而又新所记，以龙池为第十，浮槎之水弃而不录，以此知又新所失多矣。陆羽则不然，其论曰："山水上，江次之，井为下，山水乳泉石池漫流者上。"其言虽简，而于论水尽矣。

注 释

①惠山泉：相传经中国唐代陆羽亲品其味，故一名陆子泉，经乾隆御封为"天下第二泉"，位于江苏省无锡市西郊惠山。

②卢仝：唐代诗人。早年隐少室山，后迁居洛阳，自号玉川子。他博览经史，工诗精文，不愿仕进，被尊称为"茶仙"。济源县：在今河南。

③《玉川子饮茶歌》：即《走笔谢孟谏议寄新茶》。诗曰："日高丈五睡正浓，军将打门惊周公。口云谏议送书信，白绢斜封三道印。开缄宛见谏议面，手阅月团三百片。闻道新年入山里，蛰虫惊动春风起。天子须尝阳羡茶，百草不敢先开花。仁风暗结珠琲瓃，先春抽出黄金芽。摘鲜焙芳旋封裹，至精至好且不奢。至尊之余合王公，何事便到山人家。柴门反关无俗客，纱帽笼头自煎吃。碧云引风吹不断，白花浮光凝碗面。一碗喉吻润，两碗破孤闷。三碗搜枯肠，唯有文字五千卷。四碗发轻汗，平生不平事，尽向毛孔散。五碗肌骨清，六碗通仙灵。七碗吃不得也，唯觉两腋习习清风生。蓬莱山，在何处。玉川子，乘此清风欲归去。山上群仙司下土，地位清高隔风雨。安得知百万亿苍生命，堕在巅崖受辛苦。便为谏议问苍生，到头还得苏息否？"

④蕲水县：今湖北浠水。

⑤襄阳：即米芾，字元章，号襄阳漫士、鹿门居士、海岳外史。北宋书法家、画家、书画理论家。

译 文

唐末五代丁用晦《芝田录》记载：唐朝名相李德裕喜欢惠山泉，不远千里汲取烹茶。从常州到达京师长安，设置驿马进行传送，当时称作"水递"。后来有一个和尚说："我请求为相公打通水脉。"京师有一眼井与惠山泉水脉相通，这样从京师井中汲水煎茶，味道与惠山泉水也没有一点差异。李德裕问他："井在哪个里巷？"那和尚回答说："就是昊天观常住库的后面。"于是汲取惠山泉水、昊天观井水各一瓶，同时夹杂其他泉水八瓶，让和尚辨别清楚。和尚只取了惠山泉水、昊天井水，李德裕大为惊叹。

南宋祝穆《事文类聚》记载：唐代李德裕在朝当政的时候，有亲信的人奉命到京口公干。李德裕对他说："回来的时候，将金山下扬子江南零水取一壶回来。"其人恭敬应诺。等到办完事务乘船回来的那天，因为醉酒而忘记了，乘船到南京石头城下才想起来，乃从长江中汲取一瓶水，回到京师献上。李德裕品饮之后，非常惊讶，说道："扬子江水的味道与以往不同了，此水很像是南京石头城下的水。"其人当即承认错误，不敢有所隐瞒。

《河南通志》记载：卢仝茶泉在济源县。卢仝有庄园在济源县的通济桥二里多的地方，茶泉就保存在那里。卢仝有诗写道："买得一片田，济源花洞前。"他自号玉川子，有寺名玉泉。汲取此寺的泉水，可以用来煎茶。卢仝还有《玉川子饮茶歌》，其中多有奇词警句。

《黄州志》记载：陆羽泉在蕲水县凤栖山下，也叫作兰溪泉，陆羽品评为天下第三泉。曾经汲取此泉水烹茶，宋朝王禹偁有《陆羽泉茶》诗。

无尽法师《天台志》记载：陆羽品评天下泉水，以天台山瀑布泉水为天下第十七水。我曾经试验品饮，比余豳溪、蒙泉的水品质差得多。我因此怀疑陆羽仅仅到过瀑布泉罢了。如果他遍历天台山各处泉水，当不会取金山下扬子江南零水为天下第一了。

宋代叶廷珪《海录碎事》中说：陆羽品水，以雪水为第二十，因为用雪水煎茶过慢而且太冷。

明代陆树声《茶寮记》记载：唐朝秘书省中的泉水最好，所以称作秘水。

《檀几丛书》记载：唐朝天宝年间，有一位稠锡禅师，名叫清晏，云游卓锡南岳衡山涧上，泉水忽然迸发出来，石窟间有字叫真珠泉。禅师品饮之后，感觉清凉甘甜，十分可口，于是说道："用此泉水冲泡我家乡的桐庐茶，不是很相称吗？"

宋徽宗《大观茶论》中说：品评水的高下，以清澈、量轻、甘甜、洁净为美。而煎茶的时候火候的把握，则以水刚烧开沸腾起泡如鱼目、蟹眼般接连不断地迸发跳跃的程度为最好。

《咸淳临安志》记载：栖霞洞内有一个水洞，深不可测，其中的泉水极为甘甜清凉。苏颂曾经用此水煎茶。另外，莲花院中有三口井，其中露井水质最好，汲取用来烹茶，清甜寒冽，被品评为小林第一。

北宋王钦臣《王氏谈录》中说：先生说茶品质高而且年代久的，贮藏时间一定稍微长些。遇到出产茶叶的地方，初春采摘新芽轻轻烘焙，与陈茶掺杂在一起烹点，香味自然还存在。米芾以此进行试验，效果甚好，曾经告诉蔡襄，蔡襄也认为是这样。

宋代欧阳修《浮槎水记》记载：浮槎山与龙池山都在庐州境内，但比较两地泉水的味道，龙池水远远比不上浮槎水。而唐代张又新《煎茶水记》以龙池水为第十，而浮槎水则摈弃而不加记载，因此可知张又新的缺漏很多。陆羽则不是这样，他论水说："山水上，江次之，井为下，山水乳泉石池漫流者上。"其言语虽然简略，而对于品评水来说已经穷尽了。

原 文

蔡襄《茶录》：茶或经年，则香、色、味皆陈。煮时先于净器中以沸汤渍之，刮去膏油，一两重即止。乃以钤拑之，用微火炙干，然后碎碾。若当年新茶，则不用此说。

碾时，先以净纸密裹捶碎，然后熟碾。其大要旋碾则色白，如经宿则色昏矣。碾毕即罗。罗细则茶浮，粗则沫浮。

候汤最难[①]，未熟则沫浮，过熟则茶沉。前世谓之蟹眼者，过熟汤也。沉瓶中煮之不可辨，故曰候汤最难。

茶少汤多则云脚散，汤少茶多则粥面聚。建人谓之云脚、粥面。钞茶一钱匕，先注汤，调令极匀。又添注入，环回击拂。汤上盏，可四分则止，视其面色鲜白，著盏无水痕为绝佳。建安斗茶[②]，试以水痕先退者为负，耐久者为胜，故校胜负之说，曰相去一水两水。

茶有真香，而入贡者微以龙脑和膏，欲助其香。建安民间试茶，皆不入香，恐夺其真也。若烹点之际，又杂以珍果香草，其夺益甚，正当不用。

陶谷《清异录》：馔茶而幻出物象于汤面者，茶匠通神之艺也。沙门福全生于金乡，长于茶海，能注汤幻茶成一句诗，如并点四瓯，共一首绝句，泛于汤表。小小物类，唾手办尔。檀越日造门[③]，求观汤戏。全自咏诗曰："生成盏里水丹青，巧画工夫学不成。却笑当时陆鸿渐，煎茶赢得好名声。"

茶至唐而始盛。近世有下汤运匕，别施妙诀，使汤纹水脉成物象者，禽兽、虫鱼、花草之属，纤巧如画，但须臾即就散灭，此茶之变也。时人谓之"茶百戏"[④]。又有漏影春法。用镂纸贴盏，糁茶而去纸，伪为花身。

别以荔肉为叶，松实、鸭脚之类珍物为蕊，沸汤点搅。

《煮茶泉品》：予少得温氏所著《茶说》，尝识其水泉之目，有二十焉。会西走巴峡，经虾蟆窟⑤；北憩芜城，汲蜀冈井⑥；东游故都，绝扬子江。留丹阳酌观音泉，过无锡斢斗慧山水。粉枪末旗，苏兰薪桂，且鼎且缶，以饮以歠，莫不瀹气涤虑，蠲病析酲，祛鄙吝之生心，招神明而还观。信乎！物类之得宜，臭味之所感，幽人之佳尚，前贤之精鉴，不可及已。

昔郦元善于《水经》⑦，而未尝知茶；王肃癖于茗饮而言不及水，表是二美，吾无愧焉。

注 释

①候汤：即观察开水的变化，把握恰当的时机投入茶末进行烹煮。

②建安：今福建建瓯。斗茶：即比赛茶的优劣，又名斗茗、茗战。始于唐，盛于宋。斗茶者各取所藏好茶，轮流烹煮，品评分高下。古代茶叶大多做成茶饼，再碾成粉末，饮用时连茶粉带茶水一起喝下。斗茶，多人共斗或两人捉对“厮杀”，三斗二胜。

③檀越：即施与僧众衣食，或出资举行法会等之信众。

④茶百戏：又称分茶、水丹青、汤戏、茶戏等，是一种能使茶汤纹脉形成物象的古茶道，其特点就是仅用茶和水，不用其他的原料能在茶汤中显现出文字和图像。茶百戏始见于唐代；到了宋代，由于受到宋徽宗和朝廷大臣、文人的推崇，茶百戏做到了极致。

⑤虾蟆窟：即虾蟆口水，张又新品为天下第四水。

⑥蜀冈井：当即扬州大明寺井。

⑦郦元：即郦道元。南北朝时期北魏官员、地理学家。撰《水经注》40卷。《水经》：《隋书·经籍志》载“《水经》三卷郭璞注”，《旧唐书·经籍志》改《隋志》之郭“注”字为“撰”，郭成为作者。但《新唐书·艺文志》称为桑钦撰，宋以后人的著作大多称其作者为桑钦。此书简要记述了137条全国主要河流的水道情况。原文仅1万多字，记载相当简略，缺乏系统性，对水道的来龙去脉及流经地区的地理情况记载不够详细、具体。后来被郦道元改编为《水经注》。

译 文

宋代蔡襄《茶录》中说：有时茶饼贮存达一年以上，其香气、色泽、味道都已陈旧了。煎茶的时候首先要把茶饼放在干净的器皿中用开水浸泡，刮去表面的膏油，刮掉一两层即可停止。然后用茶钤夹住茶饼，文火烤干，然后碾碎成末，烹煮饮用。如果是当年的新茶，就不必用这种方法了。

碾茶的时候，首先要用干净的纸把茶饼紧密地封裹起来捶碎，再把碎茶放进茶碾，反复压碾。碾出的茶末大体上是刚刚碾出时色泽鲜白，如果过了一夜，色泽就变得昏暗了。碾出的碎茶要用茶罗筛成细末。如果茶罗过细，烹煮时茶末就会浮于水面；如果茶罗过粗，烹煮时水沫则会浮在茶上。

候汤是饮茶中最难把握的一个环节。水温没有达到火候，投入茶末后水沫就会漂浮在水面；如果超过了火候，投入的茶末就会沉底。前人所谓的蟹眼，就是指超过了火候的开水。况且水是放在茶瓶中煮的，水温的变化不易分辨，所以说候汤是最难的。

点茶的时候，茶与水要保持一定的比例。如果茶少水多，就会使云脚涣散；如果水少茶多，就会使粥面凝聚。建安人称点茶之后茶汤表面的幻象叫作云脚、粥面。用茶匙取茶末一钱放入茶盏，先注入开水调和得很均匀，再注入开水，同时用茶筅旋转搅动茶汤。茶盏中注水达到四分就停止，观察茶汤的表面，颜色鲜白，着盏之处没有水痕的为最好。建安人斗茶时，以先出现水痕的为负，保持很久没有水痕的为胜。所以他们比较胜负的说法，叫作相去一水两水。

茶叶有其天然的香气，而进奉朝廷的贡茶往往用少量的龙脑和入茶膏，想以此增加茶的香气。建安民间斗茶品茗，都不添加香料，唯恐侵夺了茶叶本身的天然香气。如果在烹煮点茶之际，又掺杂进去一些珍贵的果品、香草，那么其侵夺茶叶的天然香气就会更加严重，的确不应当使用。

宋初陶谷《清异录》中说：注汤点茶的时候，能够在汤面上幻化出各种物象，这是茶艺高手可以通神的技艺。福全和尚生于金乡，成长在盛产茶叶的地方，能够在注汤的时候在茶汤表面变幻出图案和文字，形成一句诗，连续点茶四瓯，合成一首绝句，浮于茶瓯的表面。小小的物类，唾手可以办成。施主每天登门布施，要求观看汤戏。福全和尚自己创作了一首吟咏汤戏的诗：“生成盏里水丹青，巧画工夫学不成。却笑当时陆鸿渐，煎茶赢得好名声。”茶事从唐朝开始兴盛。

近代以来有在点汤击拂的时候运用茶匙，另外使用妙法，使茶汤表面的茶纹水脉幻化出各种物象的，例如禽兽、虫鱼、花草之类，纤巧如同绘画。只是可能瞬间就会消散。这就是饮茶的变化，当时的人们就称作“茶百戏”。还有一种叫作漏影春法的煮茶方法，是用剪好的纸贴到茶盏的里面，投入茶末之后就去掉纸，假装成花身，另外用荔枝的果肉作为叶子，松子、银杏之类的珍贵果品作为花蕊，然后加入开水，点汤击拂。

宋代叶清臣《述煮茶泉品》中说：我年轻的时候看到温庭筠的《茶说》，曾经记得他所谈到泉水的名目大约有二十个。后来适逢向西游历到达巴峡，经过虾蟆窟；向北游历小憩芜城，汲取蜀冈井水；向东游历金陵故都，渡过扬子江，在丹阳逗留时酌取丹阳观音寺泉水；经过无锡时，汲取惠山寺泉水。将茶叶碾成细末，以兰桂等作为燃料，用鼎或者缶作为茶器，烹点品饮无不感到清心涤虑、除病解酒，祛除卑鄙吝啬的机心，招致神明达观的精神。的确可以说是物类的相得益彰、气味的感应而发，这些都是幽人隐士的高雅习尚，是前贤往圣的精审品鉴，实在是不可企及。

从前郦道元精于《水经》，却不曾通晓茶事；王肃有饮茶的癖好，却不见他谈论水品。至于能同时表彰茶、水这两件美事，我差不多可以感到无愧。

原文

魏泰《东轩笔录》[①]：鼎州北百里[②]，有甘泉寺在道左，其泉清美，最宜瀹茗。林麓回抱，境亦幽胜。寇莱公谪守雷州[③]，经此，酌泉志壁而去。未几，丁晋公窜朱崖[④]，复经此，礼佛留题而行。天圣中，范讽以殿中丞安抚湖外，至此寺睹二相留题，徘徊慨叹，作诗以志其旁曰："平仲酌泉方顿辔，谓之礼佛继南行。层峦下瞰岚烟路，转使高僧薄宠荣。"

张邦基《墨庄漫录》：元祐六年七夕日，东坡时知扬州，与发运使晁端彦、吴倅晁无咎[⑤]，大明寺汲塔院西廊井，与下院蜀井二水，校其高下，以塔院水为胜。

华亭县有寒穴泉，与无锡惠山泉味相同，并尝之不觉有异，邑人知之者少。王荆公尝有诗云："神震冽冰霜，高穴雪与平。空山渟千秋，不出呜咽声。山风吹更寒，山月相与清。北客不到此，如河洗烦酲。"

罗大经《鹤林玉露》：余同年友李南金云:《茶经》以鱼目、涌泉、连珠为煮水之节。然近世瀹茶，鲜以鼎镬，用瓶煮水，难以候视。则当以声辨一沸、二沸、三沸之节。又陆氏之法，以末就茶镬，故以第二沸为合量而下末。若今以汤就茶瓯瀹之，则当有用背二涉三之际为合量也。乃为声辨之诗曰："砌虫唧唧万蝉催，忽有千车捆载来。听得松风并涧水，急呼缥色绿磁杯。"其论固已精矣。然瀹茶之法，汤欲嫩而不欲老。盖汤嫩则茶味甘，老则过苦矣。若声如松风涧水而遽瀹之，岂不过于老而苦哉！唯移瓶去火，少待其沸止而瀹之，然后汤适中而茶味甘。此南金之所未讲也。因补一诗云："松风桂雨到来初，急引铜瓶离竹炉。待得声闻俱寂后，一瓯春雪胜醍醐。"

赵彦卫《云麓漫钞》：陆羽别天下水味，各立名品有石刻行于世。《列子》云孔子："淄渑之合，易牙能辨之。"易牙，齐威公大夫。淄渑二水，易牙知其味，威公不信，数试皆验。陆羽岂得其遗意乎？

《黄山谷集》：泸州大云寺西偏崖石上，有泉滴沥，一州泉味皆不及也。

林逋《烹北苑茶有怀》[⑥]：石碾轻飞瑟瑟尘，乳花烹出建溪春。人间绝品应难识，闲对《茶经》忆古人。

注释

①《东轩笔录》：北宋魏泰晚年所著。书中记录了王安石变法等北宋时期的朝政军国大事，对当时的历史人物、社会风貌也多有描述，对于研究宋代的政治、经济、文化和社会情况，补《宋史》之阙，有重要的学术价值。

②鼎州：治今湖南常德。

③寇莱公：即北宋名相寇准，字平仲，封莱国公，世称寇莱公。雷州：治今广东海康。

④朱崖：治今海南琼山东南。

⑤晁无咎：即晁补之，字无咎，号归来子，济州钜野（今山东巨野）人，北宋时期著名文学家，“苏门四学士”之一。

⑥林逋：字君复，后人称为和靖先生，北宋著名隐逸诗人。林逋隐居西湖孤山，终生不仕不娶，唯喜植梅养鹤，自谓“以梅为妻，以鹤为子”，人称“梅妻鹤子”。

译文

宋代魏泰《东轩笔录》记载：鼎州以北百里，有甘泉寺，在大道的左边，其泉水清澈甘美，最适宜煎茶。这里山林环抱，环境幽胜。寇准被贬官雷州时经过这里，酌取泉水，题壁而去。不久，丁谓被流放朱崖，又从这里经过，拜祭佛像并留题而行。天圣年间，范讽以殿中丞出任湖南安抚使，来甘泉寺中看到两位丞相的题诗，徘徊良久，感慨万分，作诗题于其旁边道：“平仲酌泉方顿辔，谓之礼佛继南行。层峦下瞰岚烟路，转使高僧薄宠荣。”

宋代张邦基《墨庄漫录》记载：宋哲宗元祐六年(1091)七夕的这一天，苏东坡当时正担任扬州知州，与发运使晁端彦、苏州同知晁补之，在大明寺汲取塔院西廊井与下院蜀井两种水，比较其高下，结果以塔院西廊井水为佳。

华亭县有寒穴泉，与无锡惠山泉水味道相同，同时品尝，感觉不到二者的差异，当地人也很少知道。王安石曾有诗吟咏道：“神震冽冰霜，高穴雪与平。空山渟千秋，不出呜咽声。山风吹更寒，山月相与清。北客不到此，如何洗烦醒。”

南宋罗大经《鹤林玉露》记载：我同年考中进士的朋友李南金说，陆羽《茶经》分别以鱼目、涌泉、连珠三个词来形容煮水三个阶段的标志。可是近世以来煎茶煮水很少用鼎镬，而改用茶瓶来煮水，难以观察把握。这就应当以煮水的声音来分辨一沸、二沸、三沸。另外，陆羽的煮水方法，因为没有就茶镬投茶、烹点，所以以第二沸作为下茶的最佳时机。如果按照如今的煎茶方法，以沸水就茶瓯中冲点，则应当以背二涉三之际，也就是二沸已过刚到三沸之时作为停火点茶的最佳时机。于是写下一首专咏声辨的诗："砌虫唧唧万蝉催，忽有千车捆载来。听得松风并涧水，急呼缥色绿磁杯。"其论述已经非常精到了。然而，瀹茶的方法，煮水要嫩，而不可过老。因为水嫩就会使茶味甘香，水老就会使茶味过苦。如果煮水时声音像松风声起、涧水流淌的时候，急忙进行烹点，难道不是过于水老而味苦吗？只有赶忙移开茶瓶，稍微等待其沸腾平息而进行烹点，然后会使煮水老嫩适中而茶味甘香。这是李南金所不曾探究的。于是我补充了一首诗："松风桂雨到来初，急引铜瓶离竹炉。待得声闻俱寂后，一瓯春雪胜醍醐。"

南宋赵彦卫《云麓漫钞》中说：陆羽鉴别天下的水味，各立名品，各地都有石刻行于当世。《列子》上说：孔子说过："淄渑之合，易牙能辨之。"易牙是齐威公的大夫，淄渑二水的滋味，只有易牙能够分辨出来。齐威公不相信，数次试验都很灵验。陆羽难道也是得到了易牙的遗意吗？

北宋黄庭坚《黄山谷集》记载：泸州大云寺西偏悬崖石头之上，有泉水滴沥，一州所有的泉水都比不上这里。

北宋林逋《烹北苑茶有怀》诗写道：石碾轻飞瑟瑟尘，乳花烹出建溪春。人间绝品应难识，闲对《茶经》忆古人。

原　文

《东坡集》：予顷自汴入淮泛江，溯峡归蜀，饮江淮水盖弥年。既至，觉井水腥涩，百余日然后安之。以此知江水之甘于井也，审矣。今来岭外，自扬子始饮江水，及至南康[①]，江益清驶，水益甘，则又知南江贤于北江也。近度岭入清远峡[②]，水色如碧玉，味益胜。今游罗浮，酌泰禅师锡杖泉，则清远峡水又在其下矣。岭外唯惠州人喜斗茶，此水不虚出也。

惠山寺东为观泉亭，堂曰漪澜，泉在亭中，二井石甃相去咫尺，方圆异形。汲者多由圆井，盖方动圆静，静清而动浊也。流过漪澜，从石龙口中出，下赴大池者，有土气，不可汲。泉流冬夏不涸，张又新品为天下第二泉。

《避暑录话》：裴晋公诗云[③]："饱食缓行初睡觉，一瓯新茗侍儿煎。脱巾斜倚绳床坐，风送水声来耳边。"公为此诗必自以为得意，然吾山居七年，享此多矣。

冯璧《东坡海南烹茶图》诗：讲筵分赐密云龙[④]，春梦分明觉亦空。地恶九钻黎火洞，天游两腋玉川风。

《万花谷》：黄山谷有《井水帖》云："取井傍十数小石，置瓶中，令水不浊。"故《咏慧山泉》诗云"锡谷寒泉椭石俱"是也。石圆而长曰椭，所以澄水。茶家碾茶，须碾着眉上白，乃为佳。曾茶山诗云[5]："碾处须看眉上白，分时为见眼中青。"

《舆地纪胜》：竹泉，在荆州府松滋县南[6]。宋至和初，苦竹寺僧浚井得笔。后黄庭坚谪黔过之，视笔曰：此吾虾蟆碚所坠。"因知此泉与之相通。其诗曰："松滋县西竹林寺，苦竹林中甘井泉。巴人谩说虾蟆碚，试裹春茶来就煎。"

周辉《清波杂志》：余家惠山泉石，皆为几案间物。亲旧日东来，数问松竹平安信，且时致陆子泉[7]，茗碗殊不落寞。然顷岁亦可致于汴都，但未免瓶盎气。用细砂淋过，则如新汲时，号拆洗惠山泉。天台竹沥水，彼地人断竹稍，屈而取之盈瓮，若杂以他水则亟败。苏才翁与蔡君谟比茶[8]，蔡茶精，用惠山泉煮；苏茶劣，用竹沥水煎，便能取胜。此说见江邻几所著《嘉祐杂志》[9]。果尔，今喜击沸者，曾无一语及之，何也？双井因山谷乃重，苏魏公尝云[10]："平生荐举不知几何人，唯孟安序朝奉岁以双井一瓮为饷。"盖公不纳苞苴，顾独受此，其亦珍之耶！

注　释

①南康：今江西赣州。

②清远峡：在今广东清远市。

③裴晋公：唐代名臣裴度，字中立，封晋国公，世称裴晋公。

④密云龙：茶名。产于福建武夷山，品质优异，曾为北宋贡茶。根据茶种分为密云龙大红袍和密云龙北苑贡茶。宋蔡绦《铁围山丛谈》卷六："'密云龙'者，其云纹细密，更精绝于小龙团也。"

⑤曾茶山：曾几，字吉甫，号茶山居士。南宋诗人。

⑥荆州府松滋县：今属湖北。

⑦陆子泉：即惠山泉，宋代在惠山建陆子泉亭，故称。

⑧苏才翁：即苏舜元，字才翁，与祖父苏易简、弟弟苏舜钦并称为"铜山三苏"。

⑨江邻几：即江休复，字邻几，北宋官员。

⑩苏魏公：即苏颂，北宋中期宰相，天文学家、药物学家。赠魏国公，世称苏魏公。

译文

苏轼《东坡集》中说：我近来从京师开封经汴水入淮河，进而泛长江西去，通过三峡逆流而上回到故乡四川，一路之上饮用江淮之水整整一年有余。回到故乡之后，感觉到井水腥涩，直到百余天后才适应下来。由此可知，江水要比井水甘甜，千真万确。如今来到岭南，从扬子江开始饮用江水，等到了南康，水流更加清澈，江水也更加甘甜，由此知道南方的江水又比北方的江水更好。近来又翻过五岭到达清远峡，水色犹如碧玉，水味更好。今天游历罗浮山，酌取泰禅师的锡杖泉水，就感到清远峡水又在其下了。岭南地区只有惠州人喜欢斗茶，可见此水没白流啊！无锡惠山寺，东边有观泉亭，上有匾额“漪澜泉水”，就在亭中，两个井石相距咫尺，却方圆形态各异。汲取泉水的人们多从圆井汲水，因为方者易动而圆者易静，静者清澈而动者混浊。泉水流过漪澜亭，从石龙口中流出，汇入下面的大池之中后，就有了土气，不可汲取饮用。惠山泉水一年四季不会干涸。张又新品评为天下第二泉。

南宋叶梦得《避暑录话》中说：唐代名臣裴度有诗写道：“饱食缓行初睡觉，一瓯新茗侍儿煎。脱巾斜倚绳床坐，风送水声来耳边。”他写下这首诗必定自以为很得意，然而我在山中居住了七年，享受此等生活多了。

金代冯璧《东坡海南烹茶图》诗写道：讲筵分赐密云龙，春梦分明觉亦空。地恶九钻黎火洞，天游两腋玉川风。

《锦绣万花谷》中说：黄庭坚有《井水帖》写道：“取井旁边小石头十数个，放入瓶中，可以使瓶中的水不混浊变质。”所以他的《咏惠山泉》诗中有“锡谷寒泉椭石俱”的句子。石头圆而且长，就叫作椭，是用来澄清水质的。制茶人家碾茶，需要碾茶碾到眉毛皆白的程度，乃可称得上最好。曾几有诗写道：“碾处须看眉上白，分时为见眼中青。”

南宋祝穆《舆地纪胜》记载：竹泉，在荆州府松滋县南部。北宋至和初年，苦竹寺的和尚淘井以疏通水源，淘得一支毛笔。后来黄庭坚贬官贵州从此经过，仔细审视毛笔说：“这是我在虾蟆碚坠落水中的那支笔。”由此可知竹泉与虾蟆泉是相通的。黄庭坚有诗写道：“松滋县西竹林寺，苦竹林中甘井泉。巴人谩说虾蟆碚，试裹春茶来就煎。”

北宋周辉《清波杂志》记载：我的故乡无锡惠山，其泉水、美石都是士大夫几案间的玩赏之物。每有亲朋故旧东来，多次询问松竹平安讯息，而且经常带来陆子泉水，使我得以不时品饮，茗碗不致落寞。但是往岁也有人送惠山泉水到汴京的，不免会带有久贮瓶盎的气味。如果用细砂淋滤过，就会像刚刚汲取时一样新鲜，称作拆洗惠山泉。浙江天台山的竹沥水，当地人砍断竹稍，使竹身弯曲过来，汲取其中的竹沥水满瓮，如果掺杂其他的水，就会马上败坏水味。苏舜元与蔡襄斗茶。蔡襄所用的茶叶很好，而且以惠山泉来煎煮；苏舜元的茶叶较差，但用竹沥水来煎煮，就能够取胜。这种说法见于江休复所著的《嘉祐杂志》。果真如此，那么如今喜欢点汤击拂斗茶的人们，为什么没有一句话提到这件事呢？江西的双井茶和双井泉，因为黄庭坚才为世人所重。苏颂曾说过："平生举荐的人才不知有多少，只有孟安序朝奉每年以一瓮双井泉水赠送给我。"因为苏魏公不接受馈送礼物，却单单接受双井泉水，也可说明双井泉水是如何受珍重啊！

原 文

《东京记》：文德殿两掖[1]，有东西上阁门，故杜诗云："东上阁之东，有井泉绝佳。"山谷《忆东坡烹茶》诗云："阁门井不落第二，竟陵谷帘空误书。"

陈舜俞《庐山记》：康王谷有水帘，飞泉破岩而下者二三十派。其广七十余尺，其高不可计。山谷诗云"谷帘煮甘露"是也。

孙月峰《坡仙食饮录》：唐人煎茶多用姜，故薛能诗云："盐损添常戒，姜宜著更夸。"据此，则又有用盐者矣。近世有此二物者，辄大笑之。然茶之中等者，用姜煎，信佳。盐则不可。

冯可宾《岕茶笺》：茶，虽均出于岕，有如兰花香而味甘，过霉历秋[2]，开坛烹之，其香愈烈，味若新沃。以汤色尚白者，真洞山也。他嶰初时亦香，秋则索然矣。

《群芳谱》：世人情性嗜好各殊，而茶事则十人而九。竹炉火候，茗碗清缘。煮引风之碧云[3]，倾浮花之雪乳。非借汤勋，何昭茶德？略而言之，其法有五：一曰择水，二曰简器，三曰忌混，四曰慎煮，五曰辨色。

《吴兴掌故录》：湖州金沙泉，至元中[4]，中书省遣官致祭，一夕水溢，溉田千亩，赐名瑞应泉。

《职方志》：广陵蜀冈上有井，曰蜀井，言水与西蜀相通。茶品天下水有二十种，而蜀冈水为第七。

《遵生八笺》：凡点茶，先须熁盏令热，则茶面聚乳，冷则茶色不浮。熁音协，火迫也。

陈眉公《太平清话》：余尝酌中泠[5]，劣于惠山，殊不可解。后考之，乃知陆羽原以庐山谷帘泉为第一。《山疏》云："陆羽《茶经》言，瀑泻湍激者勿食。今此水瀑泻湍激无如矣，乃以为第一，何也？又云液泉在谷帘侧，山多云母，泉其液也，洪纤如指，清冽甘寒，远出谷帘之上，乃不得第一，又何也？”又碧淋池东西两泉，皆极甘香，其味不减惠山，而东泉尤冽。

蔡君谟“汤取嫩而不取老”，盖为团饼茶言耳。今旗芽枪甲，汤不足则茶神不透，茶色不明。故茗战之捷，尤在五沸。

徐渭《煎茶七类》：煮茶非漫浪，要须其人与茶品相得，故其法每传于高流隐逸，有烟霞泉石磊块于胸次间者。

品泉以井水为下。井取汲多者，汲多则水活。

候汤眼鳞鳞起，沫饽鼓泛，投茗器中。初入汤少许，俟汤茗相投即满注，云脚渐开，乳花浮面，则味全。盖古茶用团饼碾屑，味易出；叶茶骤则乏味，过熟则味昏底滞。

注 释

①文德殿：北宋皇城内大庆殿西侧为文德殿，是皇帝主要政务活动场所。

②霉：霉天，农历入伏前的几天，潮湿发霉，故称。

③碧云：茶树品种，指茶叶。下面“雪乳”指茶汤。

④至元：前至元为1264—1294年，后至元为1335—1340年，查《吴兴掌故集》原文为至元十五年，显然是前至元。

⑤中泠：中泠泉水，在今江苏镇江金山。

译 文

北宋宋敏求《东京记》记载：文德殿的两侧，有东西上阁门。所以杜诗写道：“东上阁之东，有井泉绝佳。”黄庭坚《忆东坡烹茶》诗写道：“阁门井不落第二，竟陵谷帘空误书。”

北宋陈舜俞《庐山记》记载：庐山康王谷有瀑布，飞泉破岩而下的有二三十个支派。宽度达七十多尺，其高则不可胜计。黄庭坚诗中所吟咏的“谷帘煮甘露”就是指的庐山康王谷的飞泉。

孙月峰《坡仙食饮录》记载：唐朝人煎茶多用姜作为辅料，所以唐代诗人薛能有诗写道：“盐损添常戒，姜宜著更夸。”由此可知，还有用盐作为作料的。近代以来如果有此二物作为作料煎茶，人们就会大笑之。然而，中等的茶叶用姜作为作料煎煮的确不错，但用盐煎则不可以。

明代冯可宾《岕茶笺》中说：罗岕茶虽然同样出产于山，但不同地方所产依然多有差别。如果茶叶有兰花香味，味道甘美，经过霉天和秋天，打开茶坛烹煮，其香味更加浓烈，味道就像刚刚冲泡的一样，汤色鲜白，就是真正的洞山所产的茶。其他地方所出的茶叶刚刚采制时也很香，经过秋天就索然无味了。

明代王象晋《群芳谱》中说：世人的情性嗜好各不一样，可是喜欢饮茶却达到十分之九。以竹炉煮茶，把盏清谈，烹煮引来清风的碧云，倾注浮花满瓯的雪乳，如果不借助于泉水的功勋，如何能够彰显茶叶的品德？简而言之，其方法有五个关键：一是选择泉水，二是选择茶具，三是忌讳污秽不洁，四是谨慎烹煮，五是分辨汤色。

明代徐献忠《吴兴掌故录》记载：湖州金沙泉，元代至元年间，中书省派遣官员前去祭祀。一夕之间泉水外溢，可以灌溉田地千亩，赐名为瑞应泉。

《职方志》记载：广陵蜀冈上有口井，名叫蜀井，是说其泉水与西蜀相通。茶圣陆羽品评天下泉水，共有二十种，蜀冈水名列第七。

明代高濂《遵生八笺》中说：大凡点茶，首先必须将茶盏烘烤令其变热，这样就会使茶面汤花凝聚，如果茶盏冷的话，茶色就不能散发出来。

明代陈继儒《太平清话》中说：我曾经酌取中泠泉水烹茶，味道比惠山泉水要差，感到实在不可理解。后来经过考证，才知道陆羽原本以庐山康王谷帘泉为第一。《山疏》上说："陆羽《茶经》曾经说过，瀑泻湍急的水不可饮用。如今这庐山瀑布，可以说瀑泻湍急无水可比，却被认为天下第一，这是为什么呢？又有一个云液泉在谷帘水的旁边，山中多出云母，云液泉乃是云母的汁液，泉水只有如指头大的水流，清凉甘美，远远超出谷帘水之上，却不能得到第一，这又是为什么呢？"还有碧淋池东西两泉，水味都极为甘甜馨香，不比惠山泉水差，其中的东泉尤其甘冽。

蔡襄认为"煮水取其鲜嫩而不取过老"，这是针对团饼茶而言的。如今茶叶不经过碾罗加工，都是自然的芽叶枝梗，如果水热不够就不能使茶的精神发越、色泽显现，所以斗茶的取胜法宝，尤其在于煮水到五次沸腾之时进行冲泡。

明代徐渭《煎茶七类》中说：煮茶不是一件随意作为的事情，关键是必须要求人的品质与茶的品性相得益彰，因此煎茶之法往往流传于高人隐士，有烟霞泉石堆积胸中。

品评泉水，以山水为上，江水次之，井水为下。如果不得已而用井水，则要取经常汲取的，汲取得多，水性就活。

烹茶要用活火，观察水泡鳞鳞泛起，到达沸腾，就把茶叶放到茶具中，先倒入少量开水，等到茶与水相溶，再倒满开水，这时水汽渐开，沫饽浮于茶面，茶味就会散发开来，达到最佳效果。因为古时茶叶用团饼碾成碎末，味道容易散发出来；茶叶冲泡太急就不易出味，过于煮熟则味道混浊不清而沉积不通。

原 文

张源《茶录》：山顶泉清而轻，山下泉清而重，石中泉清而甘，砂中泉清而冽，土中泉清而厚。流动者良于安静，负阴者胜于向阳。山削者泉寡，山秀者有神。真源无味，真水无香。流于黄石为佳，泻出青石无用。

汤有三大辨：一曰形辨，二曰声辨，三曰捷辨。形为内辨，声为外辨，捷为气辨。如虾眼、蟹眼、鱼目、连珠，皆为萌汤，直至涌沸如腾波鼓浪，水气全消，方是纯熟；如初声、转声、振声、骇声，皆为萌汤，直至无声，方为纯熟。如气浮一缕、二缕、三缕，及缕乱不分，氤氲缭绕，皆为萌汤，直至气直冲贯，方是纯熟。

蔡君谟因古人制茶，碾磨作饼，则见沸而茶神便发。此用嫩而不用老也。今时制茶，不假罗碾，全具元体，汤须纯熟，元神始发也。

炉火通红，茶铫始上。扇起要轻疾，待汤有声，稍稍重疾，斯文武火之候也[①]。若过乎文，则水性柔，柔则水为茶降；过于武，则火性烈，烈则茶为水制，皆不足于中和，非茶家之要旨。

投茶有序，无失其宜。先茶后汤，曰下投；汤半下茶，复以汤满，曰中投；先汤后茶，曰上投。夏宜上投，冬宜下投，春秋宜中投。

不宜用：恶木、敝器、铜匙、铜铫、木桶、柴薪、烟煤、麸炭、粗童、恶婢、不洁巾帨，及各色果实香药。

谢肇淛《五杂俎》：唐薛能《茶诗》云[②]：“盐损添常戒，姜宜著更夸。”煮茶如是，味安佳？此或在竟陵翁未品题之先也。至东坡《和寄茶》诗云：“老妻稚子不知爱，一半已入姜盐煎。”则业觉其非矣。而此习犹在也。今江右及楚人，尚有以姜煎茶者，虽云古风，终觉未典。

闽人苦山泉难得，多用雨水，其味甘不及山泉而清过之。然自淮而北，则雨水苦黑，不堪煮茗矣。唯雪水，冬月藏之，入夏用，乃绝佳。夫雪固雨所凝也，宜雪而不宜雨，何哉？或曰：北方瓦屋不净，多用秽泥涂塞故耳。

古时之茶，曰煮，曰烹，曰煎。须汤如蟹眼，茶味方中。今之茶唯用沸汤投之，稍著火即色黄而味涩，不中饮矣。乃知古今煮法亦自不同也。

苏才翁斗茶用天台竹沥水，乃竹露，非竹沥也。若今医家用火逼竹取沥，断不宜茶矣。

顾元庆《茶谱》：煎茶四要：一择水，二洗茶，三候汤[③]，四择品。

点茶三要[④]：一涤器，二熁盏，三择果。

熊明遇《岕山茶记》：烹茶，水之功居大。无山泉则用天水，秋雨为上，梅雨次之。秋雨冽而白，梅雨醇而白。雪水，五谷之精也，色不能白。养水须置石子于瓮，不唯益水，而白石清泉，会心亦不在远。

注 释

①文武火：即用于烧煮的文火与武火。文火是小而缓的火，武火是大而急的火。

②《茶诗》：即《蜀州郑史君寄鸟觜茶，因以赠答八韵》。全诗曰："鸟觜撷浑牙，精灵胜镆铘。烹尝方带酒，滋味更无茶。拒碾干声细，撑封利颖斜。衔芦齐劲实，啄木聚菁华。盐损添常诫，姜宜著更夸。得来抛道药，携去就僧家。旋觉前瓯浅，还愁后信赊。千惭故人意，此惠敌丹砂。"

③候汤：意为等待煮茶的水开，唐代煎茶用鍑（即敞口锅），可以直接观察到水沸的全过程。

④点茶：是唐、宋代的一种煮茶方法。

译 文

明代张源《茶录》中说：山顶的泉水清澈而较轻，山下的泉水清澈而较重，石中流出的泉水清澈而甘甜，沙中渗出的泉水清澈而寒冽，土中形成的泉水清澈而绵厚。流动的泉水要比静止不动的泉水好，在山的北面背阴的泉水要比在山的南面向阳的泉水好。山势陡峭的地方泉水就少，山势挺拔俊秀的地方就有神韵。真正的天然泉源的水是无味的，真正的天然泉水是没有香气的。从黄色的石头中流出的泉水比较好，从青色的石头中流出的泉水则不能饮用。

关于烹茶煮水火候的把握，有三大辨别标准：第一叫作形辨，第二叫作声辨，第三叫作气辨。形辨就是通过水性加以鉴别，称为内辨；声辨就是通过水声加以鉴别，称为外辨；气辨就是通过水汽加以鉴别，称为捷辨。其中形辨又可以分为四小辨：水面浮起水泡如虾眼、如蟹眼、如鱼眼、如连珠，这四种都是萌汤，也就是刚刚烧热的水，直到水面汹涌沸腾如腾波鼓浪，水汽全部消散才达到了纯熟。声辨又可以分为五小辨：如初起之声、旋转之声、振动之声、骤雨之声，这四种声音都是萌汤，直到无声，才达到了纯熟。气辨又可以分为六小辨：如水汽漂浮起一缕、二缕、三缕，以及漂浮的气缕混乱不分、水汽氤氲环绕飘动，这五种水汽都是萌汤，直到水汽升腾冲贯，才达到了纯熟。

蔡襄认为古人制茶必须经过碾、磨、罗等工序，制成茶饼，这样茶末见水之后，其神韵便会很快散发出来，这就是茶汤用嫩而不用老的原因。如今制茶，不再使用茶罗、茶碾进行加工，而是完全保持茶叶天然形色的芽叶状态，这样茶汤就必须达到纯熟，才能使茶叶的神韵得到充分发挥。

烹茶的时候，炉火要烧得通红，才把茶铫放在炉火之上。用扇子扇火，开始时要又轻又快，等到水热发出声音时稍微用力又重又快，这就是所谓的文武之火候。火力过于文，那么烧出来的水性就柔和，水性柔和就会为茶所降伏；火力过于武，那么烧出来的水性就猛烈，水性猛烈茶就会为水所制导。这两种情况都不足以称得上中正平和，不符合茶人和鉴赏家的茶艺要旨。

往茶壶中投放茶叶要有一定的程序，不能违背其适宜的标准。先放茶叶后冲开水，叫作下投；先冲半壶开水再投放茶叶，然后注满开水，叫作中投；先注满开水后投放茶叶，叫作上投。这三种方法要根据季节的变化而分别运用，夏季适宜上投，冬季适宜下投，春秋两季则适宜中投。

茶事活动不适宜使用的人和物包括：贱劣的树木、破败的器具、铜勺、铜铫、木桶、木柴、烟煤、麸炭、笨手笨脚的童子、相貌丑陋的女佣、不洁净的手巾、各种各样的果实香药等。

明代谢肇淛《五杂俎》记载：唐代薛能《茶诗》写道：“盐损添常戒，姜宜著更夸。”这样来煮茶，茶味怎么会好呢？此事或许是发生在陆羽品题之前。到了苏东坡《和寄茶》诗中写道：“老妻稚子不知爱，一半已入姜盐煎。”可见已经知道这种做法不正确，可是这种习俗依然存在。如今江西和湖广地区的人们，还有以姜煎茶的。虽然说是古风犹存，终究感到不合典则。

福建人苦于山泉难以得到，多用雨水煎茶。其甘甜的味道虽然比不上山泉，但清冽却有过之而无不及。可是淮河以北地区，雨水味苦色黑，无法用来煮水烹茶。只有雪水可用，冬天收藏雪水，入夏用来煮水烹茶，效果非常好。雪本来是雨水所凝结而成的，煮水烹茶适宜雪水却不宜雨水，这是什么原因呢？有人说是北方的瓦屋不洁净，多用污泥涂抹填塞而成，故而雨水也不洁净。

古时候泡茶，有称煮茶，有称烹茶，有称煎茶，必须等到水面起泡如蟹眼连珠，茶味方为适中。如今的茶叶，只要以沸水冲泡，稍微着火，就会色泽泛黄、味道涩苦而不能饮用了。由此可知，古今的煮茶方法，自有其不同。

宋代苏舜元与蔡襄斗茶，用天台山的竹沥水，应当是竹露水而不是竹沥水。如果像今天医生用火逼竹取沥的方法，所取的竹沥水绝不适合用来煎茶。

明代顾元庆《茶谱》中记载：煎茶有四个要诀：第一是择水，第二是洗茶，第三是候汤，第四是择品。点茶三要，第一是涤器，第二是熁盏，第三是择果。

明代熊明遇《岕山茶记》中说：烹茶，水的功用至关重要。没有山泉就使用雨水，秋雨最好，梅雨次之。秋雨甘冽而色白，梅雨醇厚而色白。雪水是五谷的精华，色泽不能过白。保养雨水要放置石子于盛水的瓮中，不仅能增益水质，而且白石清泉，悦人心目，会心处并不在远。

原文

《雪庵清史》：余性好清苦，独与茶宜。幸近茶乡，恣我饮啜。乃友人不辨三火三沸法[①]，余每过饮，非失过老，则失之太嫩，致令甘香之味荡然无存，盖误于李南金之说耳。如罗玉露之论，乃为得火候也。友曰："吾性唯好读书，玩佳山水，作佛事，或时醉花前，不爱水厄，故不精于火候。昔人有言：释滞消壅，一日之利暂佳；瘠气耗精，终身之害斯大。获益则归功茶力，贻害则不谓茶灾。甘受俗名，缘此之故。"噫！茶冤甚矣。不闻秃翁之言：释滞消壅，清苦之益实多；瘠气耗精，情欲之害最大。获益则不谓茶力，自害则反谓茶殃。且无火候，不独一茶。读书而不得其趣，玩山水而不会其情，学佛而不破其宗，好色而不饮其韵，皆无火候者也。岂余爱茶而故为茶吐气哉？亦欲以此清苦之味，与故人共之耳。

煮茗之法有六要：一曰别，二曰水，三曰火，四曰汤，五曰器，六曰饮。有粗茶，有散茶，有末茶，有饼茶；有斫者，有熬者，有炀者，有舂者[②]。余幸得产茶方，又兼得烹茶六要，每遇好朋，便手自煎烹。但愿一瓯常及真，不用撑肠拄腹文字五千卷也。故曰饮之时义远矣哉。

田艺蘅《煮泉小品》：茶，南方嘉木，日用之不可少者。品固有疾恶，若不得其水，且煮之不得其宜，虽佳弗佳也。但饮泉觉爽，啜茗忘喧，谓非膏粱纨绔可语。爰著《煮泉小品》，与枕石漱流者商焉。

陆羽尝谓："烹茶于所产处无不佳，盖水土之宜也。"此论诚妙。况旋摘旋瀹，两及其新耶！故《茶谱》亦云"蒙之中顶茶，若获一两，以本处水煎服，即能祛宿疾"，是也。今武林诸泉，唯龙泓入品，而茶亦唯龙泓山为最。盖兹山深厚高大，佳丽秀越，为两山之主。故其泉清寒甘香，雅宜煮茶。虞伯生诗[③]："但见瓢中清，翠影落群岫。烹煎黄金芽，不取谷雨后。"姚公绶诗[④]："品尝顾渚风斯下，零落《茶经》奈而何！"则风味可知矣，又况为葛仙翁炼丹之所哉？又其上为老龙泓，寒碧倍之，其地产茶，为南北两山绝品。鸿渐第钱塘天竺、灵隐者为下品，当未识此耳。而《郡志》亦只称宝云、香林、白云诸茶，皆未若龙泓之清馥隽永也。

余尝一一试之，求其茶泉双绝，两浙罕伍云。

山厚者泉厚，山奇者泉奇，山清者泉清，山幽者泉幽，皆佳品也。不厚则薄，不奇则蠢，不清则浊，不幽则喧，必无用矣。

江，公也，众水共入其中也。水共则味杂，故曰江水次之。其水取去人远者，盖去人远，则湛深而无荡漾之漓耳。

严陵濑[⑤]，一名七里滩，盖沙石上曰濑、曰滩也，总谓之浙江，但潮汐不及，而且深澄，故入陆品耳。余尝清秋泊钓台下，取囊中武夷、金华二茶试之[⑥]，固一水也，武夷则黄而燥冽，金华则碧而清香，乃知择水当择茶也。鸿渐以婺州为次，而清臣以白乳为武夷之右，今优劣顿反矣。意者所谓离其处，水功其半者耶。去泉再远者，不能日汲。须遣诚实山僮取之，以免石头城下之伪。

苏子瞻爱玉女河水，付僧调水符以取之，亦惜其不得枕流焉耳。故曾茶山《谢送惠山泉》诗有"旧时水递费经营"之句。

汤嫩则茶味不出，过沸则水老而茶乏。唯有花而无衣，乃得点瀹之候耳。

有水有茶，不可以无火，非谓其真无火也，失所宜也。李约云"茶须活火煎"，盖谓炭火之有焰者。东坡诗云"活水仍将活火烹"是也。余则以为山中不常得炭，且死火耳，不若枯松枝为妙。遇寒月，多拾松实房蕾，为煮茶之具，更雅。

人但知汤候，而不知火候。火然则水干，是试火当先于试水也。《吕氏春秋》伊尹说汤五味，"九沸九变，火为之纪"。

注　释

①三沸：煮茶时以精选佳水置釜中，以炭火烧开。但不能全沸，加入茶末。茶与水交融，二沸时出现沫饽，沫为细小茶花，饽为大花，皆为茶之精华。此时将沫饽舀出，置熟盂之中，以备用。继续烧煮，茶与水进一步融合，波滚浪涌，称为三沸。

②斫：将粗茶切碎煮饮。熬：散茶蒸青后直接烘焙，然后煮饮。炀：末茶烘焙碾研成末以后煮饮。舂：饼茶的制作工艺和品饮方法。

③虞伯生：即虞集。字伯生，号道园，世称邵庵先生。元代著名学者、诗人。

④姚公绶：即姚绶。字公绶，号谷庵，又号仙痴、丹丘生、谷庵子、云东逸史。明代官员、书画家。

⑤严陵濑：在浙江桐庐，相传为东汉严光隐居垂钓处。

⑥武夷、金华二茶：武夷山地区盛产乌龙茶，称为岩茶，其中最有名者为武

夷大红袍。金华地区，古代称婺州，以婺州举岩茶最为出名。

译 文

乐纯《雪庵清史》中说：我生性喜欢清苦，恰好与茶的本性相适宜。所幸的是我的家乡邻近茶叶产地，可以随意品饮尽兴。只是当地友人不了解三火、三沸的煮茶方法，我每次过往品茶，不是烹点过老，就是太嫩，以至于让茶叶甘香的美味荡然无存，其原因大概是误听了李南金的说法。只有像罗大经《鹤林玉露》所论，才称得上是把握住了煎茶的火候。友人说："我生性只喜欢读书，游玩好山水，参禅拜佛，或者经常饮酒醉倒花前，不喜欢品茶，因此对把握煎茶的火候不精通。古人曾经说过，饮茶对于消除郁闷积滞，短期的利益暂时很好；耗费元气精神，终身之危害却很大。获取好处就归功于茶叶，贻害身体却不说茶叶的灾害。甘心承受世俗的名声，就是这样的缘故。"唉！茶叶的冤枉太大了！怎么不听听秃翁的说法：消除郁闷积滞，坚持清苦生活的好处的确很多；耗费元气精神，放纵情欲的危害最大。得到了好处却不说是饮茶的功劳，自我放纵的危害反而归咎于饮茶。况且把握不好火候，不仅仅对饮茶而言，读书而不能够获得其中的趣味，游历山水而不能够陶冶自己的性情，参禅拜佛而不能够参破其根本，喜欢饮酒赏花而不能够获得其中的韵致，都是没有把握火候的表现。难道仅仅是因为我喜欢品茶而故意为茶说好话吗？也就是想以此清苦之味，与故人共享共勉罢了。

煮茶的方法有六个关键：第一是辨别茶叶，第二是选择泉水，第三是把握火候，第四是煮水，第五是选择茶具，第六是品饮。茶叶的分类有粗茶，有散茶，有末茶，有饼茶。相对应的制作方法有斫、熬、炀、舂。我有幸懂得了加工茶的方法，同时也掌握了烹茶的六个关键，每当遇到亲朋好友，便亲自煎茶烹饮，但愿通过一瓯佳茶能够经常得到自然真性、不用搜肠刮肚的文字五千卷。因此说品饮的现实意义的确很深远啊！

明代田艺蘅《煮泉小品》中说：茶是我国南方一种优良的常绿树种，是人们日常生活所不可缺少的饮料。其品质固然有善恶好坏的分别，但若得不到好的泉水，而且烹煮不得其法，即使是好茶也达不到上佳的效果。只要饮泉而感觉精神清爽，品茶而忘掉尘世喧闹，这都不是膏粱子弟、纨绔之人所可谈论的。于是我编撰《煮泉小品》，与那些幽人隐士进行商榷。

陆羽曾经说过："就在产茶之地汲水烹茶，没有效果不佳的，这是因为水土相适宜。"这种说法的确是精妙之论。况且随即采摘随即烹煮，茶叶和泉水二者都非常新鲜呢！因此五代毛文锡《茶谱》中也说"四川蒙山中顶上清峰的好茶，如果能获取一两，用本地的泉水烹煮服用，就能祛除长期的病痛”，说的就是这个道理。如今杭州各处的泉水，只有龙泓能够列入佳品，而当地的茶叶，也只有龙泓山出产的最好。因为此山深厚高大，清秀壮丽，是南北两山的主峰。所以其泉水清澈寒冷、甘冽芳香，非常适宜煮茶。元代文学家虞集有诗写道：“但见瓢中清，翠影落群岫。烹煎黄金芽，不取谷雨后。”明代姚绶诗写道：“品尝顾渚风斯下，零落《茶经》奈而何！”其独特风味从中可以想见，又何况这里曾经是葛仙翁炼丹的所在呢！在龙泓的上面还有老龙泓，其寒冷清澈又两倍于龙泓。其地出产茶叶为南北两山的绝品。茶圣陆羽品第钱塘天竺、灵隐二寺的茶叶为下品，当是尚未认识此茶。而当地方志中也只记载有宝云、香林、白云等茶，都比不上龙泓茶的清香馥郁、滋味绵长。

我曾经对上述各种茶叶一一进行品尝，得出的结论是龙井茶叶和泉水堪称双绝，两浙地区没有能与之相比的。

山体厚重，那么其中的泉水味道就醇厚；山势奇特，那么其中泉水的味道就奇异；山脉清秀，那么其中泉水的味道就清澈；山峦幽深，那么其中泉水的味道就幽静。这都是泉水中的佳品。如果不醇厚，就会淡薄；不奇异，就会笨拙；不清澈，就会混浊；不幽静，就会喧嚣，也就一定不会发挥其作用。

江，就是公共的意思，是说众多的河水都汇流其中。许多河水汇流在一起，味道就会混杂，所以说江水次之。还有饮用江水要汲取离开人们生活区域较远的，这是因为离开人们生活区域较远的地方，水会比较澄清，而且不会因为荡漾而味道不佳。

浙江桐庐的严子濑，也叫七里滩，因为在砂石上叫作濑、叫作滩，总称为浙江，但是潮汐不如钱塘江，而且水深而清澈，所以列入了陆羽的泉品。我曾经在清秋时节乘船停泊于严子陵钓台之下，取出行囊中的武夷、金华两种茶，进行烹试。本来是同一种水，可是烹出的茶却有很大差别：武夷茶则显得色黄而燥冽，金华茶则显得碧绿而清香。于是可知在选择水的同时，还要选择茶。陆羽以婺州茶为次，而叶清臣以北苑贡茶的白乳比武夷茶要好，可是如今则其茶的优劣正好相反。通晓其意的行家认为这就是所谓的离开了茶的原产地进行试验的缘故，其中泉水的功效占有一半。如果泉水相去更远一些，不能亲自去汲取，必须派遣诚实的山间童子去汲取，以免出现石头城下假冒名泉的故事。

苏轼喜欢玉女河水，吩咐僧人调取水符去汲取，也曾叹惜得不到枕流的佳泉。所以曾几在《谢送惠山泉》诗中有“旧时水递费经营”的句子。

如果茶汤煎得沸点不够，就不能使茶的自然真味充分发挥出来；如果超过了沸点，水煮得过老，则会使茶力消乏，失去清香。只有达到烹点时泛出汤花而没有水痕的境界，才算是掌握了烹点冲瀹的火候。

有了好水，有了佳茶，还不可无火。并不是说真的无火，而是火候没有把握好。唐人李约说“茶必须用活火进行煎煮”，活火是指有火焰的炭火。苏东坡《汲江煎茶》诗中所说的“活水仍将活火烹”就是这个意思。我则认为山居之中不可能常常有炭，况且炭是已经燃烧过的死火，不如用干枯的松枝煎茶为妙。如果在秋冬季节多捡些松果，储备作为煎茶的燃料，就更为风雅。

人们一般只知道煎水的征候，而不懂得把握烧火的征候。火燃烧起来就会使水蒸发，因此试验火力要比试验水温更为重要。《吕氏春秋》本味篇上说，伊尹以调和五味之说向商汤进言，其中说到五味三材，“九沸九变，而以火候作为其鉴别的标准”。

原　文

许次纾《茶疏》：甘泉旋汲，用之斯良。丙舍在城，夫岂易得。故宜多汲，贮以大瓮。但忌新器，为其火气未退，易于败水，亦易生虫。久用则善，最嫌他用。水性忌木，松杉为甚。木桶贮水，其害滋甚，挈瓶为佳耳。

沸速，则鲜嫩风逸；沸迟，则老熟昏钝。故水入铫，便须急煮。候有松声，即去盖，以息其老钝。蟹眼之后[①]，水有微涛，是为当时。大涛鼎沸，旋至无声，是为过时。过时老汤，决不堪用。

茶注、茶铫、茶瓯，最宜荡涤。饮事甫毕，余沥残叶，必尽去之。如或少存，夺香败味。每日晨兴，必以沸汤涤过，用极熟麻布向内拭干，以竹编架覆而庋之燥处，烹时取用。

三人以上，止热一炉。如五六人，便当两鼎炉，用一童，汤方调适。若令兼作，恐有参差。

火必以坚木炭为上。然木性未尽，尚有余烟，烟气入汤，汤必无用。故先烧令红，去其烟焰，兼取性力猛炽，水乃易沸。既红之后，方授水器，乃急扇之。愈速愈妙，毋令手停。停过之汤，宁弃而再烹。

茶不宜近：阴室、厨房、市喧、小儿啼、野性人、僮奴相哄、酷热斋舍。

罗廪《茶解》：茶色白，味甘鲜，香气扑鼻，乃为精品。茶之精者，淡亦白，浓亦白，初泼白，久贮亦白。味甘色白，其香自溢，三者得则俱得也。近来好事者，或虑其色重，一注之水，投茶数片，味固不足，香亦窅然，终不免水厄之诮，虽然，尤贵择水。

香，以兰花为上，蚕豆花次之。

煮茗须甘泉，次梅水，梅雨如膏，万物赖以滋养，其味独甘。梅后便不堪饮。大瓮满贮，投伏龙肝一块以澄之，即灶中心干土也，乘热投之。

李南金谓，当背二涉三之际为合量。此真赏鉴家言。而罗鹤林惧汤老，欲于松风涧水后，移瓶去火，少待沸止而瀹之。此语亦未中。殊不知汤既老矣，虽去火何救哉？

贮水瓮须置于阴庭，覆以纱帛，使昼挹天光，夜承星露，则英华不散，灵气常存。假令压以木石，封以纸箬，暴于日中，则内闭其实，外耗其精，水神敝矣，水味败矣。

注 释

①蟹眼：煮茶之水沸腾之前的状况，即水中出现小泡泡，气泡如螃蟹眼大小，水温约在70—80度。

译 文

明代许次纾《茶疏》中说：甘洌的泉水刚刚汲取来时，就用来煎茶品饮，效果非常好。然而寒舍在城市，又怎么能够轻易得到新鲜的泉水呢？因此应当一次多汲取些，贮存在大瓮之中。但最忌讳用新的水容器，因为烧制的火气尚未消尽，容易败坏水味，而且容易生虫。长期使用的容器最好，但最忌讳兼作他用。水的本性很忌讳木器，尤其是松木和杉木更不行。以木桶贮存泉水，其危害非常严重，还不如拿瓶子装水为好。

在煮水的时候，如果水烧开得迅速，那么味道就鲜嫩可口，清馨宜人；如果水烧开得迟缓，那么味道就会因为茶叶过熟而混沌不纯，兼有熟汤之气。所以泉水放入茶铫，就必须急忙进行烹煮。等听到有松涛声起，就马上揭开盖子，以便观察和把握水的老嫩程度。水面冒出蟹眼似的水泡后，就开始有了微微的波涛，这就正当水烧开的火候。等到水面波涛汹涌，水声鼎沸，一会儿就又无声无息了，这就已经超过了火候。超过了火候就使得开水过老而香气失散，决不可以再用来烹茶了。

茶注、茶铫、茶瓯等器具，最应该保持干燥洁净。每次品饮刚刚结束，就一定要把剩余的茶水残叶清除干净。如果有一些残留，就会侵夺茶的香气、败坏茶的味道。每天早晨起来，一定要用开水烫好洗净，用极熟的黄麻做成的巾帕把里边擦拭干净，用竹编的架子，把这些茶具扣在上面，放置到干燥的地方，烹茶时再随手取来使用。

三人以下，只生一炉火就可以了；如果有五六人，就应当用两个鼎炉。每一炉专用一个童子，调和烹煮与点茶。如果一人兼顾两炉以上，就恐怕会操作不当或者出现差错。

煮水的火，要数坚硬的木炭所烧的为最好。然而木炭的木性尚未消失殆尽，还有残留的烟气。烟气一旦进入水中，那么水就一定不能饮用了。因此要先把木炭烧红，使其烟焰冒尽，同时在火力最猛烈的时候开始烧水，这样水就容易沸腾。等到木炭烧红之后，再放上煮水器具，仍然要急扇火，使水开得越快越好；不要停止扇火，一旦停手之后，宁可把水倒掉，再重新烹煮。

茶事活动不适宜接近的外部环境包括：阴暗的房屋、厨房、喧闹的市场、小孩啼哭、性格粗野的人、侍童和佣人相互起哄、酷热难耐的斋堂居舍。

明代罗廪《茶解》中说：茶的色泽以白为贵，茶色鲜白，味道甘甜鲜美，香气扑鼻，这样的茶可以称为精品。茶中的精品，冲泡得淡时固然呈白色，冲得浓时也会呈白色，刚刚沏好时呈白色，存放久了依然是白色。茶味甘甜，茶色鲜白，其香气自然芬芳四溢，色、香、味三者都具备了，那么精品茶叶的标准也就具备了。

近来有好事之家，有人担心茶色过重，一壶开水只投放几片茶叶，不仅茶味不足，而且香气也十分淡薄，终究免不了要遭受水厄那样的讥讽。即使这样，特别关键的还是要精心选择烹茶用水。茶的香气，以如同兰花的香气为最好，如同蚕豆花的香气次之。

煮茶一定要用甘甜的山泉，其次是梅雨水。梅雨如同膏泽滋润大地，万物赖以生长，其味道独具甘甜的特色。梅雨季节过后，雨水就不可饮用了。梅雨水汲取之后要倒满一个大瓮进行贮存，其中要放上一块伏龙肝以便澄清水质。伏龙肝就是炉灶中心的干土，要趁热放进水中。

宋人李南金认为，煮水火候的把握应当以第二沸和第三沸之际为合适，这的确是鉴赏家的至理名言。而罗大经先生害怕水煮得过老，想在开水发出松涛涧水一般的声响之后，将水壶从火上移开，稍等一会儿沸腾停止，再来烹茶。这种说法也没有抓住问题的关键。殊不知开水煮老了之后，即使从火上移开，又怎么能够补救呢？

贮存泉水的陶瓮，必须放置在阴凉的庭院中，用纱巾或者布帛覆盖，以便使其白天吸收阳光，夜间承接星光雨露之气，从而使泉水的灵气不致消散，泉水的神韵长久保存。假如在陶瓮上面压上木板或石头，或者用纸箬叶密封，在太阳下面曝晒，这样里面封闭和凝滞泉水的灵气，外面则耗散泉水的神韵，那么泉水的精神就损坏了，泉水的味道也就败坏了。

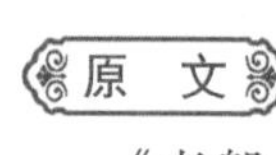

原 文

《考槃余事》：今之茶品与《茶经》迥异，而烹制之法，亦与蔡、陆诸人全不同矣。

始如鱼目微微有声为一沸，缘边涌泉如连珠为二沸，奔涛溅沫为三沸。其法非活火不成。若薪火方交水釜才炽，急取旋倾，水气未消，谓之嫩。若人过百息水逾十沸，始取用之，汤已失性，谓之老。老与嫩皆非也。

《夷门广牍》：虎丘寺泉，旧居第三，渐品第五以石泉渟泓，皆雨泽之积，渗窦之潢也。况阖庐墓隧当时石工多闷死，僧众上栖，不能无秽浊渗入。虽名陆羽泉，非天然水。道家服食，禁尸气也。

《六研斋笔记》：武林西湖水，取贮大缸，澄淀六七日。有风雨则覆，晴则露之，使受日月星之气。用以烹茶，甘淳有味，不逊慧麓。以其溪谷奔注，涵浸凝渟，非复一水，取精多而味自足耳。以是知凡有湖陂大浸处皆可贮以取澄，绝胜浅流。阴井，昏滞腥薄，不堪点试也。

古人好奇，饮中作百花熟水，又作五色饮[①]，及冰蜜糖药种种各殊。余以为皆不足尚。如值精茗适乏，细劚松枝，瀹汤漱咽而已。

《竹懒茶衡》：处处茶皆有，然胜处未暇悉品，姑据近道日御者：虎丘气芳而味薄[②]，乍入盎，菁英浮动，鼻端拂拂如兰初析，经喉吻亦快然，然必惠麓水，甘醇足佐其寡薄。龙井味极腆厚，色如淡金，气亦沉寂，而咀咽之久，鲜腴潮舌，又必借虎跑空寒熨齿之泉发之[③]，然后饮者，领隽永之滋，无昏滞之恨耳。

松雨斋《运泉约》：吾辈竹雪神期，松风齿颊，暂随饮啄人间，终拟逍遥物外。名山未即，尘海何辞？然而搜奇炼句，液沥易枯；涤滞洗蒙，茗泉不废。月团三百，喜折鱼缄；槐火一篝，惊翻蟹眼。陆季疵之著述，既奉典刑；张又新之编摩，能无鼓吹。昔卫公宦达中书，颇烦递水；杜老潜居夔峡，险叫湿云。今者，环处惠麓，逾二百里而遥；问渡松陵，不三四日而致。登新捐旧，转手妙若辘轳；取便费廉，用力省于桔槔。凡吾清士，咸赴嘉盟。运惠水：每坛偿舟力费银三分，水坛坛价及坛盖自备不计。水至，走报各友，令人自抬。每月上旬敛银，中旬运水。月运一次，以致清新。愿者书号于左，以便登册，并开坛数，如数付银。某月某日付。松雨斋主人谨订。

《岕茶汇钞》：烹时先以上品泉水涤烹器，务鲜务洁。次以热水涤茶叶，水若太滚，恐一涤味损，当以竹箸夹茶于涤器中，反复洗荡，去尘土、黄叶、老梗既尽，乃以手搦干，置涤器内盖定。少刻开视，色青香冽，急取沸水泼之。夏先贮水入茶，冬先贮茶入水。茶色贵白，然白亦不难。泉清、瓶洁、叶少、水冽，旋烹旋啜，其色自白，然真味抑郁，徒为目食耳。若取青绿，则天池、松萝及岕之最下者，虽冬月，色亦如苔衣，何足为妙？若余所收真洞山茶，自谷雨后五日者，以汤荡浣，贮壶良久，其色如玉。至冬则嫩绿，味甘色淡，韵清气醇，亦作婴儿肉香。而芝芬浮荡，则虎丘所无也。

注释

①五色饮：以扶芳叶为青饮，楥楔根为赤饮，酪浆为白饮，乌梅浆为玄饮，江桂为黄饮。

②虎丘气芳而味薄：虎丘茶叶微带黑，不甚苍翠，点之色白如玉，而作豌豆香，宋人呼为白云花。

③虎跑泉：位于浙江杭州市西南大慈山白鹤峰下慧禅寺(俗称虎跑寺)侧院内。相传为高僧寰中发现，因他看见有二虎跑（刨）地作地穴，清澈的泉水随即涌出，故名为虎跑泉。泉水晶莹甘冽，居西湖诸泉之首，和龙井泉一起并誉为“天下第三泉”。西湖龙井、虎跑泉水，被誉为西湖双绝。

译文

明代屠隆《考槃余事》中说：如今茶叶的品类与陆羽《茶经》的记载大相径庭，而且烹制的方法，也与蔡襄、陆羽等人所说的方法完全不同了。

观察煮水沸腾的情况，开始的时候水面犹如鱼眼，微微有声响起，这就叫作一沸；水面边缘犹如涌泉、连珠，这就叫作二沸；水面犹如浪涛奔涌、水沫飞溅，这就叫作三沸。煮水的方法必须使用活火。如果用柴薪煎煮，火力刚刚上来，水和锅刚刚烧热就马上以水冲茶，水汽还未消散，这就称为水太嫩；水过了十沸才开始冲泡，那么水已经失去其本性，就像人过了百岁，这就称为水过老。水太嫩与过老，都不可取。

《夷门广牍》：苏州虎丘石泉水，唐朝刘伯刍将其评为第三，陆羽将其评为第五。因为石泉淳厚清冽，都是地下积累的雨水，是山中渗出的泉水。况且虎丘本是春秋时吴王阖庐的墓道，当时修建陵墓的石工都被关在里面闷死；而虎丘寺中僧侣住在上面禁止与尸气接近。

《六研斋笔记》：杭州西湖的水，汲取储存于大缸中，澄清六七天。如果遇到风雨天气，就盖起来，天气晴朗就打开，使其接受日月星辰之气。以此来烹茶，甘甜醇厚，很有滋味，不逊于惠山泉水。这是因为西湖水由四周山谷溪流奔腾注入，蕴涵凝聚，并不仅仅是一水，这样摄取精华多，味道自然充足了。由此可知凡是湖泊巨漫的去处，都可以贮存其水加以澄清，水质绝对胜过浅水细流。阴井中的水，混浊凝滞，味腥而且淡薄，不可用来烹试点茶。

古人好奇，在饮品中制作花茶，又制作五色饮品，以及冰蜜、糖药等，各种名目自不相同。我认为都不足以推崇。如果正好逢上好茶缺乏，将劈得很细的松枝用开水冲泡，也可以饮用。

《竹懒茶衡》中说：天下处处都有好茶，然而名茶胜地没有时间一一身临并品尝，姑且根据距离较近地方所产日常可以品尝的茶叶略加品评：苏州虎丘茶香气芬芳，而滋味淡薄，初入茶盏，菁英浮动，闻起来如同初析的兰花，品饮之后口感也相当爽快，但必须用惠山泉水冲泡，泉水的甘甜醇厚足以弥补茶叶的滋味淡薄。杭州西湖的龙井茶，味道极其醇厚，色泽如同淡淡的黄金，香气则沉寂而不易散发，品饮时间久了，就感到鲜嫩潮舌，必须借助杭州虎跑泉空寒熨齿的泉水来催发，然后才感到滋味绵长，没有混浊凝滞的遗憾。

松雨斋《运泉约》中说：我们这些嗜茶的同道，神情交合于竹林雪野，烹煮如松风涧水般的山泉好茶，暂时随俗饮食人间，终究要逍遥尘世之外。天下名山尚未游历，如何能够辞却尘海、超然物外呢？然而搜奇炼句，来作文章，灵感思绪容易枯竭；涤除积滞，清除昏蒙，只有坚持汲水煎茶。朋友寄来佳茶三百片，高兴地拆开书信；一堆槐枝燃起的篝火上山泉之水刚泛蟹眼，正是烹茶的好时候。陆羽的《茶经》，已经被奉为典型；张又新的《煎茶水记》，不能不加以议论。从前李德裕官至太尉，还颇为运送泉水劳心；杜甫晚年隐居在夔峡，惊叹山势险峻，胜地湿云。如今我们环处惠山之下，相距不过二百里之遥；如果从松陵渡江，也不过三四天的行程。汲取新泉，摒弃旧水，就像运用辘轳一样转手；方便汲取，费用又省，就像运用桔槔一样快捷省力。凡是我们清雅之士，希望都能前来加盟！转运惠山泉水，每坛偿付船运人力费用白银三分，水坛的坛价及坛盖自备，不计在内。泉水运来，请报告各位朋友，让他们各自前来运走。每月的上旬收取费用，中旬运水。每月转运一次，以保持泉水的清新。请愿意加盟的朋友在左边写下名字，以便造册登记，连同所要坛数，如数交付银钱。某月某日付，松雨斋主人谨订。

冒襄《岕茶汇钞》中说：烹茶的时候，首先要用上品的泉水洗涤烹茶用具，一定要新鲜洁净。其次要用热水洗涤茶叶，水如果过热，恐怕经过洗涤会损坏茶味。应当用竹箸夹着茶叶在洗茶的器具中反复涤荡，祛除其中的尘土、黄叶、老梗等。洗过之后，用手拧干，放到洗茶的器具中盖好。过一会儿打开观察，色泽青翠，香气甘冽，这时候急忙取沸水冲泡，效果极佳。夏季要先备好水而后放茶叶，冬季则要先备好茶而后放水。茶的色泽以白为贵，然而色白也并不难做到。如果能做到泉水清澈、茶瓶洁净、芽多叶少、水味甘冽，随即烹茶，随即品饮，其色泽就自然会鲜白，但是茶叶的真味蕴结而未能发挥出来，仅仅是为了一饱眼福罢了。如果取青绿色泽为贵，那么苏州天池茶、徽州松萝茶以及长兴的罗岕茶中的最下等茶，即使在冬季，其色泽也会如苔藓般青绿可爱，这有什么值得奇妙的？像我所收藏的真正的洞山老庙后上品茶，自谷雨后第五天，用开水冲洗荡涤，贮于壶中很久，其色泽依然鲜白如玉。到了冬季则色泽嫩绿，味道甘美，色泽稍淡，韵致清新，香气醇厚，也呈现婴儿肉的香味。其芳香浮荡，这是虎丘茶所不具备的。

原　文

《洞山岕茶系》：岕茶德全，策勋唯归洗控。沸汤泼叶即起，洗鬲敛其出液。候汤可下指，即下洗鬲[①]，排荡沙沫。复起，并指控干，闭之茶藏候投。盖他茶欲按时分投，唯岕既经洗控，神理绵绵，止须上投耳。

《天下名胜志》：宜兴县湖㳇镇，有于潜泉，窦穴阔二尺许，状如井。其源洑流潜通，味颇甘冽，唐修茶贡，此泉亦递进。

洞庭缥缈峰西北，有水月寺，寺东入小青坞，有泉莹澈甘凉，冬夏不涸。宋李弥大名之曰“无碍泉”[②]。

安吉州[③]，碧玉泉为冠，清可鉴发，香可瀹茗。

徐献忠《水品》：泉甘者，试称之必厚重，其所由来者远大使然也。江中南零水，自岷江发源数千里，始澄于两石间，其性亦厚重，故甘也。

处士《茶经》，不但择水，其火用炭或劲薪。其炭曾经燔为腥气所及，及膏木败器，不用之。古人辨劳薪之味，殆有旨也。山深厚者，雄大者，气盛丽者，必出佳泉。

张大复《梅花笔谈》：茶性必发于水，八分之茶遇十分之水，茶亦十分矣。八分之水试十分之茶，茶只八分耳。

《岩栖幽事》：黄山谷赋：“汹汹乎，如涧松之发清吹；浩浩乎，如春空之行白云。”可谓得煎茶三昧。

《剑扫》：煎茶乃韵事，须人品与茶相得。故其法往往传于高流隐逸，有烟霞泉石磊块胸次者。

《涌幢小品》：天下第四泉，在上饶县北茶山寺。唐陆鸿渐寓其地，即山种茶，酌以烹之，品其等为第四。邑人尚书杨麒读书于此，因取以为号。

余在京三年，取汲德胜门外水烹茶，最佳。大内御用井，亦西山泉脉所灌，真天汉第一品，陆羽所不及载。

俗语“芒种逢壬便立霉”④，霉后积水烹茶，甚香冽，可久藏，一交夏至便迥别矣。试之良验。家居苦泉水难得，自以意取寻常水煮滚，入大瓷缸，置庭中避日色。俟夜天色皎洁，开缸受露，凡三夕，其清澈底。积垢二三寸，亟取出，以坛盛之，烹茶与惠泉无异。

闻龙《它泉记》⑤：吾乡四陲皆山，泉水在在有之，然皆淡而不甘。独所谓它泉者，其源出自四明⑥，自洞抵埭，不下三数百里。水色蔚蓝。素砂白石，粼粼见底。清寒甘滑，甲于郡中。

《玉堂丛语》：黄谏尝作《京师泉品》，郊原玉泉第一，京城文华殿大庖井第一。后谪广州，评泉以鸡爬井为第一，更名学士泉。

吴栻云：武夷泉出南山者，皆洁冽味短；北山泉味迥别。盖两山形似而脉不同也。予携茶具共访得三十九处，其最下者亦无硬冽气质。

注　释

①洗鬲：一种沥水的工具。

②李弥大：字似矩，号无碍居士，吴县（今江苏苏州）人。北宋大臣。晚年隐居苏州道隐园。

③安吉州：今浙江湖州安吉县。

④芒种逢壬便立霉：指芒种后，遇到壬日便进入阴雨连绵的梅雨季节。清顾铁卿《清嘉录》卷五“五月，黄梅天”：“芒种后遇壬，为入霉，俗有‘芒种逢壬便入霉’之语，而人即以入霉日数，度霉头之高下，如芒种一日遇壬，则霉高一尺，至第十日遇壬，则霉高一丈。”芒种：是农历二十四节气中的第九个节气，夏季的第三个节气，表示仲夏时节的正式开始。此时中国长江中下游地区将进入多雨的黄梅时节。

⑤闻龙：字隐鳞，一字仲连，晚号飞遁翁，浙江四明人。善诗，崇祯时举贤良方正，坚辞不就，卒年八十一，事迹见《鄞县志》及《宁波府志》。

⑥四明：今浙江宁波。

译　文

明代周高起《洞山岕茶系》中说：罗岕茶品质优异，其功劳只是在于洗茶并控干。用沸腾的开水泼洗茶叶，随即捞起，用洗鬲敛出其中的水分，等到开水稍凉可以放进手指的程度，就放下洗鬲清洗排荡出沙土和浮沫；然后再捞出来，用手指控干，放到封闭的容器中等待冲泡。因为其他茶叶都要把握煮水的时机分别投茶烹点，只有罗岕茶经过清洗控干之后，芽叶软绵润泽，所以只须上投。

《天下名胜志》记载：宜兴县湖汶镇有一个于潜泉。泉穴宽约两尺左右，形状好像水井。其泉源到泉穴之间有伏流相通，味道非常甘冽。唐朝的时候这里制造贡茶，此泉水也随着贡茶一起进贡朝廷。

太湖洞庭西山缥缈峰西北，有一个水月寺。寺东进入小青坞，有一泓泉水清澈甘凉，一年四季不会干涸。宋人李弥大将此泉命名为“无碍泉”。

安吉州的泉水，以碧玉泉为第一，泉水清澈可以照见头发，清香可以用来烹茶。

明代徐献忠《水品》中说：泉水甘甜，如果称量试验一定会比较重。这是因为其源远流长。扬子江南零水，从岷江发流，奔腾数千里才到达镇江金山下的两个大石之间，澄清之后，品质优异，其性厚重，其味甘美。

陆羽的《茶经》，不仅选择品鉴泉水，还论述了煎茶用炭火或者木质坚硬的柴薪木。木炭如果曾经燃烧沾染了油腻腥膻气味的，以及含有油脂的木柴、腐朽废弃的木器，都不可用。古人分辨用过的木器炊煮食物会有怪味的说法，应当说是有其用意的。山脉深厚、山体雄大、山势盛丽的地方，一定会出上佳的泉水。

明代张大复《梅花草堂笔谈》中说：茶的自然本性必须借助水而发挥出来，八分的好茶如果用十分的好水来烹点，那么茶的效果也就达到十分了。如果用八分的好水来烹试十分的好茶，那么茶的效果也只能达到八分罢了。

明代陈继儒《岩栖幽事》中说：黄庭坚《煎茶赋》写道：“汹汹乎，如涧松之发清吹；浩浩乎，如春空之行白云。”可以说是得到了煎茶的真谛。

明代陆绍珩《醉古堂剑扫》中说：扫叶煎茶乃是格调幽雅的事情，必须人品与茶品相得益彰。因此煎茶的方法往往流传于高人隐士、有烟霞泉石堆积胸中的人们中间。

明代朱国桢《涌幢小品》记载：天下第四泉，在江西上饶县以北的茶山寺。唐代陆羽曾经寓居此地，就在这里的山上种植茶叶，汲取此泉水煎茶，品鉴其为天下第四泉。当地人尚书杨麒早年曾经在这里读书，于是取“茶山”二字为号。

我在北京三年，汲取德胜门外的泉水烹茶品饮，效果最好。皇宫中御用的井水，也是北京西山的泉脉所灌注的，的确是天下第一等的泉品，这是茶圣陆羽《茶经》所没有记载的。

俗话说“芒种逢壬便立霉”，霉后接取雨水烹茶，极为芳香甘冽，而且所接雨水还可以久藏，时节一到夏至就迥然不同了。我经过试验，的确如此。居住家中，难得泉水，于是按照自己的想法取平常的水烧开，然后放入大瓷缸中，放置庭院中，避开阳光照射。等到夜间天色皎洁，打开瓷缸接受露水之气，如此共经过三个晚上，其水清澈见底。缸底堆积尘垢两三寸，这时赶快将水取出，用坛子盛起来，用来烹茶与无锡惠山泉没有两样。

明代闻龙《它泉记》记载：我的家乡四周都是山，到处都有泉水，可是都味淡而不甘美。只有所谓的它泉，其泉源出于四明山，从潺洞经过许多山洞到达它山埭，不下数百里。水的色泽蔚蓝，水中白砂白石，粼粼见底，水质清澈寒洌，甘甜绵滑，可以称为全郡第一。

明代焦《玉堂丛语》记载：明代翰林学士黄谏曾经写过《京师泉品》，认为城郊的泉水，以玉泉为第一城中的泉水，以文华殿东大庖井水为第一。后来他被贬为判广州府事，著《广州水记》品评泉水，以鸡爬井为第一，更名为学士泉。

吴栻说：武夷山的泉水，出于南山的，都是洁净甘洌，但回味不长；出于北山的，泉味则迥然不同。这是因为两山形状虽然相同，山脉却不一样。我曾经携带着茶具去探访品尝山泉，共计三十九处，其中最差的泉水也没有硬洌的气质。

原 文

王新城《陇蜀余闻》[①]：百花潭有巨石三，水流其中，汲之煎茶，清洌异于他水。

《居易录》：济源县段少司空园，是玉川子煎茶处。中有二泉，或曰玉泉，去盘谷不十里；门外一水曰漭水，出王屋山。按《通志》，玉泉在泷水上，卢仝煎茶于此，今《水经注》不载。

《分甘余话》：一水，水名也。郦元《水经注·渭水》："又东会一水，发源吴山。"《地里志》："吴山，古汧山也，山下石穴，水溢石空，悬波侧注。"按此，即一水之源，在灵应峰下所谓"西镇灵湫"是也。余丙子祭告西镇[②]，常品茶于此，味与西山玉泉极相似。

《古夫于亭杂录》：唐刘伯刍品水，以中泠为第一，惠山、虎丘次之。陆羽则以康王谷为第一，而次以惠山。古今耳食者，遂以为不易之论。其实二子所见，不过江南数百里内之水，远如峡中虾蟆碚，才一见耳。不知大江以北如吾郡，发地皆泉，其著名者七十有二。以之烹茶，皆不在惠泉之下。

宋李文叔格非[③]，郡人也。尝作《济南水记》，与《洛阳名园记》并传。惜《水记》不存，无以正二子之陋耳。谢在杭品平生所见之水，首济南趵突，次以益都孝妇泉在颜神镇、青州范公泉，而尚未见章丘之百脉泉，右皆吾郡之水，二子何尝多见。予尝题王秋史苹二十四泉草堂云[④]："翻怜陆鸿渐，跬步限江东。"正此意也。

陆次云《湖壖杂记》：龙井泉从龙口中泻出。水在池内，其气恬然。若游人注视久之，忽波澜涌起，如欲雨之状。

张鹏翮《奉使日记》：葱岭乾涧侧有旧二井，从旁掘地七八尺，得水甘冽，可煮茗，字之曰"塞外第一泉"。

《广舆记》：永平滦州有扶苏泉[⑤]，甚甘冽。秦太子扶苏尝憩此。

江宁摄山千佛岭下[⑥]，石壁上刻隶书六字，曰"白乳泉试茶亭"。

钟山八功德水[⑦]，一清，二冷，三香，四柔，五甘，六净，七不饐[⑧]，八蠲疴[⑨]。

丹阳玉乳泉，唐刘伯刍论此水为天下第四。

宁州双井在黄山谷所居之南，汲以造茶，绝胜他处。

杭州孤山下有金沙泉，唐白居易尝酌此泉，甘美可爱。视其地沙，光灿如金，因名。

安陆府沔阳有陆子泉[⑩]，一名文学泉。唐陆羽嗜茶，得泉以试，故名。

《增订广舆记》：玉泉山，泉出罅石间，因凿石为螭头，泉从口出，味极甘美。潴为池，广三丈，东跨小石桥，名曰"玉泉垂虹"。

《武夷山志》：山南虎啸岩语儿泉，浓若停膏，泻杯中，鉴毛发，味甘而博，啜之有软顺意。次则天柱三敲泉，而茶园喊泉可伯仲矣。北山泉味迥别。小桃源一泉，高地尺许，汲不可竭，谓之高泉，纯远而逸，致韵双发，愈啜愈想愈深，不可以味名也。次则接笋之仙掌露，其最下者，亦无硬冽气质。

《中山传信录》：琉球烹茶，以茶末杂细粉少许入碗，沸水半瓯，用小竹帚搅数十次，起沫满瓯面为度以敬客。且有以大螺壳烹茶者。

《随见录》：安庆府宿松县东门外[⑪]，孚玉山下福昌寺旁井，曰龙井，水味清甘，瀹茗甚佳，质与溪泉较重。

注　释

①王新城：即王士禛。字子真，一字贻上，号阮亭，又号渔洋山人，山东新城（今山东桓台县）人，世称王新城。清初杰出诗人、文学家。

②丙子：康熙三十五年，1696年。

③李文叔格非：即李格非，字文叔，齐州章丘（今山东章丘）人，宋代著名女词人李清照之父。

④王秋史：王苹，字秋史，历城人，居圣水泉畔，即济南七十二泉之第二十四泉。

⑤滦州：今河北滦县。

⑥江宁摄山：今江苏南京市栖霞山。

⑦钟山：今江苏南京市蒋山。

⑧饐：久而变质发臭。

⑨蠲疴：祛除疾病。

⑩沔阳：今湖北仙桃。

⑪宿松县：今属安徽省。

译 文

清代王士祯《陇蜀余闻》记载：成都百花潭中有三块巨石，水从其中流过，汲取此水煎茶，比其他水更加清澈甘冽。

王士祯《居易录》记载：河南省济源县段少司空园，是唐代卢仝煎茶的地方。园中有两处泉水，有人称为玉泉，距离盘谷不到十里；园门外有条河，叫作漭水，发源于王屋山。查阅《河南通志》，玉泉在泷水上，卢仝曾经煎茶于此，现在通行的《水经注》没有记载。

王士祯《分甘余话》记载：一水，是一个水名。郦道元《水经注·渭水》记载："又东汇合一水，发源于吴山。"《地里志》记载："吴山就是古代的山，山下有一个石穴，泉水外溢，石穴中空，悬空的水流从一侧垂下来。"这就是一水的源头，在灵应峰之下，即所谓的"西镇灵湫"。我在丙子年祭告西镇的时候，经常在这里品茶，其水味与北京西山的玉泉极为相似。

王士祯《古夫于亭杂录》中说：唐朝刘伯刍品评天下泉水，以扬子江中泠水为第一，无锡惠山泉水、苏州虎丘寺水次之。陆羽品水，则以庐山康王谷为第一，而以无锡惠山泉水次之。古往今来轻信传闻的人们就认为这是不可更改的定论。其实二位先生所见到的只不过是江南数百里之内的泉水，更远的地方例如峡州的虾蟆碚，只不过独此一例罢了。不知道长江以北地区比如我的家乡山东济南，挖地皆有泉水，其著名的泉水就有所谓七十二处。用来烹茶，品质都不在惠山泉水之下。

宋代李格非，是我的同乡前辈，曾经著作《济南水记》，与其《洛阳名园记》并行传世。可惜《济南水记》已经散佚，无法匡正刘、陆二位先生的疏漏了。谢肇淛品评他平生所见到的泉水，济南趵突泉名列第一，其次有益都孝妇泉在颜神镇、青州范公泉，尚未见到章丘的百脉泉，以上这些都是我故乡的泉水，二位先生何曾见识更多。我曾经给王秋史苹的二十四泉草堂题词说：“翻怜陆鸿渐，跬步限江东。”说的正是这个意思。

清代陆次云《湖壖杂记》记载：龙井泉从龙口中流出来。水在池内，其气质恬然。如果游人注视很久，就会忽然间波澜涌起，如同将要下雨。

清代张鹏翮《奉使日记》记载：葱岭乾涧的旁边有两个旧井，从井旁掘地七八尺深，就可以见到水，水味甘甜清凉，可以用来烹茶，命名为“塞外第一泉”。

明代陆应旸《广舆记》记载：永平滦州有扶苏泉，非常甘洌。传说秦始皇长子扶苏曾在这里休息。

江宁摄山千佛岭下，石壁上雕刻着六个隶书大字：白乳泉试茶亭。

所谓钟山的八功德水，是指一清澈，二寒冷，三芳香，四柔和，五甘甜，六洁净，七不饐，八蠲疴。

丹阳的玉乳泉，唐朝刘伯刍评论此水为天下第四泉。

宁州双井泉在黄庭坚故居的南边，汲取烹茶，绝对胜过他处的水。

杭州孤山下有金沙泉，唐朝白居易曾经品尝此泉水，甘美可爱。观察其地的沙土，光灿如黄金，所以称作“金沙泉”。

安陆府沔阳有陆子泉，又叫作文学泉。唐朝陆羽嗜茶，曾以此泉水试茶，故名。

清代蔡方炳《增订广舆记》记载：玉泉山，泉水从石缝间流出，于是把石头凿成螭头，使泉水从螭口中流出，味道极为甘美。聚汇成池，直径达三丈，东边横跨一座小石桥，名叫“玉泉垂虹”。

《武夷山志》记载：武夷山南虎啸岩有语儿泉，泉水浓得好像停膏，倒入杯中，可以照见毛发，味道甘甜而丰富，品尝起来有软绵顺畅的感觉。其次则数天柱山三敲泉，而御茶园的喊泉与此泉不相上下。武夷北山的泉水味道与南山迥然不同。小桃源这个泉，高出地面一尺左右，取之不竭，称作高泉，味道纯美绵远而有逸致，可以说是格调和韵味双全，越品越感到滋味无穷，实在是无法用言语表达。比较差的有接笋的仙掌露，品质最差的，也没有硬洌的气质。

清代徐葆光《中山传信录》记载：琉球烹茶，用茶末掺杂少量细粉放入碗中，倒半瓯沸水，用小竹帚搅动数十次，以瓯中所起的沫饽布满瓯面为标准，以此来敬献宾客。另外，还有用大螺壳烹茶的。

清代屈擢升《随见录》记载：安庆府宿松县东门外，孚玉山下福昌寺旁边有一口井，叫作龙井，水味清澈甘美，用来烹茶非常好，品质与溪流山泉相比更重。

六　茶之饮

原　文

卢仝《茶歌》：日高丈五睡正浓，军将打门惊周公。口云谏议送书信，白绢斜封三道印。开缄宛见谏议面，手阅月团三百片。闻道新年入山里，蛰虫惊动春风起。天子未尝阳羡茶，百草不敢先开花。仁风暗结珠蓓蕾，先春抽出黄金芽。摘鲜焙芳旋封裹，至精至好且不奢。至尊之余合王公，何事便到山人家！柴门反关无俗客，纱帽笼头自煎吃。碧云引风吹不断，白花浮光凝碗面。一碗喉吻润；两碗破孤闷；三碗搜枯肠，唯有文字五千卷；四碗发轻汗，平生不平事，尽向毛孔散；五碗肌骨清；六碗通仙灵；七碗吃不得也，唯觉两腋习习清风生。

唐冯贽《记事珠》：建人谓斗茶曰茗战[①]。

《北堂书钞》：杜育《荈赋》云：茶能调神、和内、解倦、除慵。

《续博物志》：南人好饮茶，孙皓以茶与韦曜代酒，谢安诣陆纳，设茶果而已。北人初不识此，唐开元中，泰山灵岩寺有降魔师，教学禅者以不寐法，令人多作茶饮，因以成俗。

《大观茶论》：点茶不一，以分轻清重浊，相稀稠得中，可欲则止。《桐君录》云："茗有饽，饮之宜人。"虽多不为贵也。

夫茶，以味为上，香甘重滑，为味之全。唯北苑、壑源之品兼之。卓绝之品，真香灵味，自然不同。茶有真香，非龙麝可拟。要须蒸及熟而压之，及干而研，研细而造，则和美具足。入盏则馨香四达，秋爽洒然。

点茶之色，以纯白为上真，青白为次，灰白次之，黄白又次之。天时得于上，人力尽于下，茶必纯白。青白者，蒸压微生；灰白者，蒸压过熟。压膏不尽则色青暗，焙火太烈则色昏黑。

《苏文忠集》：予去黄十七年[②]，复与彭城张圣途、丹阳陈辅之同来。院僧梵英葺治堂宇，比旧加严洁，茗饮芳冽。予问："此新茶耶？"英曰：

“茶性新旧交则香味复。”予尝见知琴者言，琴不百年，则桐之生意不尽缓急清浊常与雨旸寒暑相应。此理与茶相近，故并记之。

王焘集《外台秘要》有《代茶饮子》诗云，格韵高绝，唯山居逸人乃当作之。予尝依法治服，其利膈调中，信如所云。而其气味乃一帖煮散耳，与茶了无干涉。

《月兔茶》诗：环非环，玦非玦，中有迷离玉兔儿，一似佳人裙上月。月圆还缺缺还圆，此月一缺圆何年。君不见，斗茶公子不忍斗小团，上有双衔绶带双飞鸾。

坡公尝游杭州诸寺，一日，饮酽茶七碗，戏书云：“示病维摩原不病，在家灵运已忘家。何须魏帝一丸药，且尽卢仝七碗茶。”

注　释

①斗茶：即比赛茶的优劣，又名斗茗、茗战。始于唐，盛于宋。斗茶内容包括：斗茶品、斗茶令、茶百戏。斗茶者各取所藏好茶，轮流烹煮，品评分高下。古代茶叶大多做成茶饼，再碾成粉末，饮用时连茶粉带茶水一起喝下。斗茶时，多人共斗或两人捉对“厮杀”，三斗二胜。

②去：离开。黄：黄州，今湖北黄冈。

译　文

唐代卢仝《茶歌》写道：日高丈五睡正浓，军将打门惊周公。口云谏议送书信，白绢斜封三道印。开缄宛见谏议面，手阅月团三百片。闻道新年入山里，蛰虫惊动春风起。天子未尝阳羡茶，百草不敢先开花。仁风暗结珠蓓蕾，先春抽出黄金芽。摘鲜焙芳旋封裹，至精至好且不奢。至尊之余合王公，何事便到山人家！柴门反关无俗客，纱帽笼头自煎吃。碧云引风吹不断，白花浮光凝碗面。一碗喉吻润；两碗破孤闷；三碗搜枯肠，唯有文字五千卷；四碗发轻汗，平生不平事，尽向毛孔散；五碗肌骨清；六碗通仙灵；七碗吃不得也，唯觉两腋习习清风生。

唐代冯贽《记事珠》记载：建安人称斗茶为茗战。

《北堂书钞》：杜育《荈赋》写道：饮茶能够调理精神，调和内脏功能，解除疲倦，消除慵懒。

南宋李石《续博物志》中说：南方人喜欢饮茶，三国吴主孙皓赐茶给韦曜以代酒；东晋谢安拜访陆纳，陆纳只是摆设茶果招待罢了。北方人起初并没有认识饮茶的益处，唐代开元年间，泰山灵岩寺有一位降魔禅师，以不寐法教导参禅礼佛的人，让人多煎茶品饮，于是逐渐成为风俗。

宋徽宗《大观茶论》中说：点茶的方法各不相同，加水以便观察和区分茶汤的轻重清浊，如果看到茶汤稀稠适宜，就可以停止击拂。《桐君录》上说：“茶汤上面有一层浮沫，喝了它对人体很有益处。”即使多喝了也不为过量。

饮茶，以茶味最为重要，清香、甘甜、厚重、润滑四个方面包括了茶味的全部内涵。只有北苑、壑源的茶品可以兼而有之。那些品质卓绝的珍贵茶种，具有纯正天然的灵味，自然就不同了。茶叶具有纯天然的香味，不是龙脑、麝香等高级香料所能比拟的。而要具备这种真香，就必须在制茶的每个环节都精益求精，茶芽蒸到刚好熟时进行压黄，待茶中水分和膏汁干燥后研磨成细末，然后把调和成胶糊状态的茶注入茶模内制成茶饼，这样制成的茶就会平和味美。烹点之时茶盏中就会馨香四溢，就像秋天的气候一样清爽宜人。

点茶所形成的汤色，以纯白色为最好，青白色次之，灰白色又次之，黄白色再次之。采制茶叶时，要上得天时，下尽人力，这样制成的茶就一定是纯白色的上品。汤色呈青白色，是因为在蒸芽和压黄时稍欠火候使茶叶生了一点；汤色呈灰白色，是因为在蒸芽和压黄时过了火候熟了一些。如果在压黄、去膏时茶中的水分和膏汁没有去除干净，点茶时汤色就会发青发暗；如果在烘焙时火力过大，点茶时汤色就会发昏发红。

宋代苏轼《苏文忠集》中的《题万松岭惠明院壁》写道：我离开黄州十七年，又与彭城张圣途、丹阳陈辅之结伴前来。惠明院的僧人梵英修葺寺院厅堂殿宇，比起原来更加庄严洁净，所烹之茶也芳香甘冽。我问：“这是新茶吗？”梵英回答说：“茶的本性，新旧交融就会芳香馥郁。”我曾经听懂得古琴的人说，没有百年历史的古琴，桐木的生机还在，其声音的缓急清浊往往与天气的雨晴寒暑变化相应。这种道理与茶相近，所以一并记载于此。

唐代王焘《外台秘要》中收录有一首《代茶饮子》诗，格韵高绝，只有隐逸山林的雅士才能写出这样的诗作。我曾经按照这种方法制茶服饮，胸中顺畅调和，的确像诗中所说的那样。而这种茶的味道就是一帖汤药罢了，与茶没有什么关系。

《月兔茶》诗写道：环非环，玦非玦，中有迷离玉兔儿，一似佳人裙上月。月圆还缺缺还圆，此月一缺圆何年。君不见，斗茶公子不忍斗小团，上有双衔绶带双飞鸾。

苏东坡曾经游览杭州的各个寺院，一日饮用浓茶七碗，戏作一诗道：“示病维摩原不病，在家灵运已忘家。何须魏帝一丸药，且尽卢仝七碗茶。”

原　文

《侯鲭录》[①]：东坡论茶：除烦已腻，世固不可一日无茶；然暗中损人不少，故或有忌而不饮者。昔人云自茗饮盛后，人多患气、患黄，虽损益相半，而消阴助阳，益不偿损也。吾有一法，常自珍之，每食已，辄以浓茶漱口，烦腻既去，而脾胃不知。凡肉之在齿间，得茶漱涤，乃尽消缩，不觉脱去，毋须挑刺也。而齿性便苦，缘此渐坚密，蠹疾自已矣。然率用中茶，其上者亦不常有。间数日一啜，亦不为害也。此大是有理，而人罕知者，故详述之。

白玉蟾《茶歌》②：味如甘露胜醍醐，服之顿觉沉疴苏。身轻便欲登天衢，不知天上有茶无。

唐庚《斗茶记》③：政和二年三月壬戌，二三君子相与斗茶于寄傲斋。予为取龙塘水烹之，而第其品。吾闻茶不问团銙，要之贵新；水不问江井，要之贵活。千里致水，伪固不可知，就令识真，已非活水。今我提瓶走龙塘，无数千步。此水宜茶，昔人以为不减清远峡。每岁新茶，不过三月至矣。罪戾之余，得与诸公从容谈笑于此，汲泉煮茗，以取一时之适，此非吾君之力欤。

蔡襄《茶录》：茶色贵白，而饼茶多以珍膏油其面，故有青黄紫黑之异。善别茶者，正如相工之视人气色也，隐然察之于内，以肉理润者为上。既已末之，黄白者受水昏重，青白者受水鲜明，故建安人斗试，以青白胜黄白。

张淏《云谷杂记》：饮茶不知起于何时。欧阳公《集古录跋》云："茶之见前史，盖自魏晋以来有之。"予按《晏子春秋》，婴相齐景公时，"食脱粟之饭，炙三弋、五卵、茗菜而已。"又汉王褒《僮约》有"武阳一作武都买茶"之语，则魏晋之前已有之矣。但当时虽知饮茶，未若后世之盛也。考郭璞注《尔雅》云："树似栀子，冬生叶，可煮作羹饮。"然茶至冬味苦，岂可作羹饮耶？饮之令人少睡，张华得之，以为异闻，遂载之《博物志》。非但饮茶者鲜，识茶者亦鲜。至唐陆羽著《茶经》三篇，言茶甚备，天下益知饮茶。其后尚茶成风。回纥入朝，始驱马市茶。德宗建中间，赵赞始兴茶税。兴元初虽诏罢，贞元九年，张滂复奏请，岁得缗钱四十万。今乃与盐酒同佐国用，所入不知几倍于唐矣。

注　释

①《侯鲭录》：南宋时赵令畤所著的轶事小说。全书共8卷，诠释名物、习俗、方言、典实，记叙时人的交往品评、轶事、趣闻及诗词之作，冥搜远证，颇

为精湛，有文学史料价值。

②白玉蟾：本姓葛，名长庚。为白氏继子，故又名白玉蟾。字如晦、白叟，号海琼子、海南翁、武夷翁，世称紫清先生。南宋时人，祖籍福建闽清，生于琼州(今海南琼山)人，一说福建闽清人。

③唐庚：字子西，人称鲁国先生。眉州丹棱（今属四川眉山）人。北宋诗人。

译文

宋代赵令畤《侯鲭录》记载：苏东坡论茶道：消除烦闷，祛除油腻，世人固然不可一日无茶；然而饮茶暗中对于人体也有不少损害，因而有人忌讳茶叶而不饮茶。从前有人说过自从饮茶风气盛行之后，人们多患有呼吸疾病、面色发黄的疾病，即使说是饮茶对人体损益各半，但是消阴助阳，得不偿失。我有一个办法，常以此敝帚自珍，就是每当吃完饭后，就用浓茶漱口，这样口中的油腻不仅祛除了，而且不会影响脾胃内脏。大凡肉菜有夹在牙齿之间的，经过茶水漱洗，就会完全消缩，在不觉间脱去，不必挑剌。而且牙齿的本性适宜苦味，会因此而逐渐坚硬密闭，各种牙虫病自然消除了。当然，大多用中等的茶叶，上等的茶叶也不是经常会有。间隔数日用茶叶漱次口，也不会有什么损害。这种方法很有道理，人们却很少知道，因此这里详细加以介绍。

宋代白玉蟾《茶歌》中写道：味如甘露胜醍醐，服之顿觉沉疴苏。身轻便欲登天衢，不知天上有茶无。

宋代唐庚《斗茶记》中说：政和二年(1112)三月壬戌，几位君子相约来到我的寄傲斋进行斗茶。我为他们汲取龙塘水烹茶，并品鉴其品第高下。我听说茶不论是圆形的还是方形的团饼，关键在于新鲜；水不论是江河还是井泉之水，关键在于是不是活水。不远千里转运泉水，其真伪本也不可知，即便是能够鉴别它是真的泉水，也已经不是活水。如今我提着茶瓶去龙塘汲水不过数千步，此水适宜烹茶，前人就认为其水质不比清远峡水差。每年的北苑新茶，不过三月就能收到。我在犯罪贬官之余，能够与各位朋友从容谈笑于此，汲取泉水，烹茶茗战，取一时的适用之物，难道不是此君的功劳吗？

宋代蔡襄《茶录》中说：茶汤的颜色以白为贵，而当时所制的茶饼多用珍贵的油脂涂抹于表面，所以茶饼表面有青色、黄色、紫色、黑色的差别。善于鉴别茶的人，就好像相面先生观察人的气色一样，能够隐隐约约透视到茶饼的内部，以其质地新鲜、纹理润泽的为上品，其表面颜色则是次要的。茶饼研细成末之后，颜色呈黄白的，入水就会变得颜色混浊；色呈青白的，入水之后则会变得颜色鲜明，所以建安人进行斗茶以品第茶之高下，认为青白色的茶要胜过黄白色的茶。

南宋张淏《云谷杂记》中说：饮茶之风不知道起源于何时。欧阳修《集古录跋》中说："茶事见于以前史书记载，大概是从魏晋以来才有的。"我查阅《晏子春秋》，其中记载晏婴在做齐景公的相国时，“食脱粟之饭，炙三弋、五卵、茗菜而已”。另外东汉王褒的《僮约》也有“武阳一作武都买茶”的话。由此可知，魏晋之前已经有了茶事。只是当时虽然知道饮茶，但还没有像后世那样盛行。考察晋人郭璞注释《尔雅》时说：“茶树与栀子相似，冬季生叶，可以煎煮成羹饮用。”可是茶叶到了冬季味道苦涩，难道还可以煮成羹饮用吗？饮用茶叶令人少睡。晋人张华看到郭璞的说法，作为逸闻趣事，收录到所著的《博物志》中。由此可知不仅仅饮用茶叶的人很少，了解茶事的人也很少。到了唐朝，陆羽编撰《茶经》三篇，谈论茶事很完备，天下之人更加了解饮茶了。此后天下崇尚饮茶成为风气。回纥入朝进贡，才开始驱马交易茶叶，开启了茶马互市的先河。唐德宗建中年间，赵赞奏请征收茶税。兴元初，虽然下诏罢除茶税，但到了贞元九年，张滂再次奏请征收，每年收入缗钱四十万。如今茶税已经与盐税、酒税同样成为国家财政的重要支柱，收入又不知道几倍于唐朝了。

原　文

《品茶要录》：余尝论茶之精绝者，其白合未开，其细如麦，盖得青阳之轻清者也。又其山多带砂石，而号佳品者，皆在山南，盖得朝阳之和者也。余尝事闲乘晷景之明净，适亭轩之潇洒，一一皆取品试。既而神水生于华池，愈甘而新，其有助乎。

昔陆羽号为知茶，然羽之所知者，皆今之所谓茶草。何哉？如鸿渐所论，蒸笋并叶，畏流其膏，盖草茶味短而淡，故常恐去其膏。建茶力厚而甘，故唯欲去其膏。又论福建为“未详，往往得之，其味极佳”。由是观之，鸿渐其未至建安欤！

谢宗《论茶》：候蟾背之芳香，观虾目之沸涌。故细沤花泛，浮饽云腾，昏俗尘劳，一啜而散。

《黄山谷集》：品茶，一人得神，二人得趣，三人得味，六七人是名施茶。

沈存中《梦溪笔谈》[①]：芽茶，古人谓之雀舌、麦颗，言其至嫩也。今茶之美者，其质素良，而所植之土又美，则新芽一发，便长寸余，其细如针。唯芽长为上品，以其质干、土力皆有余故也。如雀舌、麦颗者，极下材耳。乃北人不识，误为品题。予山居有《茶论》，且作《尝茶》诗云：“谁把嫩香名雀舌，定来北客未曾尝。不知灵草天然异，一夜风吹一寸长。”

《遵生八笺》：茶有真香，有佳味，有正色。烹点之际，不宜以珍果香草杂之。夺其香者，松子、柑橙、莲心、木瓜、梅花、茉莉、蔷薇、木樨之类是也。夺其色者，柿饼、胶枣、火桃、杨梅、橘饼之类是也。凡饮佳茶，去果方觉清绝，杂之则味无辨矣。若欲用之，所宜则唯核桃、榛子、瓜仁、杏仁、榄仁、栗子、鸡头、银杏之类，或可用也。

徐渭《煎茶七类》[②]：茶入口，先须灌漱，次复徐啜，俟甘津潮舌，乃得真味。若杂以花果，则香味俱夺矣。

饮茶，宜凉台静室，明窗曲几，僧寮道院，松风竹月，晏坐行吟，清谈把卷。

饮茶，宜翰卿墨客，淄衣羽士，逸老散人，或轩冕中之超轶世味者。

除烦雪滞，涤醒破睡，谭渴书倦，是时茗碗策勋，不减凌烟。

许次纾《茶疏》：握茶手中，俟汤入壶，随手投茶，定其浮沉，然后泻啜，则乳嫩清滑，而馥郁于鼻端。病可令起，疲可令爽。

一壶之茶，只堪再巡。初巡鲜美，再巡甘醇，三巡则意味尽矣。余尝与客戏论，初巡为"婷婷袅袅十三余"，再巡为"碧玉破瓜年"，三巡以来，"绿叶成阴"矣。所以茶注宜小，小则再巡已终，宁使余芬剩馥尚留叶中，犹堪饭后供啜漱之用。

人必各手一瓯，毋劳传送。再巡之后，清水涤之。

若巨器屡巡，满中泻饮，待停少温，或求浓苦，何异农匠作劳，但资口腹，何论品赏，何知风味乎？

注　释

①沈存中：即沈括。字存中，号梦溪丈人，浙江钱塘（今浙江杭州）人，北宋政治家、科学家。《梦溪笔谈》：共分30卷，其中《笔谈》26卷，《补笔谈》3卷，《续笔谈》1卷。全书有十七目，凡609条。内容涉及天文、数学、物理、化学、生物等各个门类学科，是一部涉及古代中国自然科学、工艺技术及社会历史现象的综合性笔记体著作。

②徐渭：初字文清，后改字文长，号天池山人。明代文学家、书画家、军事家。《煎茶七类》：全书250字左右，分为人品、品泉、煎点、尝茶、茶候。

译　文

宋代黄儒《品茶要录》中说：我曾经论述过茶中最称精华的绝品，是当茶芽合抱的两片小叶还没有打开，其外形细小得如同麦粒时，这是因为它沐浴着春天清新的空气和温暖的阳光。另外，这些茶树生长在有许多砂石的山坡上，被称为上好佳品的茶叶，都是生长在山的南面，因为那里能够得到朝阳的清和之气。我曾经在闲暇的时候，乘着明净的日影，潇洒地来到轩亭台阁之间，取来好茶一一烹试品尝。既而觉得好似有神奇之水生于舌下，越发感到甘甜而清凉，难道是有神奇的力量在佑助吗？

从前陆羽号称通晓茶事，但是陆羽所了解的都是今天所谓的草茶。为什么这样说呢？比如陆羽有“蒸好后的茶芽、嫩叶要分散摊开，以防止汁液流失”的说法，这大概就是因为草茶味道短、香气淡，所以常恐怕其中的膏油流失；而建安茶的味道醇厚甘甜，所以只要求去除其中的膏油。此外，陆羽论述建安茶说“未能详尽，往往得到建安的茶，其味道非常好”。从这些方面来看，陆羽生前不曾到过建安吧！

谢宗《论茶》中说：感受经过烘烤好后表面粒粒鼓出如蟾背的茶饼的芳香，观察煮水将沸时虾目蟹眼般的涌现，于是仔细烹点，使茶汤表面水花泛起，浮沫升腾，一切烦闷和疲惫，品茶之后就烟消云散了。

《黄山谷集》中说：品茶，一个人能够品得其中的神韵，两个人能够品得其中的趣味，三个人能够品得其中的味道，至于六七个人一同品茶，就叫作施舍茶叶。

宋代沈括《梦溪笔谈》中说：芽茶，古人称之为雀舌、麦颗，是形容芽茶非常鲜嫩。如今茶叶中的上品，其品质本来就很好，加上种植的土地又很肥沃，所以新芽一发出来，便会长达寸余，像针一样细。只有芽长的茶才是上品，这是因为品质、水分、土力都有余力。至于像雀舌、麦颗那样的芽茶，只不过是最下等的品质罢了。之所以有前述的说法，那是因为北方人不了解情况，错误地加以品题。我居住山中的时候写有《茶论》，并且作了一首《尝茶》诗：“谁把嫩香名雀舌，定来北客未曾尝。不知灵草天然异，一夜风吹一寸长。”

明代高濂《遵生八笺》中说：茶叶有其天然的香气，有其上佳的味道，有其纯正的色泽。在烹点的时候，不适宜用珍贵的果品、香料、植物掺杂在一起。能够侵夺茶叶香气的，有松子、柑橙、莲心、木瓜、梅花、茉莉花、蔷薇花、木樨花之类；能够侵夺茶叶色泽的有柿饼、胶枣、火桃、杨梅、橘饼之类。大凡品饮上佳的茶叶，去掉果品才能感觉茶味清绝，如果夹杂着果品一块吃喝，那么就无法辨别味道了。如果一定要用果品相伴，那么与茶叶相适宜的只有核桃、榛子、瓜仁、杏仁、橄榄仁、栗子、鸡头、银杏之类，或许可以并用。

明代徐渭《煎茶七类》讲到茶时说：茶初入口，首先要漱口，其次是慢慢品味，等到甘津潮舌，才能品味出茶叶的天然真味。如果掺杂着鲜花、果品，那么茶的香味就会全被侵夺了。

饮茶适宜在凉台静室、明窗曲几、寺院道观、风中松林、月下竹影的环境中，在闲坐吟诗、读书清谈的时候。

饮茶适宜文士墨客，僧人道士隐士山人，或者官宦之中超越流俗的人。

饮茶能够消除烦闷，祛除积滞，解除酒醉，破除睡眠，一日因为清谈而焦渴、因为读书而疲倦，这时候饮茶的功勋，不亚于凌烟阁功臣的功劳卓著。

明代许次纾《茶疏·烹点》中说：预先把茶叶握在手中，等到开水烧好，倒进茶壶之后，就随手把茶叶投进开水之中，以便稳定原来漂浮水面的茶叶，然后就可以倒出来招待客人了。这样烹点出来的茶水鲜美润泽、清香扑鼻。品饮之后，有病的人可得以痊愈，疲劳的人可感到神清气爽。

一壶茶水，只可以沏茶两巡。第一巡茶的味道鲜美，第二巡茶的味道甘醇，第三巡茶的味道就发挥将尽了。我曾经与冯开之戏谈品鉴这三巡茶的象征，把第一巡茶比喻为“亭亭玉立的十三四岁的少女”，把第二巡茶比喻为“正当碧玉破瓜妙龄的女孩”，第三巡茶过后，就好比儿女成行、青春已逝的妇人”。因此，茶注要小，茶注小就可以使茶过两巡便结束，宁可使剩余的芬芳仍然残留在茶叶之中，还可以在饭后用来漱口。

一人必须手持一个茶瓯，不用再麻烦相互传递；斟茶两巡过后，要用清水洗净茶瓯为好。

如果是用大壶沏茶，就需要反复好多次，有的是满满地斟上茶水，大口倾泻而下；有的是大壶水温高，要等待慢慢降温；有的是想借用大壶把茶叶泡得又浓又苦，这样的饮茶方式与辛勤劳动后的农夫和工匠又有什么区别呢？他们只是需要解渴罢了，哪里谈得上品饮鉴赏呢？又如何懂得茶叶的独特风味呢？

原　文

《煮泉小品》：唐人以对花啜茶为杀风景，故王介甫诗云“金谷千花莫漫煎”。其意在花，非在茶也。余意以为金谷花前，信不宜矣；若把一瓯对山花啜之，当更助风景，又何必羔儿酒也。

茶如佳人，此论最妙，但恐不宜山林间耳。昔苏东坡诗云“从来佳茗似佳人”，曾茶山诗云“移人尤物众谈夸”，是也。若欲称之山林，当如毛女、麻姑，自然仙丰道骨，不浼烟霞。若夫桃脸柳腰，亟宜屏诸销金帐中，毋令污我泉石。

茶之团者、片者，皆出于碾铠之末，既损真味，复加油垢，即非佳品。总不若今之芽茶也，盖天然者自胜耳。曾茶山《日铸茶》诗云“宝铸自不乏，山芽安可无”，苏子瞻《壑源试焙新茶》诗云“要知玉雪心肠好，不是膏油首面新”，是也。且末茶瀹之有屑，滞而不爽，知味者当自辨之。

煮茶得宜，而饮非其人，犹汲乳泉以灌蒿莸，罪莫大焉。饮之者一吸而尽，不暇辨味，俗莫甚焉。

人有以梅花、菊花、茉莉花荐茶者，虽风韵可赏，究损茶味。如品佳茶，亦无事此。今人荐茶，类下茶果，此尤近俗。是纵佳者能损茶味，亦宜去之。且下果则必用匙，若金银，大非山居之器，而铜又生铁，皆不可也。若旧称北人和以酥酪，蜀人入以白土，此皆蛮饮，固不足责。

罗廪《茶解》：茶通仙灵，久服能令升举。然蕴有妙理，非深知笃好不能得其当。

山堂夜坐，汲泉煮茗，至水火相战，如听松涛，倾泻入杯，云光潋滟。此时幽趣，故难与俗人言矣。

顾元庆《茶谱》：品茶八要：一品，二泉，三烹，四器，五试，六候，七侣，八勋。

张源《茶录》：饮茶，以客少为贵，众则喧，喧则雅趣乏矣。独啜曰幽，二客曰胜，三四曰趣，五六曰泛，七八曰施。

酾不宜早，饮不宜迟。酾早则茶神未发，饮迟则妙馥先消。

《云林遗事》：倪元镇素好饮茶[①]，在惠山中，用核桃、松子肉和真粉成小块如石状，置于茶中饮之，名曰清泉白石茶。

闻龙《茶笺》：东坡云："蔡君谟嗜茶，老病不能饮，日烹而玩之，可发来者之一笑也。"孰知千载之下有同病焉。余尝有诗云："年老耽弥甚，脾寒量不胜。"去烹而玩之者几希矣。因忆老友周文甫，自少至老，茗碗薰炉，无时暂废。饮茶日有定期：旦明、晏食、禺中、晡时、下舂、黄昏，凡六举，而客至烹点不与焉。寿八十五，无疾而卒，非宿植清福，乌能毕世安享？视好而不能饮者，所得不既多乎！尝蓄一龚春壶，摩挲宝爱，不啻掌珠。用之既久，外类紫玉，内如碧云，真奇物也，后以殉葬。

注　释

①倪元镇：即倪瓒。初名珽，字泰宇，后字元镇，号云林子、荆蛮民、幻霞子等。江苏无锡人。元末明初画家、诗人。

译　文

明代田艺蘅《煮泉小品》中说：唐朝人认为对花品茶是煞风景之事，所以王安石诗中写道"金谷千花莫漫煎"。意谓对花品茶时注意力集中在赏花，而不在品茶。我则认为在金谷园之类的名园对花品茶，的确是不适宜的。而如果是手把

一瓯佳茶面对山花品啜，则当会更有助于风景相宜，增添幽趣，又何必要贬低为粗俗的饮羔儿酒呢？

茶如佳人，这种说法虽然精妙，却不适宜山林之间的茶人生活。从前苏轼诗中所说的“从来佳茗似佳人”，曾几诗中所说的“移人尤物众谈夸”，说的就是茶如佳人的比喻。如果要想与山林生活相适应，就应该是古代神话中的毛女、麻姑，自然仙风道骨，不至于污染其烟霞风致，这样才可以。如果一定要把茶比拟为面如桃花、腰似细柳的美人，就应该赶紧把他们摈弃于销金帐中，千万不要玷污我们山林泉石间高雅的饮茶生活。

从前茶叶制成团饼，也称片茶，都是经过碾磨加工而成，不仅损害了茶的天然真味，而且又在团饼表面涂上膏油，所以已不是上佳的茶品。总不如今天饮用的芽茶，这是因为天然的东西自然会比较好。曾几《日铸茶》诗中所说的“宝镑自不乏，山芽安可无”，苏轼《壑源试焙新茶》诗中所说的“要知玉雪心肠好，不是膏油首面新”，都是这个意思。况且这种研成细末的茶，烹点之后会有很多碎屑，饮用起来沉滞而不清爽，懂得品饮之道的人应当自会加以鉴别。

煮茶的方法得当，而品饮的宾客不得其人，就好比汲取上好的佳泉去浇灌蒿莱荒草，是莫大的罪过。如果品饮的人端起茶瓯一饮而尽，来不及鉴别和品味，就再也没有比这更为庸俗的事了。

世人有用梅花、菊花、茉莉花佐茶品饮的，虽然其风雅韵致颇可激赏，但也会有损于茶的自然真味。如果有上好的茶，也不需要采取这种品饮方式。如今的人们在来客献茶的时候，大多投入些果品以佐茶，这种饮茶方式尤其近乎庸俗。即使是很好的果品，也能损害茶的自然真味，所以应当摈弃不用。况且投入果品就必须用茶匙之类的器具，如果用金银之类，根本不是山居饮茶生活所适宜的器皿，如果是铜器，又会产生腥味，都不可以使用。至于从前人们所说的北方少数民族用茶与酥酪调和饮用，巴蜀之人在茶中加入白盐，这都是少数民族的饮茶方式，本来就不必加以指责。

明代罗廪《茶解》中说：茶与仙灵相通，长期饮用能使人身强体健，飘飘欲仙；然而茶中蕴含着精微的道理，如果不是深通茶性而且嗜好饮茶的人是不可能得到其中真谛的。

夜晚独坐山中草堂，亲手烹煮香茶，到了水火相战、即将沸腾的时候，俨然是在倾听松涛阵阵响起。将开水倾倒到茶瓯之中，茶面云光缥缈，时隐时现。这一段幽情雅趣，本来就很难与世俗之人叙说得清楚。

明代顾元庆《茶谱》记载：品茶有八个要点：第一是茶品，第二是泉水，第三是煮水，第四是器具，第五是烹试，第六是候汤，第七是品饮的同伴，第八是茶的功效。

明代张源《茶录》中说：品茶时，以宾客较少、环境幽静为贵。如果宾客众多，就会嘈杂喧闹，从而失去了品饮的雅趣。一人独啜叫作神饮，二人对饮叫作胜饮，三四个人饮茶就叫作趣饮，五六个人饮茶就叫作泛饮，七八个人饮茶就叫作施茶。

斟茶不宜过早，而品饮则不宜太迟。斟茶过早，茶叶的神韵尚未发挥出来；品饮太迟，那么茶叶的奇妙香气已经消散了。

明代顾元庆《云林遗事》记载：元代画家倪瓒一向喜欢饮茶，在惠山中用核桃、松子仁与面粉调和成石头形状的小块，放到茶中品饮，命名为清泉白石茶。

明代闻龙《茶笺》中说：苏东坡说过："蔡襄嗜好饮茶，年老且病不能品饮，就每天烹茶玩赏，聊可博得后世之人一笑。"谁知道千年之后竟然找到了同病的知音。我曾经有诗写道："年老耽弥甚，脾寒量不胜。"差不多接近于蔡襄的烹茶玩赏了。由此而回忆起我的老朋友周文甫，从少年直到老年，茶碗熏炉，从没有一刻荒废。他每天饮茶都有固定的时刻：清晨、早饭时、中午、下午、下午晚时、黄昏，共六次，而宾客往来烹点品饮还不计在内。高寿八十五岁，无疾而终。如果不是从前种下的清福，怎么能够毕生安享呢？比起嗜茶而又不能多饮的人，从中所得到的益处不是更多吗？他曾经收藏一把供春壶，每天摩挲宝爱，不下于掌上明珠。使用时间长了之后，壶的表面类似紫玉的色泽，内部则犹如碧云，真是一件奇物，他死后就以此壶殉葬。

原　文

《快雪堂漫录》：昨同徐茂吴至老龙井买茶，山民十数家，各出茶。茂吴以次点试，皆以为赝，曰：真者甘香而不冽，稍冽便为诸山赝品。得一二两以为真物试之，果甘香若兰。而山民及寺僧反以茂吴为非，吾亦不能置辨。伪物乱真如此。茂吴品茶，以虎丘为第一。常用银一两余购其斤许。寺僧以茂吴精鉴，不敢相欺他人，所得虽厚价，亦赝物也。子晋云[①]：本山茶叶微带黑，不甚青翠。点之色白如玉，而作寒豆香，宋人呼为白云茶。稍绿便为天池物。天池茶中杂数茎虎丘，则香味迥别。虎丘，其茶中王种耶！岕茶精者，庶几妃后，天池龙井，便为臣种，其余则民种矣。

熊明遇《岕山茶记》：茶之色重、味重、香重者，俱非上品。松萝香重；六安味苦，而香与松萝同；天池亦有草莱气，龙井如之。至云雾则色重而味浓矣。尝啜虎丘茶，色白而香似婴儿肉，真称精绝。

邢士襄《茶说》：夫茶中着料，碗中着果，譬如玉貌加脂，娥眉染黛，翻累本色矣。

冯可宾《岕茶笺》：茶宜：无事、佳客、幽坐、吟咏、挥翰、徜徉、睡起、宿醒、清供、精舍、会心、赏鉴、文僮。茶忌：不如法、恶具、主客不韵、冠裳苛礼、荤肴杂陈、忙冗、壁间案头多恶趣。

谢在杭《五杂组》：昔人谓：扬子江心水，蒙山顶上茶。蒙山在蜀雅州②，其中峰顶尤极险秽，虎狼蛇虺所居，采得其茶，可蠲百病。今山东人以蒙阴山下石衣为茶当之，非矣。然蒙阴茶性亦冷，可治胃热之病。

凡花之奇香者，皆可点汤。《遵生八笺》云："芙蓉可为汤。"然今牡丹、蔷薇、玫瑰、桂、菊之属，采以为汤，亦觉清远不俗，但不若茗之易致耳。

北方柳芽初茁者，采之入汤，云其味胜茶。曲阜孔林楷木，其芽可以烹饮。闽中佛手柑、橄榄为汤，饮之清香，色味亦旗枪之亚也。又或以菉豆微炒，投沸汤中倾之，其色正绿，香味亦不减新茗。偶宿荒村中觅茗不得者，可以此代也。

《谷山笔麈》：六朝时，北人犹不饮茶，至以酪与之较，唯江南人食之甘。至唐始兴茶税。宋元以来，茶目遂多，然皆蒸干为末，如今香饼之制，乃以入贡，非如今之食茶，止采而烹之也。西北饮茶，不知起于何时。本朝以茶易马，西北以茶为药，疗百病皆瘥，此亦前代所未有也。

《金陵琐事》：思屯，乾道人，见万镃手软膝酸，云："系五藏皆火，不必服药，唯武夷茶能解之。"茶以东南枝者佳，采得烹以涧泉，则茶竖立，若以井水即横。

注　释

①子晋：新安王刘子鸾。南朝宋孝武帝刘骏第八子，字孝羽。

②雅州：今四川雅安。

译　文

明代冯梦祯《快雪堂漫录》记载：昨天，我同徐茂吴一同到老龙井去买茶，当地山民十多家，都拿出茶来兜售。徐茂吴依次烹点试茶，认为都是赝品。他说：真正的龙井茶甘甜清香而不寒冽，稍觉寒冽就是其他各山所出的赝品。一般人得到一二两，就认为是真正的龙井，烹试之后果然甘甜清香，像兰花一样。可是山民与寺里的僧人反而认为徐茂吴所说的不对，我也不能为他辩解。假冒伪劣产品扰乱真品已经到了如此地步，徐茂吴品茶认为苏州虎丘茶为第一，经常用一两多银子购买一斤左右。虎丘寺的僧人认为徐茂吴精于鉴赏，也不敢欺骗他。其他人所得虎丘茶即使价格很高，也都是赝品。南朝宋时新安王刘子鸾说过：虎丘本山的茶叶稍微带有黑色，不很青翠。烹点之后色泽鲜白如玉，味道则如寒豆的清香，宋朝人称为白云茶。茶叶稍微带绿的是天池茶。天池茶中间如果掺杂几片虎丘茶，那么其香味就迥然有别。虎丘茶堪称是茶中之王者！罗岕茶中的精品，差不多可以作为后妃，天池茶和龙井茶便只可作为大臣了，其余的品种也就只能作为平民了。

明代熊明遇《岕山茶记》中说：茶叶的色泽重、味道重、香气重的，都不是上品。松萝茶的香气重，六安茶的味道苦，而香气与松萝茶一样浓重，天池茶也有草莱之气，龙井茶也是这样。至于云雾茶，则更是色泽重而且味道浓了。我曾经品尝虎丘茶，色泽鲜白而且香气如同婴儿肉，真正可以称得上是精妙绝伦。

明代邢士襄《茶说》中说：在茶叶中加入香料，点茶时加入干果，就好比是女性貌美如花还要涂脂抹粉，娥眉如黛还要修染眉毛，反而冲淡了本色。

明代冯可宾《岕茶笺》中说：适宜饮茶的时间和环境包括：闲暇无事、佳客相会、独自静坐、吟咏诗词、挥翰书画、逍遥自在、沉睡起床、隔夜醉酒、陈设高雅、精舍亭榭、领悟韵味、精于鉴赏、文雅童子。饮茶忌讳的人和事物包括：不按照正确的方法操作、劣质的器具、主客不融洽、冠裳严肃而礼仪繁苛、荤腥菜肴纷然杂陈、繁忙杂乱、壁间案头多有恶趣。

明代谢肇淛在《五杂俎》中说：古人说：扬子江心水，蒙山顶上茶。蒙山在四川雅州，其中峰上清峰顶极为险峻污秽，是虎狼毒蛇生存的地方，采摘上面出产的茶叶，可以祛除百病。如今山东人以蒙阴山下的苔藓类植物作为蒙山茶，是不对的。但是蒙阴这种茶本性寒冷，可以治疗胃热之病。

大凡具有奇香的花卉，都可以用来点茶。《遵生八笺》中就说："芙蓉可以点茶。"但是今日的牡丹花、蔷薇花、玫瑰花、桂花、菊花之类，采摘来点茶，也感到清新悠远而不俗，只是不如茶叶容易得到罢了。

北方人采摘初发的柳树芽，用来入汤点茶，据说其味道胜过茶叶。曲阜孔林的楷木，其嫩芽也可以用来烹点饮用。福建人用佛手柑、橄榄泡茶，品饮起来清香宜人，色泽和味道也仅比茶叶略逊一筹。又有人用绿豆轻轻炒过，投入沸水中冲泡，不久，色泽正绿，香味也不比新采的茶叶差。偶然借宿于荒村野店寻找不到茶叶，就可以以此替代。

明代于慎行《谷山笔麈》中说：六朝时期，北方人还不饮茶，甚而以奶酪与之相比，只有江南人喜欢品饮。到了唐朝开始征收茶税。宋元以来，茶的品种名目逐渐增多，但都是蒸过、焙干、研为细末，就像如今香饼的形制，乃是以此进贡朝廷，并不是像今天的饮茶，只是采制而后烹点饮用。西北少数民族地区饮茶不知道起源于何时。我朝以茶叶与西北地区交易马匹，西北地区则以茶叶作为药品，治疗各种疾病都能够痊愈，这也是前代所没有过的事情。

明代周晖《金陵琐事》记载：思屯，是南宋乾道年间的人，见到万镃手软膝酸，就说："这是五脏皆火的病症，不用服药，只有武夷茶能够解除。"茶叶以朝着东南方向枝条上的为佳，采摘以后用山涧泉水烹点，茶叶则竖着立起来，如果用井水烹点，茶叶则横着漂起来。

原文

《六研斋笔记》：茶以芳洌洗神，非读书谈道，不宜亵用。然非真正契道之士，茶之韵味，亦未易评量。尝笑时流持论，贵嘶声之曲，无色之茶。嘶近于哑，古之绕梁遏云，竟成钝置。茶若无色，芳洌必减，且芳与鼻触，洌以舌受，色之有无，目之所审。根境不相摄，而取衷于彼，何其悖也！何其谬耶！

虎丘以有芳无色，擅茗事之品。顾其馥郁不胜兰芷，与新剥豆花同调，鼻之消受，亦无几何。至于入口，淡于勺水，清冷之渊，何地不有，乃烦有司章程，作僧流棰楚哉。

《紫桃轩杂缀》：天目清而不醨，苦而不螫，正堪与缁流漱涤。笋蕨、石濑则太寒俭，野人之饮耳。松萝极精者方堪入供，亦浓辣有余，甘芳不足，恰如多财贾人，纵复蕴藉，不免作蒜酪气。分水贡芽，出本不多。大叶老根，泼之不动，入水煎成，番有奇味。荐此茗时，如得千年松柏根作石鼎熏燎，乃足称其老气。

"鸡苏佛""橄榄仙"，宋人咏茶语也。鸡苏即薄荷，上口芳辣。橄榄久咀回甘。合此二者，庶得茶蕴，曰仙，曰佛，当于空玄虚寂中，默默证入。不具是舌根者，终难与说也。

赏名花不宜更度曲，烹精茗不必更焚香，恐耳目口鼻互牵，不得全领其妙也。

精茶不宜泼饭，更不宜沃醉。以醉则燥渴，将灭裂吾上味耳。精茶岂止当为俗客吝？倘是日汩汩尘务，无好意绪，即烹就，宁俟冷而灌兰，断不令俗肠污吾茗君也。

罗岕山庙后精者，亦芬芳回甘。但嫌稍浓，乏云露清空之韵。以兄虎丘则有余，以父龙井则不足。

天地通俗之才，无远韵，亦不致呕哕寒月。诸茶晦黯无色，而彼独翠绿媚人，可念也。

屠赤水云[①]：茶于谷雨候晴明日采制者，能治痰嗽、疗百疾。

《类林新咏》：顾彦先曰[②]："有味如臛，饮而不醉；无味如茶，饮而醒焉。"醉人何用也？

《徐文长秘集·致品》：茶宜精舍，宜云林，宜瓷瓶，宜竹灶，宜幽人雅士，宜衲子仙朋，宜永昼清谈，宜寒宵兀坐，宜松月下，宜花鸟间，宜清流白石，宜绿藓苍苔，宜素手汲泉，宜红妆扫雪，宜船头吹火，宜竹里飘烟。

注 释

①屠赤水：即屠隆。字长卿，号赤水。明代文学家、戏曲家。

②顾彦先：即顾荣，字彦先。吴郡吴县（今江苏苏州）人。西晋末年大臣、名士。

译 文

明代李日华《六研斋笔记》中说：茶叶以其芳香甘冽清心悦神，不是读书谈道，不适宜轻易玷污使用。但如果不是真正契合道义的人，对于茶的韵味，也不容易品评考量。我曾经嘲笑时下名流的观点，以声音嘶哑的曲调为贵，以没有色泽的茶叶为贵。其实嘶哑的声音接近于哑，那么古人所崇尚的余音绕梁、响遏行云的优美歌声，竟然都被弃置不用。茶叶如果没有色泽，其芳香甘冽必定大减，况且芳香是鼻子所闻，甘冽是舌头所尝色泽的有无，是眼睛所审视。茶的色泽、香气、味道从根本上说没有必然联系，如果以此而证彼、以色泽而取其香气和味道，难道不是违背常理吗？多么荒谬啊！

苏州的虎丘茶有芳香之气而没有色泽，是名茶中佳品。只是其馨香馥郁不如兰花芷草，与新剥开的豆花味道相同，鼻子所能消受的香气，也没有多少。至于入口的味道，甚至比勺水还淡。清澈甘冽的深水潭，哪里没有，为什么要相关衙门为之立法，让僧人污染呢？

李日华《紫桃轩杂缀》记载：天目山茶清香而不淡薄，苦涩而无毒害，正好适宜僧徒的漱洗品饮之用。笋蕨茶、石濑茶则太过寒酸俭朴，只适宜山野之人品饮罢了。松萝茶极为精致的上品才可以进贡朝廷，然而也有浓辣有余、甘甜芳香不足的弊病，正如多财商人，即使含而不露，仍然免不了辛辣腥膻之味。分水的贡茶，出产得本来不多。叶大根老，冲泡不开，放入水中煎煮，反而会有奇特的味道。奉献这种茶叶的时候，如果能够得到千年的松柏树根做成的石鼎进行熏燎，就会足以与其醇厚老成之气相适应。

"鸡苏佛""橄榄仙"，这都是宋朝人吟咏茶叶的词语。鸡苏就是薄荷，入口芳香辛辣；橄榄，则耐久咀嚼且回味甘甜。结合这两种口味，差不多符合茶的蕴涵；至于说称仙称佛，就应当在空玄虚寂中默默地求证了。不具备如此品位的人，终究难以与他们论说。

欣赏名贵的花卉不适宜同时演奏音乐，烹点上佳的好茶不必要同时焚香，这是因为恐怕耳目口鼻相互牵制影响，不能够全心全意领略其精妙。

上佳的好茶不适宜在吃饭时饮用，也不适宜在醉酒时饮用。因为醉酒时口渴舌燥，这时饮茶可以说是糟蹋了上佳的美味。上佳的好茶难道仅仅应当为庸俗的宾客而吝惜？如果是整天忙碌奔波于世俗的事物中，没有好的情绪，即使烹好了，宁肯等到冷却之后去浇灌兰花，决不让这些庸俗的肠胃玷污了我的好茶！

罗岕山庙后所出产的精品茶，也香气芬芳，回味无穷。只是稍嫌浓厚，缺乏云露清空的韵味。品质比起虎丘茶略胜，可为之兄，比起龙井茶则胜过很多，差不多可为之父。

天池茶为俗众所喜爱，虽无绵远的韵味，也不至于玷污寒月。其他各种茶叶都晦暗无色，只有天池茶翠绿喜人，令人感念。

屠隆说：茶叶在谷雨时节晴和日丽的天气采制的，能够治疗痰疾、咳嗽，有益于治愈百病。

《类林新咏》记载：晋代顾荣说过："有味的东西如醪，品饮而不会使人沉醉；无味的东西如茶，品饮之后使人清醒。"使人沉醉的东西有什么用处呢？

《徐文长秘集·致品》中说：饮茶适宜精舍，适宜云林，适宜瓷瓶，适宜竹灶，适宜幽人雅士，适宜僧人道士，适宜终夜清谈，适宜寒夜独坐，适宜月夜松下，适宜花鸟之间，适宜清泉白石，适宜苍绿的苔藓，适宜素手汲泉，适宜红妆扫雪，适宜船头吹火，适宜竹里飘烟。

原　文

《芸窗清玩》：茅一相云："余性不能饮酒，而独耽味于茗。清泉白石可以濯五脏之污，可以澄心气之哲，服之不已，觉两腋习习，清风自生。吾读《醉乡记》[①]，未尝不神游焉。而间与陆鸿渐、蔡君谟上下其议，则又爽然自释矣。"

《三才藻异》：雷鸣茶产蒙山顶，雷发收之，服三两换骨，四两为地仙。

《闻雁斋笔谈》：赵长白自言："吾生平无他幸，但不曾饮井水耳。"此老子茶，可谓能尽其性者。今亦老矣，甚穷，大都不能如曩时，犹摩挲万卷中，作《茶史》，故是天壤间多情人也。

袁宏道《瓶花史》[②]：赏花，茗赏者上也，谭赏者次也，酒赏者下也。

《茶谱》:《博物志》云:“饮真茶，令人少眠。”此是实事，但茶佳乃效，且须末茶饮之。如叶烹者，不效也。

《太平清话》：琉球国亦晓烹茶。设古鼎于几上，水将沸时投茶末一匙，以汤沃之。少顷奉饮，味清香。

《藜床沈余》：长安妇女有好事者，曾侯家睹彩笺曰:“一轮初满，万户皆清。若乃狎处衾帷，不唯辜负蟾光，窃恐嫦娥生妒。涓于十五、十六二宵，联女伴同志者，一茗一炉，相从卜夜，名曰‘伴嫦娥’。凡有冰心，伫垂玉允。朱门龙氏拜启。陆浚原”

沈周《跋茶录》：樵海先生，真隐君子也。平日不知朱门为何物，日偃仰于青山白云堆中，以一瓢消磨半生。盖实得品茶三昧，可以羽翼桑苎翁之所不及，即谓先生为茶中董狐可也。

王晫《快说续记》：春日看花，郊行一二里许，足力小疲，口亦少渴。忽逢解事僧邀至精舍，未通姓名便进佳茗，踞竹床连啜数瓯，然后言别，不亦快哉！

卫泳《枕中秘》：读罢饮余，竹外茶烟轻扬；花深酒后，铛中声响初浮。个中风味谁知，卢居士可与言者；心下快活自省，黄宜州岂欺我哉[③]？

江之兰《文房约》：诗书涵圣脉，草木栖神明。一草一木，当其含香吐艳，倚槛临窗，真足赏心悦目，助我幽思。亟宜烹蒙顶石花，悠然啜饮。

扶舆沆瀣，往来于奇峰怪石间，结成佳茗。故幽人逸士，纱帽笼头，自煎自吃。车声羊肠，无非火候，苟饮不尽，且漱弃之，是又呼陆羽为茶博士之流也。

高士奇《天禄识余》：饮茶或云始于梁天监中，见《洛阳伽蓝记》，非也。按《吴志·韦曜传》:“孙皓每宴飨，无不竟日，曜不能饮，密赐茶以当酒。”如此言，则三国时已知饮茶矣。逮唐中世，榷茶遂与煮海相抗，迄今国计赖之。

注　释

①《醉乡记》：唐代王绩所作散文。

②袁宏道：字中郎，又字无学，号石公，又号六休。荆州公安(今属湖北公安)人，明代文学家。与其兄袁宗道、弟袁中道并有才名，合称“公安三袁”。

③黄宜州：即黄庭坚，因曾贬宜州，故名。

译文

明代胡文焕辑《芸窗清玩》记载：茅一相说："我生性不能饮酒，而只嗜好品茶。清泉白石，可以濯洗五脏的污垢，可以澄清内心的智慧。品茶不停，就会感觉两腋习习，清风自然生发。我阅读《醉乡记》，未尝不神游向往。但是与陆羽、蔡襄上下议论，就又爽然自释了。"

清代《三才藻异》记载：雷鸣茶出产于四川蒙山的中顶，每年惊蛰前后雷鸣时开始采摘，品饮三两就能够使人脱胎换骨，四两就能够使人称为地上神仙。

明代张大复《闻雁斋笔谈》记载：赵长白自己说过："我平生没有其他可以庆幸的事情，只是不曾饮用过井水罢了。"这位老先生对于品茶，可以说能够尽其本性了。如今他已经年老，而且很穷困潦倒，生活起居大多不能像从前那样，但依然读书万卷，编撰《茶史》，因此可以称得上是天地间的多情之人。

明代袁宏道《瓶花史》中说：赏花，品茶赏花最为高雅，清谈赏花次之，饮酒赏花最下。

《茶谱》记载：《博物志》上说："品饮真茶，令人少睡。"这是经过检验的事实。但是需要上佳的好茶才有效果，而且需要制成末茶品饮；如果仅仅以叶茶冲泡品饮，就没有效果。

明代陈继儒《太平清话》记载：琉球国的人民也通晓烹茶。在几案上设置一个古鼎，煮水即将沸腾的时候投入一匙茶末，以开水调制。一会儿奉上品饮，味道清香。

明代陆浚原《藜床沈余》记载：长安妇女有好事的人，曾在王侯之家看到彩色的信笺上写道："一轮明月刚满，千门万户都披上一层清辉。这时如果只知酣睡，不仅辜负了大好月光，而且恐怕也会令嫦娥心生妒忌。选定十五、十六两个明月之夜，联系喜好饮茶的女伴，每人带着茶叶和茶炉，结伴来品饮聚会，叫作'伴嫦娥'。凡是有清雅志趣的同志，期盼您的应允！朱门龙氏拜启。陆浚原"

明代沈周《跋茶录》中说：樵海先生，是一位真正的隐士。平日不知道富贵人家为何物，只知道每天徜徉在青山白云之间，以饮茶来消磨半生光阴。他的确是深得品茶的真谛，可以弥补茶圣陆羽所没有达到的地步，先生可以称得上是茶中的良史。

清代王晫《快说续记》中说：春日里外出赏花，郊外行走一二里，略感疲倦，口中也有一点渴。这时候忽然遇到一个主事的僧人邀请到精舍之中，没等通问姓名，便献上好茶，盘坐在竹床之上一连饮啜好几瓯，然后言谈话别，不也是很快乐的事吗？

明末卫泳《枕中秘》中说：读书释卷、吟咏余闲，竹林外煎茶的烟雾轻轻飘荡；花园深处、醉酒之后，茶铛中涛声响起煮水刚沸。个中的风味有谁能够领悟，唐朝的卢仝可与谈论；心下快活自省，宋朝黄庭坚《煎茶赋》中的名句怎么会欺骗我呢？

清代江之兰《文房约》中说：诗书蕴含着圣学的根脉，草木隐藏着精神的寓意。一草一木，每当其含香吐艳，发芽开花之时，人们凭栏临窗进行观赏，足以赏心悦目，有助于发人幽思。这时非常适宜烹点蒙顶石花茶，悠闲地品饮。与意气相投、亲密无间的同志盘桓周旋，往来于灵山秀水、奇峰怪石之间，采制佳茗。所以幽人隐士，纱帽笼头，自煎自饮。羊肠小道上的车声马迹，无不可以作为火候，如果饮啜不尽，姑且漱口弃置，这又好比称呼陆羽为茶博士之流一般。

清代高士奇《天禄识余》记载：饮茶，有人说起源于南朝梁天监年间，见于《洛阳伽蓝记》，其实不对。《三国志·吴志·韦曜传》记载："吴主孙皓每次宴请，无不持续整天，韦曜不能饮酒，孙皓就暗中赐给他茶叶以代替酒。"如此说来，三国时期就已经知道饮茶了。到了唐朝中叶，榷茶就与盐法相提并论，至今还是国家财政的支柱。

原　文

《中山传信录》：琉球茶瓯颇大，斟茶止二三分，用果一小块贮匙内。此学中国献茶法也。

王复礼《茶说》：花晨月夕，贤主嘉宾，纵谈古今，品茶次第，天壤间更有何乐？奚俟脍鲤炰羔，金罍玉液，痛饮狂呼，始为得意也？范文正公云："露芽错落一番荣，缀玉含珠散嘉树。斗茶味兮轻醍醐，斗茶香兮薄兰芷。"沈心斋云："香含玉女峰头露，润带珠布洞口云。"可称岩茗知己。

陈鉴《虎丘茶经注补》：鉴亲采数嫩叶，与茶侣汤愚公小焙烹之，真作豆花香。昔之鬻虎丘茶者，尽天池也。

陈鼎《滇黔纪游》：贵州罗汉洞，深十余里，中有泉一泓，其色如黝。甘香清冽。煮茗则色如渥丹，饮之唇齿皆赤，七日乃复。

《瑞草论》云：茶之为用，味寒。若热渴、凝闷胸、目涩、四肢烦、百节不舒，聊四五啜，与醍醐甘露抗衡也。

《本草拾遗》[①]：茗味苦，微寒，无毒，治五脏邪气，益意思，令人少卧，能轻身、明目、去痰、消渴、利水道。

蜀雅州名山茶有露镘芽、篯芽，皆云火之前者，言采造于禁火之前也。火后者次之。又有枳壳芽、枸杞芽、枇杷芽，皆治风疾。又有皂荚芽、槐芽、柳芽，乃上春摘其芽，和茶作之。故今南人输官茶，往往杂以众叶，唯茅芦、竹箬之类，不可以入茶。自余山中草木、芽叶皆可和合，而椿、柿叶尤奇。真茶性极冷，唯雅州蒙顶出者，温而主疗疾。

李时珍《本草》②：服葳灵仙、土茯苓者③，忌饮茶。

《群芳谱》：疗治方：气虚、头痛，用上春茶末调成膏，置瓦盏内覆转，以巴豆四十粒，作一次烧，烟熏之，晒干乳细，每服一匙。别入好茶末，食后煎服立效。又赤白痢下，以好茶一斤，炙捣为末，浓煎一盏服，久痢亦宜。又二便不通，好茶、生芝麻各一撮，细嚼，滚水冲下，即通。屡试立效。如嚼不及，擂烂，滚水送下。

《随见录》：《苏文忠集》载，宪宗赐马总治泄痢腹痛方：以生姜和皮切碎如粟米，用一大钱并草茶相等煎服。元祐二年，文潞公得此疾，百药不效，服此方而愈。

注　释

①《本草拾遗》：一名《陈藏器本草》，共10卷。唐代陈藏器撰。

②李时珍：字东壁，晚年自号濒湖山人，湖北蕲春人，明代著名医药学家。后为楚王府奉祠正、皇家太医院判，去世后明朝廷敕封为“文林郎”。著有《本草纲目》。《本草》：即《本草纲目》。

③葳灵仙：中药名。主治风湿痹痛，肢体麻木，筋脉拘挛，屈伸不利。土茯苓：中药名。主治梅毒及汞中毒所致的肢体拘挛，筋骨疼痛。《本草纲目》：“服时忌茶。”

译　文

清代徐葆光《中山传信录》记载：琉球的茶瓯很大，斟茶时只满到二三分为止，同时用一小块水果贮于匙内。这也是学习中国献茶的方法。

清代王复礼《茶说》中说：每当花开之晨、明月之夜，贤主嘉宾欢聚一堂，纵谈古今，品鉴茶水的次第，天地之间还有什么乐趣超过这些呢？何必要等待脍炙鲤鱼，火烤羔羊，金樽银器，玉液琼浆，痛饮狂呼，才叫作得意尽情呢？范仲淹诗写道：“露芽错落一番荣，缀玉含珠散嘉树。斗茶味兮轻醍醐，斗茶香兮薄兰芷。”沈涵诗写道：“香含玉女峰头露，润带珠布洞口云。”可以称为岩茶的知己。

明末清初陈鉴《虎丘茶经注补》中说：我曾经亲自采摘几个嫩叶，与品茶的同伴汤愚公用小茶焙烹点品饮，真的是豆花香味。从前市间所卖的虎丘茶，都是天池茶。

陈鼎《滇黔纪游》记载：贵州罗汉洞，深达十多里，中间有一泉水，色泽黝黑，甘香清冽。用此泉水烹茶则呈现出朱砂色泽，品饮起来唇齿都变成红色，七天之后才能恢复。

《瑞草论》中说：茶的功用，味寒。如果遇到热渴胸闷、眼涩、四肢烦躁、关节不舒服等症状，姑且饮啜四五杯，其作用可与醍醐、甘露相抗衡。

唐代陈藏器《本草拾遗》中说：茶叶，味道略苦，微寒，无毒。治疗五脏邪气，有助于思考，使人少睡，能够轻身明目，祛除痰疾，消除口渴，利于小便。

四川雅州名山茶，有露铵芽、篯芽，都是火前茶，是说在寒食禁火之前采摘制造的。禁火之后采制的茶叶品质次之。还有枳壳芽、枸杞芽、枇杷芽，都可以治疗风疾。又有皂荚芽、槐芽、柳芽，乃是初春时节采摘这些树的萌芽与茶叶混合在一起制成。所以如今南方人纳官茶，往往掺杂各种芽叶，只有茅芦、竹箬之类不可以入茶。除此之外，山中草木芽叶，都可以与茶叶调和，而以椿树叶、柿树叶效果更好。天然真茶本性极为寒冷，只有雅州蒙顶山出产的茶叶，本性温和，可以治病。

明代李时珍《本草纲目》中说：服用葳灵仙、土茯苓的人，忌讳饮茶。

明代王象晋《群芳谱》记载：有两个用茶叶治病的方子：其一是治疗气虚、头痛，用初春的茶末，调和成膏，放到陶杯中盖好。用巴豆四十粒，一次烧烟熏之，晒干碾细，每服用一匙，另外加入茶末，饭后煎服，立即可以见效。其二是治疗红白痢疾，用好茶一斤，炙干捣碎成末，煎成浓茶一两盏服用，即使很久的痢疾也适宜。还有大小便不通，用好茶、生芝麻各一撮，细细咀嚼开水冲下，大小便就畅通了。屡次试验，立即见效。如果咀嚼不及，捣碎后用开水送下。

清代屈擢升《随见录》中说：《苏文忠集》记载，有唐宪宗赏赐马总治疗腹泻、痢疾、腹痛的方子：用生姜带皮切碎如同粟米大小，用一个大铜钱与草茶等量煎服。元祐二年，潞国公文彦博得了这种病，用各种药剂都没有效果，最后服用此方而得以痊愈。

七　茶之事

原　文

《晋书》[①]：温峤表遣取供御之调[②]，条列真上茶千斤，茗三百大薄[③]。

《洛阳伽蓝记》[④]：王肃初入魏[⑤]，不食羊肉及酪浆等物，常饭鲫鱼羹，渴饮茗汁。京师士子道肃一饮斗，号为“漏卮”。后数年，高祖见其食羊肉酪粥甚多，谓肃曰：“羊肉何如鱼羹？茗饮何如酪浆？”肃对曰：“羊者是陆产之最，鱼者乃水族之长，所好不同，并各称珍，以味言之，甚是优劣。羊比齐鲁大邦，鱼比邾莒小国，唯茗不中，与酪作奴。”高祖大笑。彭城王勰谓肃曰：“卿不重齐鲁大邦，而爱邾莒小国，何也？”肃对曰：“乡曲所美，不得不好。”彭城王复谓曰：“卿明日顾我，为卿设邾莒之食，亦有酪奴。”因此呼茗饮为酪奴，时给事中刘缟慕肃之风，专习茗饮。彭城王谓缟曰：“卿不慕王侯八珍，而好苍头水厄。海上有逐臭之夫，里内有学颦之妇，以卿言之，即是也。”盖彭城王家有吴奴，故以此言戏之。后梁武帝子西丰侯萧正德归降时，元乂欲为设茗，先问：“卿于水厄多少？”正德不晓乂意答曰：“下官生于水乡，而立身以来，未遭阳侯之难。”元乂与举座之客皆笑焉。

《海录碎事》[⑥]：晋司徒长史王濛[⑦]，字仲祖，好饮茶，客至辄饮之。士大夫甚以为苦，每欲候濛，濛必云：“今日有水厄。”

《续搜神记》[⑧]：桓宣武有一督将[⑨]，因时行病后虚热，更能饮复茗，一斛二斗乃饱，才减升合，便以为不足，非复一日。家贫，后有客造之，正遇其饮复茗，亦先闻世有此病，仍令更进五升，乃大吐，有一物出如升大，有口，形质缩皱，状似牛肚。客乃令置之于盆中，以一斛二斗复浇之，此物噏之都尽，而止觉小胀。又增五升，便悉混然从口中涌出。既吐此物，其病遂瘥。或问之：“此何病？”客答云：“此病名斛二瘕[⑩]。”

《潜确类书》[⑪]：进士权纾文云：“隋文帝微时梦神人易其脑骨，自尔脑痛不止。后遇一僧曰：‘山中有茗草，煮而饮之当愈。’帝服之有效，由是人竞采啜。因为之赞。其略曰：‘穷《春秋》，演河图[⑫]，不如载茗一车。’”

《唐书》[13]：太和七年，罢吴蜀冬贡茶。太和九年，王涯献茶，以涯为榷茶使，茶之有税自涯始。十二月，诸道盐铁转运榷茶使令狐楚奏“榷茶不便于民”，从之。

陆龟蒙嗜茶[14]，置园顾渚山下，岁取租茶，自判品第。张又新为《水说》七种，其二惠山泉，三虎丘井，六淞江水。人助其好者，虽百里为致之。日登舟设篷席，赍束书、茶灶、笔床、钓具往来。江湖间俗人造门，罕觏其面。时谓江湖散人，或号天随子、甫里先生，自比涪翁、渔父、江上丈人。后以高士征，不至。

《国史补》[15]：故老云，五十年前多患热黄。坊曲有专以烙黄为业者。灞浐诸水中，常有昼坐至暮者，谓之浸黄。近代悉无，而病腰脚者多，乃饮茶所致也。

韩晋公滉奉天之难，以夹练囊盛茶末，遣健步以进。

党鲁使西番，烹茶帐中，番使问：“何为者？”鲁曰：“涤烦消渴，所谓茶也。”番使曰：“我亦有之。”取出以示曰：“此寿州者，此顾渚者，此蕲门者。”

唐赵璘《因话录》：陆羽有文学，多奇思，无一物不尽其妙，茶术最著。始造煎茶法，至今鬻茶之家，陶其像，置炀突间，祀为茶神，云宜茶足利。巩县为瓷偶人，号陆鸿渐，买十茶器得一鸿渐，市人沽茗不利，辄灌注之。复州一老僧是陆僧弟子，常诵其《六羡歌》，且有追感陆僧诗。

唐吴晦《摭言》：郑光业策试，夜有同人突入，吴语曰：“必先必先，可相容否？”光业为辍半铺之地，其人曰：“仗取一勺水，更托煎一碗茶。”光业欣然为取水、煎茶。居二日，光业状元及第，其人启谢曰：“既烦取水，更便煎茶。当时不识贵人，凡夫肉眼；今日俄为后进，穷相骨头。”

注释

①《晋书》：共130卷，包括帝纪10卷，志20卷，列传70卷，载记30卷，记载了从司马懿开始到晋恭帝元熙二年为止，包括西晋和东晋的历史，并用“载记”的形式兼述了十六国割据政权的兴亡。

②温峤：字泰真，一作太真，太原祁县（今山西祁县）人，东晋政治家。

③薄：一种茶叶计量单位。

④《洛阳伽蓝记》：是一部集历史、地理、佛教、文学于一身的名著。为北魏人杨炫之所撰，成书于东魏孝静帝时。

⑤王肃：字子雍，东海郡郯(今山东郯城)人，三国魏儒家学者，著名经学家。

⑥《海录碎事》：宋代叶廷珪所编著类书，内府藏本有22卷。

⑦王濛：字仲祖，晋哀帝皇后之父，魏晋名士，好饮茶。

⑧《续搜神记》：是《搜神记》的续篇，又称《搜神后记》，本属寓言，题为东晋陶潜撰，实际上只是托名陶潜。

⑨桓宣武：即桓温。字元子，一作符子，谯国龙亢（今安徽怀远）人。东晋政治家、军事家、权臣，谯国桓氏代表人物。死后谥号宣武。

⑩斛二瘕：传说中的疾病名。晋陶潜《搜神后记》卷三："桓宣武时，有一督将，因时行病后虚热，更能饮复茗，必一斛二斗乃饱。才减升合，便以为不足。非复一日，家贫。后有客造之，正遇其饮复茗，亦先闻世有此病，仍令更进五升，乃大吐，有一物出，如升大，有口，形质缩绉，状如牛肚。客乃令置之于盆中，以一斛二斗复茗浇之。此物噏之，都尽而止，觉小胀；又加五升，便悉混然从口中涌出。既吐此物，其病遂瘥。或问之：'此何病？'答云：'此病名斛二瘕。'"

⑪《潜确类书》：是一部类书，为明代学者陈仁锡所著。

⑫河图：古代神话传说中伏羲通过黄河中浮出龙马身上的图案与自己的观察，画出的"八卦"，而龙马身上的图案就叫作"河图"。《山海经》中说："伏羲得河图，夏人因之，曰《连山》。"唐孔颖达《正义》："《河图》有九篇，《洛书》有六篇。孔安国以为《河图》则八卦是也，《洛书》则九筹是也。"

⑬《唐书》：记载唐朝历史的纪传体史书。全书200卷，内帝纪20卷，志30卷，列传150卷，五代后晋时刘昫、张昭远等撰，记载了唐朝自高祖武德元年(618)至哀帝天祐四年(907)共290年的历史。在北宋编撰的《新唐书》问世以后，《唐书》始有新旧之分。

⑭陆龟蒙：字鲁望，别号天随子、江湖散人、甫里先生，江苏吴江人。唐朝晚期的农学家、文学家。

⑮《国史补》：《唐国史补》的简称，为中唐人李肇所撰，是一部记载唐代开元至长庆之间100年事，涉及当时的社会风气、朝野轶事及典章制度各个方面的重要轶事小说。全书共3卷，凡308条事，卷首有目录，概括每条内容以5字标题。前二卷大体按时间顺序排列，卷下则杂记了各类典故制度。

译　文

《晋书·温峤传》记载：温峤上表并派人来取供奉皇帝的贡品，上面分条列举了真正的好茶上千斤、一般茶叶300大薄。

北魏杨衒之《洛阳伽蓝记》记载：王肃刚从南朝进入北魏，不吃羊肉、不饮酪浆等物，经常以鲫鱼羹下饭，渴了就喝茶。北魏京师平城的士人都说王肃一饮一斗，称他为"漏后"。数年之后，高祖见他吃羊肉、饮酪粥很多，就问他道："羊肉和鱼羹相比怎么样？茶叶与酪浆相比又怎么样呢？"王肃回答说："羊是陆地所产最好的美味，鱼则是水中所产最好的美味，个人嗜好不同，都可以称为珍品。如果按照味道来说，羊肉好比是齐鲁大邦，也就是正宗的美味，而鱼羹则好比是邾莒小国，也就是偏好的滋味，只是茶叶味道不行，只配给酪浆做奴仆。”高祖高兴地大笑。彭城王元勰对王肃说：“如此说来，当初先生不重视齐鲁大邦，而喜欢邾莒小国，这是为什么呢？”王肃回答说：“这只是因为我的家乡风俗以为鱼羹、茶叶味美，所以不得不喜好。”彭城王元勰又对王肃说：“先生明天请到我的寒舍，我为您设下邾、莒小国的饮食，同时也备有酪奴。”于是一时之间人们就称呼茶叫作酪，当时的给事中刘缟仰慕王肃的风姿，专门学习饮茶。彭城王元勰对刘缟说：“先生不仰慕王侯贵族的八珍，却喜欢家童仆人的水厄。海上有追逐臭味的人，街巷有模仿皱眉的妇人。对比先生的行为，就是这样的。”因为彭城王家中役使有吴地的奴仆，所以用这样的言语来戏弄他。后来梁武帝的儿子西丰侯萧正德归降北魏的时候，元乂想为他准备茶饮，预先问他：“先生于水厄量有多少？”萧正德不明白他的意思，就回答说：“下官我生长在江南水乡，但是自从出生以来，还不曾遭受过阳侯之难。”元乂和满座的宾客都笑了起来。

宋代叶廷珪《海录碎事》记载：东晋司徒长史王濛，嗜好饮茶，有宾客到来就烹茶品饮。当时的士大夫都很以此事为苦，每次要与王濛见面，必定说：“今天有水厄。”

《续搜神记》记载：东晋桓温执政的时候，部下有一员督将，因为传染流行病以后身体虚热，饮茶很多，一斛二斗才饱，稍微减量，就感到不足，如此已经很长时间，家境也贫穷了。后来有客人来拜访他，正好遇到他在饮茶，客人此前也曾听说世上有这种病，就在他喝饱之后仍让他再饮五升，于是这位督将就大吐不止，吐出一个东西像升子那么大，有口，表面有可以伸缩的褶皱，形状如同牛肚。客人于是让人把这个东西放到盆里，用一斛二斗茶水浇它，这个东西全都吸进去，也只是觉得稍微膨胀；又增加五升，便全部从口中涌出。督将自从吐出这个东西，疾病就痊愈了。有人问他：“这是什么病？”客人回答说：“此病叫作斛二瘕。”

明代陈仁锡《潜确类书》记载：进士权纾文说：“隋文帝没有发迹的时候，曾经梦见神仙为他更换脑骨，从此以后就头痛不止。后来遇到一个和尚对他说：‘山中有种茗草，煮过之后饮用，您的病就能痊愈。隋文帝饮用之后确有效果，从此人们就竞相采制品饮。于是为茗草写了一篇赞，大略是说：‘穷读《春秋》，推演河图，尽知人事，还不如载茗一车，多多饮茶。’”

唐书记载，唐文宗太和七年(833)，罢除吴蜀两地冬天的贡茶。太和九年，大臣王涯献榷茶之策，于是任命王涯为榷茶使，茶叶征税就是从王涯开始的。十二月，诸道盐铁转运榷茶使令狐楚上疏，认为榷茶不便于民，于是罢除茶税。

陆龟蒙嗜好饮茶，曾在顾渚山下开辟茶园，每年收取茶租，自己确定茶的品第高下。张又新撰《水说》七种，第二为惠山泉，第三为虎丘井，第六为吴淞江水。人们为了帮助陆龟蒙取得好水，即使相距百里也前去汲取。陆龟蒙每天登舟，设篷席，携带着书籍、茶灶、笔床、钓具，往来汲水品茶。江湖上的俗人登门拜访，很少能够见面。当时世称江湖散人，也号称天随子、甫里先生，他自比涪翁、渔父、江上丈人，后来朝廷以高人隐士征召他出来做官，他没有奉诏。

唐代李肇《国史补》记载：前代老人说，五十年前世人多患热黄病，以至于乡里专门有以烙黄为业者。京城附近的灞水、浐水之中经常有人从白天坐到夜间，称为浸黄。近来这种病都没有了，可是腰病、足病者多了起来，这都是因为饮茶。

韩滉听说奉天之难，用夹练囊盛茶末，派遣脚步矫健的仆从进奉给皇帝。

党鲁在建中二年以入蕃使判官出使西番，在帐中烹茶品饮。西番使者询问“这是什么？”党鲁回答说：“此物涤烦消渴，就是所谓的茶。”西番使者说：“我也有茶叶。于是命人取出来让党鲁看，并且一一指认说：“这是寿州茶，这是顾渚茶，这是蕲门茶。”

唐代赵璘《因话录》记载：陆羽擅长文学，多有奇思妙想，没有一种物品不能探究尽其奥妙，饮茶技艺最为精湛。他发明煎茶的方法，至今卖茶的人家，制作他的陶像，放置于厨房炉灶之间进行祭祀，尊奉为茶神，说是能够保佑茶好，多获利润。巩县有人制作瓷偶人，将其称作陆鸿渐，购买十件茶具赠送一个瓷偶人，卖茶人销售不利，就以开水灌注之。复州有一个老和尚是陆羽的弟子，经常诵读陆羽的《六羡歌》，并且撰写有追念感怀陆羽的诗句。

五代南唐吴晦《摭言》记载：郑光业赴京策试，夜里突然有一同人闯进来，操着吴地方言说：“必先必先，能够容纳我吗？”郑光业为他收拾了半个床铺的地方。那人又说：“请为我汲取一勺水，再拜托您为我煎一碗茶。”郑光业于是欣然为他汲水煎茶。那人在此居住两天，郑光业状元及第，那人写信谢罪说：“既麻烦您汲水，又让您煎茶，当时不识您是贵人，肉眼凡胎，如今一下子成为后进，真是穷相骨头。”

原 文

唐李义山《杂纂》：富贵相：捣药碾茶声。

唐冯贽《烟花记》：建阳进茶油花子饼[①]，大小形制各别，极可爱。宫嫔缕金于面，皆以淡妆，以此花饼施于鬓上，时号北苑妆。

唐《玉泉子》：崔蠡知制诰丁太夫人忧[②]，居东都里第时，尚苦节啬，四方寄遗，茶药而已，不纳金帛，不异寒素。

《颜鲁公帖》[③]：廿九日南寺通师设茶会，咸来静坐，离诸烦恼，亦非无益。足下此意，语虞十一，不可自外耳。颜真卿顿首顿首。

《开元遗事》[④]：逸人王休居太白山下，日与僧道异人往还。每至冬时，取溪冰敲其晶莹者煮建茗，共宾客饮之。

《李邺侯家传》[⑤]：皇孙奉节王好诗，初煎茶加酥椒之类，遗泌求诗，泌戏赋云："旋沫翻成碧玉池，添酥散出琉璃眼。"奉节王即德宗也。

《中朝故事》[⑥]：有人授舒州牧，赞皇公德裕谓之曰："到彼郡日，天柱峰茶可惠数角。"其人献数十斤，李不受。明年罢郡，用意精求，获数角投之。李阅而受之曰："此茶可以消酒食毒。"乃命烹一瓯，沃于肉食内，以银合闭之。诘旦视其肉，已化为水矣。众服其广识。

段公路《北户录》：前朝短书杂说，呼茗为薄、为夹。又，梁《科律》有薄茗、千夹云云。

唐苏鹗《杜阳杂编》：唐德宗每赐同昌公主馔[⑦]，其茶有绿华、紫英之号。

《凤翔退耕传》：元和时，馆阁汤饮待学士者，煎麒麟草。

温庭筠《采茶录》：李约，字存博，汧公子也。一生不近粉黛，雅度简远，有山林之致。性嗜茶，能自煎，尝谓人曰："当使汤无妄沸，庶可养茶。始则鱼目散布微微有声；中则四际泉涌，累累若贯珠；终则腾波鼓浪，水气全消，此谓老汤。三沸之法，非活火不能成也。"客至不限瓯数，竟日爇火，执持茶器弗倦。曾奉使行至陕州硖石县东，爱其渠水清流，旬日忘发。

《南部新书》：杜豳公悰，位极人臣，富贵无比。尝与同列言平生不称意有三，其一为澧州刺史[⑧]，其二贬司农卿，其三自西川移镇广陵，舟次瞿塘，为骇浪所惊，左右呼唤不至，渴甚，自泼汤茶吃也。

大中三年，东都进一僧，年一百二十岁。宣皇问服何药而致此，僧对曰："臣少也贱，不知药。性本好茶，至处唯茶是求。或出，日过百余碗，如常日，亦不下四五十碗。”因赐茶五十斤，令居保寿寺，名饮茶所曰茶寮。

有胡生者，失其名，以钉铰为业。居霅溪而近白蘋洲[9]。去厥居十余步有古坟，胡生每瀹茗必奠酹之。尝梦一人谓之曰：“吾柳姓，平生善为诗而嗜茗。及死，葬室在子今居之侧，常衔子之惠，无以为报，欲教子为诗。”胡生辞以不能，柳强之曰：“但率子言之，当有致矣。”既寤，试构思，果若有冥助者。厥后遂工焉，时人谓之胡钉铰诗。柳当是柳恽也。又一说。列子终于郑，今墓在郊薮，谓贤者之迹，而或禁其樵牧焉。里有胡生者，性落魄。家贫，少为洗镜、锼钉之业。遇有甘果名茶美醞，辄祭于列御寇之祠垄，以求聪慧而思学道。历稔，忽梦一人，取刀划其腹，以一卷书置于心腑。及觉，而吟咏之意，皆工美之词，所得不由于师友也。既成卷轴，尚不弃于猥贱之业，真隐者之风。远近号为胡钉铰云。

注释

①建阳：地名是今天福建省的一个县，历来产茶。

②知制诰：唐翰林学士加知制诰者起草诏令，余仅备顾问。宋除翰林学士，他官加知制诰者亦起草诏令，称为“外制”，翰林学士虽皆起草诏令而亦带知制诰衔，称为“内制”。丁忧：朝廷官员在位期间，如若父母去世，则无论此人任何官职，从得知丧事的那一天起，必须辞官回到祖籍，为父母守制27个月，这叫丁忧。

③《颜鲁公帖》：唐代书法家颜真卿的字帖。颜真卿与赵孟頫、柳公权、欧阳询并称“楷书四大家”，又与柳公权并称为“颜筋柳骨”。

④《开元遗事》：又称“开元天宝遗事”，为五代王仁裕所著。

⑤《李邺侯家传》：为唐朝中期著名政治家之子李繁所撰。

⑥《中朝故事》：南唐时期尉迟偓所著，共二卷。书首旧题朝议郎守给事中修国史骁骑赐紫金鱼袋臣尉迟偓奉旨纂进。由于李昪(南唐皇帝)自以为自唐太宗之后，承唐统绪，所以称长安为中朝。书中记载了唐宣、懿、昭、哀四朝的旧闻。上卷多为君臣事迹及朝廷制度，下卷则杂录神异怪幻之事。

⑦同昌公主：唐懿宗李漼的长女，极受唐懿宗宠爱。

⑧澧州：在今湖南。

⑨白蘋洲：生满蘋草的水边小洲。

译文

唐代李义山《杂纂》记载：富贵相之一就是捣药碾茶声。

唐代冯贽《烟花记》记载：福建建阳进贡的茶油花子饼，大小形制各有不同，非常可爱。皇宫中嫔妃都在脸上贴上缕金，施以淡妆，用此茶油花子饼饰于鬓角，当时号称北苑妆。

唐代《玉泉子》记载：崔蠡担任知制诰，为母守孝，居住在东都里第时，崇尚苦行，简朴节约，四方寄赠的物品，也不过是茶叶、药品罢了，不收金银财帛，和过去贫寒时没有什么不同。

唐代颜真卿《颜鲁公帖》写道：二十九日，南寺通师设立茶会，都来静坐，抛开烦恼，也并非无益。足下这个盛情，言语之间可以猜度十分之一，不可见外。颜真卿再次顿首致谢。

五代王仁裕《开元遗事》记载：隐士王休，居住在太白山下，终日和僧人、道士、异人往来。每到冬至日取来山溪中晶莹剔透的冰块敲碎烹煮建州的茶叶，与宾客一同品饮。

唐代李繁《李邺侯家传》记载：皇孙奉节王喜欢作诗，起初煎茶要加入酥椒之类，赠给李泌求诗，李泌开玩笑地写下两句："旋沫翻成碧玉池，添酥散出琉璃眼。"奉节王即后来的唐德宗李适。

五代南唐尉迟偓《中朝故事》记载：唐朝时，有人任职舒州牧，赞皇公李德裕对他说道："你到了舒州的时候，天柱峰茶可以惠赠我数角。"那人到任后献茶数十斤，李德裕不接受。次年那人调离，用心去挑选上好的茶叶，得数角献上，李德裕看后接受了，说此茶可以消除酒食中的毒。于是李德裕命人烹煮，浇于肉食之中，用银盒封闭起来。次日早晨观察肉食，已经化作水了。人们都很叹服其广博的见识。

唐代段公路《北户录》记载：前代的文章杂说称呼茶叶为薄、为夹。另外，南朝梁代的《科律》也有薄茗、千夹之类的称谓。

唐代苏鹗《杜阳杂编》记载：唐德宗每每赏赐同昌公主酒水饮食，其茶叶则有绿华、紫英等名号。

《凤翔退耕传》记载，唐宪宗元和年间，馆阁款待学士的饮品，是煎麒麟草。

唐代温庭筠《采茶录》记载：李约，字存博，是汧国公李勉的儿子。李约一生不近女色，风度优雅，淡泊高远，有山林隐逸的情致。他生性嗜茶，能够自己煎试，曾经对人谈及煎茶的经验道："煎茶时不应当让水随意沸腾，这样才可以涵养茶的色香味。水初沸时水面如同鱼眼散布，微微发出响声；中沸时水面四边则如同泉水涌出，前后连接好像成串的珍珠；最后水面就会波浪翻滚，水汽全部消失，这就称为老汤。煮水的三沸之法，不用活火是无法完成的。"有宾客到来就不限瓯数，终日烧火煎茶，手执茶具烹点品饮，不知疲倦。他曾经奉使出行到达陕州硖石县的东部，喜欢当地渠水清流，竟然徘徊十多天而忘记了行程。

北宋钱易《南部新书》记载：唐代杜悰，封豳国公，位极人臣，富贵无比，曾经与同僚谈论平生有三件不称意的事。其一为出任澧州刺史，其二为贬官司农卿，其三为从西川移镇广陵，乘船经过瞿塘峡，为巨浪所惊骇，呼唤左右随从也不来，口渴得很，自己动手煎茶品饮。

唐宣宗大中三年(849)，东都洛阳来了一位高僧，年纪高达120岁。宣宗问他服什么药而如此长寿。高僧回答说："我幼年贫贱，不知服什么药。生性喜欢饮茶，每到一地只求有茶饮用。有时外出，每天饮茶量超过百碗，平常每天也不下四五十碗。"于是宣宗赏赐他茶叶50斤，让他居住在保寿寺，命名其饮茶处所叫作茶寮。

有一位胡姓青年，不知道他的名字，以钉铰为业，居住在霅溪，临近白蘋洲。距离他的住所十多步有一座古坟，胡生每次煎茶一定浇茶祭奠。他曾经梦见一个人对他说："我姓柳，平生喜欢作诗和饮茶。死后葬在你居所的旁边，经常受到你的恩惠，无法报答，想教你作诗。"胡生推辞说不会作诗，柳生就强劝他说："你尽管率性而言，就应当会有情趣。"胡生醒来之后，尝试着构思，果然如有神助。此后胡生作诗就很工巧，当时人称为"胡钉铰诗"。这个姓柳的人，应该就是南朝宋诗人柳恽。又有一种说法，列子终老于郑，其墓在郑州郊区，当地人认为这是圣贤遗迹，禁止在这里打柴放牧。同里有个姓胡的青年，穷困落魄，从小从事洗镜、铰钉之业。每当遇到有甘果、名茶、美酒，就到列御寇的祠堂和墓地去祭奠，以祈求聪慧多能，想学习道学。经过一年，忽然梦见有个人用刀子切开他的肚子，把一卷书放在他的心中。醒来以后，感觉有吟咏的冲动，而吟咏所得都是工巧精美的诗词，其文采都不是通过师友得到的。创作出了成果，仍然不放弃原来的微贱生业，真正具有隐逸之风。远近的人们都称呼他为"胡钉铰"。

原　文

张又新《煎茶水记》：代宗朝，李季卿刺湖州，至维扬[1]，逢陆处士鸿渐。李素熟陆名，有倾盖之欢，因之赴郡。泊扬子驿，将食，李曰："陆君善于茶，盖天下闻名矣。况扬子南零水又殊绝。今者二妙，千载一遇，何旷之乎？"命军士谨信者操舟挈瓶，深诣南零。陆利器以俟之。俄水至，陆以勺扬其水曰："江则江矣，非南零者，似临岸之水。"使曰："某操舟深入，见者累百，敢虚绐乎？"陆不言，既而倾诸盆，至半，陆遽止之，又以勺扬之曰："自此南零者矣。"使蹶然大骇，伏罪曰："某自南零赍至岸，舟荡覆半，至，惧其鲜挹岸水增之，处士之鉴，神鉴也，其敢隐乎！"李与宾从数十人皆大骇愕。

《茶经本传》：羽嗜茶，著经三篇。时鬻茶者，至陶羽形，置炀突间，祀为茶神。有常伯熊者，因羽论，复广著茶之功。御史大夫李季卿宣慰江南，次临淮，知伯熊善煮茗，召之。伯熊执器前，季卿为再举杯。其后尚茶成风。

《金銮密记》[②]：金銮故例，翰林当直学士[③]，春晚人困，则日赐成象殿茶果。

《梅妃传》[④]：唐明皇与梅妃斗茶[⑤]，顾诸王戏曰："此梅精也，吹白玉笛，作惊鸿舞，一座光辉，斗茶今又胜吾矣。"妃应声曰："草木之戏，误胜陛下。设使调和四海，烹饪鼎鼐，万乘自有宪法，贱妾何能较胜负也。"上大悦。

杜鸿渐《送茶与杨祭酒书》：顾渚山中紫笋茶两片，一片上太夫人，一片充昆弟同饮歠，此物但恨帝未得尝，实所叹息。

《白孔六帖》[⑥]：寿州刺史张镒，以饷钱百万遗陆宣公贽。公不受，止受茶一串，曰："敢不承公之赐。"

《海录碎事》[⑦]：邓利云："陆羽，茶既为癖，酒亦称狂。"

《侯鲭录》[⑧]：唐右补阙綦毋煚[⑨]，博学有著述才，性不饮茶，尝著《伐茶饮序》，其略曰："释滞消壅，一日之利暂佳；瘠气耗精，终身之累斯大。获益则归功茶力，贻患则不咎茶灾。岂非为福近易知，为祸远难见欤？"煚在集贤，无何以热疾暴终。

《苕溪渔隐丛话》[⑩]：义兴贡茶非旧日也。李栖筠典是邦，僧有献佳茗，陆羽以为冠于他境，可荐于上。栖筠从之，始进万两。

《合璧事类》[⑪]：唐肃宗赐张志和奴婢各一人[⑫]，志和配为夫妇，号渔童、樵青。渔童捧钓收纶，芦中鼓枻；樵青苏兰薪桂，竹里煎茶。

《万花谷》：《顾渚山茶记》云："山有鸟如鸲鹆而小，苍黄色，每至正二月作声云'春起也'，至三四月作声云'春去也'。采茶人呼为报春鸟。"

董逌《陆羽点茶图跋》：竟陵大师积公嗜茶久，非渐儿煎奉不向口。羽出游江湖四五载，师绝于茶味。代宗召师入内供奉，命宫人善茶者烹以饷，师一啜而罢。帝疑其诈，令人私访，得羽，召入。翌日，赐师斋，密令羽煎茗遗之，师捧瓯喜动颜色，且赏且啜，一举而尽。上使问之，师曰："此茶有似渐儿所为者。"帝由是叹师知茶，出羽见之。

《蛮瓯志》：白乐天方斋，刘禹锡正病酒，乃以菊苗齑、芦菔鲊馈乐天，换取六斑茶以醒酒。

《诗话》：皮光业，字文通，最耽茗饮。中表请尝新柑，筵具甚丰，簪绂丛集。才至，未顾尊罍，而呼茶甚急，径进一巨觥，题诗曰："未见甘心氏，先迎苦口师。”众噱云：“此师固清高，难以疗饥也。”

《太平清话》[13]：卢仝自号“癖王”，陆龟蒙自号“怪魁”。

《潜确类书》[14]：唐钱起[15]，字仲文，与赵莒为茶宴，又尝过长孙宅，与朗上人作茶会，俱有诗纪事。

《湘烟录》[16]：闵康侯曰：“羽著《茶经》，为李季卿所慢，更著《毁茶论》。其名疾，字季疵者，言为季所疵也。事详传中。”

《吴兴掌故录》：长兴啄木岭，唐时吴兴、毗陵二太守造茶修贡，会宴于此。上有境会亭，故白居易有《夜闻贾常州崔湖州茶山境会欢宴》诗。

包衡《清赏录》：唐文宗谓左右曰：“若不甲夜视事，乙夜观书，何以为君？”尝召学士于内庭，论讲经史，较量文章，宫人以下侍茶汤饮馔。

《名胜志》[17]：唐陆羽宅在上饶县东五里。羽本竟陵人，初隐吴兴苕溪，自号桑苎翁，后寓新城时，又号东冈子。刺史姚骥尝诣其宅，凿沼为溟渤之状，积石为嵩华之形。后隐士沈洪乔葺而居之。

《饶州志》：陆羽茶灶，在余干县冠山右峰。羽尝品越溪水为天下第二，故思居禅寺，凿石为灶，汲泉煮茶，曰丹炉，晋张氲作。元大德时总管常福生，从方士搜炉下，得药二粒，盛以金盒，及归开视，失之。

《续博物志》[18]：物有异体而相制者，翡翠屑金，人气粉犀，北人以针敲冰，南人以线解茶。

《太平山川记》：茶叶寮，五代时于履居之。

《类林》[19]：五代时，鲁公和凝[20]，字成绩，在朝率同列，递日以茶相饮，味劣者有罚，号为“汤社”。

《浪楼杂记》：天成四年，度支奏：朝臣乞假省觐者，欲量赐茶药，文班自左右常侍至侍郎，宜各赐蜀茶三斤、蜡面茶二斤，武班官各有差。

马令《南唐书》：丰城毛炳好学，家贫不能自给，入庐山与诸生留讲，获镪即市酒尽醉。时彭会好茶而炳好酒，时人为之语曰：“彭生作赋茶三片，毛氏传诗酒半升。

《十国春秋·楚王马殷世家》[21]：开平二年六月，判官高郁请听民售茶北客，收其征以赡军，从之。秋七月，王奏运茶河之南北，以易缯纩、战马，仍岁贡茶二十五万斤，诏可。由是属内民得自摘山造茶而收其算。岁入万计。高另置邸阁居茗，号曰“八床主人”。

《荆南列传》[22]：文了，吴僧也，雅善烹茗，擅绝一时。武信王时来游荆南[23]，延住紫云禅院，日试其艺，王大加欣赏，呼为汤神，奏授“华亭水大师”。人皆目为乳妖。

《谈苑》[24]：茶之精者北苑，名白乳头。江左有金蠵面。李氏别命取其乳作片，或号曰京挺、的乳二十余品。又有研膏茶，即龙品也。

注　释

①维扬：即扬州。

②《金銮密记》：唐朝韩偓所著。

③翰林：唐玄宗时，从文学侍从中选拔优秀人才，充任翰林学士，专掌内命由皇帝直接发出的极端机密的文件，如任免宰相、宣布讨伐令等。由于翰林学士参与机要，有较大实权，当时号称“内相”。首席翰林学士称承旨。北宋时，翰林学士开始设为专职。直学士：官名。唐门下省弘文馆、中书省集贤殿书院皆置学士，掌校理图籍，六品以下称直学士。宋龙图、天章、宝文等各阁皆有学士、直学士。

④《梅妃传》：宋人传奇，无名氏著，被收入陶宗仪的《说郛》。

⑤唐明皇：即唐玄宗。梅妃：江采萍，号梅妃，闽地莆田（今福建莆田）人，唐玄宗宠妃之一。

⑥《白孔六帖》：原名《六帖新书》，唐朝白居易所编，共计30卷，后来宋知抚州孔传又编30卷为后六帖。南宋末年时两书合而为一。

⑦《海录碎事》：宋代叶廷珪所著类书。

⑧《侯鲭录》：南宋时赵令畤所著的集子。全书共8卷，诠释了名物、习俗、方言、典实，记叙时人的交往、品评、轶事、趣闻及诗词之作，有文学史料价值。

⑨右补阙：官名。唐武则天垂拱元年(685)置2人，从七品上，掌供奉讽谏，隶中书省。天授二年(691)增为5人。其后除授颇为滥杂，有“补阙连年载”之讥。

⑩《苕溪渔隐丛话》：北宋胡仔所撰诗话总集。胡仔，字元任，徽州绩溪(今属安徽)人，北宋文学家。

⑪《合璧事类》：宋朝谢维新所编。

⑫张志和：字子同，初名龟龄，号玄真子。唐代诗人。

⑬《太平清话》：明朝陈继儒所撰，杂记古今琐事，征引舛错，不可枚举。

⑭《潜确类书》：明代学者陈仁锡所撰。

⑮钱起：字仲文，吴兴（今浙江湖州）人，唐代诗人。大历十才子之一，也是其中杰出者，被誉为“大历十才子之冠”。

⑯《湘烟录》：明朝闵子京、凌骏甫所编。

⑰《名胜志》：明初曹学佺所撰《天下名胜志》的简称。

⑱《续博物志》：北宋李石著。

⑲《类林》：《文选类林》的简称，宋朝刘攽编。

⑳和凝：字成绩，郓州须昌（今山东东平）人。五代时文学家、法医学家。

㉑《十国春秋》：清朝吴任臣编，是一本记录五代十国时期10国史事的纪传体史书。

㉒《荆南列传》:《十国春秋》中的一个列传。

㉓武信王：荆南武信王高季兴(858—929)，原名高季昌，因避后唐庄宗李存勖祖父李国昌的名讳，而改为季兴，字贻孙，陕州峡石(今河南三门峡)人，五代时期荆南君主。

㉔《谈苑》:《孔氏谈苑》的简称，宋朝人孔平仲著。

译 文

唐代张又新《煎茶水记》记载：唐代宗在位时期，李季卿出任湖州刺史，行至扬州遇到陆羽。李季卿一向熟知陆羽的大名，两人一见如故，于是一起到湖州去。船停泊在扬子驿，即将开饭，李季卿说：“陆先生擅长煎茶，这是天下闻名的；况且扬子江南零水品质绝佳。如今二妙合一，千年一遇，怎么可以错过荒废了呢？”于是他命令随从中谨慎可信的军士携带茶瓶驾驶小船前往南零汲水，陆羽则准备好茶具等待煎试。一会儿水到了，陆羽用勺子扬着水说：“这水虽是江水，却不是南零水，似乎是临近岸边的水。”汲水的军士赶忙说：“我驾驶小船深入南零汲水，见到的上百人都可作证，怎么敢以谎言欺骗呢？”陆羽不说话，然后把水倒到盆里，倒到一半时，陆羽急忙止住，又用勺子扬着水说：“从此以下就是南零水了。”汲水的军士听后非常害怕，伏罪说道：“我从南零汲水运到岸边，因为小船动荡而倾倒了一半水，回来后害怕太少，就以岸边的水增加进去，先生鉴别水品如此精到，堪称是神鉴，我怎么敢再隐瞒呢！”李季卿与宾客随从数十人都非常吃惊。

《茶经》所附《新唐书·陆羽传》上说：陆羽嗜好饮茶，编撰有《茶经》上、中、下三卷。当时的卖茶者，甚至以陶器制成陆羽塑像，放置到厨房茶灶间，尊奉为茶神，进行祭祀。有一位茶人常伯熊，根据陆羽的论述，又进一步推广宣传茶的功效。御史大夫李季卿出任江南宣慰使，经过临淮，知道常伯熊擅长煎茶，亲自召见。常伯熊手执茶具于前，李季卿多次举杯品饮。从此以后饮茶成为社会的风尚。

唐代韩偓《金銮密记》记载：金銮殿的旧例，翰林值日的学士，春天的晚上容易发困，于是每天赏赐成象殿茶果。

宋人传奇《梅妃传》记载：唐明皇李隆基与梅妃斗茶，环顾在座的诸王调侃道：“这是梅花精魂，吹着白玉笛，跳着惊鸿舞，满座光辉四射，今天斗茶又胜过我了。”梅妃应声回答说：“这只不过是草民的游艺，错胜了陛下。假如要调和四海，安抚天下，治理国家，皇上自有一定的法度，贱妾怎么能够与陛下比较胜负呢？”唐明皇听后非常高兴。

杜鸿渐《送茶与杨祭酒书》中写道：奉上顾渚山中所产的上品紫笋茶两片，一片献给太夫人，一片则与兄弟们一同品饮，这种茶只是遗憾皇上未能品尝到，的确值得感叹啊。

《白孔六帖》记载：寿州刺史张镒以军饷百万钱赠送陆贽，陆贽不予接受，只是接受了一串茶叶，并且说道：“怎么敢不接受先生的惠赐呢？”

宋代叶廷珪《海录碎事》记载：邓利说：“陆羽饮茶是一种癖好，饮酒也称得上狂放。”

宋代赵令畤《侯鲭录》记载：唐代右补阙綦毋煚博学多才，著述丰富，生性不喜欢饮茶，曾经写下《伐茶饮序》一文，大略是说：“消除积滞，祛除壅塞，短期的利益暂时还比较好；萎靡元气，耗费精神，终身的拖累的确很大。获益就归功于茶的力量，贻祸却不归咎于茶的灾害。难道不是因为福祉较近容易知晓，而祸患较远而难以预见吗？”綦毋煚在集贤殿中当值，不久就因为热病而暴卒。

南宋胡仔《苕溪渔隐丛话》记载：义兴贡茶并非旧日例，唐代李栖筠在义兴做官，当时有和尚献上佳茗，陆羽认为其品质比其他地方的茶叶都好，可以贡献给朝廷。李栖筠听从了陆羽的建议，才进贡茶叶万两。

宋代谢维新《合璧事类》记载：唐肃宗赏赐隐士张志和奴、婢各一人，张志和让他们结为夫妇，叫作渔童、樵青。渔童负责钓鱼，并在芦荡中撑船；樵青负责打柴种花，并在竹林中煎茶。

《锦绣万花谷》记载：《顾渚山茶记》中说：“顾渚山中有一种鸟，形状像八哥而略小，苍黄色，每到正月、二月就叫‘春起也’，到三月、四月就叫‘春去也’。采茶人都称呼它为报春鸟。”

宋代董逌《陆羽点茶图跋》中说：茶圣陆羽的师父竟陵大师积公嗜好饮茶已经很久，但如果不是陆羽所煎并侍奉他就不品尝，陆羽出游江湖四五年，大师就断绝了茶味。唐代宗召大师到宫中供奉，命令擅长煎茶的宫人烹茶请他品饮，大师品上一口就不理会了。代宗怀疑其中有诈，就命人私下访察找到陆羽，将他召入宫中。第二天，赏赐大师斋饭，秘密让陆羽煎茶奉上。大师捧起茶瓯，喜形于色，一边欣赏一边品啜，一直到喝完为止。代宗派人询问，大师说：“这茶好像是陆羽所煎的。”代宗由此而感叹大师精通茶道，让陆羽出来与师父相见。

《蛮瓯志》记载：白居易正在斋戒，刘禹锡饮酒而醉，于是用菊苗齑、芦菔鲊赠送给白居易，以换取六斑茶用来醒酒。

《诗话》记载：唐代皮日休的儿子皮光业，字文通，最嗜好饮茶。其表兄弟邀请品尝新的柑橘，筵席很丰盛，很多有身份地位的宾客都到了。他刚一到场，未看到盛满橘汁的杯子，就非常急切地呼叫上茶。一下饮用一大杯茶后，题诗说："未见甘心氏，先迎苦口师。"众人都取笑道："此师固然清高，只是难以解除饥饿。"

明代陈继儒《太平清话》中说：卢仝自己号称"癖王"，陆龟蒙自己号称"怪魁"。

明代陈仁锡《潜确类书》记载：唐代诗人钱起，字仲文，与赵莒举办茶宴，又曾经拜访长孙宅，与朗上人举办茶会，都留下诗记录其事。

明代闵元京、凌义渠《湘烟录》记载：闵康侯说陆羽编撰《茶经》，被李季卿不礼貌地对待，于是又写下《毁茶论》。陆羽名字叫疾，字季疵，就是说为李季卿所疵。其事详见其传记。

明代徐献忠《吴兴掌故录》记载：长兴啄木岭，唐朝时吴兴郡、毗陵郡(今江苏常州)的两位太守在此造茶进贡朝廷，并举行茶会、茶宴。岭上有境会亭，所以白居易有《夜闻贾常州崔湖州茶山境会欢宴》的诗作。

明代包衡《清赏录》记载：唐文宗曾对左右之人说："如果不在上半夜处理政事，下半夜读书，如何做君王？"他还曾在内庭召见学士，讲论经史，评论文章，宫人以下侍奉茶水饮食。

明代曹学佺《名胜志》记载：唐代陆羽的故宅在江西上饶县东五里的地方。陆羽本是竟陵人，起初隐居在吴兴的苕溪，自号桑苎翁，后来寓居新城时又自号东冈子。刺史姚骥曾经到其宅中拜访，见其凿池如海洋之状，积石如山岳之形。后来隐士沈洪乔曾加以修葺，居住于此。

《饶州志》记载：陆羽茶灶，在余干县（今属江西）冠山的右峰。陆羽曾经品评越溪水为天下第二，因此想居于禅寺，凿石为茶灶，汲泉煮茶，叫作丹炉，又有传说这是晋代张氲所作。元代大德年间总管常福生跟着方士从丹炉下面搜出丹药两粒，用金盒盛起来，等到回来打开看时，却不见了。

宋代李石《续博物志》记载：物品有形体不同而相互制约的，如翡翠可以使黄金成为粉屑，人气可以使犀角成为粉末，北方人用针来敲冰，南方人用线来解茶。

《太平山川记》记载：茶叶寮，五代时期于履曾经在这里居住。

《类林》记载：五代后周时，鲁国公和凝，字成绩，在朝中率领同僚每日煎试品茶，茶味不好的要接受惩罚，当时号称"汤社"。

《浪楼杂记》记载：五代后唐明宗天成四年（929），度支奏请道：朝臣请假回家省亲的，希望适量赏赐茶叶和药品。文官从左右常侍到侍郎，应当各赏赐蜀茶三斤、蜡面茶二斤，武官也各有差别。

宋代马令《南唐书》记载：丰城（今属江西）毛炳勤奋好学，家境贫穷，生活不能自给，就到庐山与诸生留讲，获得银两就去买酒，尽醉而归。当时彭会喜欢饮茶，而毛炳喜欢饮酒，人们为他们编了一句流行语说："彭生作赋，茶三片；毛氏传诗，酒半升。"

清代吴任臣《十国春秋·楚王马殷世家》记载：开平二年（908）六月，判官高郁奏请：听任民众出售茶叶给北方的商人，征收的茶税用来供应军需。皇帝恩准了他的上奏。这年秋七月，楚王奏请运茶到黄河南北各地，用来交易丝绵、战马，仍然每年进贡茶叶25万斤，诏令同意。从此楚王辖区的民众可以自己采摘制造茶叶，官府征收茶税，每年收入以万计。高郁另外设置邸阁贮存茶叶，号称"八床主人"。

《十国春秋·荆南列传》记载：文了，是吴地的一个高僧，风姿清雅，善于煎茶，独擅一时之绝。武信王高季兴当政的时候来到荆南游历，请他住在紫云禅院，每天考察他的技艺，大加赞赏，称呼他为汤神，并奏请朝廷授予他"华亭水大师"的称号。当时的人们视之为乳妖。

北宋孔平仲《谈苑》记载：茶中的精品，北苑有白乳头，江左有金面。南唐李氏另外派人取其嫩芽作片，有的叫作京挺，有的叫作的乳，共有二十多个品类；还有研膏茶，也就是所谓的龙品。

原　文

释文莹《玉壶清话》[①]：黄夷简雅有诗名，在钱忠懿王俶幕中[②]，陪樽俎二十年。开宝初，太祖赐俶"开吴镇越崇文耀武功臣制诰"。俶遣夷简入谢于朝，归而称疾，于安溪别业保身潜遁。著《山居》诗，有"宿雨一番蔬甲嫩，春山几焙茗旗香"之句。雅喜治宅，咸平中，归朝为光禄寺少卿，后以寿终焉。

《五杂俎》[③]：建人喜斗茶，故称"茗战"。钱氏子弟取雪上瓜，各言其中子之的数，剖之以观胜负，谓之瓜战。然茗犹堪战，瓜则俗矣。

《潜确类书》：伪闽甘露堂前，有茶树两株，郁茂婆娑，宫人呼为"清人树"。每春初，嫔嫱戏于其下，采摘新芽，于堂中设倾筐会。

《宋史》：绍兴四年初，命四川宣抚司支茶博马。

旧赐大臣茶有龙凤饰，明德太后曰[④]：“此岂人臣可得！”命有司别制入香京挺以赐之。

《宋史·职官志》：茶库掌茶，江、浙、荆、湖、建、剑茶茗，以给翰林诸司赏赉出鬻。

《宋史·钱俶传》：太平兴国三年，宴俶长春殿，令刘铱、李煜预坐。俶贡茶十万斤，建茶万斤，及银绢等物。

《甲申杂记》：仁宗朝，春试进士集英殿[⑤]，后妃御太清楼观之。慈圣光献出饼角以赐进士，出七宝茶以赐考官。

《玉海》[⑥]：宋仁宗天圣三年，幸南御庄观刈麦，遂幸玉津园，燕群臣，闻民舍机杼，赐织妇茶彩。

陶谷《清异录》：有得建州茶膏，取作耐重儿八枚，胶以金缕，献于闽王曦，遇通文之祸，为内侍所盗，转遗贵人。

苻昭远不喜茶，尝为同列御史会茶，叹曰：“此物面目严冷，了无和美之态，可谓冷面草也。”

孙樵《送茶与焦刑部书》云：“晚甘侯十五人遣侍斋阁[⑦]。此徒皆乘雷而摘，拜水而和，盖建阳丹山碧水之乡，月涧云龛之品，慎勿贱用之。”

汤悦有《森伯颂》，盖名茶也。方饮而森然严乎齿牙，既久，而四肢森然，二义一名，非熟乎汤瓯境界者，谁能目之？

吴僧梵川，誓愿燃顶供养双林傅大士，自往蒙顶山上结庵种茶，凡三年，味方全美。得绝佳者曰“圣杨花”、“吉祥蕊”，共不逾五斤，持归供献。

宣城何子华邀客于剖金堂，酒半，出嘉阳严峻所画陆羽像悬之，子华因言：“前代惑骏逸者为马癖[⑧]，泥贯索者为钱癖，爱子者有誉儿癖，耽书者有《左传》癖，若此叟溺于茗事，何以名其癖？”杨粹仲曰：“茶虽珍，未离草也，宜追目陆氏为甘草癖。”一座称佳。

《类苑》：学士陶谷得党太尉家姬，取雪水烹团茶以饮，谓姬曰：“党家应不识此？”姬曰：“彼粗人安得有此，但能于销金帐中浅斟低唱，饮羊膏儿酒耳。”陶深愧其言。

胡峤《飞龙涧饮茶》诗云：“沾牙旧姓余甘氏，破睡当封不夜侯。”陶谷爱其新奇，令犹子彝和之。彝应声云：“生凉好唤鸡苏佛，回味宜称橄榄仙。”彝时年十二，亦文词之有基址者也。

《延福宫曲宴记》[⑨]：宣和二年十二月癸巳，召宰执、亲王、学士曲宴于延福宫，命近侍取茶具，亲手注汤击拂。少顷，白乳浮盏面，如疏星淡月，顾诸臣曰："此自烹茶。"饮毕，皆顿首谢。

《宋朝纪事》：洪迈选成《唐诗万首绝句》⑩，表进，寿皇宣谕："阁学选择甚精，备见博洽，赐茶一百铃、清馥香一十贴、薰香二十贴、金器一百两。

注释

①《玉壶清话》：又称《玉壶野史》，北宋僧人文莹撰写的一部野史笔记。

②钱忠懿王俶：钱俶，原名钱弘俶，因为犯宋太祖父亲赵弘殷名讳，入宋只称俶。小字虎子，改字文德，临安（今浙江杭州）人。五代十国时期吴越国的最后一位国王。

③《五杂组》：明代谢肇淛所撰一部笔记著作。

④明德太后：宋太宗皇后李氏。

⑤春试：唐代考试定在春夏之间。宋诸路州军科场并限八月引试，而礼部试士，常在次年的二月，殿试则在四月；于是有春试、秋贡之名。集英殿：北宋皇宫宫殿建筑之一，其始建于宋太祖初年，原名广政殿，1032年更名为集英殿，宋徽宗政和五年又改名右文殿，是皇帝策试进士和每年举行春秋大宴的场所。

⑥《玉海》：南宋时人王应麟编撰的一部类书。

⑦晚甘侯：以茶先苦后甘，故戏称"晚甘侯"。

⑧马癖：指晋代王济。下文"钱癖"指晋代和峤，"誉儿癖"指唐代王福。

⑨《延福宫曲宴记》：北宋蔡京著。

⑩洪迈：南宋文学家，号容斋。著有《容斋随笔》。

译文

北宋释文莹《玉壶清话》记载：五代黄夷简清雅而有诗名，在吴越后主钱俶的幕府中陪侍宴席二十年。北宋开宝初年，太祖赏赐给钱俶"开吴镇越崇文耀武功臣制诰"的封号，钱俶派遣黄夷简入朝致谢，归来后称病，到安溪别墅隐居，明哲保身。他著有《山居诗》，其中有"宿雨一番蔬甲嫩，春山几焙茗旗香"的句子。他很喜欢设计建筑宅院。咸平年间他回到朝廷，担任光禄寺少卿。后来以高寿终老。

明代谢肇淛《五杂俎》记载：建州人喜欢斗茶，所以称为"茗战"。吴越王室钱氏子弟取来吴兴溪的西瓜，各自猜度其中瓜籽的准确数量，剖开后验数以观胜负称为"瓜战"。但是茗战还可以作为高雅的游戏，瓜战就不免俗气。

明代陈仁锡《潜确类书》记载：五代闽国甘露堂前，有两株茶树，郁郁葱葱，枝叶婆娑，宫人称之为"清人树"。每到春初，嫔妃宫嫱游戏于茶树之下，采摘新芽在甘露堂中举办倾筐会。

《宋史》记载：宋高宗绍兴四年（1134）初，诏令四川宣抚司支取茶叶交易马匹。

以前赏赐大臣的茶饼上面有龙凤雕饰，明德太后说："这难道是作为人臣所应该得到的吗？"命令主管部门另外制造入香京挺以便赏赐给大臣。

《宋史·职官志》记载：茶库掌管茶叶，江、浙、荆、湖、建、剑等地所产的茶叶，以便供给翰林诸司赏赐和出卖之用。

《宋史·钱俶传》记载：宋太宗太平兴国三年（978），皇帝在长春殿宴请钱俶，命南汉国主刘铱、南唐后主李煜陪同。钱俶贡茶十万斤，建茶一万斤，以及银两、丝绢等物。

北宋王巩《甲申杂记》记载：宋仁宗朝，春天在集英殿策试进士，后妃光临太清楼观看。皇后曹氏拿出茶饼赏赐进士，拿出七宝茶赏赐考官。

南宋王应麟《玉海》记载：宋仁宗天圣三年（1025），皇帝巡幸南御庄观看收麦，随即驾临玉津园，赐宴群臣，听到民间房舍中的机杼之声，赏赐织布的妇女茶叶、丝绸作为礼品。

宋初陶谷《清异录》记载：有人获得建州的茶膏，用来制作耐重儿茶八枚，并在茶饼表面贴上金丝作为装饰，献给闽王曦。正好遇到通文之祸，被内侍盗取，转赠给贵人。

苻昭远不喜欢饮茶，曾经与同僚御史举行茶会感叹道："此物面目严峻冷淡，一点也没有和美之态，可以称作冷面草。"

唐代孙樵《送茶与焦刑部书》中说："晚甘侯十五人，派他们侍奉书斋雅阁，他们都是春雷动时去采摘，煎水调和，都是出于建阳丹山碧水之乡、月涧云龛之间的上品，千万不可轻贱地使用。"

汤悦著有《森伯颂》，森伯是茶的戏称。茶在刚刚品饮的时候感到牙齿森然，久品之后则感觉四肢森然，两种含义系于一名，如果不是深谙品饮境界的人，怎么能够如此命名呢？

五代时吴国的高僧梵川，发誓要燃顶修炼，供养佛与菩萨，于是亲自前往蒙顶山结庵种茶，三年之后，才采制成色香味俱全的好茶，其中绝佳者称作"圣扬花""吉祥蕊"，总共不超过五斤，拿回来供献给佛和菩萨。

宣城何子华邀请宾客在剖金堂欢宴，酒至半酣，拿出嘉阳严峻所画的陆羽像悬挂起来。何子华于是说道："前代人称呼喜欢相马的人叫作马癖，称呼喜欢聚敛钱财的人叫作钱癖，称呼喜欢称赞子女的人叫作誉儿癖，称呼喜欢读书的人叫作《左传》癖。像这位陆羽先生沉湎于茶事，如何称呼他的癖好？”杨粹仲回答说：“茶叶虽然珍贵，但未离草木的本质，应当追奉陆羽为甘草癖。”在座的宾客都为之叫好。

《类苑》记载：宋初翰林学士陶谷得到太尉党进家的使女，取来雪水烹煮团茶品饮，对使女说：“党家应当不知道这种雅事吧？”使女回答说：“他是粗人，怎么会知道这种雅事？只知道在销金帐中浅斟低唱，饮羊膏儿酒罢了。”陶谷深为其言感到惭愧。

胡峤《飞龙涧饮茶》诗中写道：“沾牙旧姓余甘氏，破睡当封不夜侯。”陶谷喜欢其诗句的新奇，让侄子陶彝与之唱和，陶彝应声吟道：“生凉好唤鸡苏佛，回味宜称橄榄仙。”陶彝当时才十二岁，也可称为文词有根基的少年才俊。

《延福宫曲宴记》记载：宣和二年（1120）十二月癸巳，宋徽宗召集宰相、亲王、学士到延福宫举行宴会，命令内侍取来茶具，亲自注汤点茶。不一会儿，只见白乳浮于茶盏上面，如疏星淡月，他环顾各位大臣说：“这是我亲自烹点的茶，请诸位品饮。”饮茶完后，大臣都顿首致谢。

《宋朝纪事》记载：南宋学者洪迈选编成《唐诗万首绝句》，上表进献朝廷，宋孝宗发布谕旨道：“学士选择很精，备见博洽，赏赐茶一百銙、清馥香十贴、薰香二十贴、金器一百两。”

原　文

《乾淳岁时纪》：仲春上旬，福建漕司进第一纲茶[①]，名北苑试新，方寸小銙，进御止百銙，护以黄罗软盝，藉以青箬，裹以黄罗，夹复臣封朱印，外用朱漆小匣镀金锁，又以细竹丝织笈贮之，凡数重。此乃雀舌水芽，所造一銙之值四十万，仅可供数瓯之啜尔。或以一二赐外邸，则以生线分解转遗，好事以为奇玩。

《南渡典仪》：车驾幸学，讲书官讲讫，御药传旨宣坐赐茶。凡驾出，仪卫有茶酒班殿侍两行，各三十一人。

《司马光日记》：初除学士，待诏李尧卿宣召称“有敕。”口宣毕，再拜，升阶，与待诏坐，啜茶。盖中朝旧典也。

欧阳修《龙茶录后序》：皇祐中，修起居注，奏事仁宗皇帝，屡承天问，以建安贡茶并所以试茶之状谕臣，论茶之舛谬。臣追念先帝顾遇之恩，览本流涕，辄加正定，书之于石，以永其传。

《随手杂录》：子瞻在杭时，一日中使至，密谓子瞻曰："某出京师辞官家，官家曰：'辞了娘娘来。'某辞太后殿，复到官家处，引某至一柜子旁，出此一角密语曰：'赐与苏轼，不得令人知。'遂出所赐，乃茶一斤，封题皆御笔。"子瞻具札，附进称谢。

潘中散适为处州守，一日作醮，其茶百二十盏皆乳花，内一盏如墨，诘之，则酌酒人误酌茶中。潘焚香再拜谢过，即成乳花，僚吏皆惊叹。

《石林燕语》[②]：故事，建州岁贡大龙凤、团茶各二斤，以八饼为斤。仁宗时，蔡君谟知建州，始别择茶之精者为小龙团十斤以献，斤为十饼。仁宗以非故事，命劾之，大臣为请，因留而免劾，然自是遂为岁额。熙宁中，贾清为福建运使，又取小团之精者为密云龙，以二十饼为斤，而双袋谓之双角团茶。大小团袋皆用绯，通以为赐也。密云龙独用黄，盖专以奉玉食。其后，又有瑞云翔龙者。宣和后，团茶不复贵，皆以为赐，亦不复如向日之精。后取其精者为铸茶，岁赐者不同，不可胜纪矣。

《春渚纪闻》：东坡先生一日与鲁直、文潜诸人会，饭既，食骨䭔儿血羹。客有须薄茶者，因就取所碾龙团遍啜坐客。或曰："使龙茶能言，当须称屈。"

魏了翁《邛州先茶记》：眉山李君铿，为临邛茶官。吏以故事，三日谒先茶。君诘其故，则曰："是韩氏而王号，相传为然，实未尝请命于朝也。"君曰："饮食皆有先，而况茶之为利，不唯民生食用之所资，亦马政、边防之攸赖。是之弗图，非忘本乎！"于是撤旧祠而增广焉，且请于郡，上神之功状于朝，宣赐荣号，以侈神赐。而驰书于靖，命记成役。

《拊掌录》：宋自崇宁后复榷茶，法制日严。私贩者固已抵罪，而商贾官券清纳有限，道路有程。纤悉不如令，则被击断，或没货出告。昏愚者往往不免。其侪乃目茶笼为"草大虫"，言伤人如虎也。

《苕溪渔隐丛话》：欧公《和刘原父扬州时会堂绝句》云："积雪犹封蒙顶树，惊雷未发建溪春。中州地暖萌芽早，入贡宜先百物新。"注：时会堂，造贡茶所也。余以陆羽《茶经》考之，不言扬州出茶，唯毛文锡《茶谱》云："扬州禅智寺，隋之故宫，寺傍蜀冈，其茶甘香，味如蒙顶焉。"第不知入贡之因，起何时也。

《卢溪诗话》：双井老人以青沙蜡纸裹细茶寄人，不过二两。

《青琐诗话》[③]：大丞相李公昉尝言，唐时目外镇为粗官，有学士贻外镇茶，有诗谢云："粗官乞与真虚掷，赖有诗情合得尝。"原注：外镇即薛能也。

《玉堂杂记》：淳熙丁酉十一月壬寅，必大轮当内直，上曰："卿想不甚饮，比赐宴时，见卿面赤。赐小春茶二十镑，叶世英墨五团，以代赐酒。

注　释

①漕司：又称转运使。宋代官职。宋太祖赵匡胤分全国行政区为十三道，设置诸道转运使以总揽财赋；宋太宗赵匡义又分全国为15路，并强化职责，"经济挂帅"，以边防、盗贼、刑讼、金谷、按廉之任，悉皆委于转运使。到了宋徽宗崇宁四年（1105）已增加到24路。所设衙门转运司亦称"漕司"。

②《石林燕语》：宋叶梦得著。

③《青琐诗话》：宋代刘斧编撰志怪、传奇小说集，有人将刘斧著作中有关论诗之语辑成，辑者不详，后收入明陶珽重校《说郛》（宛委山堂刊本）中。

译　文

南宋周密《乾淳岁时纪》记载：仲春的上旬，福建转运使司进贡第一纲茶，叫作北苑试新，这是方寸的小镑，进贡皇上的仅有百镑。以黄罗软盒护封，以青箬叶覆盖，以黄罗包裹，加上大臣的封条朱印，外面用红漆小匣镀金锁，再用细竹和丝绸编织的小箱子盛起来，共计数层。这就是所谓的雀舌水芽，制造一镑价值40万，仅仅可以供几瓯的品啜罢了。有时会以一二员赐给外臣，也是用生丝线将茶饼分解转赠，好事者以之作为奇玩。

《南渡典仪》记载：皇帝的銮驾临幸太学，讲官讲授完毕，御药传达皇上旨意，请讲官坐下赐茶。大凡銮驾出行，仪卫有茶、酒班殿侍两行，各有31人。

《司马光日记》记载：刚刚被任命为学士的待诏李尧卿宣布诏令说有敕文，宣读完毕，再次拜谢，上得阶前，与待诏坐下，品茶。这是朝中旧例规定的仪式。

欧阳修《龙茶录后序》记载：我在皇中祐负责编修起居注，向仁宗皇帝上疏奏事，多次承蒙皇上垂问建安贡茶之事以及烹试饼茶的情状，谈论茶事的谬误。我追念先帝的垂顾和知遇之恩，手拿拓本，痛哭流涕，于是加以订正，亲自书写并刊刻于石碑之上，以便其流传后世。

宋代王巩《随手杂录》记载：苏轼在杭州做官的时候，有一天朝中的使者到来，秘密对苏轼说："我离开京城前，向皇上辞行。皇上说：'向太后辞行后再来。'我离开太后殿，又来向皇上辞行，皇上引我到一个柜子旁边，拿出一袋东西秘密地对我说：'赏赐给苏轼，不要让别人知道。'于是拿出所赏赐的东西，乃是一斤茶，都是御笔亲加封题。”苏轼写下奏疏致谢。

潘中散担任处州知州时，有一天举行斋醮祭神，备好120盏茶，都呈现出乳花，只有一盏茶色如墨，责问之下，才知道是酌酒的人错放入茶中。潘中散于是焚香再拜谢罪，这盏茶当即变为乳花，同僚吏役都惊叹不已。

南宋叶梦得《石林燕语》记载：旧例：建州每年进贡大龙凤团茶各两斤，以八饼为一斤。宋仁宗时，蔡襄任建州知州，另外拣选茶中精品，制成小龙团十斤奉献朝廷，每斤十饼。宋仁宗认为不合旧例，命令大臣弹劾他，经大臣为之请命，于是留任而免于弹劾，但从此就成为每年进贡的定额。宋神宗熙宁年间，贾清担任福建转运使，又用小龙团中的精品，制成密云龙，以二十饼为一斤，双袋包装，称作双角团茶。大小龙团的包装袋是用红色丝绸，都作为赏赐之物；只有密云龙专用黄色丝绸，这是专门奉献给皇上御用的。此后，又有瑞云翔龙的。宋徽宗宣和以后团茶不再珍贵，都作为赏赐之物，也不像往时那样精致，以后又取其中的精品制成銙茶，每年赏赐的茶品都不一样，不可胜计。

宋代何薳《春渚纪闻》记载：苏轼有一天与黄庭坚、张耒等人会餐，吃过骨儿馅血羹之后，宾客有需要饮淡茶的，于是取所碾的龙团茶，让在座的宾客一同品饮。有人就说：“假如龙团茶会说话，一定会叫屈了。”

南宋魏了翁《先茶记》记载：眉山（今属四川）人李君铿，担任临邛管理茶政的官员，属下的吏役根据旧例，每隔三天要去拜谒茶祖。李君铿询问其中的缘故，他们回答说：“这是姓韩而称王号的人，世代相传就是这样，实际并不曾向朝廷请命。”李君铿说：“饮食都有其先祖崇拜，何况茶叶的利益，不仅仅人民生活日用之所取资，而且也是马政、边防之所依赖。这样的事情不去做，难道不是忘本吗？”于是他命令撤掉旧的祠庙，重新增修扩建，并且奏请郡守，进而陈述茶祖的功劳行状于朝廷，请宣赐荣号，增加封赏，同时派人送信给我，让我记录下这个工程的始末。

宋代邢居实《拊掌录》记载：宋代从徽宗崇宁年间以后又实行榷茶制度，法令制度日益严峻，私自贩卖茶叶的固然要治罪，而正当经营的商贾，官府颁发的券也要限期清理交纳，行商所走的路程也要完全合乎规定。稍微有不一样的地方，就会被作为私贩打击或者没收货物治罪。昏昧愚钝的人往往不免被问罪，所以同辈的茶商就视茶笼为“草大虫”，是说茶叶也会像老虎一样伤人。

南宋胡仔《苕溪渔隐丛话》记载：欧阳修《和刘原父扬州时会堂绝句》中写道：“积雪犹封蒙顶树，惊雷未发建溪春。中州地暖萌芽早，入贡宜先百物新。”附注：时会堂，制造贡茶的处所。我按照陆羽《茶经》来考察，里面并没有说扬州产茶，只有五代毛文锡《茶谱》中说：扬州禅智寺，是隋朝时期的旧宫殿。寺临蜀冈，所产的茶叶味道甘甜馨香，可以比得上蒙顶茶。”只是不知道其茶入贡起源于什么时候。

宋代王庭珪《卢溪诗话》记载：双井老人用青沙蜡纸包裹细茶寄赠给人，不超过二两。

宋代刘斧《青琐诗话》记载：北宋丞相李昉曾经说过，唐朝时候视外镇的官员为粗官，有学士赠送给外镇茶叶，有诗致谢道："粗官乞与真虚掷，赖有诗情合得尝。"

南宋周必大《玉堂杂记》记载：南宋淳熙丁酉（1177）十一月壬寅，轮到周必大在翰林院值班。皇上对他说："你想必不擅长饮酒，此前赐宴的时候我见你脸色发红。我赏给你小春茶二十镑、叶世英墨五团，以取代赐酒。"

原　文

陈师道《后山丛谈》[①]：张长忠定公令崇阳[②]，民以茶为业。公曰："茶利厚，官将取之，不若早自异也。"命拔茶而植桑，民以为苦。其后榷茶，他县皆失业，而崇阳之桑皆已成，其为绢而北者，岁百万匹矣。又见《名臣言行录》。

文正李公既薨，夫人诞日，宋宣献公时为侍从。公与其僚二十余人诣第上寿，拜于帘下，宣献前曰："太夫人不饮，以茶为寿。"探怀出之，注汤以献，复拜而去。

张芸叟《画墁录》：有唐茶品[③]，以阳羡为上供，建溪北苑未著也。贞元中，常衮为建州刺史，始蒸焙而研之，谓研膏茶。其后稍为饼样，而穴其中，故谓之一串。陆羽所烹，唯是草茗尔。迨本朝建溪独盛，采焙制作，前世所未有也，士大夫珍尚鉴别，亦过古先。

丁晋公为福建转运使，始制为凤团，后为龙团，贡不过四十饼，专拟上供，即近臣之家，徒闻之而未尝见也。天圣中，又为小团，其品迥嘉于大团。赐两府，然止于一斤，唯上大斋宿，两府八人，共赐小团一饼，缕之以金。八人析归，以侈非常之赐，亲知瞻玩，赓唱以诗，故欧阳永叔有《龙茶小录》。或以大团赐者，辄刲方寸，以供佛、供仙、奉家庙，已而奉亲并待客、享子弟之用。熙宁末，神宗有旨，建州制密云龙，其品又加于小团。自密云龙出，则二团少粗，以不能两好也。予元祐中详定殿试[④]，是年分制举考第，各蒙赐三饼，然亲知诛责，殆将不胜。

熙宁中，苏子容使北[5]，姚麟为副，曰："盍载些小团茶乎？"子容曰："此乃供上之物，畴敢与北人？"未几，有贵公子使北，广贮团茶以往，自尔北人非团茶不纳也，非小团不贵也。彼以二团易蕃罗一匹，此以一罗酬四团，少不满意，即形言语。近有贵貂守边，以大团为常供，密云龙为好茶云。

《鹤林玉露》：岭南人以槟榔代茶[6]。

彭乘《墨客挥犀》：蔡君谟，议茶者莫敢对公发言，建茶所以名重天下，由公也。后公制小团，其品尤精于大团。一日，福唐蔡叶丞秘教召公啜小团，坐久，复有一客至，公啜而味之曰："此非独小团，必有大团杂之。"丞惊，呼童诘之，对曰："本碾造二人茶，继有一客至，造不及，即以大团兼之。"丞神服公之明审。

王荆公为小学士时，尝访君谟，君谟闻公至，喜甚，自取绝品茶，亲涤器，烹点以待公，冀公称赏。公于夹袋中取消风散一撮，投茶瓯中，并食之。君谟失色，公徐曰："大好茶味。"君谟大笑，且叹公之真率也。

鲁应龙《闲窗括异志》：当湖德藏寺有水陆斋坛，往岁富民沈忠建每设斋，施主虔诚，则茶现瑞花，故花俨然可睹，亦一异也。

周辉《清波杂志》：先人尝从张晋彦觅茶，张答以二小诗云："内家新赐密云龙，只到调元六七公。赖有山家供小草，犹堪诗老荐春风。""仇池诗里识焦坑，风味官焙可抗衡。钻余权幸亦及我，十辈遣前公试烹。"时总得偶病，此诗俾其子代书，后误刊《于湖集》中。焦坑产庾岭下，味苦硬，久方回甘。如"浮石已干霜后水，焦坑新试雨前茶"，东坡《南还回至章贡显圣寺》诗也。后屡得之，初非精品，特彼人自以为重，包裹钻权幸，亦岂能望建溪之胜？

注　释

①陈师道：字履常，一字无己，号后山居士。北宋官员、诗人。

②张长忠定公：即张长咏，北宋初年的名臣。

③张芸叟：即张舜民，北宋时期的著名文学家、画家。

④殿试：为唐、宋（金）、元、明、清时期科举考试之一。又称"御试""廷试""廷对"。殿试由内预拟，然后呈请皇帝选定。会试中选者始得参与。目的是对会试合格区别等第。殿试为科举考试中的最高一级。由唐高宗创制，但当时尚未成定制，宋代始为常制。殿试第一名称为状元。

⑤苏子容：即苏讼，字子容，北宋时期的名臣，医药学家、天文学家。

⑥岭南：是我国南方五岭以南地区的概称。五岭由越城岭、都庞岭、萌渚岭、骑田岭、大庾岭五座山组成，大体分布在广西东部至广东东部和湖南、江西五省区交界处。

译 文

北宋陈师道《后山丛谈》记载：张咏担任崇安县令，当地人民以种茶为业。张咏说："种茶利润丰厚，官府将要收取重税，不如及早改种别的作物。"于是他命令人们拔掉茶叶，种植桑树，老百姓深以为苦。后来国家实行榷茶制度，其他县的人民都失去生业，而崇安县的桑树已经长成，民间制成丝绢贸易到北方去的，每年达到上百万匹。此事又见《名臣言行录》。

李昉去世之后，他的夫人生日，当时宋绶为侍从，与同僚二十多人来到李昉府第拜寿，拜倒于帘下，宋绶上前说道："太夫人不饮酒，我们就以茶为寿。"从怀中拿出茶来，注汤献上，再拜而去。

北宋张舜民《画墁录》记载：唐代的茶叶，以阳羡茶为上供的佳品，福建建溪的北苑茶还未知名。唐德宗贞元年间常衮出任建州刺史，才进行蒸焙并研成细末，制成研膏茶。其后稍微形成茶饼模样，中间穿一孔，所以称为一串。陆羽所烹点的建茶，只是草茶罢了。到了本朝，建溪的茶叶独步天下，其采摘、烘焙、制作都是前代所没有的；士大夫对它的珍爱崇尚，精于鉴别，也都超过了从前。

丁谓任福建转运使，开始制作凤团，后又制作龙团，每年上供不过四十饼，专门供皇上御用，即使是近臣之家，也只是闻其名而不曾见过。天圣年间，又制作小龙团，其品质远远优于大龙团。赏赐给中书省和枢密院两府，也只限一斤；只是在皇上举行大斋戒的晚上，两府八人才共赏赐给一个小团饼，用金丝裹起来。八个人平分后拿回家作为非比寻常的赏赐，亲朋相聚，瞻示把玩，吟咏唱和，所以欧阳修就写下《龙茶小录》。有时得到大龙团的赏赐，就分割成方寸小块，用来供奉佛陀、神仙、家庙，然后再奉给双亲，款待宾客以及用来与子弟分享。熙宁末年，宋神宗有圣旨，建州制作密云龙，其品质又高于小龙团。自从密云龙问世之后，龙团、凤团的制作就稍微粗放，这是不能兼顾的缘故。我在元祐年间详定殿试之制，这一年分为制举考第，每人得赏赐三饼，但是亲戚朋友诛求苛责，几乎不胜其扰。

熙宁年间，苏颂出使北方辽国，姚麟为副使，他对苏颂说："何不携带一些小龙团呢？"苏颂说："这是供奉皇上的物品，谁敢送给北虏之人。"不久，又有贵宦公子出使北辽，贮积了很多团茶带去，从此北辽就非团茶不收，非小龙团不以为贵了。他们那里用两个团饼交换一匹蕃罗，我们这里却为得到一匹蕃罗交给四个团饼作为报酬，稍微不满意，当即在言语上表现出来。近来又有皇帝身边的近贵巡守边境，更是以大龙团作为常供，而以密云龙作为好茶罢了。

南宋罗大经《鹤林玉露》记载：岭南人以槟榔代替茶。

北宋彭乘《墨客挥犀》记载：蔡襄，谈论茶事的人没有敢对他发言的；这是因为建茶之所以名重天下，都是由他创始的。后来他又制作小团，其品质比大团更加精致。有一天，福唐（今福建福清）蔡叶丞秘密派人邀请他品啜小龙团茶。坐下品茶很久，又有个客人到来，他品味着茶说："这不仅仅是小团，一定有大团掺杂进来。"蔡叶丞非常吃惊，急忙呼唤童子来责问，童子回答说："本来碾造的是两个人的茶，后来又有一个客人到来，再造来不及，就以大团掺杂奉上。"蔡叶丞极为叹服他的明察鉴别。

王安石担任翰林学士的时候，曾经去拜访蔡襄。蔡襄听说王安石来，非常高兴。取来绝品茶叶，亲自洗涤茶具、烹点佳茶款待王安石，希望他能予以称赏。王安石从夹袋中取出消风散一撮投入茶瓯中一并饮用。蔡襄大惊失色。王安石慢慢说道："这茶味道太好了。"蔡襄大笑，同时叹服王安石的真率。

南宋鲁应龙《闲窗括异志》记载：当湖德藏寺有水陆斋坛，是以前富民沈忠所修建的。每次设斋祭祀时，如果施主虔诚，茶中就会出现瑞花。其花纹俨然可见，这也是一种奇异现象。

南宋周辉《清波杂志》记载：我的父亲曾经向张祁寻觅佳茶，张祁以两首小诗作答道："内家新赐密云龙，只到调元六七公。赖有山家供小草，犹堪诗老荐春风。""仇池诗里识焦坑，风味官焙可抗衡。钻余权幸亦及我，十辈遣前公试烹。"当时张祁偶然得病，此诗由其子代书。后来错误地刊刻到张孝祥的《于湖集》中。焦坑茶产于庾岭之下，茶味苦涩而较硬，许久才回味甘甜，正如苏东坡《南还回至章贡显圣寺》诗中所咏的"浮石已干霜后水，焦坑新试雨前茶"，后来我曾多次得到这种茶，本来不是什么精品，只是当地人自以为重，包装之后钻营进奉权贵，其品质怎么可以比得上建溪的绝品呢？

原　文

《东京梦华录》[1]：旧曹门街北山子茶坊内，有仙洞、仙桥，士女往往夜游，吃茶于彼。

《五色线》：骑火茶，不在火前，不在火后，故也。清明改火，故曰骑火茶。

《梦溪笔谈》：王城东素所厚唯杨大年。公有一茶囊，唯大年至，则取茶囊具茶，他客莫与也。

《华夷花木考》：宋二帝北狩，到一寺中，有二石金刚并拱手而立。

神像高大，首触桁栋，别无供器，止有石盂、香炉而已。有一胡僧出入其中，僧揖坐问："何来？"帝以南来对。僧呼童子点茶以进，茶味甚香美。再欲索饮，胡僧与童子趋后堂而去。移时不出，入内求之，寂然空舍。唯竹林间有一小室，中有石刻胡僧像，并二童子侍立，视之俨然如献茶者。

马永卿《懒真子录》：王元道尝言：陕西子仙姑，传云得道术，能不食，年约三十许，不知其实年也。陕西提刑阳翟李熙民逸老，正直刚毅人也，闻人所传甚异，乃往青平军自验之。既见道貌高古，不觉心服，因曰："欲献茶一杯可乎？"姑曰："不食茶久矣，今勉强一啜。"既食，少顷垂两手出，玉雪如也。须臾，所食之茶从十指甲出，凝于地，色犹不变，逸老令就地刮取，且使尝之，香味如故，因大奇之。

《朱子文集·与志南上人书》[②]：偶得安乐茶，分上廿瓶。

《陆放翁集·同何元立蔡肩吾至丁东院汲泉煮茶》诗云[③]："云芽近自峨眉得，不减红囊顾渚春。旋置风炉清樾下，他年奇事属三人。"

《周必大集·送陆务观赴七闽提举常平茶事》诗云[④]："暮年桑苎毁《茶经》，应为征行不到闽。今有云孙持使节，好因贡焙祀茶人。"

《梅尧臣集》[⑤]：《晏成续太祝遗双井茶五品，茶具四枚，近诗六十篇，因赋诗为谢》。

《黄山谷集》[⑥]：有《博士王扬休碾密云龙，同事十三人饮之戏作》。

《晁补之集·和答曾敬之秘书见招能赋堂烹茶》诗[⑦]："一碗分来百越春，玉溪小暑却宜人。红尘他日同回首，能赋堂中偶坐身。"

《苏东坡集·送周朝议守汉川》诗云："茶为西南病，甿俗记二李。何人折其锋，矫矫六君子。"原注：二李，杞与稷也。六君子谓师道与侄正儒、张永徽、吴醇翁、吕元钧、宋文辅也。盖是时蜀茶病民，二李乃始敝之人，而六君子能持正论者也。

仆在黄州，参寥自吴中来访，馆之东坡。一日，梦见参寥所作诗，觉而记其两句云："寒食清明都过了，石泉槐火一时新。"后七年，仆出守钱塘，而参寥始仆居西湖智果寺院，院有泉出石缝间，甘冷宜茶。寒食之明日，仆与客泛湖自孤山来谒参寥，汲泉钻火烹黄蘖茶。忽悟所梦诗，兆于七年之前。众客皆惊叹，知传记所载，非虚语也。

东坡《物类相感志》：芽茶得盐，不苦而甜。又云：吃茶多腹胀，以醋解之。又云：陈茶烧烟，蝇速去。

《杨诚斋集·谢傅尚书送茶》[8]：远饷新茗，当自携大瓢，走汲溪泉，束涧底之散薪，然折脚之石鼎，烹玉尘，啜香乳，以享天上故人之惠。愧无胸中之书传，但一味搅破菜园耳。

郑景龙《续宋百家诗》：本朝孙志举，有《访王主簿同泛菊茶》诗。

注释

①《东京梦华录》：宋代孟元老的笔记体散文，是一本追述北宋都城东京开封府城市风貌的著作。所记大多是宋徽宗崇宁到宣和（1102—1125）年间北宋都城东京开封的情况，为我们描绘了这一历史时期居住在东京的上至王公贵族、下及庶民百姓的日常生活情景，是研究北宋都市社会生活、经济文化的一部极其重要的历史文献著作。全书凡10卷，约3万言。

②朱子：朱熹。字元晦，又字仲晦，号晦庵，晚称晦翁，谥文，世称朱文公。宋朝著名的理学家、思想家、哲学家、教育家、诗人，闽学派的代表人物，儒学集大成者，世尊称为朱子。

③陆放翁：陆游。字务观，号放翁，越州山阴（今浙江绍兴）人，尚书右丞陆佃之孙，南宋文学家、史学家、爱国诗人。

④周必大：字子充，一字洪道，自号平园老叟，庐陵(今江西吉安)人。南宋政治家、文学家。

⑤梅尧臣：字圣俞，世称宛陵先生，宣州（今安徽宣城）人。北宋著名现实主义诗人，与苏舜钦齐名，时号“苏梅”，又与欧阳修并称“欧梅”。

⑥黄山谷：即黄庭坚，字鲁直，自号山谷道人，晚号涪翁，又称豫章黄先生，洪州分宁（今江西修水）人。苏门四学士之一。北宋诗人、词人、书法家。

⑦晁补之：字无咎，号归来子，济州钜野（今山东巨野）人，北宋时期著名文学家，“苏门四学士”之一。

⑧杨诚斋：即杨万里，字廷秀，号诚斋。吉州吉水（今江西吉水）人。南宋杰出的诗人。一生力主抗金，与范成大、陆游等合称南宋“中兴四大诗人”。

译文

宋孟元老《东京梦华录》记载：旧曹门街北山子茶坊，其中还建有仙洞、仙桥，京城的士女往往夜间到此游玩、品茶。

宋人《五色线》记载：骑火茶，寓意不在火前，也不在火后。清明节改火，所以叫作骑火茶。

北宋沈括《梦溪笔谈》记载：王城东一向厚待的只有杨大年。他有一个茶囊，只有杨大年来了，才取茶囊准备上茶，其他宾客不能享受此等待遇。

明代慎懋官《华夷花木鸟兽珍玩考》记载：宋朝徽宗、钦宗两位皇帝被金人俘虏北行，到一座寺庙中，有两个石雕的金刚并排拱手而立，神像高大，头部几乎顶到房梁和屋椽，没有其他的供器，只有石雕的钵盂、香炉罢了。有一个胡人僧侣出入其中，僧人作揖坐下来，问他们从哪里来，两位皇帝回答说从南边来。僧人就呼唤童子点茶进奉，茶味非常馨香甘美。两位皇帝想再索要饮用，僧人和童子却向后堂走去。等待一个时辰还不出来，进去寻找，却见寂然空屋，只有竹林间有一个小屋，屋中立有石刻的胡僧像，两个童子侍立两旁，仔细观察，俨然与刚才献茶的僧人、童子一样。

宋代马永卿《懒真子录》记载：王元道曾经说过：陕西子仙姑，传说修得道术，能够不吃饭。她年纪看起来大约三十多岁，不知道真实的年龄。陕西提刑阳翟（今河南禹州）人李熙民逸老是一个正直刚毅的人，他听人们传说得非常神奇，就亲自到青平军进行考察。见面之后，看到仙姑道貌高古，不觉心服。于是说："我想给您献上一杯茶，是否可以？"仙姑说："我不饮茶已经很久了，如今就勉强品饮一次。"饮茶之后，不一会儿她垂着两手出来，白得像白玉、白雪一样。很快，只见所饮的茶从她双手的十个指甲中涌出，凝结于地上，色泽还没有改变。逸老命人就地刮取茶来，并且让他们品尝，香味如故，于是大为叹奇。

南宋朱熹《朱子文集》中有《与志南上人书》写道：偶然得到一些安乐茶，分送二十瓶奉上。

南宋陆游《陆放翁集》中有《同何元立蔡肩吾至丁东院汲泉煮茶》诗写道："云芽近自峨眉得，不减红囊顾渚春。旋置风炉清樾下，他年奇事属三人。"

南宋周必大《周必大集》中有《送陆务观赴七闽提举常平茶事》诗写道："暮年乘苎毁《茶经》，应为征行不到闽。今有云孙持使节，好因贡焙祀茶人。"

北宋梅尧臣《梅尧臣集》中有《晏成续太祝遗双井茶五品，茶具四枚，近诗六十篇，因赋诗为谢》。

北宋黄庭坚《黄山谷集》中有《博士王扬休碾密云龙，同事十三人饮之戏作》。

北宋晁补之《晁补之集》中有《和答曾敬之秘书见招能赋堂烹茶》诗写道："一碗分来百越春，玉溪小暑却宜人。红尘他日同回首，能赋堂中偶坐身。"

北宋苏轼《苏东坡集》中有《送周朝议守汉川》诗写道："茶为西南病，甿俗记二李。何人折其锋，矫矫六君子。"原注：二李，是指李杞和李稷。六君子，是指陈师道与其侄子陈正儒、张永徽、吴醇翁、吕元钧、宋文辅。由于当时蜀茶实行禁榷，危害于民，二李是始作俑者，而六君子则是坚持正义抗论救民的。

集中又有《书参寥诗》写道：我在黄州，参寥从吴中前来拜访，居住在东坡。有天，我梦见参寥所作的诗，醒来后记忆其中的两句："寒食清明都过了，石泉槐火一时新。"又过了七年，我出任杭州知州，而参寥也开始卜居西湖智果寺院。寺院中有一道泉水从石缝中涌出，甘甜冷冽，适宜烹茶。寒食节的次日，我与宾客乘船泛湖从孤山来拜谒参寥，汲泉钻火，烹煮黄茶，忽然感悟曾经梦见的诗，于七年以前已有征兆。各位宾客都非常惊叹，由此可知史书传记所记载的很多故事，并非虚语。

苏东坡《物类相感志》中说：芽茶放盐，不觉苦咸却觉甘甜。又说：吃茶多会出现腹胀，可以用醋解之。又说，用陈茶熏燃，能很快驱赶苍蝇蚊子。

南宋杨万里《杨诚斋集》中有《谢傅尚书送茶》写道：承蒙您从远方赠送新茶，我当携带大瓢，汲取山溪泉水，收拾山涧中的败枝散叶，烧起折脚的石鼎，烹煮茶末，品啜香乳，以享受这天上仙人的恩惠。惭愧我胸中没有诗书文章，只是一味搅破菜园罢了。

南宋郑景龙《续宋百家诗》中说：本朝孙志举，有《访王主簿同泛菊茶》诗。

原　文

吕元中《丰乐泉记》：欧阳公既得酿泉，一日会客，有以新茶献者。公敕汲泉瀹之。汲者道仆覆水，伪汲他泉代。公知其非主酿泉，诘之，乃得是泉于幽谷山下，因名“丰乐泉”。

《侯鲭录》：黄鲁直云：“烂蒸同州羊，沃以杏酪，食之以匕，不以箸。抹南京面作槐叶冷淘，糁以襄邑熟猪肉，炊共城香稻，用吴人鲙、松江之鲈。既饱，以康谷帘泉烹曾坑斗品。少焉，卧北窗下，使人诵东坡《赤壁》前后赋，亦足少快。”又见《苏长公外纪》。

《苏舜钦传》[①]：有兴则泛小舟出盘、阊二门，吟啸览古，渚茶野酿，足以消忧。

《过庭录》[②]：刘贡父知长安，妓有茶娇者，以色慧称。贡父惑之，事传一时。贡父被召至阙，欧阳永叔去城四十五里迓之，贡父以酒病未起。永叔戏之曰：“非独酒能病人，茶亦能病人多矣。”

《合璧事类》[③]：觉林寺僧志崇制茶有三等：待客以惊雷荚，自奉以萱草带，供佛以紫茸香。凡赴茶者，辄以油囊盛余沥。

江南有驿官，以干事自任。白太守曰：“驿中已理，请一阅之。”刺史乃往，初至一室为酒库，诸酝皆熟，其外悬一画神，问：“何也？”曰：“杜康。”刺史曰：“公有余也。”又至一室为茶库，诸茗毕备，复悬画神，问：“何也？”曰：“陆鸿渐。”刺史益喜。又至室为菹库，诸俎咸具，亦有画神，问：“何也？”曰：“蔡伯喈。”刺史大笑，曰：“不必置此。”

江浙间养蚕，皆以盐藏其茧而缫丝，恐蚕蛾之生也。每缫毕，即煎茶叶为汁，捣米粉搜之。筛于茶汁中煮为粥，谓之洗缸粥。聚族以啜之，谓益明年之蚕。

《经钼堂杂志》：松声、涧声、禽声、夜虫声、鹤声、琴声、棋声、落子声、雨滴阶声、雪洒窗声、煎茶声，皆声之至清者。

《松漠纪闻》[4]：燕京茶肆设双陆局，如南人茶肆中置棋具也。

《梦粱录》[5]：茶肆列花架，安顿奇松、异桧等物于其上，装饰店面，敲打响盏。又冬月添卖七宝擂茶、馓子葱茶。茶肆楼上专安着妓女，名曰花茶坊。

《南宋市肆记》：平康歌馆，凡初登门，有提瓶献茗者。虽杯茶，亦犒数千，谓之"点花茶"。诸处茶肆，有清乐茶坊、八仙茶坊、珠子茶坊、潘家茶坊、连三茶坊、连二茶坊等名。谢府有酒，名"胜茶"。

宋《都城纪胜》[6]：大茶坊皆挂名人书画，人情茶坊，本以茶汤为正。水茶坊，乃娼家，聊设果凳，以茶为由，后生辈甘于费钱，谓之"干茶钱"。又有提茶瓶及龊茶名色。

《臆乘》：杨衒之作《洛阳伽蓝记》，曰食有酪奴，盖指茶为酪粥之奴也。

《琅环记》[7]：昔有客遇茅君，时当大暑，茅君于手巾内解茶叶，人与一叶，客食之五内清凉。茅君曰：此蓬莱穆陀树叶，众仙食之以当饮。"又有宝文之蕊，食之不饥，故谢幼贞诗云："摘宝文之初蕊，拾穆陀之坠叶。"

杨南峰《手镜》载：宋时姑苏女子沈清友，有《续鲍令晖香茗赋》。

孙月峰《坡仙食饮录》：密云龙茶极为甘馨。宋寥正，一字明略，晚登苏门，子瞻大奇之。时黄、秦、晁、张号苏门四学士[8]，子瞻待之厚，每至必令侍妾朝云取密云龙烹以饮之。一日，又命取密云龙，家人谓是四学士，窥之乃明略也。山谷诗有矞云龙，亦茶名。

注　释

①苏舜钦：字子美，梓州铜山(今四川中江)人，北宋诗人，曾任县令、大理评事集贤殿校理、监进奏院等职。与梅尧臣齐名，人称"梅苏"。有《苏学士文集》传世。

②《过庭录》：南宋范公偁著。共1卷，114条不见诸家著录。书中多述祖德，皆于绍兴十七八年间闻于其父范直方，故名《过庭录》。"过庭"出自《论语·季氏》之"鲤趋而过庭"语，是父亲教诲子弟的言止。范公偁，是范仲淹的玄孙，范纯仁的曾孙，生平无考。

③《合璧事类》：宋人谢维新编。

④《松漠纪闻》：共3卷，南宋洪皓著，记述自己出使金国的见闻杂记。

⑤《梦粱录》：共20卷，南宋吴自牧著，是本记录南宋都城临安的城市风貌及其状况的著作。

⑥《都城纪胜》：南宋时期的一本地方志，周应合撰。

⑦《琅环记》：为元代伊世珍所著，中国古代笔记小说，皆为短篇，记载有有许多传奇故事。

⑧苏门四学士：即黄庭坚、秦观、晁补之、张耒四人合称。

译文

宋代吕元中《丰乐泉记》记载：欧阳修访得酿泉，有一天会聚宾客，有人献上新茶。欧阳修就命人汲泉煎茶。汲泉的人在半道上摔倒，泉水倾覆，就汲取其他泉水代替。欧阳修知道不是酿泉水，责问汲泉的人，才知道另外一个泉水在幽谷山下，于是命名为“丰乐泉”。

宋代赵令畤《侯鲭录》记载：黄庭坚说：“烂蒸同州羊，浇上杏酪，用匕首边切边吃，而不用筷子。抹南京的面，作槐叶冷淘，加上襄邑的熟猪肉，炊煮共城的香稻，吃吴人的鲙、松江的鲈鱼。吃饱之后，用康山谷帘泉水烹煮曾坑的斗品佳茶，品饮一会儿，仰卧于向北的窗户之下，使人朗诵苏东坡的前后《赤壁赋》，也足以称为快事。

《苏舜钦传》记载：苏舜钦流寓苏州，有兴致时就驾着小船出盘门、阊门，吟咏狂啸，游览古迹，江边的茶、乡村的酒都足以消除忧愁，荡涤胸怀。

南宋范公偁《过庭录》记载：刘攽任长安长官，有一个叫作茶娇的妓女，以美貌智慧著称，刘攽为她所迷惑，其事曾经传诵一时。刘攽被召回京师，欧阳修出城45里前去迎接，刘攽因为酒醉未起。欧阳修调侃地说：“不仅酒能够醉人，茶也能够醉人。”

南宋谢维新《古今合璧事类备要》记载：觉林寺的僧人志崇，制茶分为三等：招待宾客用惊雷荚，自己饮用用萱草带，供奉佛陀用紫茸香。凡是来赴茶会的，就要用油囊来盛剩余的茶水。

江南有一位驿站的官员，自以为办事干练。对太守说：“驿站的事务已经处理好了，请前去检阅指导。于是刺史就前去视察，先到一个房间，是酒库，各种酒都已酿熟，室外悬挂一幅神像，问：“这是何人？”那人回答说：“是酒神杜康。”刺史说：“您公务完成得绰绰有余啊！”又到一个房间，是茶库，各种茶品毕备，室外也悬挂一幅神像，问：“这是何人。”那人回答说：“这是茶神陆羽。”刺史更加高兴。又到一个房间，是菹库，各种砧板都有，室外也悬挂一幅神像，问：“这是何人？”那人回答说：“是蔡邕。”刺史大笑，说道：“这个不必设置。”江浙地区人们养蚕，都用盐藏在蚕茧中去缫丝，是怕蚕茧生出蛾子。每当缫丝完毕，就要煎茶叶为汁，把米粉捣碎，筛到茶水里煮成粥，叫作洗缸粥。整个家族聚集在一起品啜，说是这样有益于第二年的蚕业生产。

宋代倪思《经钼堂杂志》中说：松声、涧声、山禽声、夜虫声、鹤声、琴声、围棋声、落子声、雨滴阶声、雪洒窗声、煎茶声，这些都是声音中的至清者。

南宋洪皓《松漠纪闻》记载：燕京的茶肆中，设置有双陆局，正像南方人在茶肆中设置棋局一样。

南宋吴自牧《梦粱录》记载：都城临安的茶肆中陈列有花架，其上安顿有奇松、异桧等花木，装饰店面，敲打响盏。另外冬天还要添卖七宝擂茶、馓子葱茶。茶肆的楼上，专门安排有妓女的，叫作花茶坊。

《南宋市肆记》记载：平康巷歌妓的馆舍，凡是初次登门的客人，就有专门提着茶瓶来献茶的，即使只喝一杯茶也要犒劳数千钱，叫作“点花茶”。

各处的茶肆，有清乐茶坊、八仙茶坊、珠子茶坊、潘家茶坊、连三茶坊、连二茶坊等名号。

谢府有酒，名字叫作“胜茶”。

南宋耐得翁《都城纪胜》记载：大茶坊，都悬挂名人字画；根据人之常情理解，茶坊本来应当以供应茶水作为正宗生意，但也有借此敛财，行为不当的。如水茶坊，其实就是娼妓之家，摆设水果桌凳，以买茶作为幌子，后生少年甘心费钱，称为“干茶钱”。又有提茶瓶和龊茶等名色。

宋代杨伯岩《臆乘》记载：杨衒编撰《洛阳伽蓝记》，其中说的“饮食有酪奴”，是指茶作为酪粥的奴婢。

旧题元伊世珍《琅环记》记载：从前，有客人遇到三茅真君，当时正值盛夏酷暑，三茅真君从手巾中取出茶叶，每人给一叶。客人品饮之后，感到五脏清凉。茅真君说：“这是蓬莱岛的穆陀树叶，众位神仙都作为饮品使用。”又有宝文之蕊，吃了之后不会感到饥饿。因此谢幼贞有诗写道：“摘宝文之初蕊，拾穆陀之坠叶。”

明代杨南峰《手镜》记载：宋朝的时候，姑苏女子沈清友著有《续鲍令晖香茗赋》。

明代孙钅《坡仙食饮录》记载：密云龙茶，极为甘甜馨香。宋寥正，又字明略，拜师于苏轼门下较晚，但苏轼非常器重他，将他视为奇才。当时黄庭坚、秦观、晁补之、张耒四人号称苏门四学士，苏轼对待他们都很优厚，每次到来，一定让侍妾朝云取密云龙茶款待他们。有一天，他又命朝云取密云龙茶，家人以为是四学士到了，暗中观察，乃是寥正。黄庭坚诗中“矞云龙”也是一种茶的名称。

原 文

《嘉禾志》[①]：煮茶亭在秀水县西南湖中，景德寺之东禅堂[②]。宋学士苏轼与文长老尝三过湖上，汲水煮茶，后人因建亭以识其胜。今遗址尚存。

《名胜志》[③]：茶仙亭在滁州琅琊山，宋时寺僧为刺史曾肇建，盖取杜牧《池州茶山病不饮酒》诗“谁知病太守，犹得作茶仙”之句。子开诗云：“山僧独好事，为我结茅茨。茶仙榜草圣，颇宗樊川诗。”盖绍圣二年肇知是州也。

陈眉公《珍珠船》[④]：蔡君谟谓范文正曰：“公《采茶歌》云：黄金碾畔绿尘飞，碧玉瓯中翠涛起。今茶绝品，其色甚白，翠绿乃下者耳，欲改为‘玉尘飞’、‘素涛起’，如何？”希文曰善。又，蔡君谟嗜茶，老病不能饮，但把玩而已。

《潜确类书》：宋绍兴中，少卿曹戬之母喜茗饮。山初无井，戬乃斋戒祝天，斫地才尺，而清泉溢涌，因名“孝感泉”。

大理徐恪，建人也，见贻乡信铤子茶，茶面印文曰“玉蝉膏”，一种曰“清风使”。

蔡君谟善别茶，建安能仁院有茶生石缝间，盖精品也。寺僧采造得八饼，号石岩白。以四饼遗君谟，以四饼密遣人走京师遗王内翰禹玉。岁余，君谟被召还阙过访禹玉，禹玉命子弟于茶筒中选精品碾以待蔡，蔡捧瓯未尝，辄曰：“此极似能仁寺石岩白，公何以得之？”禹玉未信，索帖验之，乃服。

《月令广义》[⑤]：蜀之雅州名山县蒙山有五峰，峰顶有茶园，中顶最高处曰上清峰，产甘露茶。昔有僧病冷且久，尝遇老父询其病，僧具告之。父曰：“何不饮茶？”僧曰：“本以茶冷，岂能止乎？”父曰：“是非常茶，仙家有所谓雷鸣者，而亦闻乎？”僧曰：“未也。”父曰：“蒙之中顶有茶，当以春分前后多构人力，俟雷之发声，并手采摘，以多为贵，至三日乃止。若获一两，以本处水煎服，能祛宿疾；服二两，终身无病；服三两，可以换骨；服四两，即为地仙。但精洁治，无不效者。”僧因之中顶筑室以候，及期，获一两余，服未竟而病瘥。惜不能久住博求。而精健至八十余岁，气力不衰。时到城市，观其貌若年三十余者，眉发绀绿。后入青城山，不知所终。今四顶茶园不废，唯中顶草木繁茂，重云积雾，蔽亏日月，鸷兽时出，人迹罕到矣。

《太平清话》[⑥]：张文规以吴兴白苎、白蘋洲明月峡中茶为三绝。文规好学，有文藻，苏子由、孔武仲、何正臣诸公，皆与之游。

夏茂卿《茶董》：刘煜，字子仪，尝与刘筠饮茶，问左右：“汤滚也未？”众曰：“已滚。”筠曰：“佥曰鲧哉[⑦]。”煜应声曰：“吾与点也[⑧]。”

黄鲁直以小龙团半铤，题诗赠晁无咎，有云：“曲几蒲团听煮汤，煎成车声绕羊肠。鸡苏胡麻留渴羌，不应乱我官焙香。”东坡见之，曰：“黄九怎地怎得不穷。”

陈诗教《灌园史》：杭妓周韶有诗名，好蓄奇茗尝与蔡公君谟斗胜，题品风味，君谟屈焉。

江参，字贯道，江南人，形貌清癯，嗜香茶以为生。

《博学汇书》：司马温公与子瞻论茶墨云：“茶与墨二者正相反，茶欲白，墨欲黑；茶欲重，墨欲轻；茶欲新，墨欲陈。”苏曰：“上茶妙墨俱香，是其德同也皆坚，是其操同也。”公叹以为然。

元耶律楚材诗《在西域作茶会值雪》[⑨]，有“高人惠我岭南茶，烂赏飞花雪没车”之句。

注　释

①《嘉禾志》：元代至元年间修订的关于嘉兴地区的地方志，全称《至元嘉禾志》。

②景德寺：位于今浙江云和县云和镇后山村东侧。

③《名胜志》：全名《岭海名胜志》，是明朝郭棐所著的一本记载广东地方事迹、人物和典章制度的专志，于明代万历廿四年成书。

④陈眉公：即陈继儒，号眉公，明代文学家、书画家。

⑤《月令广义》：明末学者冯应京编撰。

⑥《太平清话》：明代陈继儒编。

⑦佥曰鲧哉：语出《尚书·尧典》，尧问谁能治水，大家都说鲧可以呀。

⑧吾与点也：语出《论语·先进》，孔子说我赞成曾点的主张。这里借“点”表示水开了，我来点茶的意思。

⑨耶律楚材：字晋卿，又号玉泉老人，号湛然居士，契丹族，元朝著名政治家。

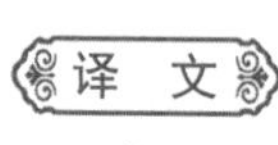

《嘉禾志》记载：煮茶亭位于秀水县西南湖中景德寺的东禅堂。宋代翰林学士苏轼曾与文长老三次经过湖上，汲水煮茶，后人于是在此建亭，以便标记胜迹。至今遗迹还存在。

明代曹学佺《名胜志》记载：茶仙亭位于滁州琅琊山，宋朝的时候寺院的僧人为刺史曾肇所建，名称取自唐朝诗人杜牧的诗《池州茶山病不饮酒》中“谁知病太守，犹得作茶仙”的句子。曾肇有诗写道“山僧独好事，为我结茆茨。茶仙榜草圣，颇宗樊川诗。”这是在宋哲宗绍圣二年（1095），曾肇滁州知州任内。

明代陈继儒《珍珠船》记载：蔡襄对范仲淹说：“先生的《采茶歌》中写道：‘黄金碾畔绿尘飞，碧玉瓯中翠涛起。’如今的茶中绝品，色泽都很鲜白，翠绿乃其中下品罢了，想把‘绿尘飞’改为‘玉尘飞’，把‘翠涛起”改为‘素涛起’，怎么样？”范仲淹回答说很好。又，蔡君谟嗜好饮茶，晚年老病不能饮茶，只是把玩罢了。

明代陈仁锡《潜确类书》记载：宋高宗绍兴年间，少卿曹戬为躲避金兵移居南昌丰城县，他的母亲喜欢饮茶，起初山中没有井，曹戬就斋戒祈祷上天，在院中屋后挖地，刚挖了一尺深，清澈的泉水就溢满涌出来，后人就把此泉叫作“孝感泉”。

五代后周显德初年，大理寺卿徐恪，是福建建州人，收到家乡书信并得到馈赠的铤子茶，茶饼表面有印文，一种叫作“玉蝉膏”，一种叫作“清风使”。

蔡襄善于鉴别茶品。建安能仁院有茶生于石缝间，是茶中精品。寺院僧人采摘制造成八饼，称作“石岩白”，以四饼赠给蔡襄，另外四饼秘密派人到京城汴梁，赠给翰林学士王珪。一年多后，蔡襄被召回京城，拜访王珪。王珪命子弟在茶筒中选取精品碾制烹煮以款待蔡襄，蔡襄手捧茶瓯还没有品尝就说：“此茶极像能仁寺的石岩白，先生怎么得来的？”王珪还不相信，索取帖子验看，于是为之折服。

明代冯应京《月令广义》记载：四川雅州名山县蒙山有五座山峰，峰顶有茶园，其中最高处叫作上清峰，出产甘露茶。从前有僧人患冷病已经很久，遇到一个老人询问其病情，僧人一一告诉了他。老人说：“为什么不饮茶呢？僧人回答说：“本来以为茶叶性冷，难道能够治疗这种病吗？”老人说：“这里并非寻常的茶，仙家有所谓的雷鸣茶，不知道您听说过没有？”僧人回答说：“没有。”老人说：“蒙山的中顶有茶叶，应当在春分前后多召集人力，等到春雷发声，一起采摘，以多为贵，到第三天就停止。如果收获一两，用本地的泉水煎服，能够祛除慢性疾病；煎服二两，就可以保证终身无病；煎服三两，就可以轻身换骨；煎服四两，就可以称为地上神仙。只要制作服用精致洁净，不会没有效果的。”僧人于是来到蒙山中顶筑室居住等待，到了季节，收获了一两有余，还没有煎服完毕病就好了。可惜不能够在山上久住，从而更多地收获茶叶。从此身体康健、精力充沛，80多岁仍气力不衰。经常到城市中去，观察他的面貌就像30多岁的年纪，眉毛、头发都呈微红的墨绿色。后来进入青城山学道成仙，不知所终。如今蒙山五峰，其余4个峰顶茶园都没有荒废，只有中顶上清峰草木繁茂，云雾缭绕，遮蔽日月，猛兽出没，人迹罕至。

明代陈继儒《太平清话》记载：张文规以吴兴白苎、白蘋洲、明月峡中茶作为三绝。张文规好学，有文采，苏辙、孔武仲、何正臣等名士都与他交游。此处当为错引，张文规当为唐代吴兴太守，有《湖州贡焙新茶》《吴兴三绝》等诗，如何与宋代名士交游？

明代夏树芳《茶董》记载：刘煜，字子仪，曾经与刘筠一起饮茶。他问左右之人道："水烧滚了吗？"左右之人回答说："已经滚了。"刘筠调侃说："佥曰鲧哉！"刘煜应声回答说："吾与点也。"黄庭坚以半铤小龙团茶饼题诗赠给晁补之，诗中写道："曲几蒲团听煮汤，煎成车声绕羊肠。鸡苏胡麻留渴羌，不应乱我官焙香。"苏东坡见了以后说道："这个黄九，这么下去怎么会不穷困潦倒呢？"

明代陈诗教《灌园史》记载：杭州歌妓周韶有诗名，喜欢收藏佳茶奇茗，曾经与蔡襄比试，品题茶的风味，蔡襄自愧不如。

江参，字贯道，江南人。他的形体面貌清奇瘦朗，嗜饮香茶，并以此生活。

明代来集之《博学汇书》记载：司马光与苏轼谈论茶和墨。司马光说："茶与墨两者的特性正好相反，茶要白，墨要黑；茶要重，墨要轻；茶要新，墨要陈。"苏轼回答说："好茶、妙墨都很香，这是其品德相同；茶饼和墨锭都很坚硬，这是其操守相同。"司马光听后赞叹，深以为然。

元耶律楚材诗《在西域作茶会值雪》，有"高人惠我岭南茶，烂赏飞花雪没车"之句。

原　文

《云林遗事》[①]：光福徐达左，构养贤楼于邓尉山中[②]，一时名士多集于此。元镇为尤数焉。尝使童子入山担七宝泉，以前桶煎茶，以后桶濯足。人不解其意，或问之，曰："前者无触，故用煎茶，后者或为泄气所秽，故以为濯足之用。"其洁癖如此。

陈继儒《妮古录》：至正辛丑九月三日，与陈征君同宿愚庵师房，焚香煮茗，图石梁秋瀑，倏然有出尘之趣。黄鹤山人王蒙题画。

周叙《游嵩山记》：见会善寺中有元雪庵头陀《茶榜》石刻，字径三寸，遒伟可观。

钟嗣成《录鬼簿》[③]：王实甫有《苏小郎夜月贩茶船》传奇。

《吴兴掌故录》：明太祖喜顾渚茶，定制岁贡止三十二斤，于清明前二日，县官亲诣采茶，进南京奉先殿焚香而已，未尝别有上供。

《七修汇稿》：明洪武二十四年，诏天下产茶之地，岁有定额，以建宁为上，听茶户采进，勿预有司。茶名有四：探春、先春、次春、紫笋，不得碾揉为大小龙团。

杨维桢《煮茶梦记》：铁崖道人卧石床，移二更，月微明，及纸帐梅影，亦及半窗，鹤孤立不鸣。命小芸童汲白莲泉，燃槁湘竹，授以凌霄芽为饮供。乃游心太虚，恍兮入梦。

陆树声《茶寮记》：园居敞小寮于啸轩埤垣之西。中设茶灶，凡瓢汲、罂注、濯、拂之具咸庀。择一人稍通茗事者主之，一人佐炊汲。客至，则茶烟隐隐起竹外其禅客过从予者，与余相对结跏趺坐，啜茗汁，举无生话。时杪秋既望，适园无诤居士，与五台僧演镇、终南僧明亮，同试天池茶于茶寮中。漫记。

《墨娥小录》[④]：千里茶，细茶一两五钱、孩儿茶一两、柿霜一两，粉草末六钱、薄荷叶三钱。右为细末调匀，炼蜜丸如白豆大，可以代茶，便于行远。

汤临川《题饮茶录》[⑤]：陶学士谓“汤者，茶之司命”，此言最得三昧。冯祭酒精于茶政，手自料涤，然后饮客。客有笑者，余戏解之，云：“此正如美人，又如古法书名画，度可着俗汉手否？”

陆釴《病逸漫记》东宫出讲，必使左右迎请讲官。讲毕，则语东宫官云：“先生吃茶。”

《玉堂丛语》：愧斋陈公，性宽坦，在翰林时，夫人尝试之。会客至，公呼：“茶！”夫人曰：“未煮。”公曰：“也罢。”又呼曰：“干茶！”夫人曰：“未买。”公曰：“也罢。”客为捧腹，时号“陈也罢”。

注　释

①《云林遗事》：明代顾元庆编写的笔记。

②邓尉山：在苏州西南30公里光福县内。

③钟嗣成：字继先，号丑斋，元代大梁（今河南开封）人，寓居杭州。屡试不中。元顺帝时编著《录鬼簿》二卷。元代文学家、散曲家。《录鬼簿》：记录

了自金代末年到元朝中期的杂剧、散曲艺人等80余人。

④《墨娥小录》：杂录性质的著作，辑录者佚。

⑤汤临川：汤显祖。字义仍，号海若、若士、清远道人。江西临川人，故称汤临川。明代戏曲家、文学家。在汤显祖多方面的成就中，以戏曲创作为最，其戏剧作品《牡丹亭》《紫钗记》《南柯记》和《邯郸记》合称“临川四梦”，其中《牡丹亭》是他的代表作。

译 文

明代顾元庆《云林遗事》记载：元代苏州光福乡富商徐达左，在邓尉山中建造养贤楼，一时名士都云集于此。画家倪瓒来往于此尤其频繁，曾经派童子到山中担七宝泉水，以前面的桶水煎茶，后面的桶水洗脚，人们不理解其用意，有人问他，倪瓒回答说：“前面的桶水没有污染，所以用来煎茶；后面的桶水有时可能会为童子的泄气所污染，所以用来洗脚。”他的洁癖就像这样。

明代陈继儒《妮古录》记载：至正辛丑（1361）九月初三，与陈征君一同下榻愚庵师的房中，焚香煮茶，绘《石梁秋瀑图》，顿时感觉有自由自在、超脱尘世的趣味，黄鹤山人王蒙题画。

明代周叙《游嵩山记》记载：见到会善寺中，有元代雪庵头陀《茶榜》石刻，每字直径三寸左右，遒劲魁伟，大为可观。

元代钟嗣成《录鬼簿》记载：王实甫有《苏小郎夜月贩茶船》传奇。

明代徐献忠《吴兴掌故集》记载：明太祖朱元璋喜好顾渚茶，但贡茶定制，每年只进贡顾渚茶32斤，于清明节前两天，县官亲自前去监督采制，进奉到南京奉先殿焚香罢了，不曾有其他上供茶叶的规定。

明代郎瑛《七修汇稿》（当即《七修类稿》）记载：明太祖洪武二十四年（1391），诏令天下产茶之地，每年贡茶都有定额，以福建建宁为上品，听任茶户采制进贡，不必通过官府。茶名有四种：探春、先春、次春、紫笋，不得碾碎研末制成大小龙团。

元代杨维桢《煮茶梦记》记载：铁崖道人躺在石床之上，时过二更，月色微明，棉纸蚊帐上映着梅花的影子，也投到半个窗子，野鹤孤立而不鸣。这时派小芸童汲取白莲泉水，点燃枯湘竹，交给他云雾佳茶进行烹点，以供自己饮用。这种境界真如游心太虚幻境，使人仿佛进入梦乡。

明代陆树声《茶寮记》写道：在乡居的园中小轩矮墙的西面开一个小茶寮。其中设置茶灶，大凡汲水的茶瓢、煮水的茶罂、洗茶以及击拂等一系列茶具应有尽有。选择一个稍通茶事的人主持，另一人帮助汲水煎茶。宾客到来，就会看到茶烟从竹外隐隐升起。如果有佛徒禅僧过从，每每与我一起结跏趺坐，啜饮茶汁，清谈高论而没有生分的话。时值深秋（农历九月）的望日之后，适园无净居士与五台山僧演镇、终南山僧明亮，一同烹试天池茶于茶寮中，并随意记录下来。

《墨娥小记》记载：所谓千里茶，是用一两五钱细茶、一两孩儿茶、一两柿子霜、六钱粉草末、三钱薄荷叶，研为细末，调和均匀，炼制成蜜丸如白豆大小，可以替代茶叶，同时可以供外出远行饮用。

明代汤显祖《题饮茶录》写道：宋初翰林学士陶谷说“煎水，是点茶的关键”，这话最得煎茶之道的要领。国子监祭酒冯梦桢精通茶道，亲自料理洗涤煎水之事，然后请客人品饮。宾客有讥笑他的，我调侃地为之解嘲道：“这就正像美人，又好比古代的法书名画，试想可以经过俗汉的手吗？”

明代陆钎《病逸漫记》记载：皇太子出阁听讲，一定要派左右之人去迎请讲官。讲完之后，则要对东宫的官员说：“请先生吃茶。”

明代焦竑《玉堂丛语》记载：陈音先生性格宽厚坦荡，在翰林院任职时，夫人曾经试探他。正值宾客到来，陈先生呼唤：“上茶。”夫人回答说：“还没煮。”先生就说：“也罢。”又呼唤：“干茶。”夫人回答说：“还没买。”先生就说：“也罢。”客人为之捧腹大笑，当时人称他为“陈也罢”。

原　文

沈周《客坐新闻》：吴僧大机所居古屋三四间，洁净不容唾。善瀹茗，有古井清冽为称。客至，出一瓯为供饮之，有涤肠湔胃之爽。先公与交甚久，亦嗜茶，每入城必至其所。

沈周《书岕茶别论后》：自古名山，留以待羁人迁客，而茶以资高士，盖造物有深意。而周庆叔者为《岕茶别论》，以行之天下。度铜山金穴中无此福，又恐仰屠门而大嚼者未必领此味。庆叔隐居长兴，所至载茶具，邀余素瓯黄叶间，共相欣赏。恨鸿渐、君谟不见庆叔耳，为之覆茶三叹。

冯梦祯《快雪堂漫录》：李于鳞为吾浙按察副使，徐子与以岕茶之最精饷之。比看子与于昭庆寺问及，则已赏皂役矣。盖岕茶叶大梗多，于鳞北士，不遇宜也。纪之以发一笑。

闵元衡《玉壶冰》：良宵燕坐，篝灯煮茗，万籁俱寂，疏钟时闻，当此情景，对简编而忘疲，彻衾枕而不御，一乐也。

《瓯江逸志》：永嘉岁进茶芽十斤，乐清茶芽五斤，瑞安、平阳岁进亦如之。

雁山五珍：龙湫茶、观音竹、金星草、山乐官、香鱼也[①]。茶即明茶，紫色而香者，名玄茶，其味皆似天池而稍薄。

王世懋《二酉委谭》[②]：余性不耐冠带，暑月尤甚，豫章天气蚤热，而今岁尤甚。春三月十七日，觞客于滕王阁[③]，日出如火，流汗接踵，头涔涔几不知所措。归而烦闷，妇为具汤沐，便科头裸身赴之。时西山云雾新茗初至，张右伯适以见遗，茶色白大，作豆子香，几与虎丘埒。余时浴出，露坐明月下，亟命侍儿汲新水烹尝之。觉沆瀣入咽，两腋风生。念此境味，都非宦路所有。琳泉蔡先生老而嗜茶，尤甚于余。时已就寝，不可邀之共啜。晨起复烹遗之，然已作第二义矣。追忆夜来风味，书一通以赠先生。

《涌幢小品》[④]：王琎，昌邑人，洪武初，为宁波知府。有给事来谒，具茶。给事为客居间，公大呼撤去，给事惭而退。因号撤茶太守。

《临安志》：栖霞洞内有水洞，深不可测，水极甘冽，魏公尝调以瀹茗。

《西湖志余》：杭州先年有酒馆而无茶坊，然富家燕会，犹有专供茶事之人，谓之“茶博士”。

《潘子真诗话》：叶涛诗极不工而喜赋咏，尝有《试茶》诗云：“碾成天上龙兼凤，煮出人间蟹与虾。”好事者戏云：“此非试茶，乃碾玉匠人尝南食也。”

董其昌《容台集》：蔡忠惠公进小龙团，至为苏文忠公所讥，谓与钱思公进姚黄花同失士气。然宋时君臣之际，情意蔼然，犹见于此。且君谟未尝以贡茶干宠，第点缀太平世界一段清事而已。东坡书欧阳公滁州二记[⑤]，知其不肯书《茶录》。余以苏法书之，为公忏悔。否则蛰龙诗句[⑥]，几临汤火[⑦]，有何罪过？凡持论不大远人情可也。

金陵春卿署中[⑧]，时有以松萝茗相贻者，平平耳。归来山馆得啜尤物，询知为闵汶水所蓄。汶水家在金陵，与余相及，海上之鸥，舞而不下，盖知希为贵，鲜游大人者。昔陆羽以精茗事，为贵人所侮，作《毁茶论》，如汶水者，知其终不作此论矣。

李日华《六研斋笔记》：摄山栖霞寺有茶坪[⑨]，茶生榛莽中，非经人剪植者。唐陆羽入山采之，皇甫冉作诗送之。

《紫桃轩杂缀》：泰山无茶茗，山中人摘青桐芽点饮，号女儿茶。又有松苔，极饶奇韵。

《钟伯敬集》：《茶讯》诗云：“犹得年年一度行，嗣音幸借采茶名。”伯敬与徐波元叹交厚，吴楚风烟相隔数千里，以买茶为名，一年通一讯，遂成佳话，谓之茶讯。

注 释

①山乐官：鸟名。宋王质《林泉结契》卷一：“山乐官，身全褐，能作歌音，又能作拍弹音如嗹罗者，声清软，性极从容。”

②王世懋：字敬美，别号麟州，时称少美，江苏太仓人。嘉靖年间进士，累官至太常少卿。明代文学家、史学家王世贞之弟，好学，善诗文，著述颇富，而才气名声亚于其兄。

③滕王阁：江南三大名楼之一，位于江西南昌赣江东岸，始建于唐高宗永徽四年（653），因唐太宗李世民之弟——滕王李元婴始建而得名，又因初唐诗人王勃所作《滕王阁序》而流芳后世。

④《涌幢小品》：明代朱国祯所写笔记。

⑤滁州二记：指欧阳修谪居滁州时所作《醉翁亭记》和《丰乐亭记》。

⑥蛰龙诗句：指苏轼《咏桧》诗中有“根到九曲无曲处，世间唯有蛰龙知”，因此下狱。

⑦几临汤火：指苏轼下狱后所作《绝命诗》中“梦绕云山心似鹿，魂飞汤火命如鸠”。

⑧金陵春卿署：指南京礼部。

⑨摄山：即南京紫金山。

译 文

明代沈周《客坐新闻》记载：吴地的高僧大机的居处，有古屋三四间，洁净到不能吐唾沫。他擅长烹茶，有清澈甘洌的古井供其使用。宾客到来，就端出一瓯供奉品饮，令人荡涤肠胃，感觉清爽。我父亲与他交往很久，也嗜好饮茶，每次入城必定到他的居处品饮。

沈周《书岕茶别论后》写道：自古名山胜地，都留着等待流放贬官的人，而茶叶，则是专门供奉高人隐士的，所以说造物的神仙都是有其深意的。周庆叔编撰《岕茶别论》，以流传天下，我料想看重金钱的富贵人家是没有这种清福了，也恐怕那些只图贪多畅快，不知品味的俗人，未必能够领略此中真味。而周庆叔隐居长兴，所到之处都会携带茶具，邀请我到素瓯黄叶之间，共相欣赏。遗憾的是陆羽、蔡襄无法见到庆叔，不禁为之倾茶三叹。

明代冯梦祯《快雪堂漫录》记载：李攀龙到我们浙江担任按察副使，徐中行以最上品的岕茶赠送给他。等到徐中行与他在昭庆寺见面时问及，却已经赏给皂隶吏役了。大概是因为岕茶从外表看叶大梗多，李攀龙是北方士人，得不到重视也就自然了。记录于此，聊发一笑。

明末闵元衡《玉壶冰》中说：在美好的夜晚闲坐，点着篝火烹煮茶叶，这时万籁俱寂，远处稀疏的钟声不时传来，当此情景，对着简编读书而不知疲倦，彻夜不用睡觉，这也是一种快乐啊。

清代劳大舆《瓯江逸志》记载：永嘉每年进贡茶芽10斤，乐清进贡茶芽5斤，瑞安、平阳每年进贡茶芽也是一样。

雁荡山的五种珍宝是：龙湫茶、观音竹、金星草、山乐官、香鱼。这里说的"龙湫茶"就是明茶，紫色而芳香，叫作玄茶，其味道都与天池茶相似而略显淡薄。

明代王世懋《二酉委谭》记载：我生性耐不住冠带整齐，尤其是在盛夏酷暑的时候，江西天气热得早，而今年更甚。春三月十七，在滕王阁请客饮酒，太阳出来如火一样，大汗流至脚跟，头上涔涔的汗水让人几乎不知所措。归来后我非常烦闷，妻子为我烧水沐浴，于是我披发裸身前去。当时西山云雾新茶刚到，张右伯正好寄赠给我，茶色鲜白，有豆子香味，差不多可以与虎丘茶相媲美。我沐浴出来，露坐在明月之下，急忙让侍从汲取新水烹茶品尝。感觉清凉的气息沁人心脾，两腋习习风生。于是感念此种况味，都不是宦海所能体味得到的。蔡琳泉先生年老而更加嗜好饮茶，比我更甚。只是当时已经就寝，无法邀请他相对品饮。清晨起来再次煮水烹茶，但是风味已经不同了。追忆夜间品饮的风味，修书一通赠给先生。

明代朱国桢《涌幢小品》记载：王琎，昌邑人。明太祖洪武初年，担任宁波知府。有下属来谒见奏事，就烹茶以待。当得知下属在为客人居间说情，王琎大呼撤去，下属深感惭愧而退。王琎也因此被称为撤茶太守。

《临安志》记载：栖霞洞内有水洞，深不可测，其中的水极为甘甜清冽，魏公曾经烹此水点茶。

明代田汝成《西湖游览志余》记载：杭州早年有酒馆而没有茶坊，但是富贵之家举行宴会，依然有专供茶事的人，称为"茶博士"。

《潘子真诗话》记载：叶涛所作的诗非常不工整却喜欢赋诗吟咏。他曾经作有一首《试茶》诗，其中有"碾成天上龙兼凤，煮出人间蟹与虾"的句子。有好事的人嘲笑他说："这不是试茶，这是碾玉的匠人在吃南方的食品呢！"

明代董其昌《容台集》记载：蔡襄进贡小龙团茶，以至于被苏轼所讥讽，认为他与钱惟演进贡姚黄花一样，失去了士人的气节。但是宋朝时君臣之间的关系，情意和合，还可以从此窥见一斑。况且蔡襄也并没有因为贡茶而求得恩宠，只是点缀太平世界的一段清心雅事罢了。苏轼曾经书写欧阳修的滁州二记，知道他不愿意书写《茶录》，我就以苏轼的笔法书写《茶录》，为蔡襄先生忏悔。否则的话，苏轼的蛰龙诗句，几乎濒临汤火，又有什么罪过呢？大凡持论，不能太远离人情物理才可以。

金陵春卿署中，不时有以松萝茶相赠的，都香味平常罢了。致仕归来居于山馆，反而得以品尝到茶中极品，经询问才知道是闵汶水所收藏的珍品。闵汶水家居金陵，与我不远，作为隐逸之士就像海上之鸥飞舞而不下来，因为知道物以稀为贵，很少与富贵之人交游。从前陆羽以为精于茶事，为贵人所侮辱，愤而写下《毁茶论》，至于像闵汶水，我知道他终究也不会作此毁茶之论的。

明代李日华《六研斋笔记》记载：摄山栖霞寺有一处茶坪，茶叶生长在荆棘林莽中，不曾经过人工修剪种植。唐代陆羽曾经来此入山采摘，皇甫冉则写有《送陆鸿渐栖霞寺采茶诗》赠给他。

李日华《紫桃轩杂缀》记载：泰山不出产茶叶，山中的人们采摘青桐芽烹饮，称为女儿茶。又有松苔，也被当作茶叶饮用，非常富有奇韵。

明代钟惺《钟伯敬集》中有《茶讯》诗写道：“犹得年年一度行，嗣音幸借采茶名。”钟惺与徐波交情深厚，从吴中到楚地相距数千里，二人以买茶为名，一年通一次音讯，于是成为佳话，叫作茶讯。

原　文

尝见《茶供说》云[①]：娄江逸人朱汝圭，精于茶事，将以茶隐，欲求为之记，愿岁岁采渚山青芽，为余作供。余观楞严坛中设供，取白牛乳、砂糖、纯蜜之类。西方沙门婆罗门，以葡萄、甘蔗浆为上供，未有以茶供者。鸿渐长于苾刍者也，杼山禅伯也，而鸿渐《茶经》、杼山《茶歌》俱不云供佛。西土以贯花燃香供佛，不以茶供，斯亦供养之缺典也。汝圭益精心治办茶事，金芽素瓷，清净供佛，他生受报，往生香国。以诸妙香而作佛事，岂但如丹丘羽人饮茶，生羽翼而已哉！余不敢当汝圭之茶供，请以茶供佛。后之精于茶道者，以采茶供佛为佛事，则自余之谂汝圭始，爰作《茶供说》以赠。

《五灯会元》[②]：摩突罗国有一青林枝叶茂盛地，名曰优留茶。

僧问如宝禅师曰：“如何是和尚家风？”师曰：“饭后三碗茶。”僧问谷泉禅师曰："未审客来，如何祗待？"师曰："云门胡饼赵州茶。"

《渊鉴类函》：郑愚《茶诗》："嫩芽香且灵，吾谓草中英。夜臼和烟捣，寒炉对雪烹。"因谓茶曰"草中英"。

素馨花曰裨茗，陈白沙《素馨记》以其能少裨于茗耳。一名那悉茗花[③]。

《佩文韵府》[④]：元好问诗注："唐人以茶为小女美称。"

《黔南行纪》：陆羽《茶经》纪黄牛峡茶可饮，因令舟人求之。有媪卖新茶一笼，与草叶无异，山中无好事者故耳。

初余在峡州问士大夫黄陵茶，皆云粗涩不可饮。试问小吏，云："唯僧茶味善。"令求之，得十饼，价甚平也。携至黄牛峡，置风炉清樾间，身自候汤，手得味。既以享黄牛神，且酌。元明尧夫云："不减江南茶味也。"乃知夷陵士大夫以貌取之耳。

《九华山录》[⑤]：至化城寺，谒金地藏塔，僧祖瑛献土产茶，味可敌北苑。

冯时可《茶录》：松郡佘山亦有茶，与天池无异，顾采造不如。近有比丘来，以虎丘法制之，味与松萝等。老衲亟逐之，曰："毋为此山开膻径而置火坑。"

冒巢民《岕茶汇钞》：忆四十七年前，有吴人柯姓者，熟于阳羡茶山，每桐初露白之际，为余入岕，箬笼携来十余种，其最精妙者，不过斤许数两耳。味老香深，具芝兰金石之性。十五年以为恒。后宛姬从吴门归余[⑥]，则岕片必需半塘顾子兼，黄熟香必金平叔，茶香双妙，更入精微。然顾、金茶香之供，每岁必先虞山柳夫人、吾邑陇西之旧姬与余共宛姬，而后他及。

金沙于象明携茶来，绝妙。金沙之于精鉴赏，甲于江南。而岕山之棋盘顶，久归于家，每岁其尊人必躬往采制。今夏携来庙后、棋顶、涨沙、本山诸种，各有差等，然道地之极真极妙，二十年所无。又辨水候火，与手自洗，烹之细洁，使茶之色香性情，从文人之奇嗜异好，一一淋漓而出。诚如丹丘羽人所谓饮茶生羽翼者，真衰年称心乐事也。

吴门七十四老人朱汝圭，携茶过访。与象明颇同，多花香一种。汝圭之嗜茶自幼，如世人之结斋于胎年，十四入岕，迄今春夏不渝者百二十番，夺食色以好之。有子孙为名诸生，老不受其养。谓不嗜茶，为不似阿翁。每竦骨入山，卧游虎虺，负笼入肆，啸傲瓯香。晨夕涤瓷洗叶，啜弄无休，指爪齿颊与语言激扬赞颂之津津，恒有喜神妙气与茶相长养，真奇癖也。

注释

①《茶供说》：作者钱谦益，字受之，号牧斋，晚号蒙叟、东涧老人，学者称虞山先生。苏州常熟人。明末清初著名文人。东林党的领袖之一。

②《五灯会元》：中国佛教禅宗史书。共20卷。宋理宗淳祐十二年（1252），一说绍定间杭州灵隐寺普济编集。

③悉茗花：又名素英、耶悉茗花、野悉蜜、玉芙蓉、素馨针，属木犀科。花多白色，极芳香，原产于岭南，喜温暖、湿润的气候和充足的阳光，宜植于腐殖质丰富的沙壤土，可以压条、扦插法繁殖，亦可用于制作中药。古代常作为妇女的头饰，是温带和亚热带地区广泛栽培的观赏花卉。

④《佩文韵府》：清代官修的大型词藻典故辞典之一，专供文人作诗时选取词藻和寻找典故，以便押韵对句之用的工具书。清张玉书、陈廷敬、李光地等76人奉敕编撰。康熙四十三年（1704）开始编写，康熙五十年（1711）成书。"佩文"是康熙的书斋名。其正集共有444卷，引录诗文词藻典故约140万条。

⑤《九华山录》：南宋周必大在游览安徽九华山时所作。

⑥宛姬：董小宛，本名董白，字小宛，一字青莲，皆因仰慕李白而起，明末秦淮八艳之一，后嫁于冒辟疆为妾。

译文

钱谦益的《茶供说》中写道：娄江逸人朱汝圭精于茶事，将因为饮茶而归隐，想请我给他写一篇文章，并表示愿意每年采摘诸山的青芽，为我作供。我观察佛坛中所设置的供品，取白色的牛奶砂糖、纯蜜之类。西方的沙门、婆罗门，则用葡萄、甘蔗作为供品，还不曾有过以茶为供品的。陆羽是生长于佛寺的佛家弟子，诗僧皎然是杼山的禅师，而陆羽的《茶经》、皎然的《茶歌》，也都没有说到以茶供佛。西土以贯花燃香供佛，而不以茶供，这也是供奉之典制的缺失。朱汝圭精心置办茶事，金芽素瓷，清净供佛，来生必然受到好报，往生香国。以各种奇妙的香料供佛，难道只是像丹丘羽人那样饮茶，而生羽翼罢了吗？我不敢作为朱汝圭的茶供对象，只请以茶来供佛。后世精于茶道的人，以采茶供佛作为佛事活动，那么也是从我感念朱汝圭开始的。于是我写下这篇《茶供说》赠给他。

释普济《五灯会元》记载：摩突罗国有一片林木青翠、枝叶茂盛的地方，叫作优留茶。

有僧人问吉州如宝禅师说："什么是和尚家风？"禅师回答说："饭后三碗茶。"僧人又问谷泉禅师："不知道宾客到来如何款待？"禅师回答说："云门胡饼赵州茶。”

清代张英等《渊鉴类函》记载：唐代诗人郑愚《茶诗》写道：“嫩芽香且灵，吾谓草中英。夜臼和烟捣，寒炉对雪烹。”于是称茶为“草中英”。

素馨花叫作裨茗，陈献章《素馨记》认为这种花能够稍微有助于茶罢了。也叫作那悉茗花。

清代张玉书等《佩文韵府》记载：元好问诗注中说：“唐朝人以茶作为小女孩的美称。”

《黔南行纪》记载：陆羽《茶经》记载黄牛峡的茶叶可以品饮，于是命船夫前去寻求。有一位老妇人卖新茶笼，与草叶没有差别，只是山中没有好事者罢了。

起初我在峡州，向士大夫打听黄陵茶，都说粗涩不可以品饮。又试问小吏，说是只有僧人所采制的茶叶味道好。于是我命人寻求，获得十饼，价格很平常。于是我携带茶饼到黄牛峡，把风炉放在林荫之下，亲自煎水候汤，依法烹试。以茶祭奠过黄牛神之后，再来品啜。元明尧夫说：“其香味不减江南茶。”由此可知夷陵的士大夫只是以貌取之了。

南宋周必大《九华山录》记载：到化城寺，拜谒金地藏塔，僧人祖瑛献上当地出产的茶叶，味道可以与北苑贡茶媲美。

明代冯时可《茶录》记载：松江府佘山也出产茶叶，与苏州天池茶没有差异，只是采摘制造不如天池茶。近年有僧人到来，以虎丘茶的制法采制，香味与松萝茶略等。老和尚急忙把他驱逐出去，说：“不要让此山陷入红尘之中、火坑之内。”

清代冒襄《岕茶汇钞》：回忆47年前，有一个姓柯的吴地人，对阳羡的茶山非常熟悉，每年桐花初发的时候，为我进山，用箬叶茶笼带来10多种茶叶。其中最为精致的茶叶，不超过一斤或者数两罢了。茶叶味道精到，香气馥郁，兼具芝兰金石之性。十五年如一日，坚持不懈。后来董小宛从苏州与我结合，茶必须苏州半塘顾先生负责制作，黄熟香则必须金平叔负责制作，茶香双妙，更加精微异常。但是顾、金两家所供应的茶和香，每年定要先供奉钱谦益夫人柳如是、我们同郡的陇西旧姬以及我和夫人董小宛，而后才供应其他人。

金沙于象明带来茶，品质绝妙。金沙于象明精于鉴赏，在江南数一数二。而岕山所产的棋盘顶，因为他很久才回家，每年他的父母必定亲自采摘制造。今年夏天，他带来庙后、棋盘顶、涨沙、本山等品种，各有等次，但都是道地的好茶，极真极妙，乃是二十年来所没有过的。另外他还辨别水品，把握火候，亲手洗茶，烹点细致洁净，从而使得茶的色香性情，根据文人的奇异嗜好，一一淋漓而出。正如丹丘羽人所谓饮茶能生羽翼者，真是老年的一种称心乐事。

苏州74岁的老人朱汝圭带着茶叶来拜访。他的茶和于象明的差不多，只是多了花香一种。朱汝圭从小嗜好饮茶，就像是世人所谓的胎里素，他14岁进入岕山，到如今已经过120个春夏，始终不渝，超过了食色的本性，唯好饮茶。他有子孙是著名的生员，但他到老也不接受他们的赡养，因为他们不嗜好饮茶，不像爷爷。他每次壮胆入山，与老虎猛兽周旋，然后背着茶笼来到茶肆，以茶香啸傲同道。他每天从早到晚洗茶涤器，品啜无休，指爪齿颊留有余香，言语激扬，文字赞颂，滔滔不绝，总有喜神妙气与茶相辅相成，益智养心，这是一种奇异的癖好。

原 文

《岭南杂记》：潮州灯节，饰娇童为采茶女，每队十二人或八人，手挈花篮，迭进而歌，俯仰抑扬，备极妖妍。又以少长者二人为队首，擎彩灯，缀以扶桑、茉莉诸花。采女进退作止，皆视队首。至各衙门或巨室唱歌，赉以银钱、酒果。自十三夕起，至十八夕而止。余录其歌数首，颇有《前溪》《子夜》之遗。

郎瑛《七修类稿》：歙人闵汶水，居桃叶渡上，予往品茶其家，见其水火皆自任，以小酒盏酌客，颇极烹饮态，正如德山担青龙钞，高自矜许而已，不足异也。秣陵好事者[①]，尝诮闽无茶，谓闽客得闽茶，咸制为罗囊，佩而嗅之，以代旃檀[②]。实则闽不重汶水也。闽客游秣陵者，宋比玉、洪仲章辈，类依附吴儿强作解事，贱家鸡而贵野鹜，宜为其所诮欤！三山薛老亦秦淮汶水也。薛尝言汶水假他味作兰香，究使茶之真味尽失。汶水而在，闻此亦当色沮。薛尝住为崱，自为剪焙，遂欲驾汶水上。余谓茶难以香名，况以兰定茶，乃咫尺见也，颇以薛老论为善。

延邵人制呼茶人为碧竖[③]，富沙陷后，碧竖尽在绿林中矣。

蔡忠惠《茶录》石刻在瓯宁邑庠壁间[④]。予五年前拓数纸寄所知，今漫漶不如前矣。

闽酒数郡如一，茶亦类是。今年予得茶甚夥，学坡公义酒事，尽合为一，然与未合无异也。

李仙根《安南杂记》：交趾称其贵人曰翁茶。翁茶者，大官也。

《虎丘茶经补注》：徐天全自金齿谪回[5]，每春末夏初，入虎丘开茶社。

罗光玺作《虎丘茶记》，嘲山僧有替身茶。

吴匏庵与沈石田游虎丘，采茶手煎对啜，自言有茶癖。

《渔洋诗话》：林确斋者，亡其名，江右人。居冠石，率子孙种茶，躬亲畚锸负担，夜则课读《毛诗》《离骚》。过冠石者，见三四少年，头著一幅布，赤脚挥锄，琅然歌出金石，窃叹以为古图画中人。

《尤西堂集》有《戏册茶为不夜侯制》。

朱彝尊《日下旧闻》[6]：上巳后三日，新茶从马上至，至之日宫价五十金，外价二三十金。不一二日，即二三金矣。见《北京岁华记》。

《曝书亭集》：锡山听松庵僧性海，制竹火炉，王舍人过而爱之，为作山水横幅，并题以诗。岁久炉坏，盛太常因而更制，流传都下，群公多为吟咏。顾梁汾典籍仿其遗式制炉，及来京师，成容若侍卫以旧图赠之[7]。丙寅之秋，梁汾携炉及卷过余海波寺寓，适姜西溟、周青士、孙恺似三子亦至，坐青藤下，烧炉试武夷茶，相与联句成四十韵，用书于册，以示好事之君子。

蔡方炳《增订广舆记》：湖广长沙府攸县[8]，古迹有茶王城，即汉茶陵城也。

葛万里《清异录》：倪元镇饮茶用果按者，名清泉白石。非佳客不供。有客请见，命进此茶。客渴再及而尽，倪意大悔，放盏入内。

黄周星九烟梦读《采茶赋》，只记一句云：施凌云以翠步。

《别号录》[9]：宋曾几吉甫，别号茶山。明许应元子春，别号茗山。

《随见录》：武夷五曲朱文公书院内有茶一株[10]，叶有臭虫气，及焙制出时，香逾他树，名曰臭叶香茶。又有老树数株，云系文公手植，名曰宋树。

补《西湖游览志》：立夏之日，人家各烹新茗，配以诸色细果，馈送亲戚比邻，谓之七家茶。南屏谦师妙于茶事，自云得心应手，非可以言传学到者。

刘士亨有《谢璘上人惠桂花茶》诗云："金粟金芽出焙篝，鹤边小试兔丝瓯。叶含雷信三春雨，花带天香八月秋。味美绝胜阳羡种，神清如在广寒游。玉川句好无才续，我欲逃禅问赵州。"

李世熊《寒支集》[11]：新城之山有异鸟，其音若箫，遂名曰箫曲山。山产佳茗，亦名箫曲茶。因作歌纪事。

《禅元显教编》[12]：徐道人居庐山天池寺，不食者九年矣。畜一墨羽鹤，尝采山中新茗，令鹤衔松枝烹之。遇道流，辄相与饮几碗。

张鹏翀《抑斋集》有《郑宅茶赋》云："青云幸接于后尘，白日捧归乎深殿。从容步缓，膏芬齐出螭头；肃穆神凝，乳滴将开蜡面。用以濡毫，可媲文章之草；将之比德，勉为精白之臣。"

注释

①秣陵：今江苏南京。

②旃檀：又名檀香、白檀，是一种古老而又神秘的珍稀树种，收藏价值极高。檀香木香味醇和，历久弥香，素有"香料之王"之美誉。

③延邵：今属福建。

④瓯宁：今福建建瓯。

⑤徐天全：即徐有贞，字元玉，号天全老人。南直隶吴县（今江苏苏州）人，明朝中期内阁首辅，因封爵武功伯，世称徐武功。金齿：今云南保山。

⑥朱彝尊：字锡鬯，号竹垞，晚号小长芦钓鱼师，又号金风亭长。秀水（今浙江嘉兴）人，清朝初年的诗人、词人、学者。著有《日下旧闻》，是一部地理学著作。

⑦容若侍卫：即纳兰性德。叶赫那拉氏，字容若，号楞伽山人，满洲正黄旗人，清朝初年词人，原名纳兰成德，一度因避讳太子保成而改名纳兰性德。

⑧湖广：湖广省。湖广省为清沿明制，元朝为湖广行省，明朝为湖广布政使司。康熙三年（1664）以北部改称湖北省，省治武昌府；南部置湖南省，省治长沙府。攸县：在今湖南株洲。

⑨《别号录》：共9卷，其书采集宋、金、元、明时期人的别号，编者为葛万里。

⑩武夷五曲朱文公书院：即武夷精舍，又称紫阳书院、武夷书院、朱文公祠，位于福建武夷山隐屏峰下平林渡九曲溪畔，是朱熹于宋淳熙十年（1183）所建，为其著书立说、倡道讲学之所。

⑪李世熊：字元仲，号愧庵，自号寒支道人，福建宁化人，明末清初的文人，有《寒支集》。

⑫《神元显教编》：是一部关于道教的集子。

译文

清代吴震方《岭南杂记》记载：潮州灯节，把漂亮的儿童装扮成采茶女，每队12人或者8人，手提花篮分部前进并歌唱，俯仰进退，抑扬顿挫，非常妖艳。

另外以稍微年长者二人作为人长，高举彩灯，灯上点缀着扶桑、茉莉等花。采茶女的进退行止，都要视队长而定。他们到各个衙门或者富贵人家进行演唱，这些人家则赏赐银钱、酒食、茶果。从正月十三晚起，到十八晚结束，我记录其词曲数首，颇有《前溪》《子夜》的遗风。

明代郎瑛《七修类稿》：徽州歙县人闵汶水，居住在金陵桃叶渡上。我曾经去他家品茶，见其煎水候火，都亲自操作，用小酒杯请客人品啜，展现出很专业的烹饮情态，正如德山和尚宣鉴担青龙钞，自矜清高，不足为奇。秣陵的好事者，曾经讥讽福建无茶，说闽客得到闵茶都制成罗囊盛起来，佩戴在身上代替檀香。其实福建人并不重视闵汶水。福建的客人游历南京的，宋比玉、洪仲章等人，都是依附吴人强作解事，贬低家鸡而以野鹜为贵，受到讥讽也是应该的。南京三山街的薛老，也是秦淮河上的闵汶水。薛老曾经说过闵汶水假借其他的调味品制作出兰香茶，终究使得茶的真味丧失净尽。如果闵汶水在世听到此话也应当感到羞愧。薛老曾经居住在岕岗，亲自修剪茶树，焙制茶叶，想要凌驾于闵汶水之上。我认为茶叶很难以香味闻名，何况以兰花香来确定茶香的品位，乃是咫尺之见，所以我认为薛老的观点为好。

延邵人称呼制茶的人叫作碧竖，南唐攻灭富沙王王延政后，碧竖都成了绿林好汉。

蔡襄《茶录》石刻镶嵌在瓯宁县城学校的墙壁间。我在五年前曾经拓了多张寄赠给知己，如今已经漫漶不如以前了。

福建所产的酒各郡都一样，所产的茶也是如此。今年我得茶很多，学习苏轼义酒的故事，全部合而为一，但是合不合在一起也没有什么两样。

清代李仙根《安南杂记》记载：交趾称呼其富贵之人为翁茶。所谓翁茶，就是大官的意思。

清代陈鉴《虎丘茶经补注》记载：徐有贞从金齿贬谪之地回来，每年的春末夏初，就到虎丘开设茶社。

罗光玺作《虎丘茶记》，嘲讽山僧有替身茶。

吴宽与沈周一起游历虎丘，亲自采茶煎水对饮，自己说有茶癖。

清代王士祯《渔洋诗话》记载：林确斋，其名佚，江西人。居住在冠石，率领子孙种茶，亲自拿着农具挑着担子，夜间则诵读《毛诗》《离骚》。经过冠石的人们，都能看到三四个少年，头上裹着一幅布，赤着脚挥锄耕耘，一边歌声琅然，有金石之韵，无不私下感叹，以为这是古代图画中的人物。

清代尤侗《尤西堂集》中有《戏册茶为不夜侯制》。

清代朱彝尊《日下旧闻》记载：上巳后三天，新茶从马上运来，新茶到来之日宫中的价格是五十两银子，宫外则达二三十两。不过一两天，就跌到二三两了。见《北京岁华记》。

朱彝尊《曝书亭集》记载：无锡惠山寺听松庵高僧性海，自制竹火炉，中书舍人王绂过访，见了非常喜爱，为他画山水横幅，并且题诗纪念。年久竹炉损坏，侍郎盛冰壑，根据旧炉更新其制，流传到京师，各位公卿大臣多有诗词吟咏。典籍顾贞观仿照其旧制制成竹炉，等来到京师，侍卫纳兰性德以旧图赠给他。丙寅的秋天，顾贞观带着竹炉及图卷过访我所在的海波寺寓所，正好姜西溟、周青士、孙恺似三个人也到了。打坐青藤之下，烧炉烹试武夷茶，共同联句成四十韵，书写于册页之上，用来给那些好事的博雅君子欣赏。

清代蔡方炳《增订广舆记》记载：湖广长沙府攸县，古迹有茶王城，也就是汉代的茶陵城。

清代葛万里《清异录》记载：倪瓒饮茶要加进果子，叫作清泉白石。如果不是佳客不予招待。有客人请见，命进献此茶，客人口渴，两口喝完，倪瓒心中非常后悔，就收起茶盏入内。

黄周星梦读《采茶赋》，只记得其中的一句，叫作：施凌云以翠步。

葛万里《别号录》记载：宋代曾几，字吉甫，别号茶山。明代许应元，字子春，别号茶山。

《随见录》记载：武夷山五曲朱文公书院内，有棵茶树，茶叶有臭虫气，等到经过焙制，出来时比其他树上的茶叶更香，名叫臭叶香茶。另外还有老树多棵。据说是朱熹亲手种植，名叫宋树。

补明代田汝成《西湖游览志》记载：立夏之日，家家户户都烹试新茶，配合各种精细水果，馈送亲戚和邻居，叫作七家茶。宋代杭州南屏山净慈寺和尚谦师精于茶事，自己说得心应手，不是言语传达和学习能达到的。

刘士亨有《谢璘上人惠桂花茶》诗写道："金粟金芽出焙篝，鹤边小试兔丝瓯。叶含雷信三春雨，花带天香八月秋。味美绝胜阳羡种，神清如在广寒游。玉川句好无才续，我欲逃禅问赵州。"

明末清初李世熊《寒支集》记载：新城的山中有一种奇异的鸟，其叫声如同吹箫，于是这座山就叫作箫曲山。山中也出产好茶，叫作箫曲茶。因此作歌记录此事。

《禅元显教编》记载：徐道人居住在庐山天池寺，不吃饭食已经有9年了。养了一只墨羽鹤，曾经采摘山中的新茶，让鹤衔着松枝烹茶。遇到道友，就一起饮上几碗。

清代张鹏翀《抑斋集》中有《御赐郑宅茶赋》写道："青云幸接于后尘，白日捧归乎深殿。从容步缓，膏芬齐出螭头；肃穆神凝，乳滴将开蜡面。用以濡毫，可媲文章之草；将之比德，勉为精白之臣。"

八　茶之出

原　文

《国史补》：风俗贵茶，其名品益众。剑南有蒙顶石花[①]，或小方、散芽，号为第一。湖州顾渚之紫笋，东川有神泉小团、绿昌明、兽目[②]。峡州有小江园、碧涧寮、明月房、茱萸寮。福州有柏岩、方山露芽。婺州有东白、举岩、碧貌。建安有青凤髓。夔州有香山。江陵有楠木。湖南有衡山。睦州有鸠坑。洪州有西山之白露。寿州有霍山之黄芽。绵州之松岭，雅州之露芽，南康之云居，彭州之仙崖、石花，渠江之薄片，邛州之火井、思安，黔阳之都濡、高株，泸川之纳溪、梅岭，义兴之阳羡、春池、阳凤岭，皆品第之最著者也。

《文献通考》[③]：片茶之出于建州者，有龙、凤、石乳、的乳、白乳、头金、蜡面、头骨、次骨、末骨、粗骨、山挺十二等，以充岁贡及邦国之用，洎本路食茶。余州片茶，有进宝双胜、宝山两府，出兴国军；仙芝、嫩蕊、福合、禄合、运合、脂合，出饶、池州；泥片，出虔州；绿英金片，出袁州；玉津，出临江军；灵川，出福州；先春、早春、华英、来泉、胜金，出歙州；独行灵草、绿芽片金、金茗，出潭州；大拓枕，出江陵、大小巴陵；开胜、开卷、小卷、生黄翎毛，出岳州；双上绿牙、大小方，出岳、辰、澧州；东首、浅山薄侧，出光州。总二十六名。其两浙及宣、江、鼎州，止以上中下或第一至第五为号。其散茶，则有太湖、龙溪、次号、末号，出淮南。岳麓、草子、杨树、雨前、雨后出荆湖；清口，出归州；茗子，出江南。总十一名。

叶梦得《避暑录话》：北苑茶，正所产为曾坑，谓之正焙；非曾坑为沙溪，谓之外焙。二地相去不远，而茶种悬绝。沙溪色白，过于曾坑，但味短而微涩，识者一啜，如别泾渭也。余始疑地气土宜，不应顿异如此。及来山中，每开辟径路，刳治岩窦，有寻丈之间，土色各殊，肥瘠紧缓燥润，亦从而不同。并植两木于数步之间，封培灌溉略等，而生死丰悴如二物者。然后知事不经见，不可必信也。草茶极品唯双井、顾渚，亦不过各有数亩。双井在分宁县，其地属黄氏鲁直家也。元祐间，鲁直力推赏于京师，族人交致之，然岁仅得一二斤尔。顾渚在长兴县，所谓吉祥寺也，其半为今刘侍郎希范家所有。两地所产，岁亦止五六斤。近岁寺僧求之者，多不暇精择，不及刘氏远甚。余岁求于刘氏，过半斤则不复佳。盖茶味虽均，其精者在嫩芽。取其初萌如雀舌者，谓之枪；稍敷而为叶者，谓之旗。旗非所贵，不得已取一枪一旗犹可，过是则老矣。此所以为难得也。

《归田录》[④]：腊茶出于剑、建，草茶盛于两浙。两浙之品，日注为第一。自景祐以后，洪州双井白芽渐盛，近岁制作尤精，囊以红纱，不过一二两，以常茶十数斤养之，用辟暑湿之气。其品远出日注上，遂为草茶第一。

《云麓漫钞》[⑤]：茶出浙西，湖州为上，江南常州次之。湖州出长兴顾渚山中，常州出义兴君山悬脚岭北岸下等处。

《蔡宽夫诗话》：玉川子《谢孟谏议寄新茶》诗有“手阅月团三百片”及“天子须尝阳羡茶”之句。则孟所寄，乃阳羡茶也。

杨文公《谈苑》[⑥]：蜡茶出建州，陆羽《茶经》尚未知之，但言福建等州未详，往往得之，其味甚佳。江左近日方有蜡面之号。丁谓《北苑茶录》云：“创造之始，莫有知者。”质之三馆检讨杜镐，亦曰在江左日，始记有研膏茶。欧阳公《归田录》亦云出福建，而不言所起。按唐氏诸家说中，往往有蜡面茶之语，则是自唐有之也。

《事物纪原》：江左李氏别令取茶之乳作片，或号京铤、的乳及骨子等，是则京铤之品，自南唐始也。《苑录》云：“的乳以降，以下品杂炼售之，唯京师去者，至真不杂，意由此得名。”或曰，自开宝末，方有此茶。当时识者云，金陵僭国，唯曰都下，而以朝廷为京师。今忽有此名，其将归京师乎！

注　释

①剑南：唐太宗贞观元年（627），废除州、郡制，改益州为剑南道，治所位于成都府。因位于剑门关以南，故名。

②东川：唐至德二年（757）分剑南为东川、西川，各置节度使。东川治梓州（今四川三台），辖区在四川盆地中部 。

③《文献通考》：简称《通考》，由元代马端临编撰，是一部叙写从上古到

宋朝宁宗时期的典章制度的通史。是继《通典》《通志》之后，规模最大的一部记述历代典章制度的著作，和《通典》《通志》合称为“三通”。

④《归田录》：宋代欧阳修所作笔记，共2卷，凡150条。欧阳修晚年辞官闲居颍州时作此书，故名归田。本书多记朝庭日事和士大夫琐事，大多系欧阳修亲身经历、见闻，史料翔实可靠。

⑤《云麓漫钞》：南宋赵彦卫所撰笔记集。赵彦卫，字景安，浚仪（今河南开封）人，生卒年不详，宋宗室。初佐幕吴门，以学识见称于世，被人视为“外吏而内儒，学而有用者”（《拥炉闲话序》）。绍熙（1192）间为乌程宰，又为徽州通判。此书有开禧二年(1206)自序，署新安郡守，其后仕历则不可考。《云麓漫钞》初名《拥炉闲话》，共10卷，后并刻为15卷，改今名。

⑥杨文公：即杨亿，北宋文学家，西昆体的主要代表人物。

译　文

唐代李肇《国史补》记载：民间风俗以茶为贵，所以茶叶名品更多。剑南道有蒙顶石花，有小方，有散芽，号称天下第一。湖州有顾渚的紫笋茶，东川有神泉小团、绿昌明、兽目。峡州有小江园、碧涧寮、明月房、茱萸寮。福州有柏岩、方山露芽。婺州有东白、举岩、碧貌。建安有青凤髓。夔州有香山。江陵有楠木。湖南有衡山。睦州有鸠坑。洪州有西山的白露。寿州有霍山的黄芽。绵州有松岭。雅州有露芽。南康有云居。彭州有仙崖、石花。渠江有薄片。邛州有火井、思安。黔阳有都濡、高株。泸川有纳溪、梅岭。义兴有阳羡、春池、阳凤岭。这都是品质名次最为著名的。

元代马端临《文献通考》记载：建州出产的片茶，有龙团、凤团、石乳、的乳、白乳、头金、蜡面、头骨、次骨、末骨、粗骨、山挺12个等级，用来作为每年的进贡和国家的大事所用，以及本路的食茶。其余各州的片茶，则有进宝双胜、宝山两府，出产于兴国军；仙芝、嫩蕊、福合、禄合、运合、脂合，出产于饶州、池州；泥片，出产于虔州；绿英金片，出产于袁州；玉津，出产于临江军；灵川，出产于福州；先春、早春、华英、来泉、胜金，出产于歙州；独行灵草、绿芽片金、金茗，出产于潭州；大拓枕，出产于江陵和大小巴陵；开胜、开卷、小卷、生黄翎毛，出产于岳州；双上绿芽、大小方，出产于岳州、辰州、澧州；东首、浅山薄侧，出产于光州。总共有26种名色。浙江东路、浙江西路以及宣州、江州、鼎州，只是上、中、下或者第一、第二、第三、第四、第五为号。至于散茶，则有太湖、龙溪、次号、末号，出产于淮南；岳麓、草子、杨树、雨前、雨后，出产于荆湖南路和荆湖北路；清口，出产于归州；茗子，出产于江南。

总共有11种名色。

南宋叶梦得《避暑录话》记载：北苑茶，正宗所产出于曾坑，叫作正焙；不是曾坑的是沙溪所产，叫作外焙。这两个地方相距不远，可是所产茶叶的品种却相差悬殊。沙溪所产茶色泽鲜白超过曾坑，只是回味较短而稍微苦涩，识茶的人一经品啜，便如泾渭分明。我起初怀疑这里的地气土宜，不应该相差如此明显。等到来到山中，每当开辟道路、整治岩石洞窟，有时几丈之间土色各不相同，肥沃与贫瘠、紧坡与缓坡、干燥与湿润也相差很大。同时种植两棵树木，相距数步之间，封土培植、灌溉等也基本相同，可是两棵树木的茂盛与枯槁就像是两种东西。经过体验然后才知道事情如果不经过亲眼所见，一定不会确信。草茶的极品，只有双井、顾渚，也不过各有数亩茶园。双井茶产于分宁县，其产地位于黄庭坚的家乡。元祐（1086—1094）年间，黄庭坚极力在京师推荐，其家族也都把收获的茶寄给他，但是每年也仅仅收获一二斤罢了。顾渚茶产于长兴县，所谓的吉祥寺，其茶园的一半属于今刘希范侍郎家所有。两地所产每年也不过五六斤。近年来寺院中的僧人求取茶叶，往往来不及精心拣择，品质远远赶不上刘氏所产。我每年向刘氏索求，超过半斤质量就得不到保证。这是因为茶味虽然差别不大，其精品关键在于嫩芽。摘取刚刚萌发如雀舌一般的嫩芽，叫作枪；稍微展开而成为叶的，叫作旗。旗就不是很贵重。实在不得已就取一枪一旗，超过这个标准就嫌老了。这就是极品名茶之所以难得的缘故。

北宋欧阳修《归田录》记载：腊茶出产于剑、建二州，草茶则盛产于两浙。两浙的茶品，以绍兴的日注茶为第一。自从景祐（1034—1038）以后，洪州双井白茶逐渐兴盛起来，近年制作尤其精致，用红纱囊包裹不超过一二两，而要用普通茶叶十多斤保养，避免暑期潮湿之气。其品质远远超出日注茶之上，于是可以称为草茶第一。

南宋赵彦卫《云麓漫钞》记载：茶叶出产于浙江西路，以湖州为上，江南常州次之。湖州茶出产于长兴顾渚山中，常州茶则出产于义兴君山悬脚岭北岸下等地。

《蔡宽夫诗话》中说：卢仝《走笔谢孟谏议寄新茶》诗中有"手阅月团三百片"及"天子须尝阳羡茶"的句子。可知孟谏议所寄赠的，乃是阳羡茶。

北宋杨亿《谈苑》中说：蜡茶出产于建州，陆羽《茶经》尚未知道，只是说福建等州未详，往往得之，其味道极好。江南地区近日才有蜡面的称号。丁谓《北苑茶录》中说："北苑贡茶创造之初，没有人知道。"询问三馆检讨杜镐，他也是说在江南任职的时候，才记得有研膏茶。欧阳修《归田录》也说出产于福建，而没有明言其起源。从唐朝各家文献中，常常有蜡面茶的说法，可以推断这是从唐朝开始有的。

北宋高承《事物纪原》记载：五代南唐李氏，另外命人取茶的乳粥制作成片，有人称作京铤、的乳以及骨子等，由此可知，京铤之品是从南唐创始的。《北苑贡茶录》中说："的乳以下，用下品的茶叶掺杂制作进行销售，只有京师供奉的，是至真之品，没有杂质，可能就是由此而得名京铤。"有人说，自宋太祖开宝年间以来，才有这种茶。当时精于茶事的人说，南唐李氏政权，只称作都下，而以朝廷所在的汴京作为京师。而今忽然出现这种称呼，是说明南唐将要归顺朝廷吧！

原　文

罗廪《茶解》：按唐时产茶地，仅仅如季疵所称。而今之虎丘、罗岕、天池、顾渚、松罗、龙井、雁宕、武夷、灵川、大盘、日铸、朱溪诸名茶，无一与焉。乃知灵草在在有之。但培植不嘉，或疏于采制耳。

《潜确类书》：《茶谱》：袁州之界桥，其名甚著，不若湖州之研膏、紫笋，烹之有绿脚垂下。又婺州有举岩茶，片片方细，所出虽少，味极甘芳，煎之如碧玉之乳也。

《农政全书》[①]：玉垒关外宝唐山[②]，有茶树产悬崖，笋长三寸五寸，方有一叶两叶。涪州出三般茶[③]：最上宾化，其次白马，最下涪陵。

《煮泉小品》[④]：茶自浙以北皆较胜。唯闽、广以南，不唯水不可轻饮，而茶亦当慎之。昔鸿渐未详岭南诸茶，但云"往往得之，其味甚佳"。余见其地多瘴疠之气，染着水草，北人食之，多致成疾，故谓人当慎之也。

《茶谱通考》：岳阳之含膏冷，剑南之绿昌明，蕲门之团黄，蜀川之雀舌，巴东之真香，夷陵之压砖，龙安之骑火。

《江南通志》[⑤]：苏州府吴县西山产茶，谷雨前采焙极细者，贩于市，争先腾价，以雨前为贵也。

《吴郡虎丘志》：虎丘茶，僧房皆植，名闻天下。谷雨前摘细芽焙而烹之，其色如月下白，其味如豆花香。近因官司征以馈远，山僧供茶一斤，费用银数钱。是以苦于赍送，树不修葺，甚至刈斫之，因以绝少。

米襄阳《志林》[⑥]：苏州穹窿山下有海云庵，庵中有二茶树，其二株皆连理，盖二百余年矣。

《姑苏志》[⑦]：虎丘寺西产茶，朱安雅云："今二山门西偏，本名茶岭。"

陈眉公《太平清话》：洞庭中西尽处，有仙人茶，乃树上之苔藓也，四皓采以为茶。

《图经续记》：洞庭小青山坞出茶，唐宋入贡。下有水月寺，因名水月茶。

《古今名山记》：支硎山茶坞[8]，多种茶。

《随见录》：洞庭山有茶，微似岕而细，味甚甘香，俗呼为“吓杀人”。产碧螺峰者尤佳，名碧螺春[9]。

《松江府志》[10]：佘山在府城北，旧有佘姓者修道于此，故名。山产茶与笋，并美，有兰花香味。故陈眉公云：“余乡佘山茶与虎丘相伯仲。”

《常州府志》：武进县章山麓有茶巢岭，唐陆龟蒙尝种茶于此。

《天下名胜志》[11]：南岳古名阳羡山[12]，即君山北麓。孙皓既封国后[13]，遂禅此山为岳，故名。唐时产茶充贡，即所云南岳贡茶也。

常州宜兴县东南，别有茶山。唐时造茶入贡，又名唐贡山，在县东南三十五里均山乡。

《武进县志》：茶山路在广化门外，十里之内，大墩小墩连绵簇拥，有山之形。唐代湖、常二守会阳羡造茶修贡，由此往返，故名。

《檀几丛书》[14]：茗山，在宜兴县西南五十里永丰乡。皇甫曾有《送羽南山采茶》诗，可见唐时贡茶在茗山矣。

唐李栖筠守常州日，山僧献阳羡茶。陆羽品为芬芳冠世，产可供上方。遂置茶舍于洞灵观，岁造万两入贡。后韦夏卿徙于无锡县罨画溪上，去湖汊一里所。许有谷诗云“陆羽名荒旧茶舍，却教阳羡置邮忙”是也。

义兴南岳寺，唐天宝中有白蛇衔茶子坠寺前，寺僧种之庵侧，由此滋蔓，茶味倍佳，号曰蛇种。土人重之，每岁争先饷遗。官司需索，修贡不绝。迨今方春采茶，清明日，县令躬享白蛇于卓锡泉亭，隆厥典也。后来檄取，山农苦之，故袁高有“阴岭茶未吐，使者牒已频”之句。郭三益诗：“官符星火催春焙，却使山僧怨白蛇。”卢仝《茶歌》“安知百万亿苍生，命坠颠崖受辛苦。”可见贡茶之累民，亦自古然矣！

注　释

①《农政全书》：明代徐光启著，中国古代农学著作。

②玉垒关：又名“其盘关”，在今四川灌县西。玉垒关用条石和泥浆砌成，宽13.29米，高6.2米，深6.86米。它是古代川西平原的要隘，也是千余年来古堰

旁的一处胜景，故称“川西锁钥”。宝唐山：在今四川汶川。

③涪州：唐武德元年（618）以渝州涪陵镇和巴县地置涪州。治涪陵（今重庆涪陵），辖涪陵、乐温（今重庆长寿）、武龙（今重庆武隆土坎镇）三县。

④《煮泉小品》：明代田艺蘅所著，田艺蘅是田汝成的儿子。

⑤《江南通志》：清代康熙年间由政府编修。

⑥米襄阳：即米芾，中国北宋书法家、画家、书画理论家。祖籍山西，后迁居湖北襄阳，故世称“米襄阳”。

⑦《姑苏志》：明代文学家王鏊著。姑苏即今苏州。

⑧支硎山：在今苏州西南，因晋代高僧支遁（号支硎）而得名。

⑨碧螺春：中国十大名茶之一，属于绿茶类，已有一千多年历史。碧螺春产于江苏省苏州市吴县太湖的东洞庭山及西洞庭山一带，所以又称“洞庭碧螺春”。

⑩《松江府志》：松江府即是今天的上海，所以本书是松江地区的地方志。

⑪《天下名胜志》：明初曹学佺所著。曹学佺，明代官员、学者、藏书家，闽中十子之首，闽剧始祖之一。

⑫阳羡山：在今江苏无锡宜兴。

⑬孙皓：字元宗，一名彭祖，字皓宗。吴大帝孙权之孙，废太子孙和之子，三国时期吴国末代皇帝。

⑭《檀几丛书》：清朝康熙时候刊刻的丛书。

译 文

明代罗廪《茶解》中说：唐朝时期的产茶之地，仅仅如陆羽所讲到的。那么今天的虎丘、罗岕、天池、顾渚、龙井、雁宕、武夷、灵川、大盘、日铸、朱溪等有名的好茶，没有一个列入其中。由此可以知道灵异的瑞草处处都有，只是人们不懂得科学培植，或者不善于采制加工罢了。

明代陈仁锡《潜确类书》中说:《茶谱》记载：袁州的界桥茶，其名声很大，但是不如湖州的研膏茶、紫笋茶，烹点时会有绿脚垂下。另外婺州有举岩茶，每一片都方正细小，虽然出产很少，茶味却极其甘芳，煎煮之后如碧玉之乳。

明代徐光启《农政全书》记载：玉垒关外的宝唐山，有茶树生长在悬崖之上，茶笋长到三寸五寸，才有一叶两叶发出来。涪州出产三种茶叶，最上品的是宾化茶，其次是白马茶，最下的是涪陵茶。

明代田艺蘅《煮泉小品》记载：茶叶，浙江以北地区出产的，品质都比较好。只有福建、两广以南地区，不仅其泉水不可轻易饮用，所出产的茶叶也应当谨慎勿用或者有选择地饮用。从前陆羽《茶经》没有详细记载岭南所出产的茶叶，只是说“往往能得到一些茶叶，其味道都非常好”。我看到福建、两广地区多有瘴疠之气，熏染到草木之上，北方人饮用过后，大多会导致疾病发生，所以说人们应当谨慎从事。

《茶谱通考》记载：岳阳的含膏冷，剑南的绿昌明，蕲门的团黄，蜀川的雀舌，巴东的真香，夷陵的压砖，龙安的骑火。

《江南通志》记载：苏州府吴县西山所出产的茶叶，在谷雨之前采摘焙制。其中极细的好茶，贩卖到市场上争先恐后地涨价，以雨前茶为最贵。

《吴郡虎丘志》记载：虎丘茶，寺院的僧房都种植茶树，名闻天下。谷雨前采摘细嫩的芽茶焙制而烹试，其色泽如月下白色，其味道如豆花香。近来因为官府征收馈送远方，虎丘山中的僧人供奉茶叶一斤，要花费数钱银子，因此苦于馈赠，茶树也不修剪打理，甚而至于砍掉茶树，所以虎丘茶极为稀少。

宋代米芾《志林》记载：苏州穹窿山下有一座海云庵，庵中生长着两棵大茶树，两树根株相连，已经有二百多年了。

《姑苏志》记载：苏州虎丘寺西边出产茶叶，朱安雅说：“如今二山门向西略偏，本来名叫茶岭。”

陈继儒《太平清话》记载：太湖洞庭西山中最西边的地方，有仙人茶，乃是树上的苔藓，商山四皓采摘来制成茶饮用。

《图经续记》记载：太湖洞庭作水月茶。

《古今名山记》记载：支硎山茶坞，多种植茶树。

《随见录》记载：太湖洞庭山出产有茶，与茶略微相似而更加精细，味道非常甘甜香洌，俗语称为“吓杀人”，出产于碧螺峰的尤其精致，所以叫作碧螺春。

《松江府志》记载：佘山在松江府城的北面，旧有佘姓的人在这里修道，所以叫作佘山。山中出产的茶与笋都非常好，有兰花的香味。所以陈眉公说：“我故乡的佘山茶，与虎丘茶在伯仲之间。”

《常州府志》记载：武进县章山山麓有茶巢岭，唐朝时陆龟蒙曾经在这里种茶。

《天下名胜志》记载：南岳古代叫作阳羡山，也就是君山的北麓。三国吴主孙皓即位之后，就到此山去封禅，称之为南岳。唐朝时产茶作为贡品，就是所谓的南岳贡茶。

常州宜兴县东南另有一处茶山。唐朝时制茶进贡朝廷，所以又叫作唐贡山，在宜兴县东南35里的均山。

《武进县志》记载：茶山路，在广化门外，十里之内，有大墩小墩连绵不断，前后簇拥，有茶山的形状。唐代湖州、常州两郡太守会于阳羡，造茶修贡，从这里往返，所以叫作茶山路。

清代王晫《檀几丛书》记载：茗山，在宜兴县西南50里的永丰乡。唐代诗人皇甫曾有《送羽南山采茶》诗，可见唐代贡茶就在茗山。

唐代李栖筠担任常州刺史时，山中的僧人进献阳羡茶。陆羽品评为芬芳冠世，经过精心焙制可以进贡给朝廷。李栖筠就在洞灵观设置茶舍，每年制造一万两茶，进贡朝廷。后来韦夏卿将茶舍迁移到无锡县罨画溪上，距离湖汊大约一里的地方。明人许有谷诗中所谓的"陆羽名荒旧茶舍，却教阳羡置邮忙"指的就是此事。

义兴南岳寺，唐玄宗天宝年间曾有白蛇口衔茶籽坠落寺前，寺院僧人把茶籽种植在寺旁，从此滋蔓繁衍，茶味更好，叫作蛇种。当地人都很看重，每年争先恐后馈赠亲友。官府索要，修贡不断。至今每到春天就如期采茶，清明这天县令要亲自在卓锡泉亭拜祭白蛇，其典礼非常隆重。后来官府索取太多，茶农深受其苦，所以袁高有"阴岭茶未吐，使者牒已频"的诗句。宋人郭三益诗写道："官符星火催春焙，却使山僧怨白蛇。"唐代卢仝《茶歌》写道："安知百万亿苍生，命坠颠崖受辛苦。"可见贡茶扰累人民，也是自古如此啊！

原　文

《洞山岕茶系》：罗岕，去宜兴而南，逾八九十里。浙直分界，只一山冈，冈南即长兴山。两峰相阻，介就夷旷者，人呼为岕云。履其地，始知古人制字有意。今字书岕字，但注云"山名耳"。有八十八处，前横大涧，水泉清驶，漱润茶根，泄山土之肥泽，故洞山为诸岕之最。自西氿溯涨渚而入，取道茗岭，甚险恶。县西南八十里。自东氿溯湖汊而入，取道瀍岭，稍夷，才通车骑。

所出之茶，厥有四品：第一品，老庙后。庙祀山之土神者，瑞草丛郁，殆比茶星肸蚃矣。地不下二三亩，苕溪姚象先与婿分有之。茶皆古本，每年产不过二十斤，色淡黄不绿，叶筋淡白而厚，制成梗绝少。入汤，色柔白如玉露，味甘，芳香藏味中。空蒙深永，啜之愈出，致在有无之外。第二品，新庙后、棋盘顶、纱帽顶、手巾条、姚八房及吴江周氏地，产茶亦不能多。香幽色白，味冷隽，与老庙不甚别，啜之差觉其薄耳。此皆洞顶岕也。总之，岕品至此，清如孤竹，和如柳下[1]，并入圣矣。今人以色浓香烈为岕茶，真耳食而眯其似也。第三品，庙后涨沙、大袁头、姚洞、罗洞、王洞、范洞、白石。第四品，下涨沙、梧桐洞、余洞、石场、丫头岕、留青岕、黄龙、岩灶、龙池，此皆平洞本岕也。外山之长潮、青口、箵庄、顾渚、茅山岕，俱不入品。

《岕茶汇钞》：洞山茶之下者，香清叶嫩，着水香消。棋盘顶、纱帽顶、雄鹅头、茗岭，皆产茶地。诸地有老柯、嫩柯，唯老庙后无二，梗叶丛密，香不外散，称为上品也。

《镇江府志》：润州之茶，傲山为佳[2]。

《寰宇记》[3]：扬州江都县蜀冈有茶园，茶甘旨如蒙顶。蒙顶在蜀，故以名冈。上有时会堂、春贡亭，皆造茶所，今废，见毛文锡《茶谱》。

《宋史·食货志》：散茶出淮南，有龙溪、雨前、雨后之类。

《安庆府志》：六邑俱产茶，以桐之龙山、潜之闵山者为最。莳茶源在潜山县，香茗山在太湖县，大小茗山在望江县。

《随见录》：宿松县产茶，尝之颇有佳种，但制不得法。倘别其地，辨其等，制以能手，品不在六安下。

《徽州志》：茶产于松萝，而松萝茶乃绝少，其名则有胜金、嫩桑、仙芝、来泉、先春、运合、华英之品，其不及号者为片茶八种。近岁茶名，细者有雀舌、莲心、金芽；次者为芽下白，为走林，为罗公；又其次者为开园，为软枝，为大方。制名号多端，皆松萝种也。

吴从先《茗说》：松萝，予土产也，色如梨花，香如豆蕊，饮如嚼雪。种愈佳，则色愈白，即经宿无茶痕，固足美也。秋露白片子，更轻清若空，但香大惹人，难久贮，非富家不能藏耳。真者其妙若此，略混他地一片，色遂作恶，不可观矣。然松萝地如掌，所产几许，而求者四方云至，安得不以他混耶?

《黄山志》：莲花庵旁，就石缝养茶，多轻香冷韵，袭人断腭。

《昭代丛书》：张潮云："吾乡天都有抹山茶[4]。茶生石间，非人力所能培植。味淡香清，足称仙品。采之甚难，不可多得。"

《随见录》：松萝茶，近称紫霞山者为佳，又有南北源名色。其松萝真品殊不易得。黄山绝顶有云雾茶，别有风味，超出松萝之外。

《通志》：宁国府属宣、泾、宁、旌、太诸县[5]，各山俱产松萝。

《名胜志》：宁国县鸦山在文脊山北，产茶充贡。《茶经》云"味与蕲州同"。宋梅询有"茶煮鸦山雪满瓯"之句。今不可复得矣。

《农政全书》：宣城县有丫山，形如小方饼横铺，茗芽产其上。其山东为朝日所烛，号为阳坡，其茶最胜。太守荐之，京洛人士题曰“丫山阳坡横文茶”⑥，一名“瑞草魁”。

注　释

①柳下：柳下惠，本名展获，字子禽，谥号惠，因其封地在柳下，后人尊称其为“柳下惠”或“和圣柳下惠”。出生地是周朝诸侯国鲁国柳下邑（今属山东平阴孝直镇）。中国古代思想家、政治家、教育家。

②傲山：今南京江宁。

③《寰宇记》：中国地理志史，记述了宋朝的疆域版图。宋太宗赵炅时地理总志，乐史撰，共200卷，是继《元和郡县志》后又一部现存较早较完整的地理总志。

④天都：安徽黄山高峰名。这里代指黄山。

⑤宁国府：南宋乾道二年（1166）升宣州置，治宣城县（今安徽宣城）。属江南路。辖境相当于今安徽省宣城、宁国、旌德、泾县、南陵、黄山等。

⑥京洛：当指北宋东京汴梁、西京洛阳。

译　文

明代周高起《洞山岕茶系》记载：罗岕，在宜兴的南边，超过八九十里，位于浙江和南直隶的交界处，只有一个山冈，山冈的南面就是长兴山。两边山峰阻隔中间平坦广阔的山冈，人们就称为岕云。亲临其地观察才知道古人造字的用意。如今的字典中的“岕”字，只是注释说“山名”罢了。此地共有88个去处，前面一条大的山涧横流，泉水清澈流动，淘洗滋润着茶树的根本，流泄着山中土壤的肥泽，所以洞山所产为茶中的最上品。从西氿逆涨渚而上，取道茗岭，道路非常险峻。距离县城西南80里。从东氿逆湖而上，取道瀍岭，稍微平坦，刚好可以通车马。

罗岕所出产的茶叶，分为四个品级：第一品，出产于老庙后。老庙祭祀山中的土神，这里茶树丛生，枝繁叶茂，大约象征着茶星弥漫灵通吧。其地不下二三亩，归茗溪姚象先和他的女婿所有。茶树都是古木，每年所产茶叶不超过20斤，色泽淡黄而不绿，叶筋淡白而不厚，制成的茶极少有梗。入汤色泽柔和鲜白，犹如玉露，味道甘甜，其中蕴藏着芳香，空蒙深远，愈品愈有滋味，风味在有无之外。第二品，出产于新庙后、棋盘顶、纱帽顶、手巾条、姚八房以及吴江周氏的田地中，产量也不够多。芳香清幽，色泽鲜白，味道冷隽，与老庙后的上品差别不大，只是品啜起来略感淡薄罢了。这两品都是洞山顶上的岕茶。总的来说，岕茶的品质堪称清如孤竹君的儿子伯夷、叔齐兄弟，和如柳下惠，一并可以称为圣人了。今人以色泽浓重、香味浓烈作为茶的特征真是听信传闻，朦胧不明真相啊！第三品，出产于庙后涨沙、大袁头、姚洞、罗洞、王洞、范洞、白石。第四品，出产于下涨沙、梧桐洞、余洞、石场、丫头岕、留青岕、黄龙、岩灶、龙池。第三、第四品都是平洞的本岕。外山的长潮、青口、箵庄、顾渚、茅山岕等地出产的茶，都不入品。

清代冒襄《岕茶汇钞》记载：洞山岕茶中的下品，香味清新，芽叶肥嫩，但是入水香味就消失了。棋盘顶、纱帽顶、雄鹅头、茗岭等，都是茶的产地。各个产地有老柯、嫩柯，只有老庙后所产的茶没有两样，梗叶丛密，香气不会外散，称为上品。

《镇江府志》记载：润州所产的茶叶，以傲山为最好。

宋代乐史《太平寰宇记》记载：扬州江都县蜀冈有茶园，所产的茶叶甘甜芳香，犹如蒙顶茶。蒙顶在蜀，所以就以蜀来命名此冈。冈上有时会堂、春贡亭，都是造茶的地方，如今都已荒废。见五代毛文锡《茶谱》。

《宋史·食货志》记载：散茶出产于淮南，有龙溪、雨前、雨后等品种。

《安庆府志》记载：安庆府所属的6个县都出产茶叶，而以桐城的龙山、潜山的闵山最为著名。莳茶源在潜山县，香茗山在太湖县，大小茗山在望江县。

《随见录》记载：宿松县出产茶叶，品尝后感到当地有好的品种，只是制造不得其法。如果分别其产地，辨别其品级，请高手焙制，其品质当不在六安茶之下。

《徽州志》记载：茶叶出产于松萝，但是称作松萝茶的却很少。其名称有胜金、嫩乘、仙芝、来泉、先春、运合、华英等品类，还有没有名号的称作片茶八种。近年来的茶叶名称，精细的上品有雀舌、莲心、金芽，其次有芽下白，有走林，有罗公；再次有开园，有软枝，有大方。虽然名号多端，都是松萝茶的品种。

明代吴从先《茗说》记载：松萝茶，是我家乡的土产，其色泽如梨花般鲜白，香气如豆蔻，品饮如嚼雪。品种越好，色泽越白，即使经过一夜，茶盏四周也没有茶痕，本来足以称美。至于秋露白片子，更是轻清若空，只是香气过大，惹人喜爱，但是难以长久保存，不是富贵之家不能够收藏罢了。真正的松萝茶如此精妙，略微混入一片其他地方的茶叶，色泽就被破坏，不可观瞻了。然而，松萝茶的真正产地很小，所产有限，可是四方前来索求的人云集而至，怎么会不混入其他茶叶呢？

《黄山志》记载：莲花庵的旁边，就着石缝种茶所产茶叶富有轻香冷韵，香气袭人，使人惊诧断腭。

《昭代丛书》记载：张潮说："我的故乡黄山天都峰有抹山茶，出产于石缝之间，不是人工可以培植的。味道淡薄，香气清新，足以称作仙品。只是采摘很难，不可多得。”

《随见录》记载：松萝茶，近来人称出产于紫霞山的最好，另外还有南源、北源等名色。其实真品的松萝茶很难得到。黄山绝顶出产有云雾茶，别有风味，其品质超出松萝之外。

康熙二十三年《江南通志》记载：宁国府所属的宣城、泾县、宁国、旌德、太湖各县，山中都出产松萝茶。

《名胜志》记载：宁国县的鸦山在文脊山的北边产茶叶，充作贡品。

《茶经》所说“味道与蕲州茶相同”就是指的此茶。宋朝梅询有“茶煮鸦山雪满瓯”的诗句。如今已经不可复得了。

明代徐光启《农政全书》记载：宣城县有丫山，山形就像是一个小方饼横铺在地，山上出产茶叶。山的东面受阳光照射，叫作阳坡，所产的茶最好。太守推荐于朝中，京洛人士为之题诗“丫山阳坡横文茶”，也叫作“瑞草魁”。

原　文

《华夷花木考》[①]：宛陵茗池源茶，根株颇硕，生于阴谷，春夏之交，方发萌芽。茎条虽长，旗枪不展，乍紫乍绿。天圣初，郡守李虚己同太史梅询尝试之，品以为建溪、顾渚不如也。

《随见录》：宣城有绿雪芽，亦松萝一类。又有翠屏等名色。其泾川涂茶，芽细、色白、味香，为上供之物。

《通志》：池州府属青阳、石埭、建德[②]，俱产茶。贵池亦有之，九华山闵公墓茶[③]，四方称之。

《九华山志》：金地茶，西域僧金地藏所植，今传枝梗空筒者是。大抵烟霞云雾之中，气常温润，与地上者不同，味自异也。

《通志》：庐州府属六安、霍山，并产名茶，其最著唯白茅贡尖，即茶芽也。每岁茶出，知州具本恭进。

六安州有小岘山，出茶名“小岘春”，为六安极品。霍山有梅花片，乃黄梅时摘制，色香两兼而味稍薄。又有银针、丁香、松萝等名色。

《紫桃轩杂缀》：余生平慕六安茶，适一门生作彼中守，寄书托求数两，竟不可得，殆绝意乎！

陈眉公《笔记》：云桑茶出琅琊山，茶类桑叶而小，山僧焙而藏之，其味甚清。

广德州建平县雅山出茶，色香味俱美。

《浙江通志》：杭州钱塘、富阳及余杭径山多产茶。

《天中记》：杭州宝云山出者，名宝云茶。下天竺香林洞者，名香林茶。上天竺白云峰者，名白云茶。

田子艺云：龙泓今称龙井，因其深也。《郡志》称有龙居之，非也。盖武林之山，皆发源天目，有龙飞凤舞之谶，故西湖之山以龙名者多，非真有龙居之也。有龙，则泉不可食矣。泓上之阁，亟宜去之，浣花诸池，尤所当浚。

《湖壖杂记》[④]：龙井产茶，作豆花香，与香林、宝云、石人坞、垂云亭者绝异。采于谷雨前者尤佳，啜之淡然，似乎无味，饮过后，觉有一种太和之气，弥纶于齿颊之间，此无味之味，乃至味也。为益于人不浅故能疗疾。其贵如珍，不可多得。

《坡仙食饮录》：宝严院垂云亭亦产茶，僧怡然以垂云茶见饷，坡报以大龙团。

陶谷《清异录》[⑤]：开宝中，窦仪以新茶饷予，味极美，奁面标云龙陂山子茶。龙陂是顾渚山之别境。

《吴兴掌故》[⑥]：顾渚左右有大小官山，皆为茶园。明月峡在顾渚侧，绝壁削立，大涧中流，乱石飞走茶生其间，尤为绝品。张文规诗所谓“明月峡中茶始生”是也。

顾渚山，相传以为吴王夫差于此顾望原隰可为城邑，故名。唐时，其左右大小官山皆为茶园，造茶充贡，故其下有贡茶院。

《蔡宽夫诗话》[⑦]：湖州紫笋出顾渚，在常、湖二郡之间，以其萌茁紫而似笋也。每岁入贡，以清明日到，先荐宗庙，后赐近臣。

冯可宾《岕茶笺》：环长兴境，产茶者曰罗嶰，曰白岩，曰乌瞻，曰青东，曰顾渚，曰篆浦，不可指数。独罗嶰最胜。环境十里而遥，为嶰者亦不可指数。嶰而曰岕，两山之介也。罗隐隐此，故名。在小秦王庙后，所以称庙后罗岕也。洞山之岕，南面阳光，朝旭夕辉，云滃雾浡，所以味迥别也。

《名胜志》：茗山在萧山县西三里，以山中出佳茗也。又上虞县后山，茶亦佳。

《方舆览胜》[⑧]：会稽有日铸岭，岭下有寺，名资寿。其阳坡名油车，朝暮常有日，茶产其地，绝奇。欧阳文忠云："两浙草茶，日铸第一。"

《紫桃轩杂缀》：普陀老僧贻余小白岩茶一裹，叶有白茸，瀹之无色，徐引，觉凉透心腑。僧云："本岩岁止五六斤，专供大士，僧得啜者寡矣。"

《普陀山志》：茶以白华岩顶者为佳。

《天台记》：丹丘出大茗，服之生羽翼。

注释

①《华夷花木考》：明慎懋官撰。慎懋官，字汝学，湖州人。

②池州府：明、清两代的一个府，位于长江下游南岸，辖区大致相当于今天安徽省的池州市及铜陵市。池州府在明代属于南直隶，清代属于安徽省，下辖6个县，分别是贵池（首县）、青阳、铜陵、石埭、建德、东流。

③九华山：古称陵阳山、九子山，为中国佛教四大名山之一，位于安徽池州青阳县境内，素有"东南第一山"之称。

④《湖壖杂记》：清朝陆次云撰。陆次云，字云士，钱塘（今浙江杭州）人。康熙初年由拔贡生官江阴县知县。这本书是续田艺蘅《西湖志余》而作的。

⑤《清异录》：共2卷，北宋陶谷著，是一部包罗万象的笔记。

⑥《吴兴掌故》：明朝徐献忠编。

⑦《蔡宽夫诗话》：北宋蔡启所著的变体诗。蔡启，字宽夫。

⑧《方舆胜览》：南宋祝穆所撰地理类书籍，全书共70卷。

译文

明代慎懋官《华夷花木鸟兽珍玩考》记载：宛陵出产的池源茶，根株颇大，生长在阴谷之中，春夏之交才开始萌芽。茶树茎条虽然很长，但是芽叶却不舒展，或紫或绿。宋仁宗天圣初年，郡守李虚己与太史梅询曾经烹试此茶，品评为建溪、顾渚所不如。

《随见录》记载：宣城出产有绿雪芽茶，也属于松萝茶的一类。还有翠屏等名色。其泾川涂茶，芽叶精细，色泽鲜白，味道芳香，是上贡朝廷的佳品。

《江南通志》记载：池州府所属的青阳、石埭、建德，都出产茶叶。贵池也产茶，九华山闵公墓茶，其品质获得四方称赞。

《九华山志》记载：金地茶，是唐代西域高僧金地藏所种植，至今传说其枝梗都是空筒的茶叶即是。大体说来，烟霞云雾之中，气候经常保持湿润，与山下地上有所不同，所以茶味自然不同了。

《江南通志》记载：庐州府所属的六安、霍山，都出产名茶，其中最著名的只有白茅贡尖，也就是上品芽茶。每年新茶出来，知州就上疏进贡。

六安州有一个小岘山，出产茶叶，叫作“小岘春”，是六安茶中的极品。霍山有梅花片，乃是黄梅时节采摘焙制，色泽、香气兼好，只是味道稍薄。还有银针、丁香、松萝等名色。

明代李日华《紫桃轩杂缀》中说：我平生倾慕六安茶，正好有一个门生在当地做知州，我写信托他求取数两，竟然没有得到，这一愿望恐怕就此断绝了。

明代陈继儒《笔记》记载：云桑茶出产于安徽滁县琅琊山，此茶类似桑叶而略小，山中僧人采摘焙制而藏之，茶味非常清新。

广德州建平县雅山出产茶叶，色泽、香气、味道都非常好。

《浙江通志》记载：杭州钱塘、富阳以及余杭径山等地多出产茶叶。

《天中记》记载：杭州宝云山出产的茶叶，叫作宝云茶。下天竺香林洞出产的茶叶，叫作香林茶。上天竺白云峰出产的茶叶，叫作白云茶。

明代田艺蘅《煮泉小品·宜茶》中说：龙泓，如今叫作龙井，是因为泉水很深。郡志中说这里曾经有龙居住，故名龙井，其实并非如此。大概是因为杭州的山脉，都发源于天目山，有龙飞凤舞的谶语，所以西湖四周的山，多以龙来命名，并非真的有龙居住于此。如果真的有龙，那么泉水就不能饮用了。龙井上面的亭阁，也应当赶紧拆除。浣花等池，尤其应该加以疏浚。

清代陆次云《湖壖杂记》记载：杭州龙井出产茶叶，作豆花香气，与出产于香林寺、宝云寺、石人坞、垂云亭的茶叶完全不一样。在谷雨前采摘者尤其好，品啜的时候感觉淡然，似乎无味，但饮过之后，感觉有一种太和之气弥漫于齿颊之间，这就是所谓的无味之味，乃是至美之味。饮用此茶非常有益于人体健康，所以能够治疗疾病。其可贵如珍宝，不可多得。

明代孙钅广《坡仙食饮录》记载：杭州宝严院垂云亭也出产茶叶，僧人怡然以垂云茶寄赠给苏东坡，苏东坡回赠给他大龙团茶。

宋初陶谷《清异录》中说：开宝（968—976）年间，大臣窦仪以新茶馈赠我，味道极为鲜美，盒子标明叫作“龙陂山子茶”。龙陂是顾渚山的另外一个去处。

明代徐献忠《吴兴掌故集》记载：顾渚山的左右两边有大小官山，都是茶园。明月峡在顾渚山的一侧，绝壁如削，大涧中流，乱石飞走，茶叶生于其间，品质尤为精绝。张文规诗中所谓的“明月峡中茶始生”说的就是此事。

顾渚山，相传春秋时期吴王夫差在此顾望原野，可以修建城邑，所以叫作顾渚。唐朝的时候，顾渚左右的大小官山都是茶园，采制茶叶充作贡品，所以山下有贡茶院。

《蔡宽夫诗话》记载：湖州紫笋茶，出产于顾渚山，顾渚山位于湖州、常州的交界处，因为茶刚萌芽时呈紫色而且像笋，故名紫笋茶。每年进贡，以清明节这天到达京师，首先祭祀宗庙，然后分赐近臣。

明代冯可宾《岕茶笺》记载：环绕长兴县境，出产茶叶的地方有罗嶰、白岩、乌瞻、青东、顾渚、篆浦等，不可胜数，只有罗嶰最为著名。环绕罗嶰境内方圆十里之远，称为罗嶰的，也是不可胜数。而嶰称作岕，是说介于两山之间唐代诗人罗隐隐居于此，所以如此称呼；因为位于小秦王庙的后面，所以又称作庙后罗岕。洞山的岕茶，南面对着阳光，沐浴着早晨的旭日和傍晚的夕晖，云雾氤氲笼罩，所以其味道与其他茶叶迥然有别。

明代曹学佺《名胜志》记载：茗山在萧山县西三里，因为山中出产好茶，故名。另外，上虞县后山所产的茶叶也很好。

南宋祝穆《方舆胜览》记载：会稽有日铸岭，岭下有寺院，叫作资寿寺。日铸岭的阳坡叫作油车，从早晨到傍晚都有日光照射，茶叶生长在这里，其品质非常奇妙。欧阳修说过“两浙地区的草茶，以日铸茶为第一”。

明代李日华《紫桃轩杂缀》记载：普陀山老僧赠给我小岩茶一包，叶上有白色的茸毛，冲泡后无色，慢慢品饮，感到凉彻心腑。老僧告诉我说：“本岩所产每年只有五六斤，专门供奉菩萨，僧人能够品啜的很少。”

《普陀山志》记载：茶叶以出产于白华岩顶的为最好。

《天台记》记载：丹丘出产大茗，饮用后使人如生羽翼。

原　文

桑庄《茹芝续谱》：天台茶有三品：紫凝、魏岭、小溪是也。今诸处并无出产，而土人所需，多来自西坑、东阳、黄坑等处。石桥诸山，近亦种茶，味甚清甘，不让他郡，盖出自名山雾中，宜其多液而全厚也。但山中多寒，萌发较迟，兼之做法不佳，以此不得取胜。又所产不多，仅足供山居而已。

《天台山志》：葛仙翁茶圃[①]，在华顶峰上。

《群芳谱》：安吉州茶，亦名紫笋。

《通志》：茶山，在金华府兰溪县。

《广舆记》：鸠坑茶，出严州府淳安县。方山茶，出衢州府龙游县。

劳大与《瓯江逸志》[②]：浙东多茶品，雁宕山称第一。每岁谷雨前三日，采摘茶芽进贡。一枪二旗而白毛者，名曰明茶；谷雨日采者，名雨茶。一种紫茶，其色红紫，其味尤佳，香气尤清，又名玄茶，其味皆似天池而稍薄。难种薄收，土人厌人求索，园圃中少种，间有之，亦为识者取去。

按卢仝《茶经》云："温州无好茶，天台瀑布水、瓯水味薄，唯雁宕山水为佳。"此茶亦为第一，曰去腥腻、除烦恼、却昏散、消积食。但以锡瓶贮者，得清香味，不以锡瓶贮者，其色虽不堪观，而滋味且佳，同阳羡山岕茶无二无别。采摘近夏，不宜早；炒做宜熟，不宜生，如法可贮二三年。愈佳愈能消宿食、醒酒，此为最者。

王草堂《茶说》：温州中墺及漈上茶皆有名，性不寒不热。

屠粹忠《三才藻异》：举岩[③]，婺茶也。片片方细，煎如碧乳。

《江西通志》：茶山，在广信府城北[④]，陆羽尝居此。

洪州西山白露鹤岭，号绝品，以紫清香城者为最及。双井茶芽，即欧阳公所云"石上生茶如凤爪"者也。又罗汉茶，如豆苗，因灵观尊者自西山持至，故名。

《南昌府志》：新建县鹅冈西有鹤岭，云物鲜美，草木秀润，产名茶异于他山。

《通志》[⑤]：瑞州府出茶芽[⑥]，廖暹《十咏》呼为雀舌香焙云。其余临江、南安等府俱出茶[⑦]，庐山亦产茶。

袁州府界桥出茶，今称仰山、稠平、木平者佳，稠平者尤妙。

赣州府宁都县出林岕，乃一林姓者以长指甲炒之，采制得法，香味独绝，因之得名。

《名胜志》：茶山寺，在上饶县城北三里，按《图经》，即广教寺。中有茶园数亩，陆羽泉一勺。羽性嗜茶，环居皆植之，烹以是泉，后人遂以广教寺为茶山寺云。宋有茶山居士曾吉甫，名几，以兄开忤秦桧，奉祠侨居此寺，凡七年，杜门不问世故。

《丹霞洞天志》：建昌府麻姑山产茶[⑧]，唯山中之茶为上，家园植者次之。

《饶州府志》：浮梁县阳府山[⑨]，冬无积雪，凡物早成，而茶尤殊异。金君卿诗云："闻雷已荐鸡鸣笋，未雨先尝雀舌茶。"以其地暖故也。

《通志》：南康府出匡茶，香味可爱，茶品之最上者。

九江府彭泽县九都山出茶，其味略似六安。

《广舆记》[⑩]：德化茶，出九江府。又，崇义县多产茶。

《吉安府志》：龙泉县匡山有苦斋，章溢所居，四面峭壁，其下多白云，上多北风，植物之味皆苦。野蜂巢其间，采花蕊作蜜，味亦苦。其茶苦于常茶。

《群芳谱》[11]：太和山骞林茶，初泡极苦涩，至三四泡，清香特异，人以为茶宝。

注释

①葛仙翁：即葛洪。字稚川，自号抱朴子，晋代道教学者、著名炼丹家、医药学家。

②《瓯江逸志》：清人劳大舆撰写。

③举岩：婺州举岩茶，又称金华举岩，属半烘炒绿茶，产于浙江金华北山村一带。产地峰石奇异，巨岩耸立，此石犹如仙人所举，因而此处所产之茶名曰“举岩茶”。

④广信府：治今江西上饶。

⑤《通志》：以人物为中心的纪传体通史。但传统史学将其归入典章制度的政书，列入“三通”之一，也有将其列入百科全书类的，全书共200卷，有帝纪18卷、皇后列传2卷、年谱4卷、略51卷、列传125卷。作者郑樵，一生勤于著述，曾几次献书。《通志》为纪传体，但把年表改称年谱，把志改称略，保存了《晋书》的载记部分。总序和二十略是全书的精华。除礼、器、服、选举、刑等略外，其余各略都有新意。

⑥瑞州府：治今江西高安。

⑦临江、南安：明清时行政区划。皆属江西。

⑧建昌：隶属今辽宁葫芦岛市，位于葫芦岛市西北部。

⑨浮梁县：今江西景德镇。

⑩《广舆记》：明代陆应旸所著。

⑪《群芳谱》：明代王象晋编著的介绍栽培植物的著作，全称《二如亭群芳谱》。

译文

宋代桑庄《茹芝续茶谱》记载：天台茶有三个品种：紫凝、魏岭和小溪。如今各处并不出产，而当地人生活所需的茶叶，多来自西坑、东阳、黄坑等地。石桥等山，近来也种植茶树，所产茶叶味道非常清新甘甜，不比其他地方的茶叶差。这是因为出产于名山云雾之中，应该汁液多而味道醇厚。只是山中多寒冷，萌芽较晚，加上制作方法不佳，因此品质不得取胜。而且所产数量不多，仅仅足以供应山居之人罢了。

《天台山志》记载：葛仙翁茶园，在华顶峰上。

明代王象晋《群芳谱》记载：安吉州茶，也叫作紫笋。

《通志》记载：茶山，在浙江金华府兰溪县。

《广舆记》记载：鸠坑茶，出产于浙江严州府淳安县。方山茶，出产于浙江衢州府龙游县。

清代劳大与《瓯江逸志》记载：浙江东部出产很多茶叶，而以雁荡山所产称为第一。每年谷雨前三日，采摘芽茶进贡朝廷。一枪两旗而有白色茸毛的，叫作明茶；谷雨这一天采摘的，叫作雨茶。还有一种紫茶，色泽红紫，味道尤其好，香气尤其清，又叫作玄茶，其味道都与天池茶相似而稍微淡薄。这种茶种植很难，收获又少，当地的居民厌烦人们求索，园圃中也很少种植，偶尔有所种植，收获的茶叶也都被熟识的人取去。

按照卢仝《茶经》的说法："温州没有好茶，天台瀑布水、瓯江水味道淡薄，只有雁荡山水为好。"雁荡茶也称为第一，能够祛除腥荤油腻，消除烦恼，除掉昏散，消除积食。只有以锡瓶贮存的茶，才能得其清香之味；如果不以锡瓶贮存，其茶色即使不甚可观，但是滋味很好，同阳羡山中的茶没有什么区别。此茶采摘时间要接近夏天，不宜过早；炒制也宜熟而不宜生，如果制作得法，可以贮存二三年。茶叶越好越能消除宿食、醒酒，这是最具效果的。

王草堂《茶说》记载：温州中墺及漈上所产的茶都很有名，茶性不寒不热。

屠粹忠《三才藻异》记载：举岩，是婺州所产的茶叶，每一片都方正精致，煎煮之后像绿乳一样。

《江西通志》记载：茶山，在广信府城北，茶圣陆羽曾经在此居住。

洪州西山白露鹤岭茶，号称绝品，以紫清香城者为最好。又有双井芽茶，也就是欧阳修先生所说的"石上生茶如凤爪"。又有罗汉茶，就像豆苗一样，因为灵观尊者从西山拿来，所以叫作罗汉茶。

《南昌府志》记载：新建县鹅冈西有鹤岭，云物鲜美，草木秀润，所产名茶与其他地方不同。

《江西通志》记载：瑞州府出产茶芽，廖暹《十咏》称之为雀舌香焙。其余临江府、南安府等地都产茶，庐山也出产茶叶。

袁州府界桥所产的茶叶，如今称为仰山、稠平、木平的都很好，其中稠平尤其精妙。

赣州府宁都县出产林岕，乃是一家姓林的人用长指甲炒制，采摘制造都很得法，香味独特，以此得名。

《名胜志》记载：茶山寺，在上饶县城北三里，按照《图经》的记载，就是广教寺。寺中有数亩茶园，陆羽泉一勺。陆羽嗜好饮茶，居所的周围都种植茶树，并以此泉水煎茶，后人于是称呼广教寺为茶山寺。宋代有一位茶山居士曾吉甫，名几，因为其兄曾开得罪秦桧，供奉宗祠侨居此寺，前后七年，闭门不问世故。

明代邬鸣雷《丹霞洞天志》记载：建昌府麻姑山出产茶叶，只有山中所产的茶为上品，家园种植的茶次之。

《饶州府志》记载：浮梁县阳府山，冬天没有积雪，各种物产都早生成长，而所产的茶叶尤其不同。宋人金君卿有诗句吟咏道："闻雷已荐鸡鸣笋，未雨先尝雀舌茶。"这是因为当地气候温暖。

《江西通志》记载：南康府出产匡茶，香味可爱，是茶品中最好的。

九江府彭泽县九都山出产茶叶，其味道略似六安茶。

《广舆记》记载：德化茶出产于江西九江府。另外，崇义县产茶很多。

《吉安府志》记载：龙泉县匡山，有一处苦斋，是元末明初学者章溢所居住的地方。四面悬崖峭壁，其下多白云缭绕，其上则北风吹拂，所生植物味道多苦。野蜂在其间筑巢，采花蕊酿成蜂蜜，味道也是苦的。这里所产的茶叶比其他地方的茶叶味道都苦。

明代王象晋《群芳谱》记载：太和山骞林茶，初泡味道非常苦涩，到第三次或第四次冲泡，清香馥郁，人们称为茶宝。

原 文

《福建通志》：福州、泉州、建宁、延平、兴化、汀州、邵武诸府，俱产茶。

《合璧事类》：建州出大片。方山之芽，如紫笋，片大极硬。须汤浸之，方可碾。治头痛，江东老人多服之。

《天下名山记》[①]：鼓山半岩茶，色香、风味当为闽中第一，不让虎丘、龙井也。雨前者每两仅十钱，其价廉甚。一云前朝每岁进贡，至杨文敏当国，始奏罢之。然近来官取，其扰甚于进贡矣。

柏岩，福州茶也。岩即柏梁台。

《兴化府志》：仙游县出郑宅茶，真者无几，大都以赝者杂之，虽香而味薄。

陈懋仁《泉南杂志》[②]：清源山茶，青翠芳馨，超铁天池之上。南安县英山茶，精者可亚虎丘，惜所产不若清源之多也。闽地气暖，桃李冬花，故茶较吴中差早。

《延平府志》：棕毛茶，出南平县半岩者佳。

《建宁府志》：北苑在郡城东，先是建州贡茶，首称北苑龙团，而武夷石乳之名未著。至元时，设场于武夷，遂与北苑并称；今则但知有武夷，不知有北苑矣。吴越间人颇不足闽茶，而甚艳北苑之名，不知北苑实在闽也。

宋无名氏《北苑别录》：建安之东三十里，有山曰凤凰，其下直北苑，旁联诸焙，厥土赤壤，厥茶唯上上。太平兴国中，初为御焙，岁模龙凤，以羞贡筐，盖表珍异。庆历中，漕台益重其事，品数日增，制度日精。厥今茶自北苑上者，独冠天下，非人间所可得也。方其春虫震蛰，群夫雷动，一时之盛，诚为大观。故建人谓至建安而不诣北苑，与不至者同。仆因摄事，得研究其始末，姑摭其大概，修为十余类，目曰《北苑别录》云。

御园：九窠十二陇，麦窠，壤园，龙游窠，小苦竹，苦竹里，鸡薮窠，苦竹，苦竹源，鼯鼠窠，教练陇，凤凰山，大小焊，横坑，猿游陇，张坑，带园，焙东，中历，东际，西际，官平，石碎窠，上下官坑，虎膝窠，楼陇，蕉窠，新园，天楼基，院坑，曾坑，黄际，马安山，林园，和尚园，黄淡窠，吴彦山，罗汉山，水桑窠，铜场，师如园，灵滋，苑马园，高畲，大窠头，小山。右四十六所，广袤三十余里，自官平而上为内园，官坑而下为外园。方春灵芽萌坼，先民焙十余日，如九窠十二陇、龙游窠、小苦竹、张坑、西际，又为禁园之先也。

《东溪试茶录》[③]：旧记建安郡官焙三十有八。

丁氏《旧录》云："官私之焙，千三百三十有六。"而独记官焙三十二。东山之焙十有四：北苑龙焙一，乳橘内焙二，乳橘外焙三，重院四，壑岭五，渭源六，范源七，苏口八，东宫九，石坑十，建溪十一，香口十二，火梨十三，开山十四。南溪之焙十有二：下瞿一，濛洲东二，汾东三，南溪四，斯源五，小香六，际会七，谢坑八，沙龙九，南乡十，中瞿十一，黄熟十二。西溪之焙四：慈善西一，慈善东二，慈惠三，船坑四。北山之焙二：慈善东一，丰乐二，外有曾坑、石坑、壑源、叶源、佛岭、沙溪等处。唯壑源之茶，甘香特胜。

茶之名有七：一曰白茶，民间大重，出于近岁，园焙时有之。地不以山川远近，发不以社之先后。芽叶如纸，民间以为茶瑞，取其第一者为斗茶。次曰柑叶茶，树高丈余，径头七八寸，叶厚而圆，状如柑橘之叶，其芽发即肥乳，长二寸许，为食茶之上品。三曰早茶，亦类柑叶，发常先春，民间采制为试焙者。四曰细叶茶，叶比柑叶细薄，树高者五六尺，芽短而不肥乳，今生沙溪山中，盖土薄而不茂也。五曰稽茶，叶细而厚密，芽晚而青黄。六曰晚茶，盖稽茶之类，发比诸茶较晚，生于社后。七曰丛茶，亦曰丛生茶，高不数尺，一岁之间发者数四，贫民取以为利。

《品茶要录》④：壑源、沙溪，其地相背，而中隔一岭，其去无数里之遥，然茶产顿殊。有能出力移栽植之，亦为风土所化。窃尝怪茶之为草，一物耳，其势必犹得地而后异。岂水络地脉偏钟粹于壑源，而御焙占此大冈巍陇，神物伏护，得其余荫耶？何其甘芳精至而美擅天下也。观夫春雷一鸣，筠笼才起，售者已担簦挈橐于其门，或先期而散留金钱，或茶才入笪而争酬所直故壑源之茶，常不足客所求。其有桀猾之园民，阴取沙溪茶叶，杂就家棬而制之。人耳其名，睨其规模之相若不能原其实者，盖有之矣。凡壑源之茶售以十，则沙溪之茶售以五，其直大率仿此。然沙溪之园民，亦勇于觅利，或杂以松黄，饰以首面。凡肉理怯薄，体轻而色黄者，试时鲜白，不能久泛，香薄而味短者，沙溪之品也。凡肉理实厚，体坚而色紫，试时泛盏凝久，香滑而味长者，壑源之品也。

注释

①《天下名山记》：一作周亮工《闽小记》。

②《泉南杂志》：明代陈懋仁的笔记小说，两卷。

③《东溪试茶录》：宋代宋子安所著。

④《品茶要录》：中国宋代茶书。《品茶要录》是黄儒著于宋代熙宁八年(1075)的茶学专著。全书10篇，1至9篇论制造茶叶过程中应当避免的采造过时、混入杂物、蒸不熟、蒸过熟、烤焦等问题，第10篇讨论选择地理条件的重要性。

译文

《福建通志》记载：福州、泉州、建宁、延平、兴化、汀州、邵武各府，都出产茶叶。

宋代谢维新《古今合璧事类》记载：建州出产大片茶。方山的芽茶像紫笋茶，叶片大而且很硬，必须用开水浸泡之后方可碾碎。这种茶可以治疗头痛，江东地区的老人多服用之。

《天下名山记》记载：鼓山的半岩茶，色泽、香气、风味都应当是福建第一，其品质不比天池茶、龙井茶差。雨前采者每两仅仅十钱价格，非常便宜。一种说法是说前朝每年进贡朝廷，到了杨荣执政的时候，才奏请罢除贡茶。但是近年来官府索取，其扰累的程度比贡茶更甚。

柏岩茶，是福州所产的茶叶。柏岩，也就是柏梁台。

《兴化府志》记载：仙游县出产郑宅茶，真茶没有多少，大多都是用赝品掺杂，即使有香味，也比较淡薄。

清初陈懋仁《泉南杂志》记载：清源山茶，青翠芳香，在苏州天池茶之上。南安县出产的英山茶，其中精品也仅次于苏州虎丘茶，可惜所产不如清源山茶之多。福建气候温暖，桃李冬天开花，所以茶叶采制比较吴中为早。

《延平府志》记载：棕毛茶，出产于南平县半岩的较好。

《建宁府志》记载：北苑在府城的东部，起初北苑贡茶，以北苑的龙团茶最为著名，而武夷石乳的名称还不流行。到了元代，在武夷设茶场，武夷茶就与北苑茶并称了；如今则是只知道有武夷茶，而不知道有北苑茶了。吴越地区的人们，颇不看重福建茶叶，却非常称羡北苑茶名，岂不知北苑其实就在福建。

宋代无名氏《北苑别录》记载：建安以东三十里，有一座山叫作凤凰山，山下就是北苑，旁边连着各个茶焙，其土是红壤，所产的茶最为上品。太平兴国年间，初次作为御焙，每年制作龙凤团饼，作为佳味贡献，以表珍异。庆历年间(1041—1048)，福建路转运使更加重视其事，品种和数量日益增加，贡茶制作日益精细。至今北苑所制的上品贡茶，名冠天下，不是民间所可得到的。当春天惊蛰时节，千人雷动，一时的盛况，的确雄伟壮观。因此，建安人认为到建安而不到北苑，就像没有到建安一样。我因为负责其事，于是得以研究贡茶的始末，这里就采取其大概情况，分为十几个类别，编为《北苑别录》。

御园包括九窠十二陇，麦窠，壤园，龙游窠，小苦竹，苦竹里，鸡薮窠，苦竹，苦竹源，鼯鼠窠，教练陇，凤凰山，大小焊，横坑，猿游陇，张坑，带园，焙东，中历，东际，西际，官平，石碎窠，上下官坑，虎膝窠，楼陇，蕉窠，新园，天楼基，院坑，曾坑，黄际，马安山，林园，和尚园，黄淡窠，吴彦山，罗汉山，水桑窠，铜场，师如园，灵滋，苑马园，高畲，大窠头，小山。以上共有四十六所，方圆三十余里，从官平以上为内园，官坑而下为外园。每当春天茶叶开始萌芽，经常是比民焙早十多天，如九窠十二陇、龙游窠、小苦竹、张坑、西际，又是作为官园中造茶较早者。

北宋宋子安《东溪试茶录》记载：从前的记录中建安府共有官焙38座。

丁谓《茶录》中说："官焙、私焙共计1336座。"所记录的仅仅是官焙32座。

东山的官焙有14座：北苑龙焙一，乳橘内焙二，乳橘外焙三，重院四，壑岭五，渭源六，范源七，苏口八，东宫九，石坑十，建溪十一，香口十二，火梨十三，开山十四。南溪的官焙有12座：下瞿一，濛洲东二，汾东三，南溪四，斯源五，小香六，际会七，谢坑八，沙龙九，南乡十，中瞿十一，黄熟十二。西溪的官焙有四座：慈善西一，慈善东二，慈惠三，船坑四。北山的官焙有两座：慈善东一，丰乐二。

其外焙则有曾坑、石坑、壑源、叶源、佛岭、沙溪等处。

只有壑源出产的茶叶，甘甜馨香，风味独特。

茶的名称有七种：第一种叫作白茶，民间非常看重，出产于近年，各个茶园、茶焙经常会有生产。其产地既不论山川远近，其萌芽也不论社前或者社后。其芽叶像纸一样色泽鲜白，民间以之为茶中的祥瑞，取其第一者作为斗茶。第二种叫作柑叶茶，茶树高达一丈有余，直径七八寸，茶叶肥厚而圆润，形状好像柑橘的叶子，其茶芽萌发出来就是肥乳，长二寸多，这是食茶之中的上品。第三种叫作早茶，也与柑橘的叶子相似，经常是在早春的时候萌芽，民间采制此茶作为试焙。第四种叫作细叶茶，芽叶比柑橘叶子较细而且薄，茶树高者有五六尺，茶芽短小而不肥乳，如今生长在沙溪山中，因为土地贫瘠，生长也不茂盛。第五种叫作稽茶，茶叶细嫩而厚密，茶芽则萌发较晚而青黄。第六种叫作晚茶，大约是所谓的稽茶之类，萌芽比其他茶都晚，生于社火之后。第七种叫作丛茶，也叫作丛生茶，茶树高不过数尺，一年之间多次萌芽，贫民取之以牟利。

北宋黄儒《品茶要录》中说：壑源和沙溪这两个地方，地理条件正好相背，中间隔着一道山岭，其所处位置相距也不过几里远，然而所出产的茶叶却迥然不同。有人能出力把茶树从壑源移栽到沙溪，其茶性也会被当地的地理环境所同化。我也曾暗自奇怪，茶叶这种草木，不过是普通的一种植物，可是其生长之势必定得到适宜的生长环境而后有所变异，难道上好的水络地脉单单集中荟萃于壑源一地？或者是由于皇家的茶园和茶焙建在这里的高山峻岭之中，得到隐藏山中的神灵的庇护和保佑，这里的茶叶都得其余荫？不然的话，这里的茶叶怎么会如此甘甜芳香、精美至极，而独擅天下第一的美名呢？君不见，每年一到惊蛰时节，茶农们刚刚拿起竹筐、竹笼上山采茶，茶商们已经扛着竹笠、拿着口袋来到茶农的门口等待收购茶叶了。有的商人甚至预先给各个茶农支付了订金，有的茶叶刚经过加工放在竹编的笪席上烘烤，茶商们就争着按货付酬抢购，所以壑源的茶叶常常是供不应求。于是有一些奸诈狡猾的茶农，暗中取来沙溪出产的茶叶蒸过的茶黄，混杂其中，放进卷模中制成茶饼，假冒壑源茶。人们只贪图壑源茶的盛名，观察茶饼表面样子相像而不能考究其实质和真相，不免要上当受骗而不觉，这种情况也是不少的。一般说来，壑源茶的售价为十，那么沙溪茶的售价为五，其间的价格差别大体上就是这样。而沙溪的茶农，也勇于图谋利润，有的往茶中掺杂松黄，以便于装饰美化茶饼的外表。一般来说，分辨鉴别壑源茶和沙溪茶的方法是：大凡茶饼肉质纹理虚薄，重量轻而色泽黄，烹试的时候色泽虽然鲜白，却不能久浮，香气淡薄而味道较短，就是沙溪出产的茶；大凡茶饼肉质纹理厚实，茶饼坚实而色泽发紫，烹试的时候浮在茶汤表面凝重而持久，香气醇正甘滑而味道绵长，就是壑源出产的茶。

原　文

《潜确类书》[①]：历代贡茶，以建宁为上，有龙团、凤团、石乳、滴乳、绿昌明、头骨、次骨、末骨、鹿骨、山挺等名，而密云龙最高，皆碾屑作饼。至国朝始用芽茶，曰探春，曰先春，曰次春，曰紫笋，而龙凤团皆废矣。

《名胜志》：北苑茶园，属瓯宁县。旧经云：“伪闽龙启中，里人张晖，以所居北苑地宜茶，悉献之官，其名始著。”

《三才藻异》[②]：石岩白，建安能仁寺茶也，生石缝间。

建宁府属浦城县江郎山出茶，即名江郎茶。

《武夷山志》：前朝不贵闽茶，即贡者亦只备宫中浣濯瓯盏之需。贡使类以价货京师所有者纳之。间有采办，皆剑津廖地产，非武夷也。黄冠每市山下茶，登山贸之，人莫能辨。

茶洞在接笋峰侧，洞门甚隘，内境夷旷，四周皆穹崖壁立。土人种茶，视他处为最盛。

崇安殷令招黄山僧以松萝法制建茶，真堪并驾，人甚珍之，时有“武夷松萝”之目。

王梓《茶说》：武夷山周回百二十里，皆可种茶。茶性，他产多寒，此独性温。其品有二：在山者为岩茶，上品；在地者为洲茶，次之。香清浊不同，且泡时岩茶汤白，洲茶汤红，以此为别。雨前者为头春，稍后为二春，再后为三春。又有秋中采者，为秋露白，最香。须种植、采摘、烘焙得宜，则香味两绝。然武夷本石山，峰峦载土者寥寥，故所产无几。若洲茶，所在皆是，即邻邑近多栽植，运至山中及星村墟市贾售，皆冒充武夷。更有安溪所产，尤为不堪。或品尝其味，不甚贵重者皆以假乱真误之也。至于莲子心、白毫，皆洲茶，或以木兰花熏成欺人，不及岩茶远矣。

张大复《梅花笔谈》:《经》云:“岭南生福州、建州。”今武夷所产，其味极佳，盖以诸峰拔立，正陆羽所云“茶上者生烂石中”者耶!

《草堂杂录》：武夷山有三味茶，苦酸甜也，别是一种，饮之味果屡变，相传能解酲、消胀。然采制甚少，售者亦稀。

《随见录》：武夷茶，在山上者为岩茶[③]，水边者为洲茶。岩茶为上，洲茶次之。岩茶，北山者为上，南山者次之。南北两山，又以所产之岩名为名，其最佳者，名曰工夫茶。工夫之上，又有小种，则以树名为名。每株不过数两，不可多得。洲茶名色，有莲子心、白毫、紫毫、龙须、凤尾、花香、兰香、清香、奥香、选芽、漳芽等类。

《广舆记》：泰宁茶，出邵武府[④]。

福宁州大姥山出茶，名绿雪芽。

《湖广通志》[⑤]：武昌茶，出通山者上，崇阳、蒲圻者次之。

《广舆记》：崇阳县龙泉山，周二百里。山有洞，好事者持炬而入，行数十步许，坦平如室，可容千百众。石渠流泉清冽，乡人号曰鲁溪。岩产茶，甚甘美。

《天下名胜志》：湖广江夏县洪山，旧名东山。《茶谱》云：“鄂州东山出茶，黑色如韭，食之已头痛。”

《武昌郡志》：茗山在蒲圻县北十五里，产茶。又大冶县亦有茗山。

《荆州土地记》：武陵七县通出茶，最好。

《岳阳风土记》[⑥]：灉湖诸山旧出茶，谓之灉湖茶[⑦]。李肇所谓“岳州灉湖之含膏”是也[⑧]。唐人极重之，见于篇什。今人不甚种植，唯白鹤僧园有千余本。土地颇类北苑，所出茶一岁不过一二十斤，土人谓之白鹤茶，味极甘香，非他处草茶可比。并茶园地色亦相类，但土人不甚植尔。

《通志》：长沙茶陵州，以地居茶山之阴，因名。昔炎帝葬于茶山之野[⑨]。茶山即云阳山，其陵谷间多生茶茗，故也。

长沙府出茶，名安化茶。辰州茶，出溆浦。郴州亦出茶。

注 释

①《潜确类书》：明朝陈仁锡所作。

②《三才藻异》：清代屠粹忠所撰。

③武夷岩茶：产于福建闽北“秀甲东南”的武夷山一带，茶树生长在岩缝之中。武夷岩茶具有绿茶之清香、红茶之甘醇，是中国乌龙茶中的极品。最著名的是大红袍茶。

④邵武府：清承明制。府治邵武（今福建邵武）。下辖邵武、光泽、泰宁、建宁共4县。

⑤《湖广通志》：明末清初的荆楚总志。明代今湖南、湖北地区合置湖广行省，至清康熙三年（1664）分置二省，但仍合置湖广总督。

⑥《岳阳风土记》：一作《岳阳风土纪》，北宋范致明著。

⑦灉湖：今湖南岳阳。

⑧李肇：晚唐文人，累官尚书左司郎中，迁左补阙，入翰林为学士。著有《翰林志》一卷，《国史补》三卷，并传于世。

⑨炎帝：中国上古时期姜姓部落的首领尊称，号神农氏。

译 文

明代陈仁锡《潜确类书》记载：历代的贡茶，都以福建建宁所产的茶作为上品，有龙团、凤团、石乳、滴乳、绿昌明、头骨、次骨、末骨、鹿骨、山挺等名色，而以密云龙为最高品级，都是碾成细末制成茶饼。到了明朝，才开始进贡芽茶，分别叫作探春、先春、次春、紫笋，而龙凤团饼茶都被废除了。

《名胜志》记载：北苑茶园隶属于瓯宁县。旧时《茶经》记载：“伪闽王龙启年间(933—934)，当地人张晖以他所居住的北苑土地适宜种茶，全部献给官府，其名声才逐渐流传开来。”

《三才藻异》记载：石岩白就是建安能仁寺所出产的茶叶，生长在石缝间。

建宁府所属的浦城县江郎山出产茶叶，就叫作江郎茶。

《武夷山志》记载：前朝（即明朝）不重视福建出产的茶叶，即使是进贡也只是作为宫中洗刷瓯盏的需要。贡茶的使者大多在京师按价购买然后进贡朝廷。偶尔有采办，也都是剑州津廖等地出产，而非武夷山所产。山中的道士每次购买山下的茶叶，登山货卖，人们都无法辨别。

茶洞在武夷山接笋峰旁边，洞门非常狭窄，洞内则平坦空旷，四周都是悬崖峭壁。当地人种茶，与其他地方相比最为盛行。

崇安县的殷县令招黄山僧以松萝法制作建茶，真可以与松萝茶媲美，人们非常珍重，当时就有“武夷松萝”的名号。

王梓《茶说》记载：武夷山周围120里，都可以种茶。茶树的本性，其他地方所产多是寒性，此地单单为温性。其茶有两个品种，在山中的叫作岩茶，堪称上品；在平地的叫作洲茶，品质次之。茶的香气清浊也不同，而且冲泡的时候岩茶汤白，洲茶汤红，以此作为区别。雨前采制的叫作头春，稍后采制的叫作二春，再往后采制的叫作三春。还有秋天采制的，叫作秋露白，最为馨香。必须做到种植、采摘、烘焙都得其所宜，才可以做到香气、味道两绝。然而，武夷山本身是石山，峰峦带土的很少，所以所产茶叶寥寥无几。至于洲茶，所到之处应有尽有，即使是邻近各个城镇也多有栽培，运输到山中以及零星的村子和集市上去卖掉，都是冒充武夷茶。更有安溪所产的茶叶，尤其不行。有人品尝其茶味，不甚贵重，都是以假乱真的结果。至于莲子心、白毫等都是洲茶，有人以木兰花熏成欺骗人，远远比不上岩茶。

明代张大复《梅花草堂笔谈》记载：陆羽《茶经》中说：“岭南茶出产于福州、建州。”如今武夷山所出产的茶，味道极佳。这大概是因为武夷山诸峰挺拔独立，正如陆羽所说的“上等的茶叶生长于烂石之中”。

《草堂杂录》记载：武夷山有三味茶，也就是苦、酸、甜，别是一番风味。饮用的时候味道果然屡次变化，相传可以解酒、消胀。然而这种茶采摘制作得甚少，贩卖得也很少。

《随见录》记载：武夷山所产的茶，出产于山上的叫作岩茶，出产于水边林下的叫作洲茶。就品质而言，岩茶为上品，洲茶次之。岩茶，以出于北山上的为上，以南山上的次之。南北两山，又以所出产茶叶的岩名而为名，其中最好的，叫作工夫茶。工夫茶之上，又有一个小种，则是以树名作为茶名。每株茶树出产不超过数两，不可多得。洲茶的名色，有莲子心、白毫、紫毫、龙须、凤尾、花香、兰香、清香、奥香、选芽、漳芽等品类。

《广舆记》记载：泰宁茶，出产于福建邵武府。

福建福宁州大姥山出产茶叶，叫作绿雪芽。

《湖广通志》记载：武昌茶，以出产于通山县的为上品，崇阳、蒲圻所产次之。

《广舆记》记载：湖北崇阳县龙泉山，方圆二百里山上有一个洞，好事的人手持火炬进去，行走数十步，平坦如室内，可以容纳千百人，其中有石渠流淌着泉水清澈甘洌，当地人叫作鲁溪。山岩出产茶叶，味道非常甘美。

《天下名胜志》记载：湖广江夏县的洪山，旧称东山。《茶谱》中说：“鄂州东山出产茶叶，黑色，形状如韭菜，饮用这种茶可以治愈头痛。”

《武昌郡志》记载：茗山，在湖北蒲圻县以北十五里，出产茶叶。另外大冶县也有茗山。

《荆州土地记》记载：武陵所属的七县，都出产茶叶，最称上品。

北宋范致明《岳阳风土记》记载：灉湖各山原来出产茶叶，叫作灉湖茶，也就是唐朝李肇所说的岳州灉湖之含膏茶。唐朝人非常看重，见于文献记载。如今的人们不大种植，只有白鹤僧园有千余株茶树。其土地与建州北苑很像，所产的茶叶每年不超过十斤，当地人称为白鹤茶，味道非常甘甜馨香，不是其他地方的草茶可比拟的。茶园的土色也与此类似，只是当地居民不怎么种茶罢了。

《湖南通志》记载：长沙府茶陵州，因为其地处茶山的阴坡，所以叫作茶陵。传说从前炎帝死后葬在茶山的原野。茶山也就是云阳山，山陵、山谷间有很多茶树生长，所以叫作茶山。

长沙府出产茶叶，叫作安化茶。辰州茶，出产于溆浦。郴州也出产茶叶。

原 文

《类林新咏》：长沙之石楠叶，摘芽为茶，名栾茶，可治头风。湘人以四月四日摘杨桐草，捣其汁拌米而蒸，犹糕糜之类，必啜此茶，乃去风也。

《合璧事类》：潭郡之间有渠江，中出茶，而多毒蛇猛兽，乡人每年采撷不过十五六斤。其色如铁，而芳香异常，烹之无脚。

湘潭茶，味略似普洱，土人名曰芙蓉茶。

《茶事拾遗》：潭州有铁色，夷陵有压砖。

《通志》：靖州出茶油[①]。蕲水有茶山，产茶。

《河南通志》：罗山茶，出河南汝宁府信阳州。

《桐柏山志》：瀑布山，一名紫凝山，产大叶茶。

《山东通志》：兖州府费县蒙山石巅，有花如茶，土人取而制之，其味清香，迥异他茶，贡茶之异品也。

《舆志》：蒙山一名东山，上有白云岩，产茶，亦称蒙顶。原注：王草堂云：乃石上之苔为之，非茶类也。

《广东通志》：广州、韶州、南雄、肇庆各府及罗定州，俱产茶。

西樵山在郡城西一百二十里，峰峦七十有二，唐末诗人曹松移植顾渚茶于此，居人遂以茶为生业。韶州府曲江县曹溪茶，岁可三四采，其味清甘。

潮州大埔县、肇庆恩平县，俱有茶山。德庆州有茗山[2]，钦州灵山县亦有茶山。

吴陈琰《旷园杂志》：端州白云山，出云独奇，山故莳茶在绝壁，岁不过得一石许，价可至百金。

王草堂《杂录》：粤东珠江之南产茶，曰河南茶。潮阳有凤山茶，乐昌有毛茶，长乐有石茗，琼州有灵茶、乌药茶云。

《岭南杂记》：广南出苦薆茶，俗乎为苦丁，非茶也。茶大如掌，一片入壶，其味极苦，少则反有甘味，噙咽利咽喉之症，功并山豆根。

化州有琉璃茶，出琉璃庵。其产不多，香与峒岕相似。僧人奉客，不及一两。

罗浮有茶，产于山顶石上，剥之如蒙山之石茶，其香倍于广岕，不可多得。

《南越志》：龙川县出皋卢，味苦涩，南海谓之过卢。

《陕西通志》：汉中府兴安州等处产茶，如金州、石泉、汉阴、平利、西乡诸县各有茶园，他郡则无。

《四川通志》：四川产茶州县凡二十九处，成都府之资阳、安县、灌县、石泉、崇庆等；重庆府之南川、黔江、丰都、武隆、彭水等；夔州府之建始、开县等；及保宁府、遵义府、嘉定州、泸州、雅州、乌蒙等处。

东川茶有神泉、兽目，邛州茶曰火井。

《华阳国志》[3]：涪陵无蚕桑，唯出茶、丹漆、蜜蜡。

《华夷花木考》：蒙顶茶受阳气全，故芳香。唐李德裕入蜀，得蒙饼，以沃于汤瓶之上，移时尽化，乃验其真蒙顶。又有五花茶，其片作五出。

毛文锡《茶谱》：蜀州晋原、洞口、横原、珠江、青城，有横芽、雀舌、鸟觜、麦颗，盖取其嫩芽所造，以形似之也。又有片甲、蝉翼之异。片甲者，早春黄芽，其叶相抱如片甲也；蝉翼者，其叶嫩薄如蝉翼也，皆散茶之最上者。

《东斋纪事》[4]：蜀雅州蒙顶产茶，最佳。其生最晚，每至春夏之交始出，常有云雾覆其上，若有神物护持之。

《群芳谱》：峡州茶有小江园、碧涧寮、明月房、茱萸寮等。

陆平泉《茶寮记事》[5]：蜀雅州蒙顶上有火前茶，最好，谓禁火以前采者。后者谓之火后茶，有露芽、谷芽之名。

《述异记》[6]：巴东有真香茗，其花白色如蔷薇，煎服令人不眠，能诵无忘。

《广舆记》：峨嵋山茶，其味初苦而终甘。又泸州茶可疗风疾⑦。又有一种乌茶，出天全六番招讨使司境内。

王新城《陇蜀余闻》：蒙山在名山县西十五里。有五峰，最高者曰上清峰。其巅一石大如数间屋，有茶七株，生石上，无缝罅，云是甘露大师手植。每茶时叶生，智炬寺僧辄报有司往视。籍记其叶之多少，采制才得数钱许。明时贡京师仅一钱有奇。环石别有数十株，曰陪茶，则供藩府诸司之用而已。其旁有泉，恒用石覆之，味清妙，在惠泉之上⑧。

《云南记》：名山县出茶，有山曰蒙山，联延数十里，在西南。按《拾遗志》《尚书》所谓"蔡蒙旅平"者，蒙山也，在雅州。凡蜀茶，尽在此。

《云南通志》：茶山，在元江府城西北普洱界。太华山，在云南府西，产茶色似松萝，名曰太华茶。普洱茶，出元江府普洱山，性温味香。儿茶，出永昌府，俱作团。又感通茶，出大理府点苍山感通寺。

《续博物志》：威远州即唐南诏银生府之地。诸山出茶，收采无时，杂椒姜烹而饮之。

《广舆记》：云南广西府出茶。又湾甸州出茶，其境内孟通山所产，亦类阳羡茶，谷雨前采者香。曲靖府出茶子，丛生，单叶，子可作油。

许鹤沙《滇行纪程》：滇中阳山茶，绝类松萝。

《天中记》⑨：容州黄家洞出竹茶，其叶如嫩竹，土人采以作饮，甚甘美。原注：广西容县，唐容州。

《贵州通志》：贵阳府产茶，出龙里东苗坡及阳宝山，土人制之无法，味不佳。近亦有采芽以造者，稍可供啜。威宁府茶⑩，出平远，产岩间，以法制之，味亦佳。

《地图综要》⑪：贵州新添军民卫产茶，平越军民卫亦出茶。

《研北杂志》⑫：交趾出茶，如绿苔，味辛烈，名曰登。北人重译，名茶曰钗。

注释

①靖州：治今湖南靖县。

②德庆州：明洪武九年（1376）降德庆府置，治今广东省德庆县。属肇庆府。辖境相当于今广东省德庆、封开等县地。

③《华阳国志》：又名《华阳国记》。东晋常璩著。全书分为巴志，汉中志，

蜀志，南中志，公孙述、刘二牧志，刘先主志，刘后主志，大同志，李特、李雄、李期、李寿、李势志，先贤士女总赞，后贤志，序志并士女目录等，共12卷，约11万字，记录了从远古到东晋永和三年巴蜀史事，记录了这些地方的出产和历史人物。

④《东斋纪事》：宋朝范镇所撰的一部关于时事见闻的笔记。

⑤《茶寮记事》：陆树声所著。陆树声，字与吉，别号平泉。明朝官员。

⑥《述异记》：南朝齐祖冲之所著，所记多是诡异之事。

⑦泸州茶：泸州(今四川泸州)产茶的通称。五代蜀毛文锡《茶谱》："泸州之茶树……每登树采摘芽茶，心含于口，待其展，然后置于瓢中，旋塞其窍。比归，必置于暖处。其味极佳。又有粗者，其味辛性熟，彼人云：饮之疗风。通呼为泸茶。"

⑧惠泉：无锡惠山泉。

⑨《天中记》：明代陈耀文所著的著名类书。

⑩威宁府：行政建制，今天属于贵州省毕节市。

⑪《地图综要》：明朝末年吴学俨、朱绍本等人编辑，李茹春作序，南明弘光元年(1645)刻印。该书为三卷本，有总卷、内卷、外卷。

⑫《研北杂志》：元代陆友著，多记文苑故事。

译文

《类林新咏》记载：长沙的石楠叶，采摘其幼芽制成茶叶，叫作栾茶，可以治疗头脑中风。湖南人在每年四月初四采摘杨桐草，捣碎成汁拌米蒸熟，就像糕点或粥类，一定要饮用此茶，才可以治愈中风。

《古今合璧事类》记载：潭州之间有渠江，出产茶叶，多有毒蛇猛兽，当地居民每年采摘制造茶叶不超过十五六斤。其色泽如铁，却异常芳香，烹点时没有云脚茶痕。

湘潭茶，味道与普洱茶大体相似，当地居民称作芙蓉茶。

《茶事拾遗》记载：潭州有铁色茶，夷陵有压砖茶。

《湖广通志》记载：靖州出产茶油。湖北蕲水有茶山，出产茶叶。

《河南通志》记载：罗山茶，出产于河南省汝宁府信阳州。

《桐柏山志》记载：瀑布山，也作紫凝山，出产大叶茶。

《山东通志》记载：兖州府费县蒙山石巅，生长有种花很像茶，当地居民采摘制成茶，味道清香，与其他茶迥然有别，堪称贡茶中的奇品。

《舆志》记载：蒙山，也叫作东山，山上有白云岩，出产茶叶，也叫作蒙顶茶。原注：王草堂说：这种茶乃是石头上的苔藓制成，并非茶类。

《广东通志》记载：广州、韶州、南雄、肇庆各府以及罗定州，都出产茶叶。

西樵山，在广州府城西120里，共有峰峦72个。唐末诗人曹松移植顾渚茶到这里，当地居民于是以种茶作为生业。

韶州府曲江县曹溪茶，每年可以采摘三四次，茶味清香甘甜。

潮州大埔县、肇庆府恩平县，都有茶山。德庆州有茗山，钦州灵山县也有茶山。

清代吴陈琰《旷园杂志》记载：端州白云山，云雾的生成非常独特奇异。山中原来在悬崖峭壁上有茶叶，每年收获一石左右，价格可以达到一百两银子。

清代王草堂《杂录》记载：广东东部珠江之南出产茶叶，叫作河南茶。潮阳有凤山茶，乐昌有毛茶，长乐有石茗，琼州有灵茶、乌药茶。

清代吴震方《岭南杂记》记载：广南出产苦䔲茶，俗名叫作苦丁，这不是一种茶。叶子如巴掌大小，一片放入茶壶，味道非常苦涩；放得少些反而有甘甜味道，含在口中有助于治疗咽喉病症，其功能与山豆根相同。

化州有琉璃茶，出产于琉璃庵。所产不多，香味与洞山的岕茶相似。僧人用来招待宾客，所奉不超过一两。

罗浮山有茶叶，出产于山顶的石上，剥落下来就像蒙山的石茶。其香味比庙后的岕茶加倍地好，不可多得。

南朝刘宋沈怀远《南越志》记载：龙川县出产皋卢茶，味道苦涩，南海人称之为过卢。

《陕西通志》记载：汉中府、兴安州等地都出产茶叶，如金州、石泉、汉阴、平利、西乡各县都各自有其茶园，其他府州都没有。

《四川通志》记载：四川出产茶叶的州县，共计29处。如成都府的资阳、安县、灌县、石泉、崇庆等；重庆府的南川、黔江、丰都、武隆、彭水等；夔州府的建始、开县等；以及保宁府、遵义府、嘉定州、泸州、雅州、乌蒙等处。

东川茶有神泉、兽目等品种。邛州茶叫作火井。

《华阳国志》记载：涪陵没有蚕桑，只出产茶叶、丹漆、蜜蜡。

明代慎懋官《华夷花木鸟兽珍玩考》记载：蒙顶茶，接受阳光的照耀充足，所以风味芳香。唐朝大臣李德裕来到四川，得到蒙顶茶饼，就把茶饼泡在汤瓶之上超过一个时辰就全部化掉了，于是验证这是真正的蒙顶茶。又有五花茶，其叶片分为五瓣。

五代毛文锡《茶谱》记载：蜀州的晋原、洞口、横原、珠江、青城，出产有横芽茶、雀舌茶、鸟觜茶、麦颗茶，这些都是采取茶的嫩芽所制成，以其形似物品命名的。又有片甲、蝉翼等不同的名称。片甲茶，是早春的黄芽，其叶芽相抱如同片甲；蝉翼茶，其叶芽嫩薄如同蝉翼。这些都是散茶中的上佳品种。

北宋范镇《东斋纪事》记载：四川雅州蒙顶山所产茶叶品质最好，其出产时间较晚，每年的春夏之交才开始生产，经常有云雾覆盖在茶园之上，犹如有神物保护着。

明代王象晋《群芳谱》记载：峡州所产的茶叶有小江园、碧涧寮、明月房、茱萸寮等。

明代陆树声《茶寮记事》记载：四川雅州蒙顶山上出产有火前茶，品质最好，火前是说在寒食禁火之前采摘的；寒食禁火之后采摘的茶叶，叫作火后茶，有露芽、谷芽等名称。

《述异记》记载：巴东有真正的香茗，开着白色的花，如同蔷薇，煎服后使人清醒不瞌睡，能够背诵，而不会忘记。

《广舆记》记载：峨眉山所产的茶叶，味道起初苦涩而最后甘甜。另外，泸州所产的茶叶可以治疗中风病。还有一种乌茶，出产于天全六番招讨使司境内。

清代王士祯《陇蜀余闻》记载：蒙山，在四川名山县西15里。山上有五座高峰，最高的叫作上清峰。上清峰的峰顶有一块石头，有数间房屋大小，石头下面生长着七棵茶树，毫无缝隙，传说是甘露大师亲手种植。每当产茶的时节芽叶萌发，智炬寺的僧人就报告官府来视察，记录每棵茶树芽叶的多少。采摘制造只能收获数钱茶叶。明朝进贡京师，仅仅一钱有余。环绕大石头的周围，还生长着茶树数十棵，叫作陪茶，所产的茶则供应藩府、诸司的饮用罢了。石头旁边有泉水，经常用石头覆盖着，泉味清香绝妙，在无锡惠山泉水之上。

《云南记》记载：名山县出产茶叶，有一座山叫作蒙山，绵延数十里，在名山县的西南。根据《拾遗记》,《尚书》中所说的“蔡蒙旅平”指的就是蒙山。蒙山位于雅州，凡是蜀茶都出产于此。

《云南通志》记载：茶山，在元江府城西北普洱地界。太华山，在云南府的西部，所产的茶色泽与松萝茶相似，叫作太华茶。普洱茶，出产于元江府普洱山，茶性温润，味道馨香。儿茶，出产于永昌府，都是制作成团饼。还有感通茶，出产于大理府点苍山的感通寺。

《续博物志》记载：威远州，就是唐朝南诏银生府所在的地方。各山都出产茶叶，采摘制造不按照季节，而且掺杂椒、姜等一起烹煮饮用。

《广舆记》记载：云南广西府出产茶叶。另外，湾甸州出产茶叶，其境内孟通山所产的茶，也与阳羡茶类似。谷雨前采摘的茶叶，味道更香。

曲靖府的茶籽，丛生，单叶，其籽粒可以制成油料。

清代许鹤沙《滇行纪程》记载：滇中的阳山茶，与松萝茶非常类似。

明代陈耀文《天中记》记载：容州黄家洞出产竹茶，其芽叶如同嫩竹，当地居民采摘下来作为饮品，非常甘美。原注：广西容县，唐代容州。

《贵州通志》记载：贵阳府出产茶叶，出产于龙里东苗坡以及阳宝山，当地居民制造不得其法，所以味道不好。近来也有采摘茶芽进行制造的，稍微可以品饮。威宁府的茶叶出产于平远，生长于岩石之间，依法采制，味道也很好。

《地图综要》记载：贵州新添军民卫出产茶叶，平越军民卫也出产茶叶。

元代陆友《研北杂志》记载：交趾出产茶叶，所产的茶如同绿色的苔藓，味道辛辣馥烈，叫作登。按北方的翻译，茶叫作钗。

九　茶之略

原　文

茶事著述名目

《茶经》三卷，唐太子文学陆羽撰。

《茶记》三卷，前人。见《国史经籍志》[①]。

《顾渚山记》二卷[②]，前人。

《煎茶水记》一卷[③]，江州刺史张又新撰。

《采茶录》三卷，温庭筠撰[④]。

《补茶事》，太原温从云、武威段碣之。

《茶诀》三卷，释皎然撰[⑤]。

《茶述》，裴汶[⑥]。

《茶谱》一卷，伪蜀毛文锡[⑦]。

《大观茶论》二十篇[⑧]，宋徽宗撰。

《建安茶录》三卷，丁谓撰。

《试茶录》二卷，蔡襄撰。

《进茶录》一卷，前人。

《品茶要录》一卷[⑨]，建安黄儒撰。

《建安茶记》一卷[⑩]，吕惠卿撰。

《北苑拾遗》一卷[⑪]，刘异撰。

《北苑煎茶法》[⑫]，前人。

《东溪试茶录》[⑬]，宋子安集，一作朱子安。

《补茶经》一卷[⑭]，周绛撰。

又一卷，前人。

《北苑总录》十二卷，曾伉录。

《茶山节对》一卷，摄衢州长史蔡宗颜撰。

《茶谱遗事》一卷，前人。

《宣和北苑贡茶录》[⑮]，建阳熊蕃撰。

《宋朝茶法》[16]，沈括。

《茶论》，前人。

《北苑别录》一卷[17]，赵汝砺撰。

《北苑别录》，无名氏。

《造茶杂录》，张文规。

《茶杂文》一卷，集古今诗及茶者。

《壑源茶录》一卷，章炳文。

《北苑别录》，熊克。

《龙焙美成茶录》，范逵。

《茶法易览》十卷[18]，沈立。

《建茶论》，罗大经。

《煮茶泉品》[19]，叶清臣。

《十友谱·茶谱》，佚名。

《品茶》一篇，陆鲁山。

《续茶谱》，桑庄茹芝。

《茶录》[20]，张源。

《煎茶七类》，徐渭。

《茶寮记》，陆树声。

《茶谱》，顾元庆。

《茶具图》一卷，前人。

《茗笈》，屠本畯。

《茶录》，冯时可。

《岕山茶记》，熊明遇。

《茶疏》，许次纾。

《八笺·茶谱》，高濂。

《煮泉小品》，田艺蘅。

《茶笺》，屠隆。

《岕茶笺》，冯可宾。

《峒山茶系》，周高起伯高。

《水品》，徐献忠。

《竹懒茶衡》，李日华。

《茶解》，罗廪。

《松寮茗政》，卜万祺。

《茶谱》，钱友兰翁。

《茶集》一卷，胡文焕。

《茶记》，吕仲吉。

《茶笺》，闻龙。

《岕茶别论》，周庆叔。

《茶董》，夏茂卿。

《茶说》，邢士襄。

《茶史》，赵长白。

《茶说》，吴从先。

《武夷茶说》，袁仲儒。

《茶谱》，朱硕儒。见《黄与坚集》

《岕茶汇钞》，冒襄。

《茶考》，徐𤊹。

《群芳谱茶谱》，王象晋。

《佩文斋广群芳谱·茶谱》。

注 释

①《国史经籍志》：共6卷，明焦竑编撰。此书首列《制书类》，凡御制及中宫著作，记注、时政、敕修诸书都有附录。余分《经》《史》《子》《集》四部，末附《纠缪》一卷，则驳正《汉书》《隋书》《唐书》《宋史》诸《艺文志》，及《四库书目》《崇文总目》、郑樵《艺文略》、马端临《经籍考》、晁公武《读书志》诸家分门之误。

②《顾渚山记》：陆羽著，今佚。

③《煎茶水记》：共一卷，是继陆羽《茶经》之后我国又一部重要的茶道研究著作。

④温庭筠：本名岐，字飞卿，太原祁（今山西祁县）人。唐代诗人、词人。

⑤皎然：唐代诗僧。俗姓谢，字清昼，吴兴（浙江湖州）人。在文学、佛学、茶学等许多方面有深厚造诣，堪称一代宗师，与陆羽是生死相依的忘年之交。

⑥裴汶：晚唐宰相。平日嗜茶、尚茶、事茶。是一位继陆羽后，与卢仝齐名的茶文化大家，著有《茶述》。古时茶坊间奉陆羽为茶神，常将裴汶、卢仝配享两侧。

⑦毛文锡：唐末五代时人，字平珪，高阳（今属河北）人，一作南阳（今属

河南）人。《花间集》中称为毛司徒，著有《前蜀纪事》《茶谱》。

⑧《大观茶论》：原名《茶论》，又称《圣宋茶论》。是宋徽宗赵佶写的关于茶的专论。全书共10篇，2800余字，首为绪言，次分地产、天时、采摘、蒸压、制造、鉴别、白茶、罗碾、盏、筅、瓶、勺、水、点、味、香、色、藏焙、品名、外焙20目。

⑨《品茶要录》：北宋黄儒所作的茶书，约成书于仁宗宋嘉祐二年（1057）。全书近2000字，前后各有总论一篇。书中分为采造过时、白合盗叶，入杂，蒸不熟，过熟，焦釜压黄，渍膏，伤焙，辨壑源、沙溪等10目。此书主要讨论采制搀杂等弊病，辨别很详细，属茶叶品质鉴别的专门论著。

⑩《建安茶记》：亦称《建安茶用记》，宋代吕惠卿撰，约成书于宋神宗元丰三年（1080）。南宋晁公武《郡斋读书志》、宋元之际马端临《文献通考》《宋史·艺文志》均载书目。原著已佚，内容不可考。

⑪《北苑拾遗》：宋代刘异所撰的一部关于茶叶的专著，约成书于宋仁宗庆历元年（1041），今已佚。

⑫《北苑煎茶法》：作者不详，约成书于宋高宗绍兴二十年（1150）以前。原书已佚，内容无考。南宋郑樵《通志·艺文略·食货类》中曾予著录。

⑬《东溪试茶录》：宋子安所作茶书。首序论，次分总叙焙名、北苑(曾坑，石坑附)、壑源(叶源附)、佛岭、沙岭、茶名、采茶、茶病等八目。

⑭《补茶经》：宋代周绛撰，约成书于宋真宗大中祥符五年（1012），今已不传。一卷。南宋晁公武《郡斋读书志》中写道："绛，祥符初知建州，以陆羽《茶经》不载建安，故补之，丁谓以为茶佳不假水之助，绛则载诸名水云。"

⑮《宣和北苑贡茶录》：亦称《宣和贡茶经》。宋代熊蕃所撰。是研究宋代茶业的重要文献。

⑯《宋朝茶法》：即《本朝茶法》，是一部关于茶税茶法的专著，宋代沈括撰。全文约1100字，主要记述宋朝茶税和茶叶专卖，对研究茶史和茶文化有一定参考价值。

⑰《北苑别录》：宋代赵汝砺撰。全书正文2800余字，旧注700余字，清代汪继壕补注约2000多字。书首有总序，次分御园、开焙、采茶、拣茶、蒸茶、榨茶、研茶、造茶、过黄、纲次、开畲、外焙12目，综记福建建安御茶园址46焙沿革和茶园管理，贡茶的采制、种类、数量、装饰、价格，以及包装、运输过程等。

⑱《茶法易览》：亦称《茶法要览》，宋代沈立撰。约成书于宋仁宗嘉祐二年（1057），今已佚。《通志·艺文略》作10卷，未注明作者，内容不详。据《宋史·沈立传》云："立著《茶法要览》，乞行通商法。后罢榷法，如所请。"《宋史·食货志》说："沈立亦集茶法利害为10卷，陈通商之利。"

⑲《煮茶泉品》：又称《述煮茶泉品》。宋代叶清臣所撰，约撰于宋仁宗康定元年（1040），系510字短文，谈饮茶之趣，茶叶之质，泉品之别。

⑳《茶录》：是张源隐居深山30年博览群书、汲泉煮茗的研究成果。成书于万历年间(约1595)，全书约1500字，分为采茶、造茶、辨茶、藏茶、火候、汤辨、汤用老嫩、泡法、投茶、饮茶、香、色、味、点染失真、茶变不可用、品泉、井水不宜茶、贮水、茶具、茶盏、拭盏布、分茶盒、茶道等23则。

译文

略

原文

诗文名目

杜毓《荈赋》

顾况《茶赋》[①]

吴淑《茶赋》

李文简《茗赋》

梅尧臣《南有嘉茗赋》

黄庭坚《煎茶赋》

程宣子《茶铭》

曹晖《茶铭》

苏廙《仙芽传》

汤悦《森伯传》

苏轼《叶嘉传》

支廷训《汤蕴之传》

徐岩泉《六安州茶居士传》

吕温《三月三日茶宴序》

熊禾《北苑茶焙记》

赵孟熧《武夷山茶场记》

暗都刺《喊山台记》

文德翼《庐山免给茶引记》

茅一相《茶谱序》

清虚子《茶论》

何恭《茶议》

汪可立《茶经后序》

吴旦《茶经跋》

童承叙《论茶经书》

赵观《煮泉小品序》

注 释

①顾况：字逋翁，号华阳真逸（一说华阳真隐），晚年自号悲翁。唐朝海盐恒山（今浙江海宁境内）人。唐代诗人、画家、鉴赏家。

译 文

略

原 文

诗文摘句

《合璧事类·龙溪除起宗制》有云：必能为我讲摘山之制，得充厩之良。

胡文恭《行孙谘制》有云：领算商车，典领茗轴。

唐武元衡有《谢赐新火及新茶表》①。刘禹锡、柳宗元有《代武中丞谢赐新茶表》②。

韩翃《为田神玉谢赐茶表》有“味足蠲邪，助其正直；香堪愈疾，沃以勤劳。吴主礼贤，方闻置茗；晋臣爱客，才有分茶”之句。

《宋史》：李稷重秋叶、黄花之禁。

宋《通商茶法诏》，乃欧阳修代笔。《代福建提举茶事谢上表》，乃洪迈笔。

谢宗《谢茶启》：比丹丘之仙芽，胜乌程之御荈。不止味同露液，白况霜华。岂可为酪苍头，便应代酒从事。

《茶榜》：雀舌初调，玉碗分时茶思健；龙团捶碎，金渠碾处睡魔降。

刘言史《与孟郊洛北野泉上煎茶》，有诗。

僧皎然《寻陆羽不遇》，有诗。

白居易有《睡后茶兴忆杨同州》诗。

皇甫曾有《送陆羽采茶》诗。

刘禹锡《石园兰若试茶歌》有云：欲知花乳清冷味，须是眠云跂石人。

郑谷《峡中尝茶》诗：入座半瓯轻泛绿，开缄数片浅含黄。

杜牧《茶山》诗：山实东南秀，茶称瑞草魁。

施肩吾诗：茶为涤烦子，酒为忘忧君。

秦韬玉有《采茶歌》。

颜真卿有《月夜啜茶联句》诗。

司空图诗：碾尽明昌几角茶。

李群玉诗：客有衡山隐，遗余石廪茶。

李郢《酬友人春暮寄枳花茶》诗。

蔡襄有《北苑茶垄采茶造茶试茶诗》五首。

《朱熹集·香茶供养黄柏长老悟公塔》，有诗。

文公《茶坂》诗：携籯北岭西，采叶供茗饮。一啜夜窗寒，跏趺谢衾枕。

苏轼有《和钱安道寄惠建茶》诗。

《坡仙食饮录》有《问大冶长老乞桃花茶栽》诗。

《韩驹集·谢人送凤团茶》诗：白发前朝旧史官，风炉煮茗暮江寒；苍龙不复从天下，拭泪看君小凤团。

苏辙有《咏茶花诗》二首，有云：细嚼花须味亦长，新芽一粟叶间藏。

孔平仲《梦锡惠墨答以蜀茶》，有诗。

岳珂《茶花盛放满山》诗，有："洁躬淡薄隐君子，苦口森严大丈夫"之句。

《赵抃集·次谢许少卿寄卧龙山茶》诗，有："越芽远寄入都时，酣唱争夸互见诗"之句。

文彦博诗[③]：旧谱最称蒙顶味，露芽云液胜醍醐。

张文规诗："明月峡中茶始生。"明月峡与顾渚联属，茶生其间者，尤为绝品。

孙觌有《饮修仁茶》诗。

韦处厚《茶岭》诗：顾渚吴霜绝，蒙山蜀信稀。千丛因此始，含露紫茸肥。

《周必大集·胡邦衡生日以诗送北苑八镑日注二瓶》："贺客称觞满冠霞，悬知酒渴正思茶。尚书八饼分闽焙，主簿双瓶拣越芽。"又有《次韵王少府送焦坑茶》诗。

陆放翁诗：寒泉自换菖蒲水，活火闲煎橄榄茶。又《村舍杂书》：东山石上茶，鹰爪初脱韝。雪落红丝硙，香动银毫瓯。爽如闻至言，余味终日留。不知叶家白，亦复有此否？

刘诜诗：鹦鹉茶香堪供客，荼縻酒熟足娱亲。

王禹偁《茶园》诗：茂育知天意，甄收荷主恩。沃心同直谏，苦口类嘉言。

《梅尧臣集·宋著作寄凤茶》诗：团为苍玉璧，隐起双飞凤。独应近日颁，岂得常寮共。又《李求仲寄建溪洪井茶七品》云：忽有西山使，始遗七品茶。末品无水晕，六品无沉柤。五品散云脚，四品浮粟花。三品若琼乳，二品罕所加。绝品不可议，甘香焉等差。又《答宣城梅主簿遗鸦山茶》诗云：昔观唐人诗，茶咏鸦山嘉。鸦衔茶子生，遂同山名鸦。又有《七宝茶》诗云：七物甘香杂蕊茶，浮花泛绿乱于霞。啜之始觉君恩重，休作寻常一等夸。又《吴正仲饷新茶》《沙门颖公遗碧霄峰茗》，俱有吟咏。

戴复古《谢史石窗送酒并茶》诗曰：遗来二物应时须，客子行厨用有余。午困政需茶料理，春愁全仗酒消除。

费氏《宫词》：近被宫中知了事，每来随驾使煎茶。

杨廷秀有《谢木舍人送讲筵茶》诗。

叶适有《寄谢王文叔送真日铸茶》诗云：谁知真苦涩，黯淡发奇光。

杜本《武夷茶》诗：春从天上来，嘘咈通寰海。纳纳此中藏，万斛珠蓓蕾。

刘秉忠《尝云芝茶》诗云：铁色皱皮带老霜，含英咀美入诗肠。

高启有《月团茶歌》，又有《茶轩》诗。

杨慎有《和章水部沙坪茶歌》，沙坪茶出玉垒关外实唐山。

董其昌《赠煎茶僧》诗：怪石与枯槎，相将度岁华。凤团虽贮好，只吃赵州茶。

娄坚有《花朝醉后为女郎题品泉图》诗。

程嘉燧有《虎丘僧房夏夜试茶歌》。

《南宋杂事诗》云：六一泉烹双井茶。

朱隗《虎丘竹枝词》：官封茶地雨前开，皂隶衙官搅似雷。近日正堂偏体贴，监茶不遣掾曹来。

绵津山人《漫堂咏物》有《大食索耳茶杯》诗云：粤香泛永夜，诗思来悠然。注：武夷有粤香茶。

薛熙《依归集》有《朱新庵今茶谱序》。

注释

①武元衡：字伯苍，唐代诗人、政治家，武则天曾侄孙。

②刘禹锡：字梦得，河南洛阳人。唐朝文学家、哲学家，有“诗豪”之称。柳宗元：字子厚，河东（今山西运城永济一带）人，唐宋八大家之一，唐代文学家、哲学家、散文家和思想家。世称“柳河东”“河东先生”，因官终柳州刺史，又称“柳柳州”。柳宗元与韩愈并称为“韩柳”，与刘禹锡并称“刘柳”，与王维、孟浩然、韦应物并称“王孟韦柳”。

③文彦博：字宽夫，号伊叟，汾州介休（今山西介休）人。北宋时期著名政治家、书法家。

译文

略

十　茶之图

原　文

历代图画书目

唐张萱有《烹茶士女图》[①]，见《宣和画谱》。

唐周昉寓意丹青[②]，驰誉当代，宣和御府所藏有《烹茶图》一。

五代陆滉《烹茶图》一，宋中兴馆阁储藏。

宋周文矩有《火龙烹茶图》四[③]，《煎茶图》一。

宋李龙眠有《虎阜采茶图》，见题跋。

宋刘松年绢画《卢仝煮茶图》一卷[④]，有元人跋十余家。范司理龙石藏。

王齐翰有《陆羽煎茶图》[⑤]，见王世懋《澹园画品》[⑥]。

董逌《陆羽点茶图》，有跋。

元钱舜举画《陶学士雪夜煮茶图》，在焦山道士郭第处，见詹景凤《东冈玄览》。

史石窗名文卿，有《煮茶图》，袁桷作《煮茶图诗序》[⑦]。

冯璧有《东坡海南烹茶图并诗》[⑧]。

严氏《书画记》，有杜柽居《茶经图》

汪珂玉《珊瑚网》[⑨]，载《卢仝烹茶图》。

明文徵明有《烹茶图》[⑩]。

沈石田有《醉茗图》[⑪]，题云：酒边风月与谁同，阳羡春雷醉耳聋。七碗便堪酣酩酊，任渠高枕梦周公。

沈石田有《为吴匏庵写虎丘对茶坐雨图》。

《渊鉴斋书画谱》，陆包山治有《烹茶图》。

补元赵松雪有《宫女啜茗图》[⑫]，见《渔洋诗话刘孔和诗》。

注　释

①张萱：唐朝时长安(今西安)人。以善绘贵族仕女、宫苑鞍马著称，在画史上通常与另一稍后于他的仕女画家周昉相并提。唐宋画史著录上记载张萱的作品数十幅，但今已无一遗存。历史上留下两件重要的摹本，即传说是宋徽宗临摹

的《虢国夫人游春图》卷和《捣练图》卷。

②周昉：字仲朗，一字景玄，京兆(今陕西西安)人，中国唐代画家。

③周文矩：建康句容(今江苏句容)人，中国五代时期南唐的画家。周文矩工画佛道、人物、车马、屋木、山水，尤精于仕女。周文矩也是出色的肖像画家。存世作品多为摹本《宫中图》《苏武李陵逢聚图》《重屏会棋图》《琉璃堂人物图》《太真上马图》。

④刘松年：钱塘（今浙江杭州）人，南宋孝宗、光宗、宁宗三朝的宫廷画家。

⑤王齐翰：五代时期南唐金陵（今江苏南京）人，后主李煜召为宫廷翰林图画院待诏。工画人物。

⑥王世懋：字敬美，别号麟州，时称少美，江苏太仓人。明代文学家、史学家，王世贞之弟，好学，善诗文，著述颇丰。

⑦袁桷：字伯长，号清容居士，庆元鄞县（今浙江宁波）人。元代学官、书院山长。

⑧冯璧：字叔献，真定县（今河北正定）人。冯璧诗笔清峻，字画楚楚，似其为人。

⑨汪珂玉：字玉水，号乐卿，自号乐闲外史，秀水（今浙江嘉兴）人。

⑩文徵明：原名壁（或作璧），字徵明，长洲（今江苏苏州）人。明代杰出画家、书法家、文学家。

⑪沈石田：即沈周，字启南，号石田、白石翁、玉田生、有竹居主人，长洲（今江苏苏州）人。明代绘画大师，吴门画派的创始人，明四家之一。

⑫赵松雪：即赵孟頫，字子昂，号松雪道人，又号水晶宫道人、鸥波，中年曾署孟俯。浙江吴兴（今浙江湖州）人。元代著名书法家、画家。

译文

略

茶具十二图

韦鸿胪

赞曰：祝融司夏，万物焦烁，火炎昆冈，玉石俱焚，尔无与焉。乃若不使山谷之英，堕于涂炭，子与有力矣。上卿之号，颇著微称。

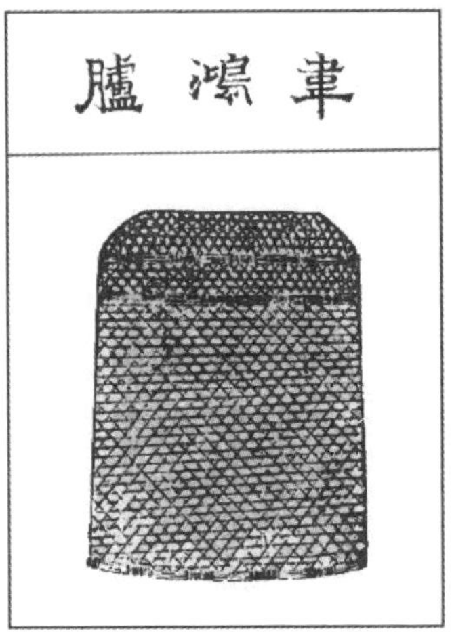

木待制

上应列宿，万民以济，秉性刚直，摧折强梗，使随方逐圆之徒，不能保其身，善则善矣，然非丰佐以法曹，资之枢密，亦莫能成厥功。

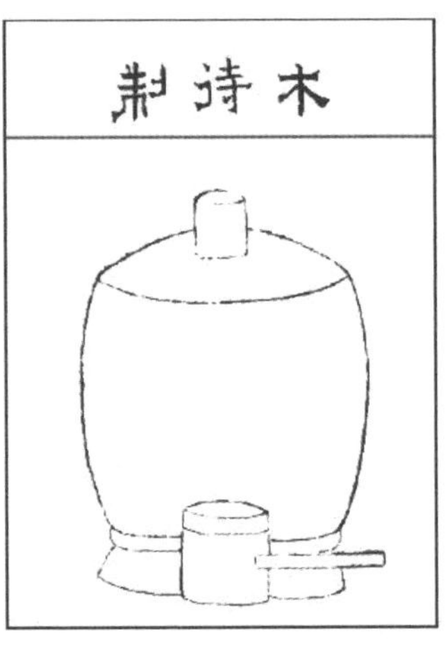

金法曹

柔亦不茹，刚亦不吐，圆机运用，一皆有法，使强梗者不得殊轨乱辙，岂不韪与？

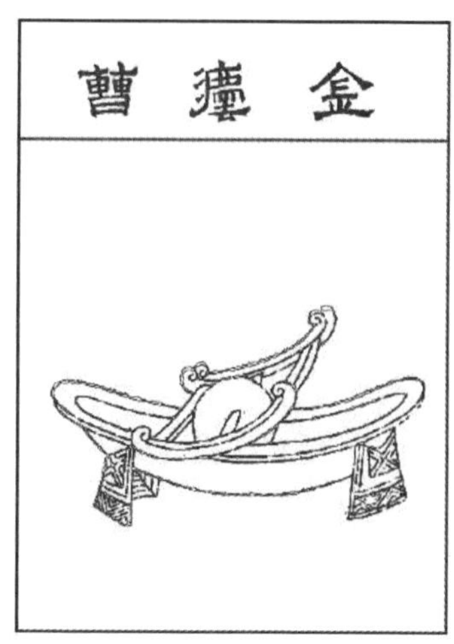

石转运

抱坚质，怀直心，哜嚅英华，周行不怠，斡摘山之利，操漕权之重，循环自常，不舍正而适他，虽没齿无怨言。

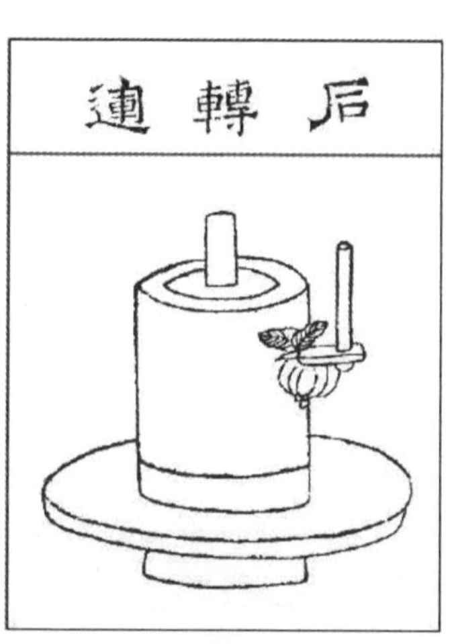

胡员外

周旋中规而不逾其间，动静有常而性苦其卓，郁结之患，悉能破之。虽中无所有，而外能研究，其精微不足以望圆机之士。

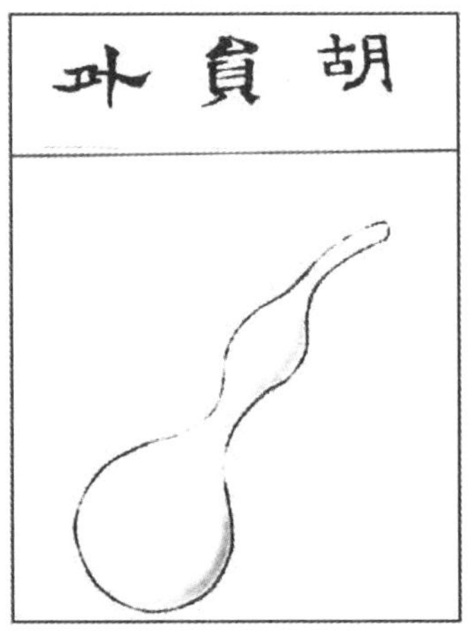

罗枢密

机事不密，则害成。今高者抑之，下者扬之，使精粗不致于混淆，人其难诸？奈何矜细行而事喧哗，惜之。

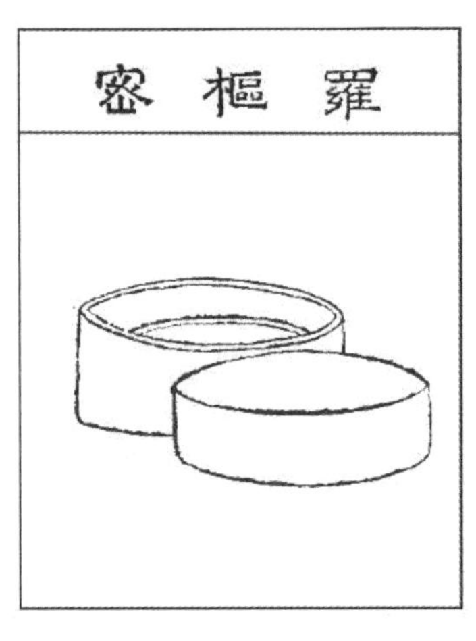

宗从事

孔门高弟，当洒扫应对事之末者，亦所不弃，又况能萃其既散，拾其已遗，运寸毫而使边尘不飞，功亦善哉！

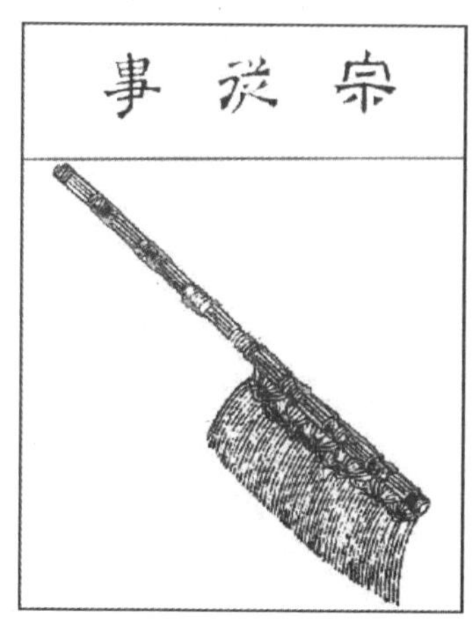

漆雕秘阁

危而不持，颠而不扶，则吾斯之未能信。以其弥执热之患，无坳堂之覆，故宜辅以宝文而亲近君子。

陶宝文

出河滨而无苦窳，经纬之象，刚柔之理，炳其弸中，虚己待物，不饰外貌，位高秘阁，宜无愧焉。

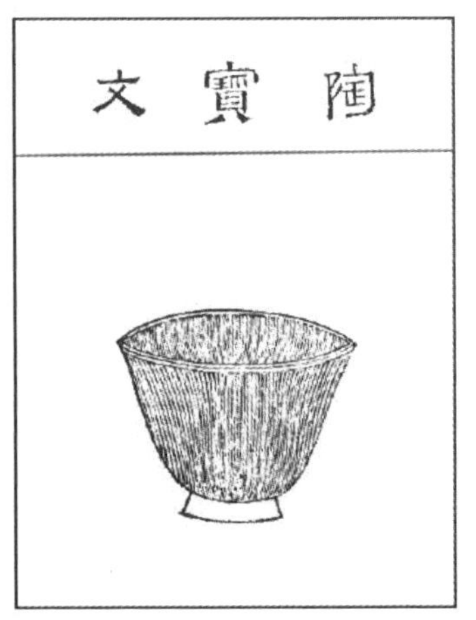

汤提点

养浩然之气，发沸腾之声，以执中之能，辅成汤之德。斟酌宾主间，功迈仲叔圉，然未免外烁之忧，复有内热之患，奈何？

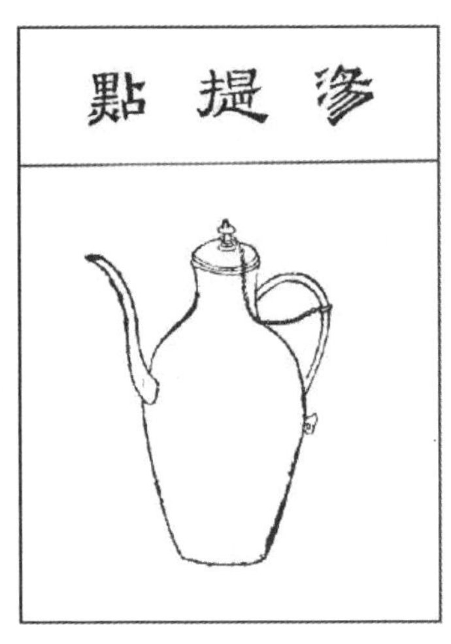

竺副帅

首阳饿夫，毅谏于兵沸之时，方今鼎扬汤，能探其沸者几希，子之清节，独以身试，非临难不顾者畴见尔。

司职方

互乡童子，圣人犹与其进，况端方质素，经纬有理，终身涅而不缁者，此孔子所以与洁也。

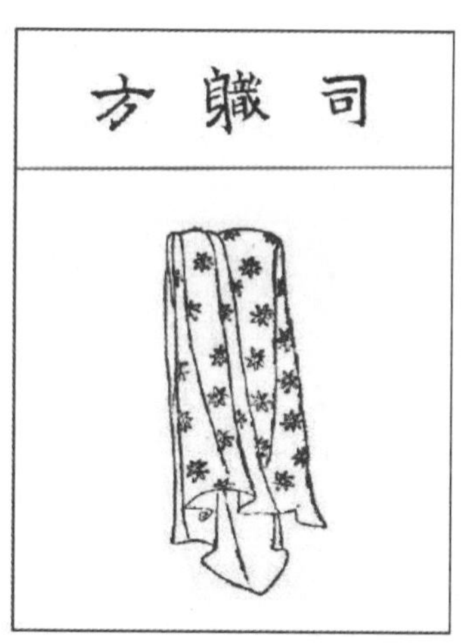

竹炉并分封茶具六事

苦节君

铭曰：肖形天地，非冶非陶，心存活火，声带湘涛，一滴甘露，涤我诗肠，清风两腋，洞然八荒。

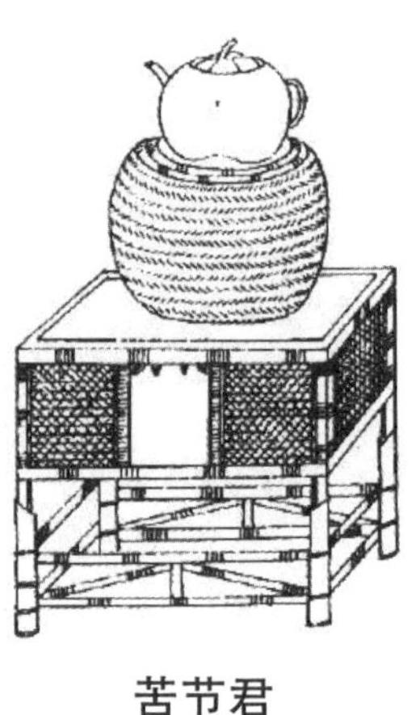

苦节君

苦节君行省

茶具六事，分封悉贮于此，侍从苦节君于泉石山斋亭馆间，执事者故以行省名之。陆鸿渐所谓都篮者，此其是与？

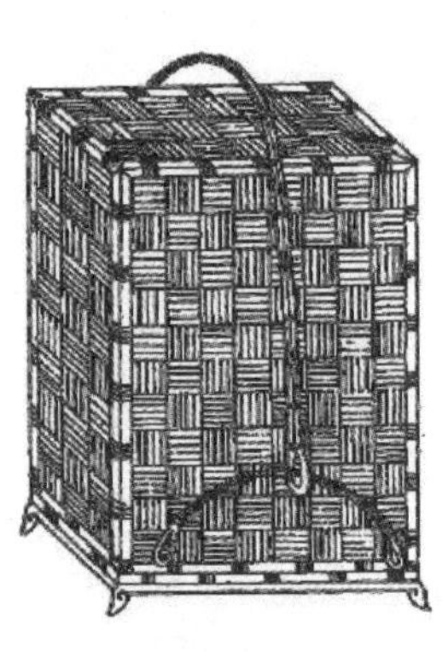

苦节君行省

建城

茶宜密裹，故以箬笼盛之，今称建城。按《茶录》云：建安民间以茶为尚，故据地以城封之。

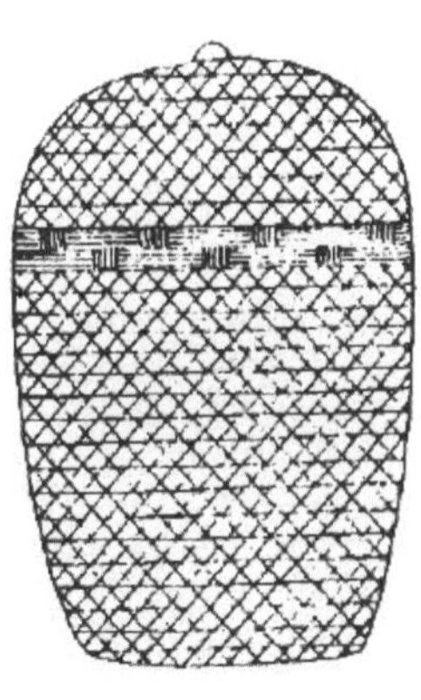

建城

云屯

泉汲于云根，取其洁也。今名云屯，盖云即泉也贮得其所，虽与列职诸君同事，而独屯于斯，岂不清高绝俗而自贵哉？

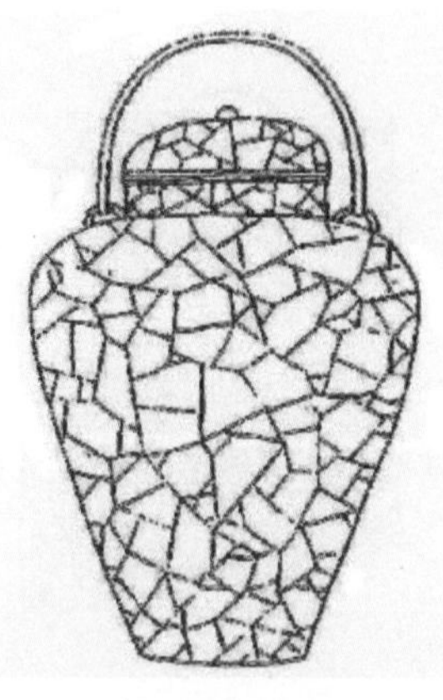

云屯

乌府

炭之为物，貌玄性刚，遇火则威灵气焰，赫然可畏。苦节君得此，甚利于用也。况其别号乌银，故特表章其所藏之具曰乌府，不亦宜哉。

乌 府

水曹

茶之真味，蕴诸旗枪之中，必浣之以水而后发也。凡器物用事之余，未免残沥微垢，皆赖水沃盥，因名其器曰水曹。

水 曹

器局

一应茶具，收贮于器局，供役苦节君者，故立名管之。

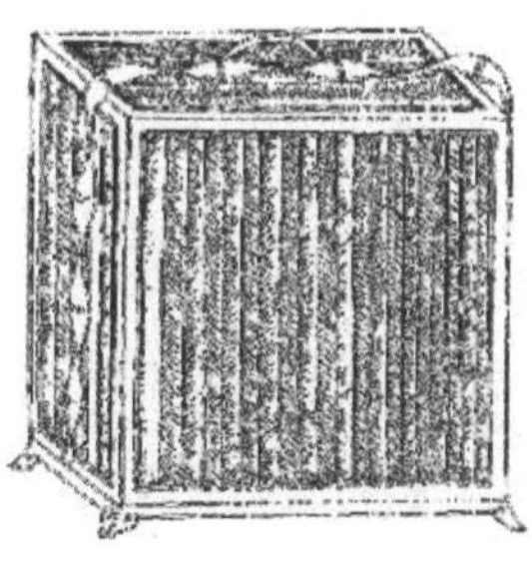

器局

品司

茶欲啜时，入以笋、榄、瓜仁、芹蒿之属，则清而且佳，因命湘君，设司检束。

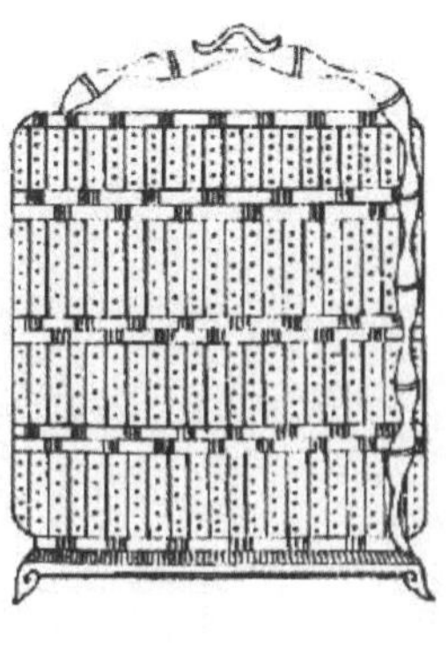

品司

罗先登《续文房图赞》

玉川先生

毓秀蒙顶，蜚英玉川，搜搅胸中书传五千，儒素家风，清淡滋味，君子之交，其淡如水。

玉川先生